瓦斯地质与瓦斯治理

(2022—2023)

——中国煤炭学会瓦斯地质学术年会论文集

王兆丰　宋党育　张明杰　主编

中国矿业大学出版社
·徐州·

内容摘要

本书是中国煤炭学会瓦斯地质专业委员会2023年学术年会的主要成果，共收录了35篇学术论文，内容涵盖瓦斯地质基础、瓦斯抽采技术与瓦斯防治方法，不仅体现了瓦斯赋存与运移规律等基础瓦斯地质理论，同时还体现了生产矿井井下与地面瓦斯抽采技术及与生产矿井瓦斯防治相关的技术、装备及其应用。

本书可供从事瓦斯地质、煤层气地质、矿井地质、安全工程、采矿工程等专业或学科方向的科研、教学及现场技术人员参考。

图书在版编目(CIP)数据

瓦斯地质与瓦斯治理 ：中国煤炭学会瓦斯地质学术年会论文集 ：2022—2023 / 王兆丰，宋党育，张明杰主编．— 徐州 ：中国矿业大学出版社，2023.8

ISBN 978-7-5646-5883-0

Ⅰ．①瓦… Ⅱ．①王… ②宋… ③张… Ⅲ．①瓦斯煤层—地质学—文集②煤矿—瓦斯爆炸—防治—文集 Ⅳ．①TD712-53

中国国家版本馆CIP数据核字(2023)第119963号

书　　名　瓦斯地质与瓦斯治理(2022—2023)
　　　　　　——中国煤炭学会瓦斯地质学术年会论文集
主　　编　王兆丰　宋党育　张明杰
责任编辑　潘俊成
出版发行　中国矿业大学出版社有限责任公司
　　　　　　(江苏省徐州市解放南路　邮编221008)
营销热线　(0516)83885105　83884995
出版服务　(0516)83995789　83884920
网　　址　http://www.cumtp.com　**E-mail**：cumtpvip@cumtp.com
印　　刷　苏州市古得堡数码印刷有限公司
开　　本　787 mm×1092 mm　1/16　**印张**　18.5　**字数**　462千字
版次印次　2023年8月第1版　2023年8月第1次印刷
定　　价　98.00元

前 言

煤矿瓦斯是危害煤矿安全生产的主要灾害之一，从地质角度研究瓦斯的形成、赋存与运移是瓦斯灾害防治的根本。瓦斯地质学作为研究煤层瓦斯地质基础理论的一门交叉学科，在矿井瓦斯灾害防治和瓦斯(煤层气)资源开发与利用中发挥了重要作用。

2001年以来，中国煤炭学会瓦斯地质专业委员会每年组织召开全国瓦斯地质学术年会。与瓦斯地质相关的高校、科研院所以及煤炭生产企业的科研与技术人员积极撰写学术论文并参会交流，通过学术会议交流瓦斯地质基础理论发展前沿、瓦斯灾害防治与瓦斯(煤层气)抽采的新技术与新装备。在总结瓦斯地质研究进展与瓦斯防治成果的基础上，瓦斯地质专业委员会相继出版了《瓦斯地质基础与应用研究》《瓦斯地质研究进展》《瓦斯地质与瓦斯防治》和《瓦斯地质研究进展与应用》等一系列文集。这些学术著作发展和丰富了瓦斯地质基础理论，介绍了瓦斯灾害防治技术与瓦斯(煤层气)抽采新方法与新装备，对瓦斯赋存规律与运移机理等基础理论的发展及瓦斯灾害防治技术的推广与应用起到了积极作用。

根据中国煤炭学会第六届瓦斯地质专业委员会的工作安排，在中国煤炭学会的大力支持下，2023年将召开第六届瓦斯地质专业委员会第三次全国瓦斯地质学术年会。第六届瓦斯地质专业委员会从2022年和2023年提交的参会论文中遴选出优秀学术论文35篇，形成《瓦斯地质与瓦斯治理(2022—2023)》文集，并由中国矿业大学出版社出版。文集内容由瓦斯地质基础与应用和瓦斯防治方法与技术两部分构成，涵盖了瓦斯地质基础理论、瓦斯(煤层气)抽采技术和瓦斯灾害防治方法等方面的最新进展，可供从事瓦斯地质、煤层气地质、矿井地质、安全工程、采矿工程等专业或学科方向的科研、教学及现场技术人员参考。

《瓦斯地质与瓦斯治理(2022—2023)》由王兆丰、宋党育、张明杰主编，河南理工大学对本书的出版给予了大力支持与资助，在此深表感谢。

由于时间仓促，书中不足之处敬请读者批评指正。

中国煤炭学会

瓦斯地质专业委员会

2023年6月

目　录

瓦斯地质基础与应用篇

瓦斯防治方法与技术篇

瓦斯地质基础与应用篇

瓦斯异常区煤层孔隙结构与吸附特征研究——以开平向斜南东翼矿井为例

冯光俊[1,2],朱炎铭[1,2],宋　昱[1,2]
(1. 中国矿业大学煤层气资源与成藏过程教育部重点实验室,江苏徐州,221008;
2. 中国矿业大学资源与地球科学学院,江苏徐州,221116)

摘　要:为了厘清瓦斯异常区煤储层微观结构特征,运用电子显微镜、扫描电镜、高压压汞和等温吸附实验对比研究了瓦斯异常区与正常区煤层煤体结构、孔裂隙发育特征及吸附性能,并分析了孔隙结构与吸附特征对瓦斯赋存及瓦斯异常的控制作用。结果表明,瓦斯异常区煤体结构破碎,多为碎粒煤至碎粉煤,发育多种尺度的孔裂隙,形成复杂网络。异常区煤样孔隙率、孔容、比表面积和吸附量均明显高于正常区煤样,微孔是煤层吸附能力的主控因素,异常区煤层因微孔发育而提供大量比表面供瓦斯吸附赋存。然而异常区煤层普遍发育墨水瓶形孔,限制了煤层孔隙连通性,不利于瓦斯运移逸散,致使瓦斯大量聚集形成局部高压封堵区,从而易受采掘扰动影响诱发煤与瓦斯突出。

关键词:孔隙结构;甲烷吸附;瓦斯赋存;瓦斯异常;开滦矿区

瓦斯既是威胁矿井安全生产的重大隐患,也是一种非常规天然气资源[1,2]。为了更好地推动“碳中和、碳达峰”目标的实现,需提高瓦斯抽采率和利用率,减少瓦斯向大气的排放量及相关灾害事故。瓦斯赋存、运移及突出机理复杂,不仅受控于宏观地质因素[3],也与微观储层特征密不可分[4-6]。见诸报道的瓦斯赋存宏观地质控制因素研究较为丰富[7,8],而从微观煤储层角度研究瓦斯赋存及异常地质规律的研究仍需深入。煤作为一种复杂的多孔性介质[9,10],其丰富良好的孔隙系统是瓦斯的主要储集场所和渗流通道。煤与瓦斯的固-气耦合本质上是煤体孔隙结构与瓦斯气体的耦合,煤体孔隙结构直接决定了煤层对瓦斯的吸附和储集能力[11,12]。因此,研究煤储层孔隙结构及吸附特征是分析瓦斯赋存及异常微观控制机理的关键,对矿井安全高效生产和煤层气资源评价具有重要意义。

煤储层特征研究常用的方法有显微观察法[13]、流体贯入法[14,15]、气体吸附法[16]、射线探测法[10]等,其中显微-超显微观察可直观得到孔裂隙形貌特征,高压压汞法因获取较宽孔径范围内(3.0 nm～100 μm)的孔隙结构参数而被广泛应用于煤的孔隙结构表征。通常采用等温吸附实验获取煤样吸附等温线,拟合求取最大吸附量以衡量煤层吸附性。为此,笔者以开平向

基金项目:国家自然科学基金项目(42202190);江苏省自然科学基金青年基金项目(BK20221147)。

斜南东翼矿井瓦斯异常区与正常区煤样为研究对象，借助上述实验手段，系统研究煤体结构、孔裂隙发育特征和煤层吸附性特征，对比分析孔隙结构及吸附性特征对瓦斯赋存、运移及地质异常的影响，以期为矿井瓦斯地质规律研究及煤与瓦斯突出防治提供参考。

1 实验样品与方法

1.1 实验样品

研究区均位于开平向斜南东翼，区内中部构造相对复杂，多发育轴向斜交主向斜的褶曲和横切走向的正断层系统(图 1)。实验煤样采自开滦矿区钱家营矿、吕家坨矿和林西矿的各主采煤层(表 1)，地层分布于上石炭统赵各庄组和下二叠统大苗庄组。工业分析表明，各煤层煤阶主要为肥煤和焦煤，显微组分以镜质组为主，含量平均约占 70%；煤层煤质差异性较小，均表现为水分含量较低，灰分和挥发分含量较高。自林西矿往吕家坨矿和钱家营矿方向瓦斯含量、瓦斯压力及绝对瓦斯涌出量均呈逐渐增大趋势，其中钱家营矿曾发生过瓦斯异常现象，在 −850 m 水平主石门处瓦斯喷出量约为 7 380 m^3，喷出煤粉及少量岩块约为 489 t，在距 5 煤 2 m 处发生顶板冒落事故，这为本文研究提供了良好的对比区域，Q-3 和 Q-4 煤样即采自该异常区域。

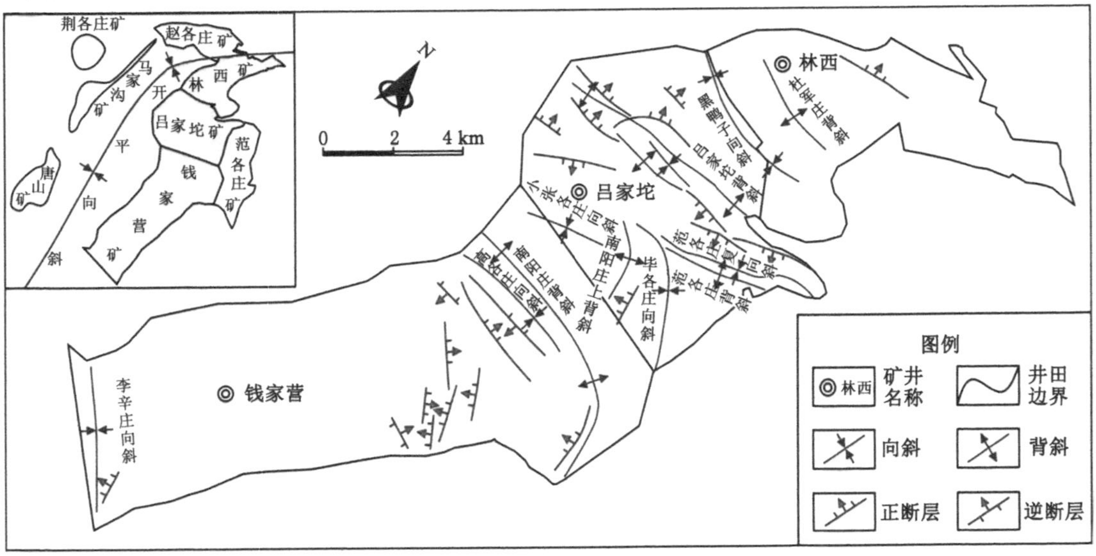

图 1 研究区位置及构造纲要图

表 1 样品信息与相关测试参数

样品编号	采样位置	构造煤类型	水分/%	灰分/%	挥发分/%	坚固性系数 f	放散初速度 Δp	瓦斯压力/MPa
X-1	林西矿	碎裂煤	2.02	22.70	23.44	0.55	7.75	0.25
X-2		碎裂煤	1.13	20.83	24.75	0.48	8.72	0.41
X-3		碎裂煤	0.76	22.48	27.60	0.45	3.34	0.23

表1(续)

样品编号	采样位置	构造煤类型	水分/%	灰分/%	挥发分/%	坚固性系数 f	放散初速度 Δp	瓦斯压力/MPa
L-1	吕家坨矿	碎裂煤	1.10	21.12	29.96	0.32	6.89	0.45
L-2		碎斑煤	1.43	21.16	27.81	0.64	8.79	0.60
L-3		碎斑煤	0.85	21.04	28.02	1.14	6.77	0.35
Q-1	钱家营矿	碎斑煤	1.08	23.25	28.15	0.98	9.91	0.92
Q-2		碎粒煤	0.87	18.84	31.33	0.46	4.42	0.60
Q-3		碎粉煤	0.35	10.79	28.27	0.39	18.66	3.70
Q-4		碎粉煤	0.44	23.51	36.49	0.19	19.28	4.60

1.2 实验方法

显微观测采用德国ZEISS公司生产的AXIO IMAGER. MIm型显微光度计，仪器放大倍率为25～1 000倍，可根据需要更换物镜变换倍数，配备有600万像素摄像头，可进行样品观察、拍照和图像处理。超显微观测采用美国FEI公司生产的Quanta250型扫描电子显微镜(SEM)，仪器在环境真空模式下加速电压为30 kV，放大倍数为6～1.0×10^6倍，分辨率可达≤3.5 nm。

压汞实验采用美国Micromeritics Instrument公司生产的AutoPore IV 9500型高性能全自动压汞仪，仪器呈控点式测量，选取压力点108个，每点稳定时间5 s，每个测试煤样质量为4 g左右，工作压力最大可达228 MPa，有效测量孔径范围为0.003～100 μm。

等温吸附实验采用美国Raven Ridge公司生产的IS-100型高压气体等温吸附/解吸仪，仪器测试压力范围为0～8 MPa，测试压力点数为6个，每个压力点的吸附平衡时间一般大于12 h，甲烷纯度为99.99%。每个测试煤样取150 g，破碎筛分至60目以下，在温度为30 ℃、相对湿度为97%～98%的条件下制成平衡水样品，确保实验结果更加接近于反映原始地层条件状态。

2 实验结果与讨论

2.1 煤体结构与裂隙发育特征

观测采集的煤样可知，与原生结构煤相比，各煤样发生了不同程度变形，产生碎裂化，其中发生瓦斯异常区域的煤层经历过煤层流变等复杂的构造作用，致使其煤体结构破坏最为强烈，破坏类型从碎粒结构至碎粉结构不等(表1、图2)，煤层层理发育不清晰，部分煤体与黏土矿物相混杂而呈土状、粉末状，光泽暗淡。破碎的煤体结构降低了煤体强度，异常区煤的坚固性系数较低(表1)，在应力状态下煤体稳定性差；此外，碎粉煤充填微裂缝导致煤层渗透性也大大降低，瓦斯难以逸散而形成高压，实测数据显示异常区瓦斯压力偏高(表1)。因此，当石门揭露煤层时，高压瓦斯作用下煤粉伴随瓦斯易从钻孔喷出发生瓦斯异常动力现象。

煤中裂隙常被视为瓦斯的主要运移通道，根据发育尺度可分为宏观裂隙和显微裂隙，瓦斯异常区煤样各类宏观裂隙、显微裂隙均较为发育(图 2)。宏观裂隙主要发育有两组,夹角为 30°～45°,长度一般大于 10 mm,宽度小于 1 mm,密度为 3～10 条/cm,裂隙呈平行状、菱形状、网状等。显微裂隙形态和组态与宏观裂隙相似,单条裂隙常呈直线状、折线状、锯齿状等;多条裂隙组合呈现共轭交错状、树枝状、网状等不规则形状。相比正常区煤层裂隙发育特征,异常区煤层裂隙发育开度、密度相对较大,形成的裂隙网络更为复杂,更易于瓦斯渗流富集。

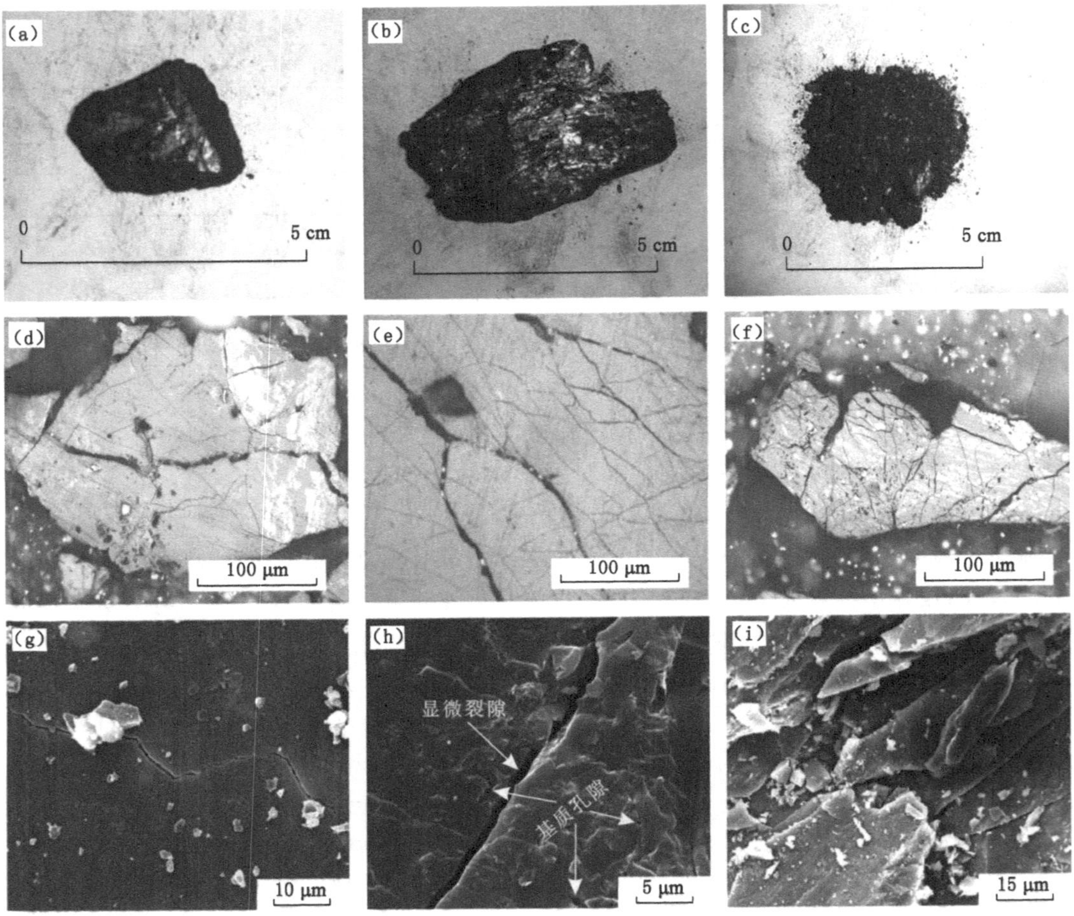

(a) 碎裂结构煤(X-1,手标本);(b) 碎粒结构煤及宏观裂隙(Q-2,手标本);(c) 碎粒-碎粉结构煤(Q-4,手标本);(d) 交错状显微裂隙(L-1,反射光);(e) 树枝状显微裂隙(Q-2,反射光);(f) 不规则网状显微裂隙(Q-4,反射光);(g) 锯齿状显微裂隙(L-2,SEM);(h) 线状显微裂隙及基质孔隙(Q-2,SEM);(i) 网状显微裂隙切割煤体(Q-4,SEM)。

图 2　研究区煤体结构与裂隙发育特征

2.2　煤层孔隙发育特征

煤中孔隙是瓦斯的主要储集场所和扩散渗流区域,为便于研究煤体中复杂的孔隙结构及瓦斯在煤层中的赋存和运移规律,采用煤储层研究常用的十进制孔径分类方案[17],即微孔(孔径小于 10 nm)、过渡孔(孔径 10～100 nm),中孔(孔径 100～1 000 nm)、大孔(孔径大于 1 000 nm)。

2.2.1　孔隙率与孔容特征

孔隙率和孔容特征可以整体上反映煤层储集瓦斯能力的大小,压汞试验测试结果(表 2)显示,测试煤样孔隙率介于 2.63%～7.29%之间,平均为 4.42%。其中,采自瓦斯异常区的

Q-3 和 Q-4 煤样孔隙率明显偏高，平均达 6.72%，总孔容也显著高于正常区煤样，平均为 53.84 mm^3/g，表明瓦斯异常区煤样孔裂隙异常发育，使得煤层具有充足的瓦斯赋存空间。

表 2　煤样压汞测试孔隙率与孔容数据

样品编号	孔隙率/%	孔容/(mm^3/g)					孔容比/%			
		V_1	V_2	V_3	V_4	V_t	V_1/V_t	V_2/V_t	V_3/V_t	V_4/V_t
X-1	2.63	3.55	2.96	4.11	5.48	16.10	22.05	18.39	25.53	34.04
X-2	4.12	6.72	1.64	8.40	17.53	34.29	19.60	4.78	24.50	51.12
X-3	3.80	5.45	1.97	7.66	14.65	29.73	18.33	6.63	25.77	49.28
L-1	3.82	4.92	1.56	8.39	16.16	31.03	15.86	5.03	27.04	52.08
L-2	4.41	7.63	1.84	9.20	18.14	36.81	20.73	5.00	24.99	49.28
L-3	3.72	7.03	2.10	7.88	13.23	30.24	23.25	6.94	26.06	43.75
Q-1	4.27	7.32	1.89	8.84	16.69	34.74	21.07	5.44	25.45	48.04
Q-2	3.98	6.00	2.33	8.20	15.08	31.61	18.98	7.37	25.94	47.71
Q-3	6.14	13.25	8.56	10.77	18.34	50.92	26.02	16.81	21.15	36.02
Q-4	7.29	17.01	10.88	10.79	18.08	56.76	29.97	19.17	19.01	31.85

注：V_1—大孔孔容；V_2—中孔孔容；V_3—过渡孔孔容；V_4—微孔孔容；V_t—总孔容。

2.2.2　孔径分布与比表面积特征

煤中孔径分布特征密切关系着煤层内瓦斯的赋存状态和运移方式，微孔和过渡孔主要构成了瓦斯的吸附和扩散空间，而中孔和大孔则主要赋存游离态瓦斯，是瓦斯不同程度的渗流区域[18-20]。孔径分析表明，正常区煤样孔径多呈现两极分布特征(图 3)，大孔和中孔所占比例超过 75%，微孔可达 20%，过渡孔不足 5%，由于小孔径阶段组成的吸附孔含量较少，相应的煤层吸附能力较弱，瓦斯含量较低。此外，正常区煤样过渡孔所占比例微乎其微，孔隙扩散渗流系统在过渡孔阶段出现瓶颈，即使外界条件改变引起吸附态瓦斯解吸，游离态瓦斯也很难大量富集形成高势能瓦斯。

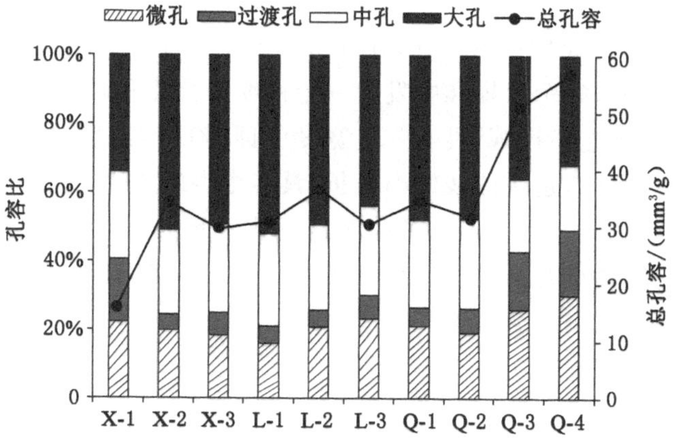

图 3　测试煤样孔容特征与孔径阶段分布图

然而，异常区煤样孔径分布相对均匀(图 3)，大孔和微孔分别占 30%左右，中孔和过渡孔分别约占20%。由孔径与比表面积增量关系曲线(图4)可以看出,在3～50 nm的孔径阶段比表面积增加明显,表明孔隙比表面积主要由微孔和部分过渡孔贡献,其中孔径小于10 nm的微孔是比表面积的最大贡献者。异常区煤样因微孔和过渡孔所占比例较大,实验测得比表面积也较大,平均为17.186 m^2/g,较大的比表面积为甲烷分子提供了大量吸附点位,使得煤层吸附能力较强;而且异常区煤样各孔径阶段孔隙配比均匀,各孔径阶段孔容均较大。因此,异常区煤层具有良好的气体储存和渗流条件,易于瓦斯大量聚集。

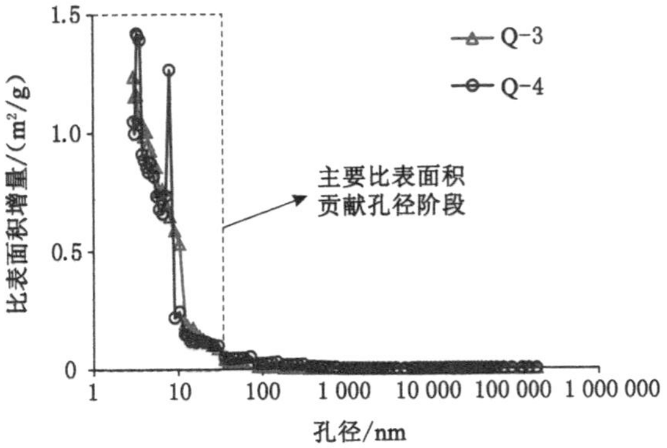

图4　瓦斯异常区煤样孔径与比表面积增量关系

2.2.3　孔隙结构与形态分析

煤中存在的孔隙有两端开放的柱状孔、四周开放的平板孔、一端封闭的圆筒形孔或狭缝形孔、孔喉细小的墨水瓶孔和全封闭的死孔[21],根据进退汞曲线形态及回滞环宽窄可分析煤样的孔隙结构、开放程度及连通性。对比分析瓦斯异常区Q-4煤样和正常区L-3煤样的进退汞曲线(图5),可见L-3煤样压汞初期进汞量不明显,在测试压力达到约1 000 Psia时才开始有较多的进汞,总进汞量也较小;进汞曲线与退汞曲线均整体下凹呈单一变化趋势,进汞量和退汞量相差甚微,压汞曲线孔隙回滞环窄小。上述特征表明该类孔隙结构简单,推测以小孔径的半封闭孔和狭缝型孔为主,孔隙开放性和连通性不理想,不利于瓦斯赋存聚集。

然而,瓦斯异常区Q-4煤样在测试开始阶段,进汞量便随压力增大而显著增加,总进汞量明显高于正常区L-3煤样,指示着煤样中发育一定程度的大孔和微裂隙,这为瓦斯赋存提供了充足空间;同时进、退汞量差值可观,具有一定宽度的回滞环,表明孔隙开放程度较好,可加速吸附态瓦斯解吸扩散。另外,进汞曲线凹凸波折,具多个突破压力,退汞曲线表现部分突降,表明存在一定量孔喉细小的墨水瓶孔限制了孔隙连通性。此类孔隙结构有利于气体赋存聚集,但不利于气体运移逸散,这样瓦斯就会局部富集憋气形成高能“瓦斯包”,从而易在煤层开采过程中引起瓦斯异常。

2.3　煤层吸附性特征

2.3.1　煤层甲烷吸附能力

瓦斯主要以吸附态和游离态赋存于煤层中,其中吸附态瓦斯含量占80%～90%[22,23],主导着矿井瓦斯含量。三对矿井不同主采煤层的10个煤样等温吸附实验结果显示,最大甲烷吸附量为7.97～16.99 cm^3/g,钱家营矿平均为13.25 cm^3/g,吕家坨矿为11.09 cm^3/g,林西矿

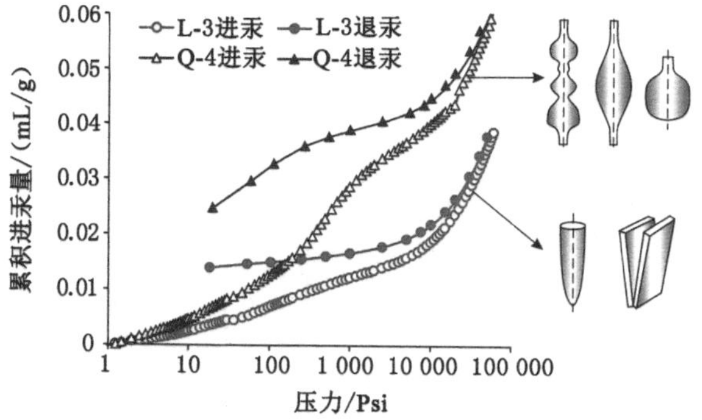

图 5　瓦斯异常区和正常区煤样进退汞曲线与孔隙形态模型

较低,平均为 9.50 cm^3/g,这与各矿井瓦斯含量特征类似,分析认为煤层吸附能力强弱是引起矿井瓦斯含量差异分布的重要因素。对比甲烷等温吸附曲线可见,瓦斯异常区煤样最大甲烷吸附量明显高于正常区煤样(图 6),平均为 15.78 cm^3/g,说明异常区煤层吸附瓦斯能力更强,相应地煤层吸附瓦斯含量越大,吸附态瓦斯在采掘改变温压条件时解吸为游离态瓦斯使得瓦斯压力增大,而高压的游离瓦斯即可视为瓦斯异常的动力介质。

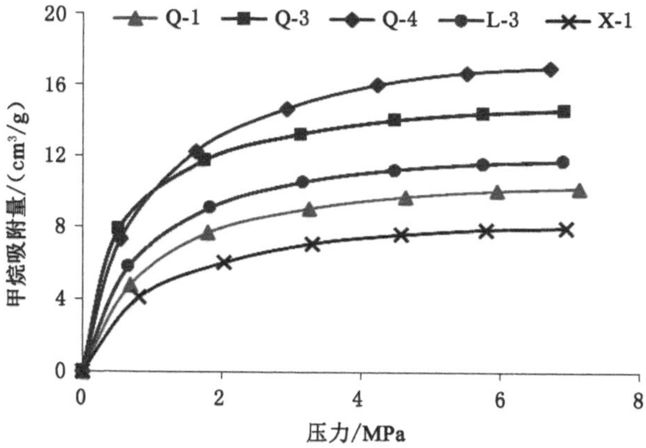

图 6　测试煤样甲烷等温吸附曲线

2.3.2　孔隙结构对甲烷吸附的影响

微观孔隙结构特征是影响煤层瓦斯吸附性能最为直接的因素,煤阶、显微组分、灰分等内在属性因素基本可以归结为影响微观孔隙结构而间接控制煤层的吸附性能[11,12]。分别拟合不同孔径阶段孔隙体积与最大甲烷吸附量的关系(图 7),发现微孔孔容与最大甲烷吸附量呈显著的正相关关系,拟合相关系数可达 0.9 以上,而过渡孔、中孔和大孔孔容与最大甲烷吸附量相关关系相对离散。究其原因,一方面,相等孔隙体积下微孔相对于较大孔径孔隙所提供的比表面更大,可供甲烷分子吸附的点位更多;另一方面,微孔孔道与孔壁间距更小,孔壁产生的范德瓦耳斯力场重叠,具更高的吸附势[24,25],对气体的吸附能力更强。由此表明,煤层中微孔体积及其比表面积大小是控制吸附瓦斯含量的主要因素,这也证实了异常区煤层由于微孔较发育、比表面积较大、复杂的孔隙结构等微观物性特征而具有较强的吸附能力,易于瓦斯吸附聚集;采掘工程一旦破坏吸附/解吸平衡状态,大量吸附态瓦斯瞬间从煤基质微孔隙表面脱附解吸、扩散,沿裂隙网络渗流富集形成高能游离瓦斯引起异常。

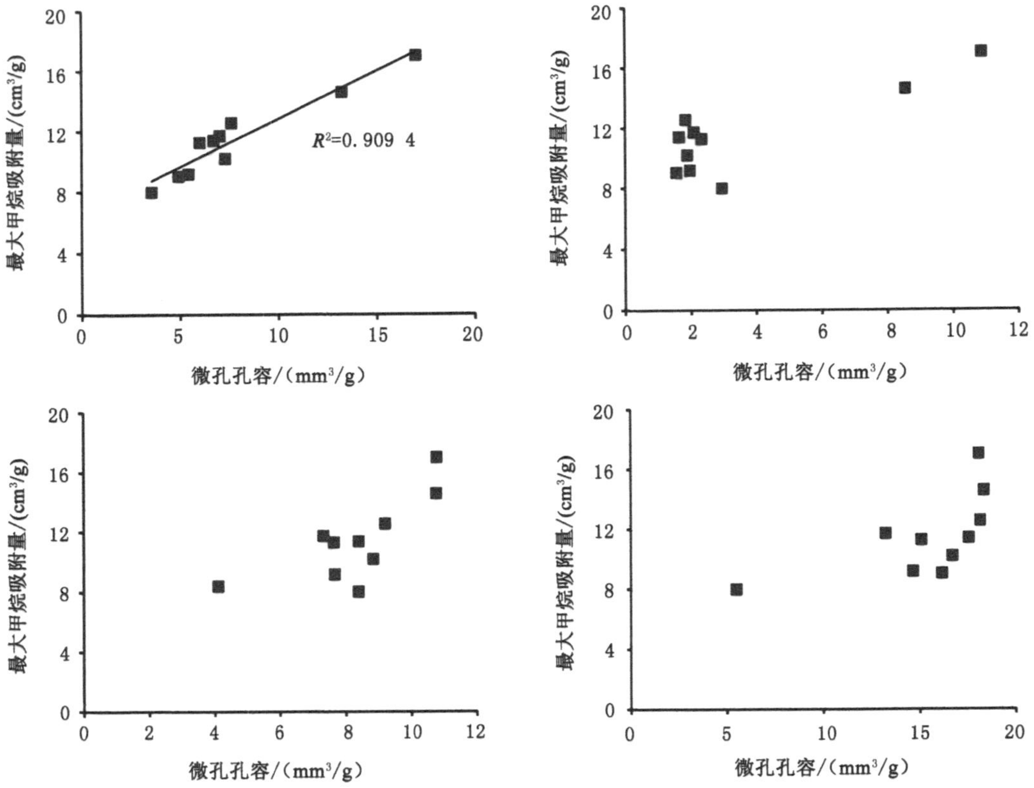

图 7　甲烷吸附量与各孔径阶段孔容的关系

3　结论

(1) 不同尺度观测表明,瓦斯异常区煤体结构破碎强烈,破坏类型为碎粒煤至碎粉煤,煤层坚固性系数低,各类宏观裂隙与显微裂隙较为发育,裂隙发育开度、密度相对较大,形成的裂隙网络更为复杂。

(2) 瓦斯异常区煤层孔隙率、总孔容和比表面积均明显高于正常区煤样,各孔径阶段孔隙配比均匀,孔隙开放性较好,有利于大量瓦斯赋存聚集,但墨水瓶孔的存在限制了孔隙连通性,不利于瓦斯运移逸散。

(3) 煤层吸附能力主要受控于微孔孔容及比表面积,异常区煤层因微孔发育而具有较强的吸附能力,易于瓦斯吸附聚集,采掘工程一旦破坏吸附/解吸平衡,大量吸附态瓦斯瞬间解吸形成高能游离瓦斯引起异常。

(4) 微观储层物性与宏观地质因素综合控制瓦斯赋存及异常涌出。破碎的煤体结构、良好发育的孔裂隙系统、较强的吸附性能是瓦斯异常的主要微观控制因素,具有类似储层特征的煤层常聚集大量瓦斯形成高压封堵区,易受采掘扰动而诱发煤与瓦斯突出。

参考文献

[1] KARACAN C O,RUIZ F A,COTE M,et al. Coal mine methane:A review of capture and utilization practices with benefits to mining safety and to greenhouse gas reduction[J]. International Journal of Coal Geology,2011,86(2-3):121-156.

[2] KONG B,CAO Z,SUN T,et al. Safety hazards in coal mines of Guizhou China during 2011-2020[J]. Safety Science,2022,145:105493.

[3] 闫江伟,张小兵,张子敏. 煤与瓦斯突出地质控制机理探讨[J]. 煤炭学报,2013,38(7):1174-1178.

[4] FENG G J,ZHAO X Z,WANG M,et al. Fractal pore and its impact on gas adsorption capacity of outburst coal:geological significance to coalbed gas occurrence and outburst[J]. Adsorption Science & Technology,2022,2022:1-19.

[5] 李希建,林柏泉,施天虎. 贵州典型矿区突出煤孔隙结构及其吸附特性实验研究[J]. 采矿与安全工程学报,2013,30(3):415-420.

[6] 聂百胜,马延崑,何学秋,等. 煤与瓦斯突出微观机理探索研究[J]. 中国矿业大学学报,2022,51(2):207-220.

[7] 程远平,雷杨. 构造煤和煤与瓦斯突出关系的研究[J]. 煤炭学报,2021,46(1):180-198.

[8] 冯光俊,朱炎铭,周泽,等. 开平向斜南东翼瓦斯地质特征及控制因素分析[J]. 煤矿安全,2016,47(3):144-147.

[9] 潘结南,张召召,李猛,等. 煤的多尺度孔隙结构特征及其对渗透率的影响[J]. 天然气工业,2019,39(1):64-73.

[10] 宋党育,何凯凯,吉小峰,等. 基于 CT 扫描的煤中孔裂隙精细表征[J]. 天然气工业,2018,38(3):41-49.

[11] CAI Y,LIU D,PAN Z,et al. Pore structure and its impact on CH_4 adsorption capacity and flow capability of bituminous and subbituminous coals from Northeast China[J]. Fuel,2013,103:258-268.

[12] CLARKSON C R,BUSTIN R M. The effect of pore structure and gas pressure upon the transport properties of coal:a laboratory and modeling study. 2. Adsorption rate modeling[J]. Fuel,1999,78(11):1345-1362.

[13] GIFFIN S,LITTKE R,KLAVER J,et al. Application of BIB-SEM technology to characterize macropore morphology in coal[J]. International Journal of Coal Geology,2013,114:85-95.

[14] LI Y,SONG D,LIU S,et al. Evaluation of pore properties in coal through compressibility correction based on mercury intrusion porosimetry:A practical approach[J]. Fuel,2021,291:120130.

[15] 宋党育,赵雨薇,李云波,等. 低-中阶煤压汞实验可靠性分析与压缩性校正[J]. 煤田地质与勘探,2023,51(5):33-44.

[16] QI L, TANG X, WANG Z, et al. Pore characterization of different types of coal from coal and gas outburst disaster sites using low temperature nitrogen adsorption approach [J]. International Journal of Mining Science And Technology, 2017, 27(2): 371-377.

[17] HODOT B B. Outburst of coal and coalbed gas (Chinese Translation) [M]. Beijing: China Coal Industry Press, 1966.

[18] YAO Y, LIU D, TANG D, et al. Fractal characterization of seepage-pores of coals from China: An investigation on permeability of coals[J]. Computers & Geosciences, 2009, 35(6): 1159-1166.

[19] YAO Y, LIU D, TANG D, et al. Fractal characterization of adsorption-pores of coals from North China: An investigation on CH_4 adsorption capacity of coals[J]. International Journal of Coal Geology, 2008, 73(1): 27-42.

[20] 程远平,胡彪. 基于煤中甲烷赋存和运移特性的新孔隙分类方法[J]. 煤炭学报, 2023, 48(1): 212-225.

[21] 降文萍,宋孝忠,钟玲文. 基于低温液氮实验的不同煤体结构煤的孔隙特征及其对瓦斯突出影响[J]. 煤炭学报, 2011, 36(4): 609-614.

[22] 王汉鹏,张冰,袁亮,等. 吸附瓦斯含量对煤与瓦斯突出的影响与能量分析[J]. 岩石力学与工程学报, 2017, 36(10): 2449-2456.

[23] 王继仁,邓存宝,邓汉忠. 煤与瓦斯突出微观机理研究[J]. 煤炭学报, 2008, 161(2): 131-135.

[24] LIU Y, ZHU Y, LI W, et al. Molecular simulation of methane adsorption in shale based on grand canonical Monte Carlo method and pore size distribution[J]. Journal of Natural Gas Science and Engineering, 2016, 30: 119-126.

[25] MOSHER K, HE J, LIU Y, et al. Molecular simulation of methane adsorption in micro- and mesoporous carbons with applications to coal and gas shale systems[J]. International Journal of Coal Geology, 2013, 109-110: 36-44.

作者简介:冯光俊(1992—),男,安徽滁州人,中国矿业大学讲师,2020 年毕业于中国矿业大学,获地质资源与地质工程博士学位,主要从事煤与油气地质研究。

温度和有效应力制约下的CO_2注入煤岩渗流机理研究

郭　晨[1,2,3]，王生全[1,2,3]，杨金晓[1]，孙　强[1,2,3]，苟　江[1]，高俊喆[1]
（1. 西安科技大学地质与环境学院，陕西西安，710054；
2. 陕西省煤炭绿色开发地质保障重点实验室，陕西西安，710054；
3. 西安科技大学煤炭绿色开采地质研究院，陕西西安，710054）

摘　要：CO_2注入煤储层是CCUS的重要途径之一，而渗透率是评价CO_2注入煤层可行性的关键参数。针对温度与有效应力耦合制约下的CO_2注入煤岩渗透性响应规律及变化机理研究较少，对不同煤阶的差异响应也认识不足，限制了对不同地质条件煤层CO_2注入效果及潜力的有效评价。基于此，本文选择晋城寺河、陕北张家峁、黔西大河边等煤矿不同煤阶煤样，以CO_2作为测试气体，开展CO_2注入煤岩渗透率实验，研究煤阶、温度和有效应力多重制约下的CO_2注入煤岩渗流机理。研究表明：① 张家峁低阶煤样品绝对渗透率高于寺河高阶煤样品，煤体结构差异使大河边样品具有最高渗透性。② 变孔隙压缩系数可以更好地描述有效应力影响下的煤岩渗透率变化；随有效应力升高，煤储层渗透率呈指数降低，渗透率损害率呈指数增加，渗透率曲率呈指数降低；依据曲线形态应力敏感性可分为快速变化、缓慢变化、稳定三个阶段，寺河高阶煤样品与大河边碎裂煤样品渗透率在低有效应力阶段衰减更快。③ 渗透率、温度敏感性系数随温度升高呈幂函数降低，指示温度敏感性随温度升高而降低；在煤体结构一致的前提下，寺河高阶煤样品的应力敏感性、温度敏感性均强于张家峁低阶煤样品；受煤体结构差异影响，大河边煤样具有最低的温度敏感性和最高的应力敏感性；在温度大于70 ℃后，不同煤样的温度敏感性差异减弱，具有趋同效应。④ 利用曲面拟合方法构建了温度与有效应力双重制约下的煤储层渗透率综合预测模型，可为相关地区不同煤阶与深度条件下CO_2注入煤层可行性评价、CO_2-ECBM技术实施等提供理论依据。

关键词：温度；有效应力；CO_2；应力敏感性；温度敏感性；渗流机理；预测模型

根据国际能源署IEA预测，未来半个世纪化石燃料仍将是一些发展中国家的首选能源，二氧化碳的排放量也将继续增加[1,2]。我国作为最大的发展中国家，以煤为基础的能源结构

基金项目：国家自然科学基金项目（42002195）；陕西省自然科学基础研究计划青年基金项目（2019JQ－192）。

短期内难以改变,为完成中国在《巴黎协定》中承诺2030年碳强度下降60%～65%的目标[3],减排任务刻不容缓。已有研究表明[4-9],通过向煤储层中注入CO_2,实现碳封存,同时达到驱替煤层气的效果(CO_2-ECBM),是煤地质领域实现碳达峰、碳中和的重要技术途径。

作为衡量岩石允许流体通过能力的参数,渗透率是评价CO_2注入煤层可行性的关键参数之一[10,11],适合CO_2注入的煤储层一般位于深部,具有高地温和高地应力的特点[12,13],研究煤储层CO_2渗透率在高地温、高地应力下的动态响应特点,是评估煤储层CO_2可注入性与安全性,以及认识CO_2-ECBM机理的关键。研究认为,有效应力作用于煤储层骨架,通过控制煤岩裂隙压缩或扩张,引起煤岩渗透率动态变化[14-21];煤岩渗透性也受温度变化的影响,主要体现在煤岩受热后塑性增强,在恒定有效应力作用下渗透率随温度的升高而降低[16-18,22-24]。Mukherjee等[25]认为温度对煤岩渗透率的影响机制不止如此,温度升高抑制煤岩吸附能力,导致基质膨胀变形量发生改变,同时产生热应力,热膨胀引起煤岩变形,热破裂形成于基质中并逐渐扩大[26,27],最终引起煤岩裂隙通道变化从而影响渗透率。

尽管关于有效应力和温度对煤储层渗透性的影响已经取得较多研究成果,但针对温度与有效应力耦合制约下的CO_2注入煤岩渗透性响应规律及变化机理研究较少,对不同煤阶的差异响应也考虑不足,限制了对不同地质条件(煤阶与埋深)煤层CO_2可注入性与封存潜力的有效评价,难以充分支撑CO_2规模性注入煤层。基于此,本文选择不同煤阶煤样,以CO_2作为测试气体,研究煤阶、温度和有效应力多重制约下的CO_2注入煤岩渗流机理,以期为不同煤阶与深度下煤层有效封存CO_2与CO_2-ECBM技术提供理论依据。

1 样品与实验方案

1.1 样品采集

采集贵州水城大河边煤矿(DHB-1)、山西沁水盆地南部寺河煤矿(SH-1)以及陕北神府矿区南部张家峁煤矿煤样(ZJM-1)。据井下煤壁观测,大河边煤样为碎裂煤,其余均为原生结构煤。在每个采样点的井下新鲜工作面采用刻槽法采集边长不小于50 cm的立方块煤样,并用保鲜膜包裹,尽快运回实验室处理。对煤样进行宏观描述,顺层理方向制备直径25 mm的圆柱样品,两端磨平、抛光以后用于测试不同温度和有效应力条件下的CO_2注入渗透率,并收集残余样品,粉碎至0.125～0.9 mm、<0.075 mm两个粒度级别,分别开展显微煤岩组分/最大镜质组反射率测试与工业分析。

1.2 渗透率测试

采用西安科技大学与南通市中京机械有限公司联合研制的储层多参数评价系统(型号RPE-712),实验设备原理见图1。将煤样放入夹持器中,利用围压泵调节轴压、围压模拟地应力,利用气瓶出口端调压阀调节注气压力,出口压力为大气压(0.101 MPa),利用不同量程的压力与压差传感精确读取样品两端压力(压差)数值,气体流量计可计量出口端气体流量(量程为0～1 000 mL/min,精度为1 mL/min,最大压力为3.4 MPa),电子天平用于计量出水量(本文未涉及),夹持器位于恒温箱中,通过调节恒温箱温度模拟地层温度。在此设备上开展样品绝对渗透率、不同温度和有效应力条件下的渗透率测试,测试所用气体为CO_2,黏度为

0.014 93 mPa·s(25 ℃,大气压)。

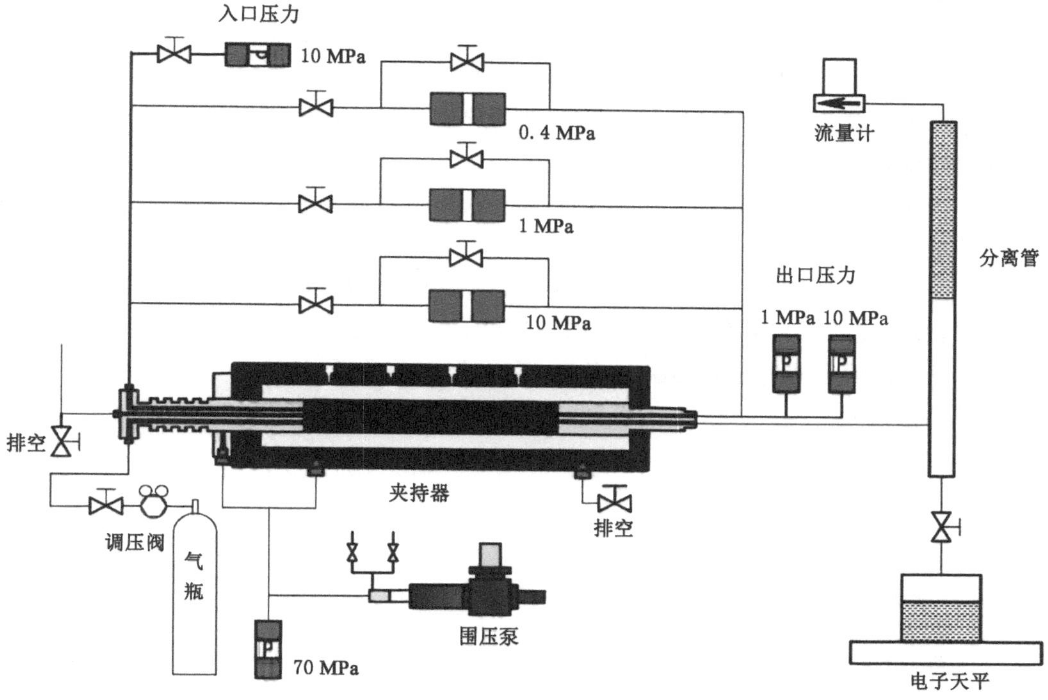

图1 渗透率测试装置原理图

1.2.1 绝对渗透率

每个煤样设定五个连续的进气压力点,差值为0.5 MPa,出口为大气压(0.101 MPa),室温为25 ℃,维持有效应力(围压与平均气体压力之差)为2 MPa,分别测定不同进气压力下的稳定瞬时流量,然后根据达西定律计算每个压力点的气测渗透率:

$$K_{ge}=\frac{2p_0q_{eg}u_gL\times10^2}{A(p_1^2-p_0^2)} \tag{1}$$

式中,K_{ge}为实测气相渗透率,mD;p_0为出口端气体压力,本实验取标准大气压0.101 MPa;p_1为进口端气体压力,MPa;q_{eg}为气体流量,mL/s;μ_g为在实验温度与压力条件下的气体黏度,mPa·s;L为煤样长度,cm;A为煤样截面积,cm^2。

依据Klinkenberg方程[28]对测试结果进行滑脱校正,取平均气体压力(进口压力与出口压力平均值)倒数与实测渗透率进行线性拟合,直线截距即为绝对渗透率:

$$K_{ge}=K_a\left(1+\frac{B}{p_m}\right) \tag{2}$$

$$p_m=\frac{1}{2}(p_0+p_1) \tag{3}$$

式中,K_{ge}为实测气相渗透率,mD;K_a为绝对渗透率,mD;p_m为平均气体压力,MPa;B为Klinkenberg常数,MPa。

1.2.2 温度和有效应力作用下的渗透率

设计30 ℃、50 ℃、70 ℃和90 ℃共4个实验温度,在每个温度点下测试有效应力为2、4、

6、8、9 MPa 时的稳定 CO_2 流量，然后根据式(1)计算不同温度和有效应力条件下的渗透率，具体测试流程为：

(1) 将 105 ℃干燥 12 h 的样品放入恒温箱内的夹持器中，将温度设置为 30 ℃，加热到 30 ℃并稳定 1 h 后，对岩芯夹持器施加围压至 2.55 MPa。

(2) 待围压稳定后，打开气瓶阀门，缓慢匀速调节阀门，达到初始进气压力 1 MPa，稳定后记录此时气体流量计读数。

(3) 维持进气压力不变，增加围压到 4.55、6.55、8.55、9.55 MPa，分别记录流量计稳定状态的瞬时读数。

(4) 在 30 ℃条件下 5 个有效应力点完成测试后，改变温度至 50 ℃、70 ℃、90 ℃，重复步骤(2)～(4)，直至完成所有温度和有效应力条件下的流量计读数。

(5) 整理软件后台实时记录的瞬时流量、压力、温度等数据，计算煤样在不同温度和有效应力条件下的渗透率。

2 结果

2.1 工业分析和显微组分

表 1 为样品的最大镜质体反射率、工业分析与显微煤岩组分的测定结果。根据最大镜质组反射率($R_{o,max}$)与挥发分(V_{daf})，ZJM-1 与 DHB-1 为长焰煤样品，SH-1 为无烟煤样品。ZJM-1 惰质组含量显著较高，矿物含量与灰分产率较低，这也是陕北侏罗纪煤的主要特征；DHB-1 的壳质组和矿物含量、挥发分与灰分产率最高，水分含量最低；SH-1 镜质组含量显著高于另外两个煤样，且未检测到壳质组。

表 1　煤样最大镜质组反射率、显微煤岩组分和工业分析测试结果

产地	样品编号	$R_{o,max}$/%	工业分析/%				显微煤岩组分/%			
			V_{daf}	M_{ad}	A_d	FC_d	镜质组	惰质组	壳质组	矿物
张家峁	ZJM-1	0.52	38.68	6.16	9.18	55.69	53.46	40.09	0.46	5.99
大河边	DHB-1	0.60	42.50	2.50	19.41	46.34	50.94	23.36	7.01	18.69
寺河	SH-1	3.05	13.79	3.10	15.91	72.49	71.08	16.67	0	12.25

注：V_{daf}—干燥无灰基挥发分产率；M_{ad}—空气干燥基水分含量；A_d—干燥基灰分产率；FC_d—干燥基固定碳含量。

2.2 绝对渗透率

CO_2 气测绝对渗透率结果见表 2 与图 2。

表 2　煤样绝对渗透率测试结果

样品编号	样品长度/cm	样品直径/cm	气体黏度/(mPa·s)	进口压力/MPa	瞬时流量/(mL/min)	渗透率/mD	绝对渗透率/mD
ZJM-1	5.848	2.502	0.015 208 9	2.04	18	0.026 144	0.013 55
			0.015 326 9	2.51	25	0.024 152	
			0.015 484 3	3.01	33	0.022 386	
			0.015 696 8	3.54	43	0.021 372	
			0.015 954 6	4.04	51	0.019 778	
DHB-1	4.852	2.495	0.014 969 3	0.52	8	0.152 132	0.039 53
			0.015 020 3	0.96	24	0.130 814	
			0.015 144 2	1.73	54	0.090 692	
			0.015 321 4	2.49	77	0.063 046	
			0.015 470 3	2.97	90	0.052 275	
SH-1	4.538	2.508	0.015 502 2	3.06	7	0.632 911	0.000 64
			0.015 715 2	3.58	9	0.543 478	
			0.015 960 5	4.05	10	0.481 928	
			0.016 282 3	4.53	11	0.431 965	
			0.016 709 5	5.01	12	0.391 389	

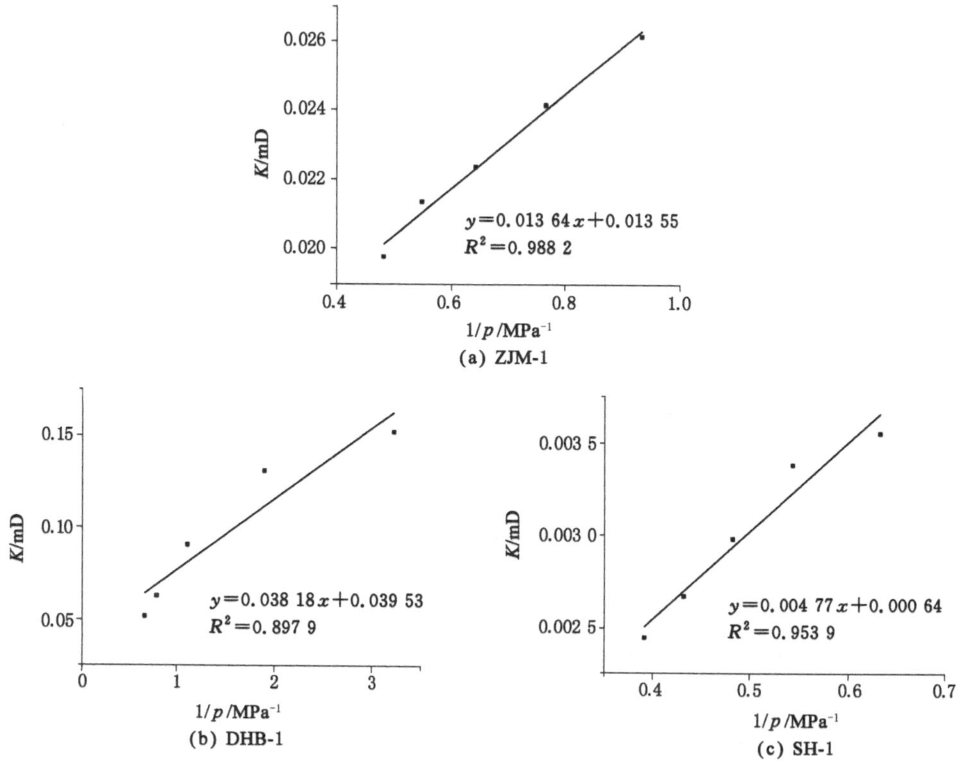

图 2　绝对渗透率计算结果

ZJM-1、DHB-1、SH-1 煤样的绝对渗透率分别为 0.013 55 mD、0.039 53 mD、0.000 64 mD,SH-1 煤样的绝对渗透率显著低于 ZJM-1 与 DHB-1 样品的,煤阶差异是决定上述渗透性差异的主要原因,DHB-1 煤样的绝对渗透率最高,与其裂隙相对发育有关。

2.3 变有效应力与温度下的渗透率

温度与有效应力制约下的 CO_2 注入煤岩渗透率实验结果见表 3。

表 3 温度与有效应力制约下的渗透率实验结果 单位:mD

样品编号	温度/℃	有效应力				
		2 MPa	4 MPa	6 MPa	8 MPa	9 MPa
ZJM-1	30	0.016 86	0.010 03	0.006 07	0.004 21	0.002 86
	50	0.011 38	0.007 11	0.004 5	0.002 77	0.002 11
	70	0.009 13	0.005 36	0.003 11	0.001 53	0.001 49
	90	0.005 44	0.003 07	0.001 56	0.000 797	0.000 79
DHB-1	30	0.031 80	0.013 49	0.008 89	0.005 29	0.004 32
	50	0.026 64	0.011 52	0.007 03	0.004 67	0.003 61
	70	0.021 56	0.008 83	0.006 08	0.004 18	0.003 18
	90	0.014 09	0.007 15	0.004 62	0.003 16	0.002 16
SH-1	30	0.007 32	0.003 46	0.001 65	0.000 74	0.000 56
	50	0.003 33	0.001 30	0.000 55	0.000 18	0.000 18
	70	0.002 21	0.000 72	0.000 36	0.000 18	0.000 18
	90	0.000 90	0.000 36	0.000 18	0.000 17	0.000 17

3 讨论

3.1 有效应力对煤岩渗透性影响规律

煤储层内有效应力主要与煤层总应力和孔隙流体压力有关,有效应力的变化会直接影响煤岩的渗透性,是影响煤层气开发的关键因素之一[20],有效应力表达式为:

$$\sigma = \Delta\sigma + \alpha p \tag{4}$$

式中,σ 为总应力,MPa;$\Delta\sigma$ 为有效应力,MPa;α 为有效应力系数,通常取 1;p 为孔隙流体压力,MPa。

有效应力对煤储层渗透率的影响将持续整个煤层气排采或 CO_2 注入过程[15],选取孔隙压缩系数、渗透率损害率和渗透率曲率 3 个参数[20]分析有效应力对煤岩渗透性的影响规律。

3.1.1 孔隙压缩系数

煤储层内部孔隙随着有效应力增加逐渐被压缩,造成煤样孔隙率与渗透率下降,其变化程度可用孔隙压缩系数来表征。C. R. Mckee[29]给出了渗透率、有效应力和孔裂隙压缩系数的关系式:

$$k = k_0 e^{-3c_p \Delta\sigma} \tag{5}$$

式中，c_p 为孔裂隙压缩系数，MPa^{-1}；$\Delta\sigma$ 为有效应力，MPa，k_0 为初始渗透率（有效应力为 0），mD；k 为某一有效应力增量下的渗透率，mD。

根据式(5)和动态渗透率实验结果，基于非线性拟合得到渗透率与有效应力的量化关系，拟合结果见图 3。

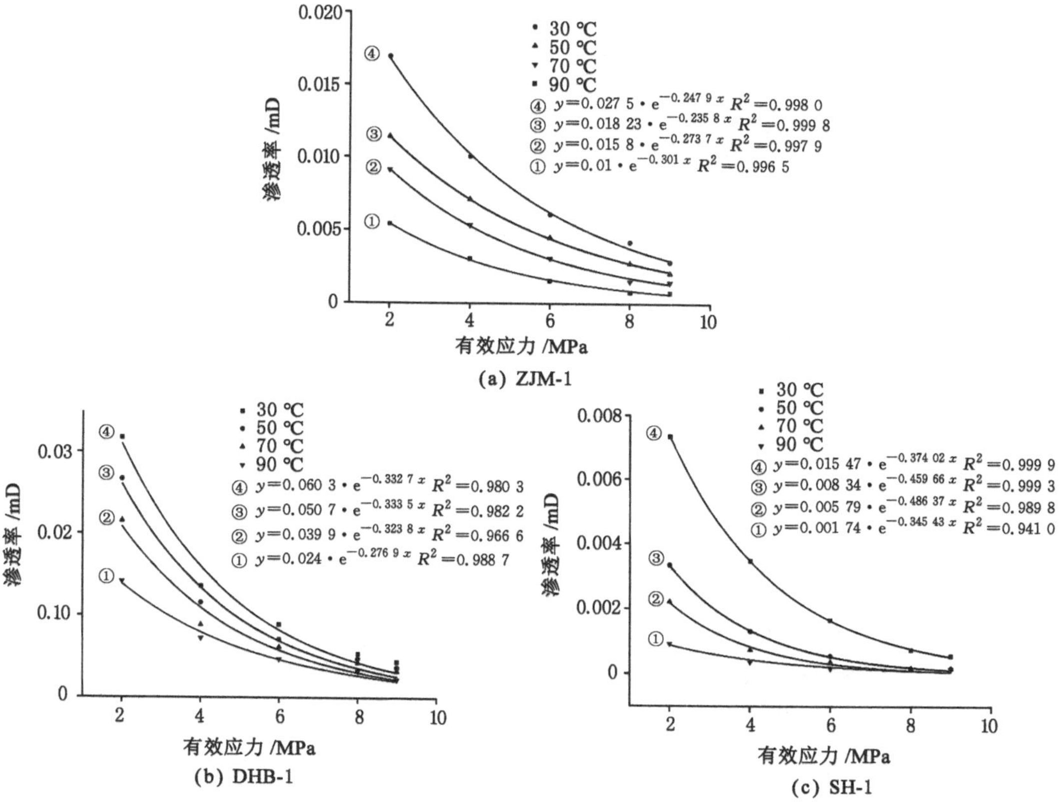

图 3　定孔隙压缩系数条件下的渗透率随有效应力变化关系图

ZJM-1、DHB-1 和 SH-1 渗透率随有效应力增加呈负指数形式降低，三个样品 R^2 分别在 0.996 5～0.999 8、0.966 6～0.988 7、0.941 0～0.999 9 之间，具有较好的拟合效果。随有效应力增大，渗透率逐渐减小，并且减小速率逐渐下降，这是由于随有效应力的增加，煤样整体被压缩，内部孔隙、裂隙趋于闭合，导致气体无法有效通过。由于可压缩孔隙体积是定值，随有效应力增大，煤样内孔隙体积可压缩量逐渐减小，导致随有效应力增大，渗透率下降速率减小，并趋于平稳。

上述方法默认孔隙压缩系数为一定值，但煤的孔隙压缩系数是地应力状态的函数，也受到地层温度等因素影响[30]。因此，采用变孔隙压缩系数来预测煤层渗透率更接近于真实地层条件。C. R. Mckee[29] 提出有效应力作用下的煤孔隙压缩系数计算模型：

$$c_p = \frac{c_0}{\gamma \Delta\sigma}(1 - e^{-\gamma\Delta\sigma}) \tag{6}$$

式中，c_0 为初始孔隙压缩系数，MPa^{-1}；γ 为孔隙流体压力随有效应力变化的衰减系数。

合并式(5)、式(6)得到：

$$k = k_0 \mathrm{e}^{-3\frac{c_0}{\gamma}(1-\mathrm{e}^{-\gamma \Delta\sigma})} \tag{7}$$

按式(7)拟合，得到基于变孔隙压缩系数的渗透率随有效应力变化曲线(图 4)。

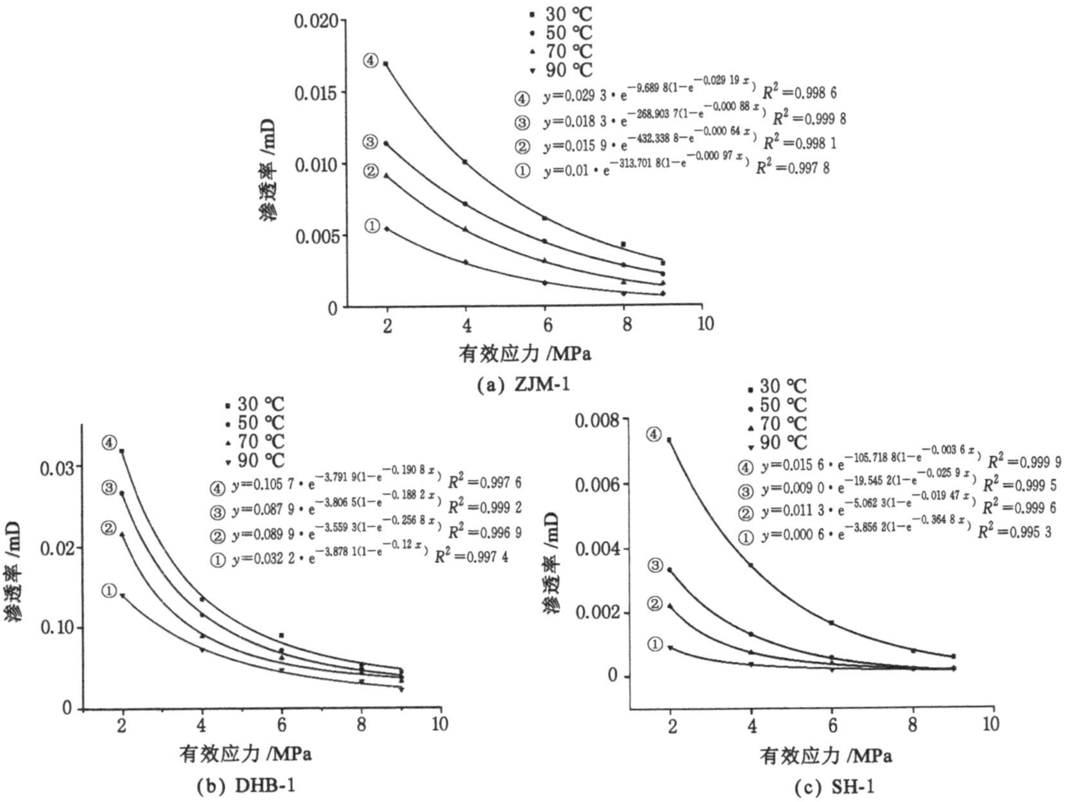

图 4　变孔隙压缩系数条件下的渗透率随有效应力变化关系图

结果显示，采用变孔隙压缩系数比采用定孔隙压缩系数具有更好的拟合效果，例如 DHB-1 号煤样，采用定孔隙压缩系数拟合结果 R^2 介于 0.966 6～0.988 7 之间，采用变孔隙压缩系数拟合 R^2 介于 0.996 9～0.999 2 之间，因此变孔隙压缩系数可更精确地表征煤岩渗透性随有效应力的变化规律。

3.1.2　渗透率损害率随有效应力变化关系

渗透率损害率是反映储层应力敏感性的参数，可表征渗透率在有效应力增加情况下的衰减程度，用百分数表示。该值越大，表明煤岩渗透率受有效应力损害程度越严重，应力敏感性越强，其计算公式为：

$$k_s = \frac{k_0 - k_i}{k_0} \times 100\% \tag{8}$$

式中，k_s 为渗透率损害率，%；k_0 为初始渗透率，mD；k_i 为第 i 个有效应力增幅下的渗透率，mD。

按上式计算得到不同有效应力对应的渗透率损害率，并对其进行非线性拟合，结果见图 5。

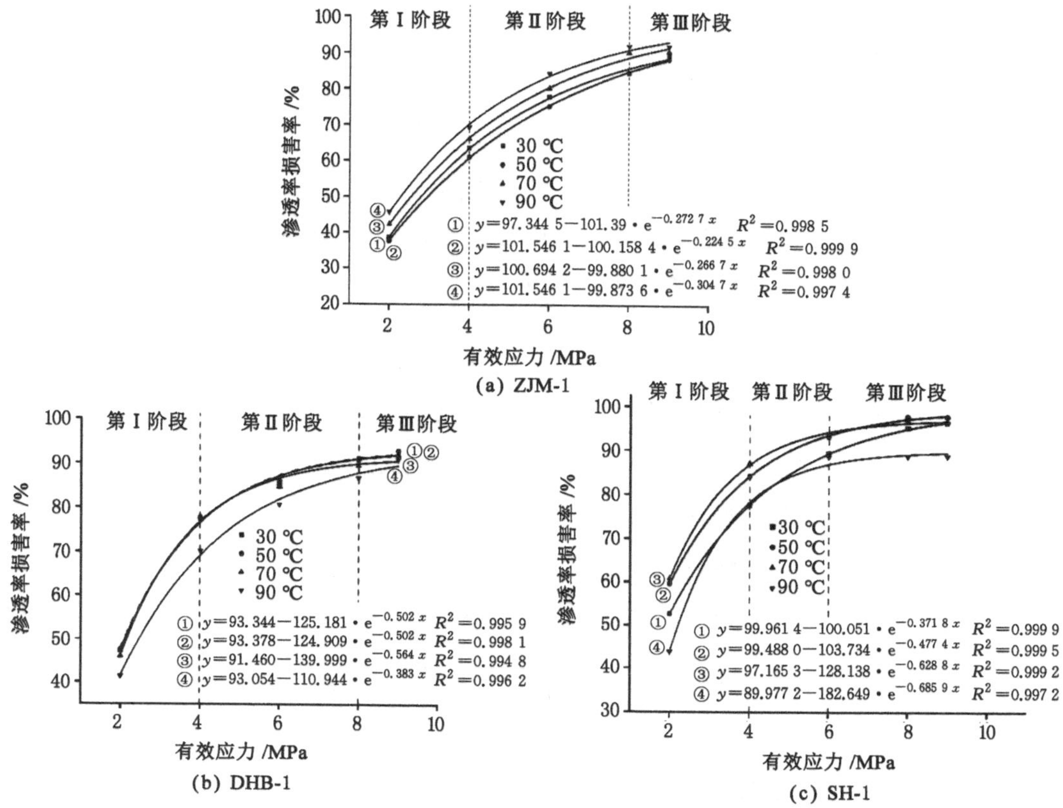

图 5 渗透率损害率随有效应力变化关系图

煤样渗透率损害率随有效应力增加均呈增加趋势，且符合指数关系，R^2 均在 0.99 之上，具有较好的拟合效果。以 ZJM-1 为例，依据拟合曲线形态，渗透率损害率变化可划分为 3 个阶段。① 快速增加阶段：当有效应力从 2 MPa 增加到 4 MPa 时，渗透率损害率增长量在 23.42%～24.92%之间，平均为 23.98%，渗透率损害率接近线性增长；② 缓慢增加阶段：当有效应力从 4 MPa 增加到 8 MPa 时，渗透率损害率增长量为 21.20%～24.24%，平均为 23.01%，渗透率损害率增加程度减弱；③ 基本稳定阶段：当压力超过 8 MPa 时，渗透率损害率增长量为 0～4.91%，平均为 2.20%，渗透率损害率增幅进一步放缓并达到最大值(实验有效应力范围内)，介于 88.45%～92.13%之间。DHB-1 与 SH-1 的曲线形态更加向左上方凸出，反映渗透率损害率在低有效应力阶段增长快速。SH-1 由于渗透率较低，第一阶段更加陡峭，渗透率损害率增长量为 24.66%～33.76%，平均为 27.45%；有效应力达到 6 MPa 时，渗透率损害率增长量为 6.40%～11.25%，平均为 9.60%，是 ZJM-1 第二阶段平均变化量的一半，第三阶段提前且分布范围更广，渗透率损害率平均增长量为 3.73%，反映了高阶煤更加强烈的应力敏感特点，即更容易达到渗透率损害的“饱和”状态。

3.1.3 渗透率曲率随有效应力变化

数学上通常用曲率来描述物体的弯曲程度，曲率值越大，表明物体在该点处弯曲变形程度越高。渗透率曲率可以有效地表征渗透率随有效应力增大而降低的速率，即渗透率曲率越大，渗透率的应力敏感性就越强，反之越弱[14,31-33]。因此，基于渗透率曲率对比分析渗透率受有效应力的影响程度，揭示 CO_2 注入条件下的渗透率应力敏感程度。基于定孔隙压缩系数的渗透率与有效应力关系曲线的曲率计算公式为：

$$k_c=\frac{|k''|}{(1+k'^2)^{3/2}}=\frac{|c_p{}^2k_0e^{-c_p\Delta\sigma}|}{[1+(-c_pk_0e^{-c_p\Delta\sigma})]^{3/2}} \tag{9}$$

式中，k_c 为渗透率曲率，%；k' 为渗透率对有效应力的一阶导数；k'' 为渗透率对有效应力的二阶倒数，c_p 为定孔隙压缩系数，MPa^{-1}；k_0 为初始渗透率，mD；$\Delta\sigma$ 为有效应力，MPa。

由上式计算得到不同有效应力下的渗透率曲率，并对渗透率曲率-有效应力进行拟合，获得如下关系曲线(图 6)。

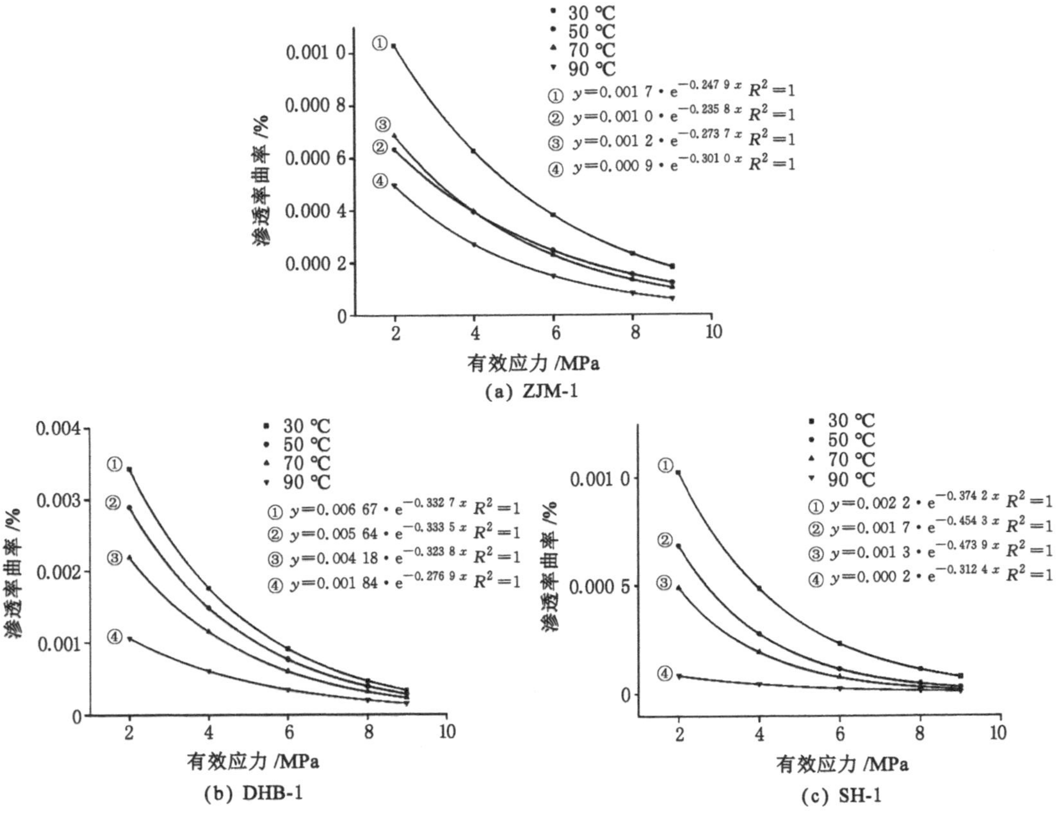

图 6　渗透率曲率随有效应力变化关系图

三个样品渗透率曲率随有效应力增加呈指数降低，高应力阶段曲率降低速率趋缓，其变化规律与图 5 基本一致。DHB-1 渗透率曲率最大[图 6(b)]，说明其应力敏感性最强，这与该煤样次生裂隙发育有关；SH-1 相较于 ZJM-1 样品，渗透率曲率在低有效应力阶段的降低速率更快，表现出更强烈的应力敏感性，与渗透率损害率分析结果一致。

3.2　温度对渗透率的影响规律

温度对煤岩渗透性的作用是一个复杂的过程，包括生成微裂缝、热膨胀以及对煤岩造成热损伤等[17]。为研究温度对煤岩渗流特性的影响，在恒定有效应力条件下研究温度增加引起的煤岩渗透率变化规律。

3.2.1　温度对渗透率的影响规律

按下式对渗透率与温度数据进行拟合，得到不同有效应力条件下的渗透率随温度变化关系曲线（图7）。

$$k = aT^b \tag{10}$$

式中，k 为渗透率，mD；T 为温度，℃；a、b 为拟合系数。

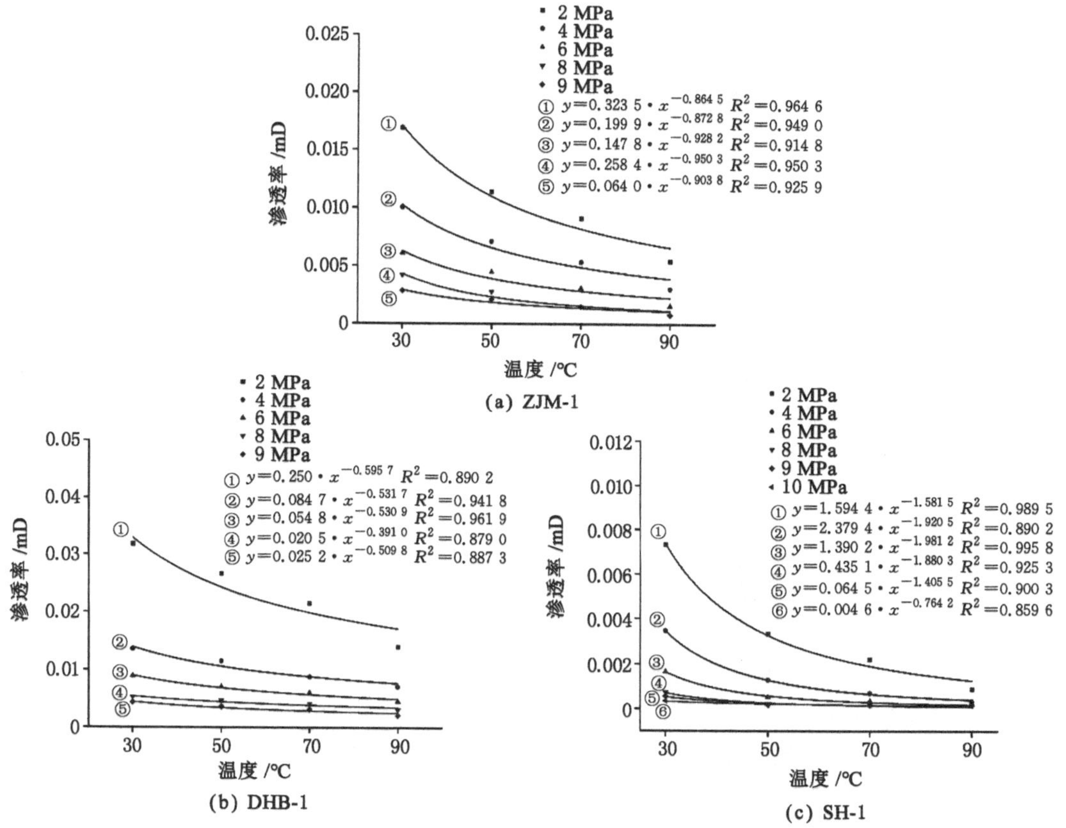

图7　渗透率随温度变化关系图

在恒定有效应力条件下，三个煤样渗透率随温度升高均呈幂函数降低，R^2 分别介于0.914 8～0.964 6、0.879 0～0.961 8、0.859 6～0.999 0之间，拟合效果较好。温度从30 ℃增加到50 ℃过程中，渗透率下降趋势明显，在50 ℃到90 ℃区间，渗透率下降速度降低。温度引起煤岩内部基质膨胀，导致内部渗流通道挤压闭合，煤岩孔（裂）隙率降低加快，并且随着温度的增加，CO_2 的动力黏度增大，CO_2 在煤样内的渗流变得更加困难，因此在增温前期渗透率快速下降；但煤岩内部的孔隙体积有限，随温度增加孔隙体积可压缩量逐渐变小，导致增温后期渗透率下降幅度趋缓。

3.2.2　温度敏感性系数

为定量计算不同煤阶煤样对温度变化的响应关系，参照其他学者对煤样温度敏感性评价的研究成果[23,34]，引入温度敏感系数 δ_T，即恒定有效应力和进气压力条件下，温度升高1 ℃所引起的煤样渗透率的相对变化量：

$$\delta_T = -\frac{1}{k_1}\frac{\partial k}{\partial T} \tag{11}$$

式中,δ_T 为温度敏感性系数,℃$^{-1}$;k_1 为恒定有效应力下初始温度点渗透率,mD;∂k 为煤样渗透率变化量,mD;∂T 为温度变化量,℃。

根据定义可以看出,δ_T 值越大,说明煤样渗透率对温度越敏感。根据式(10)、式(11)推导出温度敏感性系数与温度的关系模型:

$$\delta_T = -\frac{1}{k_1}abT^{b-1} \tag{12}$$

按上式计算得到煤样渗透率的温度敏感性系数随温度变化曲线(图 8)。

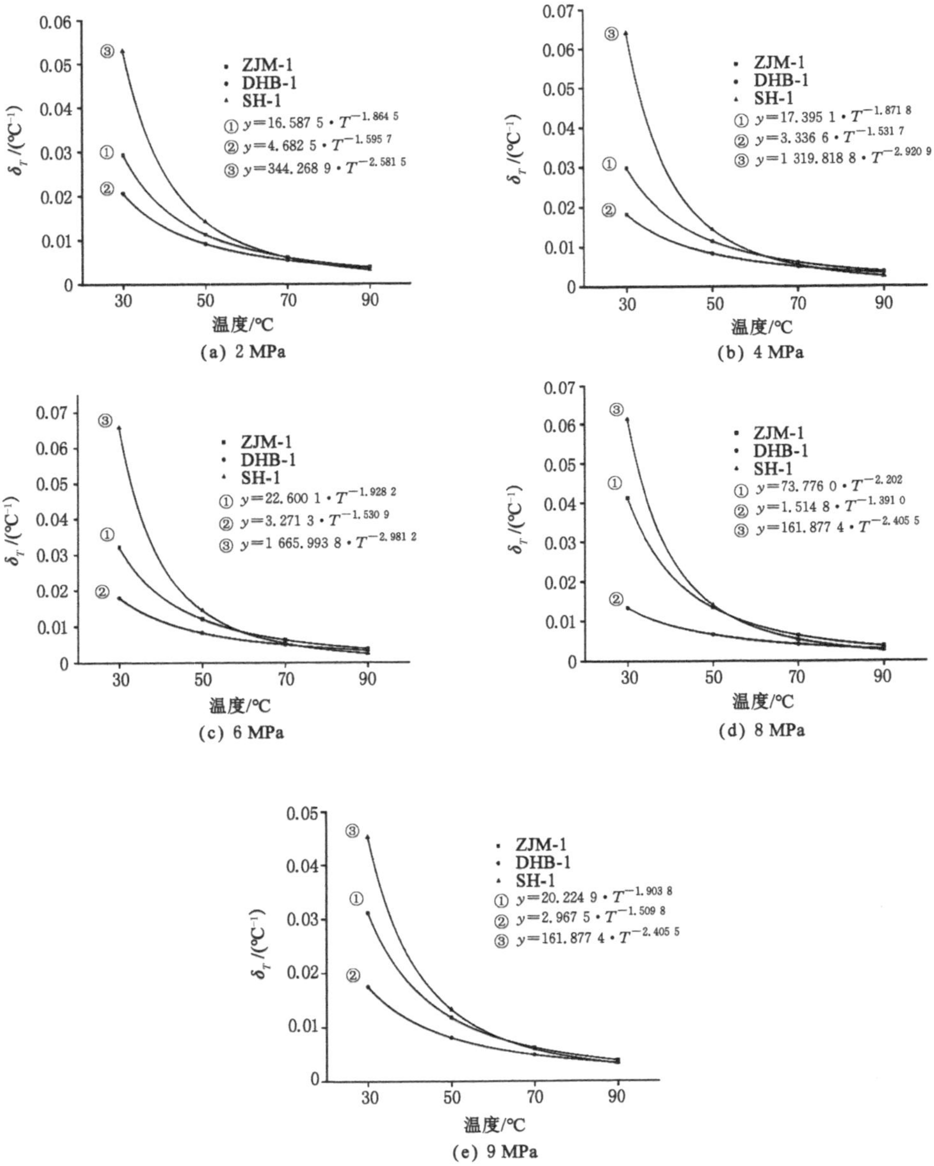

图 8 不同有效应力下温度敏感系数随温度变化曲线图

图 8 显示，在恒定有效应力条件下，温度敏感性系数 δ_T 随温度呈幂函数下降，温度小于 50 ℃时，各有效应力下温度敏感性系数快速下降，温度介于 50～70 ℃时，δ_T 下降速率减小，超过 70 ℃后，曲线趋于平缓，此时煤样渗透率对温度的响应达到最小值(实验温度下)。

不同煤样的温度敏感性存在差异：① 寺河煤样温度敏感性较高，但随温度增加下降较快，在低于 50 ℃条件下，寺河煤样温敏性最强；② 不同煤样温度敏感性差异随温度增加而减弱，在高于 70 ℃时，三个煤样温度敏感性具有趋同特征；③ 在 50～70 ℃范围内，SH-1 与 ZJM-1 煤样的温敏效应关系发生转换，ZJM-1 煤样温敏性开始超过 SH-1 的，转换温度随有效应力增加趋于降低，侧面呼应了高阶煤较强的应力敏感性；④ 大河边样品的温度敏感性整体最低，推测与其煤体结构相对破碎有关，即次生裂隙发育条件下渗透性对温度具有较高的"容错率"。综合而言，高阶煤温度敏感性强于中-低阶煤，但随温度增加差异减弱，具有趋同效应，与深部煤储层物性非均质性在较高地层温度与地层压力影响下相对减弱的事实吻合[13]，叠加煤体结构影响，使温敏性在不同煤样间呈现复杂性。

3.3 有效应力和温度耦合下的煤岩渗透率预测

煤岩渗透率受到有效应力和温度的共同作用，这种影响是不均衡的，在不同阶段各因素影响程度有所不同，导致传统单变量模型难以准确预测地层条件下的真实渗透率[35]。为此，基于上述煤样在不同温度与有效应力条件下的 CO_2 渗透率实验结果，选取 Exponential2D 模型：

$$k = k_0 + a \cdot e^{\frac{-T}{b}} \cdot e^{\frac{-\Delta\sigma}{c}} \tag{13}$$

式中，k 为渗透率，mD；k_0 为初始渗透率，mD；T 为温度，℃，$\Delta\sigma$ 为有效应力，MPa；a、b、c 为拟合系数。

设定有效应力为变量 X，温度为变量 Y，渗透率为变量 Z，绘制三维散点图，利用上述方程对数据进行曲面拟合，得到有效应力和温度共同作用下的煤岩渗透率二元预测模型(图 9)。

曲面拟合结果如下：

样品 ZJM-1：

$$k = 0.000\,126 + 0.049\,56 \cdot e^{\left(\frac{-\Delta\sigma}{3.676\,9}\right)} \cdot e^{\left(\frac{-T}{56.381\,0}\right)}, R^2 = 0.991\,1 \tag{14}$$

样品 DHB-1：

$$k = 0.002\,98 + 0.132\,32 \cdot e^{\left(\frac{-\Delta\sigma}{1.859\,4}\right)} \cdot e^{\left(\frac{-T}{71.278\,69}\right)}, R^2 = 0.988\,0 \tag{15}$$

样品 SH-1：

$$k = 0.000\,057 + 0.054\,22 \cdot e^{\left(\frac{-\Delta\sigma}{2.193\,62}\right)} \cdot e^{\left(\frac{-T}{27.306\,92}\right)}, R^2 = 0.990\,3 \tag{16}$$

曲面拟合结果显示，不同煤样对有效应力、温度的敏感性不同，渗透率变化幅度存在差异：① ZJM-1 煤样对有效应力和温度的敏感度都较高，具有同步下降规律[图 9(a)]；② DHB-1 号煤样在有效应力大于 4 MPa 时，温度敏感性较小，体现为在温度轴上数据下降趋势微弱[图 9(b)]，说明有效应力对该煤样渗透率的影响大于温度；③ SH-1 号煤样渗透率较低，亦具有明显的随温度与有效应力同步下降规律，且下降幅度高于 ZJM-1 煤样的，表示渗透率变化受两因素共同控制且敏感性更强[图 9(c)]。总体而言，温度敏感性弱于应力敏感性，寺河煤样温敏性最强，煤体结构破坏会弱化温敏性。

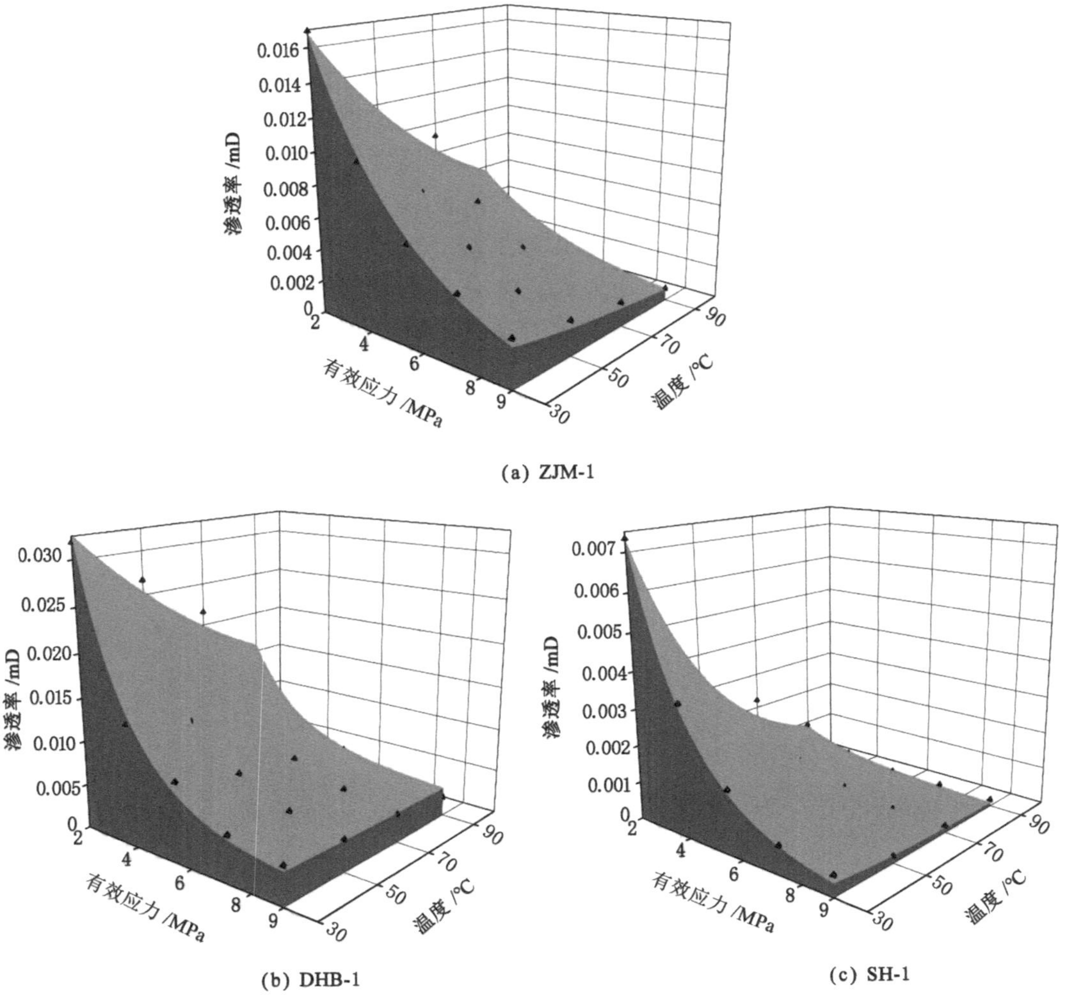

图 9　基于温度与有效应力的渗透率曲面拟合图

若考虑不同地区地温梯度、地应力梯度与储层压力梯度,可将模型中的温度、有效应力进一步转化为深度的函数,进而建立基于深度的渗透性预测模型,实现理论模型与真实地层地质条件的有效耦合,为相关地区不同深度煤层 CO_2 注入可行性评价提供依据。

4　结论

(1) 对三个地区煤样开展温度与有效应力控制下的 CO_2 气测渗透率实验,绝对渗透率实验结果显示 DHB-1>ZJM-1>SH-1,ZJM-1 煤样渗透率高于 SH-1 煤样,主要源于煤阶差异,DHB-1 煤样渗透率最高,主要受煤体结构控制。

(2) 对比定孔隙压缩系数和变孔隙压缩系数下的拟合结果,变孔隙压缩系数模型能更好地描述有效应力影响下的煤岩渗透率变化。在温度不变的情况下,煤储层渗透率随有效应力增大呈指数降低,依据渗透率损害率曲线形态将渗透率-有效应力关系划分为三个阶段:快速变化、缓慢变化与稳定阶段。构建渗透率损害率与渗透率曲率两个参数定量表征煤岩应力敏感性，随有效应力增高，渗透率损害率呈指数增加，渗透率曲率呈指数降低。DHB-1 由于煤体结构破碎表现出最强应力敏感性，SH-1 相较于 ZJM-1 具有较大的应力敏感性。

（3）在恒定有效应力条件下，渗透率、温度敏感性系数随温度升高呈幂函数降低；煤样渗透率的温度敏感性弱于应力敏感性。高阶煤的温度敏感性强于低阶煤的，DHB-1 样品由于碎裂煤体结构表现出较低的温度敏感性；随着温度升高（>70 ℃），3 个煤样的温度敏感性有趋同性，即对温度的敏感性达到最小值。

（4）利用曲面拟合方法构建了有效应力与温度双重制约下的煤储层渗透率综合预测模型，可为相关地区不同深度条件下 CO_2 注入煤层可行性评价、CO_2-ECBM 技术实施等提供理论依据。

参考文献

[1] IEA. Energy Technology Perspectives 2017[R]. Paris：IEA Publications, 2017.

[2] 张鸿翔，李小春，魏宁. 二氧化碳捕获与封存的主要技术环节与问题分析[J]. 地球科学进展，2010，25(3)：335-340.

[3] Paris Climate change agreement-climate change agreement signed in 2016[EB/OL].

[4] MAZZOTTI M，PINI R，STORTI G. Enhanced coalbed methane recovery[J]. The Journal of Supercritical Fluids，2009，47(3)：619-627.

[5] LEUNG D Y C，CARAMANNA G，MAROTO-VALER M M. An overview of current status of carbon dioxide capture and storage technologies[J]. Renewable and Sustainable Energy Reviews，2014，39：426-443.

[6] NIU QINGHE, WANG QIZHI, WANG WEI, et al. Responses of multi-scale microstructures, physical-mechanical and hydraulic characteristics of roof rocks caused by the supercritical CO_2-water-rock reaction[J]. Energy, 2022, 238(PartB)：121727.

[7] 桑树勋，刘世奇，王文峰. 深部煤层 CO_2 地质存储与煤层气强化开发有效性理论及评价[M]. 北京：科学出版社，2020.

[8] 任京伟，王涛，陈雨雷，等. CO_2 矿化研究现状及应用潜力[J]. 地球科学，2020，45(7)：2413-2425.

[9] PAN Z J，YE J P，ZHOU F B，et al. CO_2 storage in coal to enhance coalbed methane recovery：a review of field experiments in China[J]. International Geology Review，2018，60(5/6)：754-776.

[10] 傅雪海，秦勇，姜波，等. 高煤级煤储层煤层气产能“瓶颈”问题研究[J]. 地质论评，2004，50(5)：507-513.

[11] 傅雪海，秦勇，韦重韬. 煤层气地质学[M]. 徐州：中国矿业大学出版社，2007：76-81.

[12] 秦勇，申建，王宝文，等. 深部煤层气成藏效应及其耦合关系[J]. 石油学报，2012，33(1)：48-54.

[13] 秦勇,申建.论深部煤层气基本地质问题[J].石油学报,2016,37(1):125-136.

[14] 陈术源,秦勇,申建,等.高阶煤渗透率温度应力敏感性试验研究[J].煤炭学报,2014,39(9):1845-1851.

[15] 陈世达,汤达祯,高丽军,等.有效应力对高煤级煤储层渗透率的控制作用[J].煤田地质与勘探,2017,45(4):76-80.

[16] 李波波,王斌,杨康,等.应力与温度综合作用的煤岩渗透机理[J].中国矿业大学学报,2020,49(5):844-855.

[17] 高政.考虑温度与应力作用下煤岩吸附-渗透机理研究[D].贵阳:贵州大学,2021.

[18] 姚冠霖,唐明云,郑鹏先,等.孔隙压力和温度对煤岩中氮气渗流影响的实验研究[J].煤矿安全,2021,52(3):19-24.

[19] 蒲钰昕,赵东,蔡婷婷,等.不同煤岩组合渗透率的影响因素试验研究[J].矿业研究与开发,2021,41(12):88-98.

[20] 刘顺喜,樊坤雨,金毅,等.深部煤储层应力敏感性特征及其对煤层气产能的影响[J].煤田地质与勘探,2022,50(6):56-64.

[21] 张磊,田苗苗,卢硕,等.不同含水率煤体液氮致裂渗透率变化规律及应力敏感性分析[J].岩土力学,2022,43(S1):107-116.

[22] WANG C G,FENG J L,LIU J S,et al. Direct observation of coal-gas interactions under thermal and mechanical loadings[J]. International Journal of Coal Geology,2014,131:274-287.

[23] 孙光中,王公忠,张瑞林.构造煤渗透率对温度变化响应规律的试验研究[J].岩土力学,2016,37(4):1042-1048.

[24] 张海路.含瓦斯褐煤渗透率影响因素实验研究[D].淮南:安徽理工大学,2021.

[25] MANAB MUKHERJEE, SANTANU MISRA. A review of experimental research on enhanced coal bed methane (ECBM)recovery via CO_2 sequestration[J]. Earth-Science Reviews,2018,179:392-410.

[26] SHANG XIAOJI, WANG J G, ZHANG ZHIZHEN,et al. A three-parameter permeability model for the cracking process of fractured rocks under temperature change and external loading[J]. International Journal of Rock Mechanics and Mining Sciences,2019,123:104106.

[27] TENG TENG, WANG J G, GAO FENG,et al. Complex thermal coal-gas interactions in heat injection enhanced CBM recovery[J]. Journal of Natural Gas Science and Engineering,2016,34:1174-1190.

[28] KLINKENBERG L J. The Permeability of Porous Media to Liquids and Gases [C]//Drilling and Production Practice,1941,200-213.

[29] MCKEE C R, BUNB A C,KOENIG R A. Stress-dependent permeability and porosity of coal[C]//Proceedings of Coalbed MethaneSymposium. Tuscaloosa,Alabama,1987:183-193.

[30] 汪岗,秦勇,申建,等.基于变孔隙压缩系数的深部低阶煤层渗透率实验[J].石油学报,2014,35(3):462-468.

［31］ LI H Y，SHIMADA S，ZHANG M. Anisotropy of gas permeability associated with cleat pattern in a coal seam of the Kushiro Coalfield in Japan［J］. Environmental Geology，2004，47(1)：45-50.

［32］ 马如英，王猛，阿斯亚・巴克，等. 准东南低阶煤覆压孔渗试验研究［J］. 中国矿业大学学报，2020，49(6)：1182-1192.

［33］ 程鸣，傅雪海，张苗，等. 沁水盆地古县区块煤系"三气"储层覆压孔渗实验对比研究［J］. 天然气地球科学，2018，29(8)：1163-1171.

［34］ 许江，张丹丹，彭守建，等. 三轴应力条件下温度对原煤渗流特性影响的实验研究［J］. 岩石力学与工程学报，2011，30(9)：1848-1854.

［35］ 东振，申瑞臣，薛华庆，等. 考虑滑脱效应的低阶煤动态渗透率预测新模型［J］. 岩土力学，2019，40(11)：4270-4278.

作者简介：郭晨(1988—)，男，汉族，山西晋城人，副教授，硕士生导师，工学博士。

基于甲烷等温吸附实验的深部煤层饱和含气量预测——以贵州中高阶煤为例

韩思杰[1,2],赵福平[3,4],徐　昂[5],张金超[5],向文鑫[5],任海鹰[3,4]
(1.中国矿业大学江苏省煤基温室气体减排与资源化利用重点实验室,江苏徐州,221008;
2.中国矿业大学碳中和研究院,江苏徐州,221008;
3.自然资源部复杂构造区非常规天然气评价与开发重点实验室,贵州贵阳,550081;
4.贵州省油气勘查开发工程研究院,贵州贵阳,550081;
5.中国矿业大学资源与地球科学学院,江苏徐州,221116)

详细摘要:中国深部煤层气资源丰富,是煤层气产业规模化开发的重要资源基础,1 500 m以深煤层气地质资源量是1 500 m以浅的2倍以上,勘探开发潜力巨大,且在沁水盆地、鄂尔多斯盆地和准噶尔盆地均取得了突破,但深部煤层气资源评价与选区等基础地质工作薄弱,整体开发效果较差。深部煤层气综合开发是中国煤层气增出上产与持续发展的基础,精准评价深部煤层气含气特征对煤层气高效开发具有重要意义。

本次研究以贵州六盘水煤田WJZ-11中阶煤和黔北煤田LT-6高阶煤为例,开展了全孔径孔隙结构量化表征(压汞和低压气体吸附法)和不同温度条件下高压甲烷等温吸附实验,结合朗缪儿等温吸附方程在不同温度、压力下的变形,基于物质平衡原理建立了以过剩吸附量和全孔隙游离量为基础的深部煤层饱和含气量预测方法,同时计算了中高阶煤甲烷吸附相平均分子层数,揭示了中高阶煤不同孔径孔隙中的甲烷多元化吸附行为,讨论了中高阶煤不同算法饱和含气量差异性及其孔隙尺寸效应。研究结果(表1)表明:① 利用温度与朗缪儿参数的线性关系,分别计算了贵州中高阶煤0～3 000 m深度煤层过剩吸附量和绝对吸附量,WJZ-11煤甲烷绝对吸附量呈先增后减的变化趋势,最大吸附量出现在2 300 m左右,而LT-6煤甲烷绝对吸附量呈近线性增长;二者过剩吸附量与绝对吸附量的差距随埋深增加逐渐增大,高阶煤吸附能力转换的临界深度显著深于中阶煤。② 分别运用原始算法和改进算法计算对比了贵州中高阶煤0～3 000 m深度煤层饱和含气量,中阶煤饱和含气量在400 m以浅迅速增加,而后显著放缓,两种算法差异随埋深增加而加大;高阶煤饱和含气量随埋深呈近线性增长,两种算法结果接近,大约为每100 m增加1.7 cm^3/g(图1);微孔体积与吸附空间的相对大小决定了两

基金项目:国家自然科学基金重点项目(42030810);国家自然科学基金青年项目(42102207);贵州省级地勘基金项目(52000021MGQSE7S7K6PRP);贵州省科技重大协同创新项目([2022]ZD001)。

表 1　贵州中高阶煤朗缪儿吸附方程拟合结果与平均吸附分子层

煤样	比表面积/(m^2/g)	温度/℃	V_L/(cm^3/g)	P_L/MPa	R^2	平均吸附分子层数
WJZ-11	75.81	30	29.56	2.34	0.73	1.66
		40	28.65	1.87	0.89	1.61
		50	27.63	3.12	0.79	1.56
		60	26.32	3.38	0.90	1.48
		70	24.1	6.23	0.89	1.36
		80	22.15	4.76	0.94	1.25
LT-6	249.28	30	32.72	6.94	0.97	0.56
		40	31.46	6.15	0.97	0.54
		50	30.08	6.86	0.96	0.52
		60	29.26	5.97	0.97	0.50
		70	27.47	2.8	0.81	0.47
		80	26.52	3.01	0.89	0.45

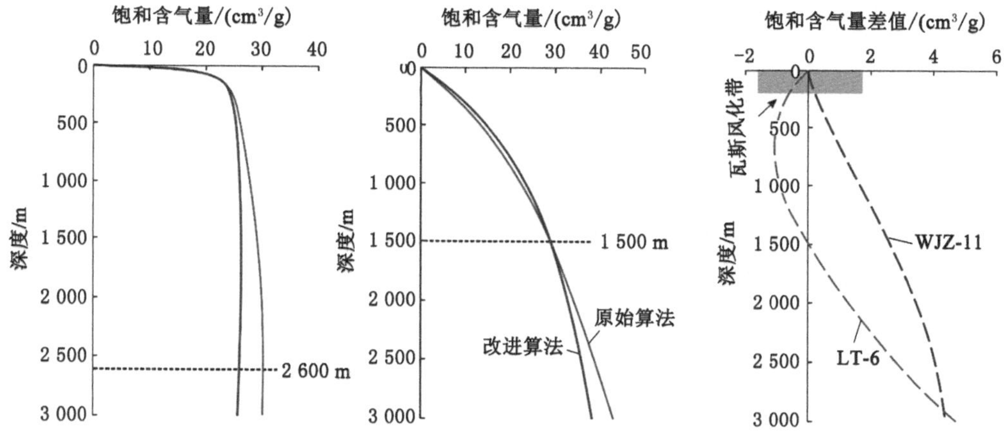

图 1　不同计算方法下煤层含气量随埋深变化的预测结果

种算法结果之间的误差；吸附气仍然是深部煤层气的主体来源，但其贡献能力随埋深显著降低。③ 不同温度下，WJZ-11 煤平均吸附相分子层数为 1.25～1.66，而 LT-6 煤仅为 0.45～0.56，中阶煤中吸附相甲烷分子呈现多分子层吸附，且在较小微孔中表现为完全填充，而高阶煤中吸附相甲烷分子仅发生不饱和单分子层吸附，较小微孔中可能出现不完全填充，中阶煤甲烷可填充孔径上限大于高阶煤；中阶煤大中孔与较大微孔中的多分子层吸附对吸附能力贡献不能忽略，而高阶煤中微孔中吸附相甲烷主导了吸附能力。④ 埋深条件下甲烷吸附行为的孔隙尺寸效应，即中阶煤大中孔和较大微孔内吸附相甲烷的重复计算，高阶煤微孔中漏算的游离相甲烷与大中孔内重复计算的吸附相甲烷之间的相对大小是造成两种算法结果的差异根本原因(图 2)；基于准确评价深部煤层饱和含气量的目的，建议在开展深部煤层气勘探开发中首先开展模拟深部煤储层条件下的甲烷等温吸附实验与全孔径孔隙发育特征评价。研究旨在准确地预测深部煤层饱和含气量,揭示孔隙尺寸对中高阶煤甲烷吸附行为差异性的控制作用,阐明深部煤层甲烷吸附过程与储气机理。

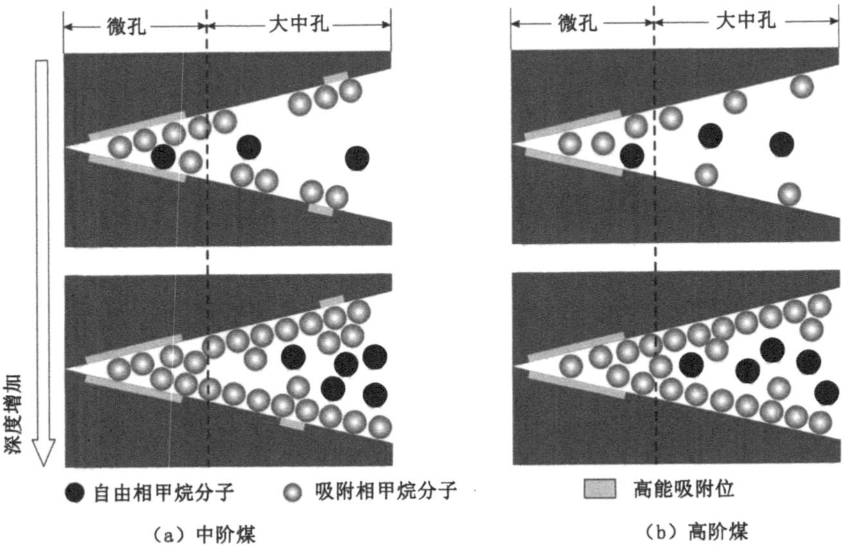

图 2　中高阶煤含气量分布及孔隙尺寸效应对不同计算结果的影响

关键词:过剩吸附;深部煤层气;饱和含气量;预测与对比;中高阶煤;孔隙尺寸效应

作者简介:韩思杰(1991—),男,安徽旌德人,助理研究员,2020 年毕业于中国矿业大学资源与地球科学学院,获地质资源与地质工程博士学位,主要从事煤基 CO_2 地质封存与地质利用、煤系非常规天然气勘探开发研究。

低透气性煤层强扰动增透措施关键卸压指标研究

李学臣，郝　殿，郭艳飞
（焦作煤业集团有限责任公司科学技术研究所，河南焦作，454002）

摘　要：水力冲孔等增透措施是低透气性煤层强化瓦斯抽采的主要技术手段，不同程度的扰动卸压破坏对钻孔瓦斯抽采效果有着不同的影响。本文针对低透气性煤层实施水力冲孔卸压增透措施后钻孔瓦斯抽采特征进行研究，综合确定了提高钻孔瓦斯抽采效果的关键卸压技术指标，为低透气性煤层实施强扰动卸压增透技术措施提供借鉴。

关键词：低透气性；瓦斯抽采；水力冲孔；强扰动；卸煤率

瓦斯抽采作为高突矿井煤层瓦斯治理的重要技术手段，在国内各突出矿井得到了广泛的应用和发展。从单一煤层顺层钻孔瓦斯抽采到穿层钻孔瓦斯抽采，从井下钻孔区域预抽到地面钻井超前区域抽采，在相关施工技术装备和工艺不断进步的推动下，瓦斯抽采技术不断发展，有力保障了瓦斯抽采利用和安全生产。围绕低透气性煤层卸压增透，国内各高突矿区进行了大量的研究和实践，深孔预裂爆破[1]、水力压裂[2]、CO_2 相变致裂[3]等技术都取得了一定的应用效果，加快了采掘工作面瓦斯抽采达标速度。以河南省单一低透气性煤层开采为代表的各矿区突出矿井，近些年来大力推进底板岩巷施工穿层钻孔预抽煤巷条带瓦斯和回采区段煤层瓦斯的区域治理技术措施，辅以卸压增透手段，形成了较为成熟的瓦斯治理技术模式[4]。水力冲孔、水力割缝、机械扩孔等增透措施，都是以掏煤卸压为特点，不同矿区或煤层赋存情况下，掏煤卸压强度不同，所产生的增透效果也存在差异，研究强扰动卸压增透煤体内钻孔瓦斯抽采特征和关键卸压指标，对于准确实施区域瓦斯治理具有重要的指导意义。

1　焦作矿区瓦斯治理技术发展及现状

焦作矿区是河南省煤与瓦斯突出危险性最为严重的矿区之一，主采的$二_1$ 煤层平均厚度为 5.5 m，下部$一_5$、$一_2$ 煤赋存不稳定且普遍不可采，受奥陶系灰岩和太原组 L_8 灰岩含水层威胁严重，无开采保护层技术条件。$二_1$ 煤层瓦斯含量高达 15～42 m^3/t，瓦斯压力最大为 2.42 MPa，煤层透气性系数一般在 0.2～0.4 $m^2/MPa^2 \cdot d$，瓦斯预抽困难，抽采达标周期长。自 1956 年发生第一次煤与瓦斯突出事故以来，焦作矿区不断加大瓦斯防治技术研究与探索，先后经过了从单纯防护到主动治理、从局部综合防突到两个“四位一体”相结合、从技术型防突到工程型区域治理的转变。近些年来，各突出矿井逐步形成了以底板岩巷穿层抽采煤巷条带煤层瓦斯和穿层中深孔超前预抽区段煤层瓦斯相结合的区域瓦斯治理技术路线。通过底板抽采巷超前抽采煤巷条带煤层瓦斯,并在底板抽采巷向回采区域施工中深穿层钻孔,对于无法实现全覆盖的区域,布置中间底抽巷,实现三条底抽巷掩护一个回采区段、穿层钻孔超前全覆盖抽采治理。

在实施穿层钻孔预抽煤层瓦斯技术的工程实践中,由于焦作矿区煤层透气性差,吸附瓦斯能力强,大力推广了穿层钻孔水力冲孔、水力割缝、机械扩孔造穴等增透技术工艺,确保回采区段一次性穿层钻孔抽采治理评判达标,瓦斯治理效果得到了进一步巩固。但由于各矿井煤层瓦斯地质条件存在着差异,在复合煤层的软分层实施水力冲孔等冲煤卸压措施较为容易[5],实施过程中往往要求“能冲尽冲”,对于单位长度冲煤量指标缺乏科学的研究;在缺少软分层的中硬以上煤层中,则相应对冲煤量指标有所放松,穿层钻孔在一定程度上仍然是以抽采瓦斯为主。在水力冲孔容易引起钻孔强烈喷孔的情况下,合理利用强扰动卸压措施实现煤体增透抽采、高效消突也不同程度地受到了关注,深入研究强扰动卸压煤体钻孔瓦斯抽采特征,对于提高瓦斯防治效果显得尤为重要。

2 强扰动卸压增透作用机理及特点

2.1 不同措施卸压增透作用机理

虽然针对低透气性煤层开展的卸压增透进行了大量研究,但由于措施的作用机理存在一定的差异,实施效果经过实践检验也各有不同。在焦作矿区先后开展的水力压裂、预裂爆破等增透试验区域,通过跟踪考察发现,虽然措施后影响范围内钻孔初始抽采浓度和流量大幅提高,但钻孔不同程度地存在衰减速度快、难以持续抽采的弊端,甚至在采区水力压裂等措施的钻孔或钻井附近,仍出现打钻困难、严重喷孔的现象[6,7]。分析原因认为,水力压裂和预裂爆破等增透措施是在封闭的煤体中进行挤压、胀裂,新形成的孔裂隙很容易随着时间延长而逐步闭合;同时,这些措施在改变一定区域内煤体应力时,不仅会形成应力降低区,还会形成新的应力集中区,进而影响应力集中区内的瓦斯解吸[8,9]。

煤层在上覆岩层压力、构造应力及地应力等多重应力的综合作用下,在不同的应力作用下,煤体内的裂隙也处于稳定—闭合—张开的反复变化过程中,提高煤层的透气性,就是要将煤层内的孔裂隙尽可能充分打开。工程实践表明,不同直径的钻孔卸压影响范围不同,钻孔直径越大卸压影响范围越大;与其类似,如果从煤层内掏出一定体积的煤体,就可形成一定的卸压空间,因此应在打钻过程中利用外力将煤体充分破碎排除[10]。研究证明,实施水力冲孔等掏煤卸压措施后,可以在煤层内形成足够的卸压空间,避免煤体裂隙的重新闭合,从而加快煤层的瓦斯解吸,与水力压裂等增透措施有着不同的作用特点[11]。采用 FLAC3D 数值模拟软件,对穿层钻孔水力冲孔这一掏煤卸压措施进行模拟,得到以钻孔为中心的围岩应变模拟结果如图 1 所示。

由图 1 可以看出,钻孔施工及采取水力冲孔等强扰动措施后,钻孔周围煤体发生了较大的变形破坏,无论垂直方向还是水平方向,距离钻孔越近变形越大。当煤层为全硬煤时,采用水力割缝和机械扩孔等措施在煤层中制造一定尺寸的缝槽或孔洞,其卸压作用机理与扩大钻孔直径类似;对于复合煤层,软分层中钻孔周围的应变更多的是水平应变,原因在于软分层更易

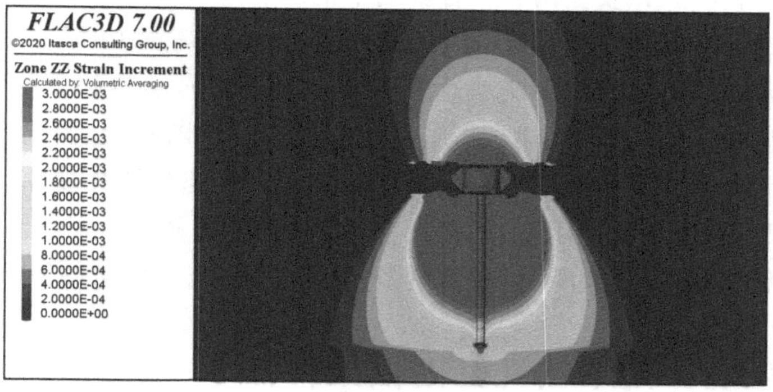

（a）钻孔周围围岩总应变云图

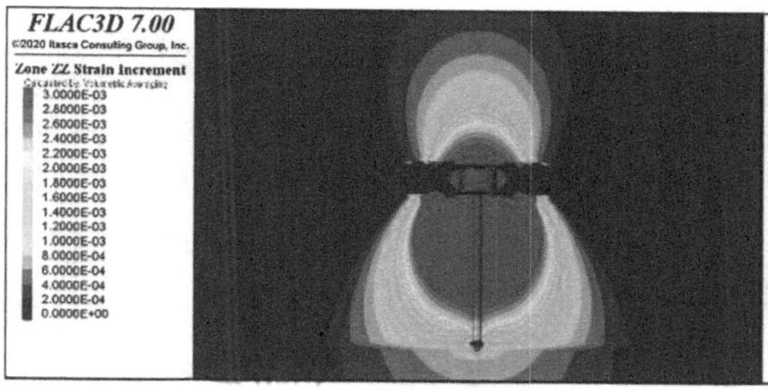

（b）垂直应变

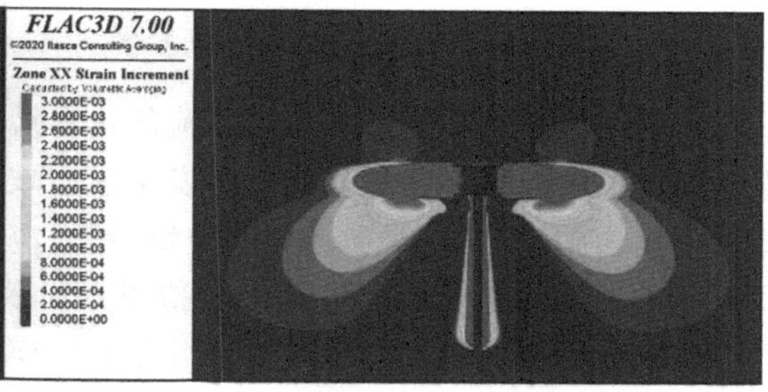

（c）水平应变

图 1　穿层钻孔实施水力冲孔措施后周边围岩数值模拟应变云图

随煤体的破碎而在水平方向上形成更大的孔洞；硬煤分层虽然水平应变较小，但在垂直方向上的应变，同样可以达到较为充分的卸压效果。因此，在复合煤层采取水力冲孔等增透措施的过程中，更多地在软煤分层附近加大冲孔时间，最大化地冲出煤体，能够更好地达到卸压增透的目标。

2.2　强扰动措施卸压作用特征

一般情况下，赋存在煤层中的瓦斯多以吸附态存在，其比例高达 80%～90%；其余部分为游离态的瓦斯，存在于煤层孔裂隙及微孔裂隙中间，表现为煤层瓦斯压力。在外界条件不变的情况下，吸附状态的瓦斯分子和游离状态的瓦斯分子处于不断交换的动平衡之中，当外界条件改变时，这种动平衡状态会被破坏而产生新的平衡。在煤层中施工钻孔过程中，随着钻屑的排出原有的应力平衡被打破，钻孔周围煤体卸压解吸瓦斯、应力逐步降低，导致钻孔周围卸压区不断扩大，直至卸压区强度足够抵抗集中应力的作用，卸压破坏才会逐步停止，但深部的煤体瓦斯仍会继续解吸释放，卸压影响有效区随时间的推移而扩大。

突出矿井实施水力冲孔等强扰动卸压措施时，不仅在煤层中形成较大的卸压空间，也加快了钻进过程中单位时间排渣量，而钻孔卸压速度越快，影响范围越大，单位时间解吸出的游离瓦斯量必然越高，与采掘作业空间就会形成更高的瓦斯压力梯度，携带大量的钻粉从孔内涌出的速度就会越高，从而形成不同程度的钻孔喷孔等动力现象[12-14]。一般来说，穿层钻孔施工发生喷孔的类型可以分为三种形式，即孔内煤体在瓦斯快速解吸搬运作用下的突出型，钻孔排渣通道堵塞形成的堵孔型，以及在两者综合影响下的综合型。突出煤层实施水力冲孔作业期间，在高压水射流的冲击破坏下，持续不断的高强度冲击极易诱发短时间内煤、水、气混合物的大量积聚，在无法及时疏导排出或者流动通道不顺畅的情况下，自然就会发生喷孔。由于高压水的参与，孔壁煤体破坏产生劈裂裂隙，膨胀瓦斯致使裂隙不断扩展、贯通，最终将煤体抛出，孔内突出发生，瞬间大量的突出物向外排出。排渣期间可能遇到堵孔现象，导致喷出终止，而后在钻杆转动及积聚高压水的作用下，堵孔现象消失，喷出现象继续发展。因此，水力冲孔作业期间极易发生综合型的喷孔现象，也使其具备了强扰动卸压的作用特征[15,16]。

3　不同卸压强度作用下钻孔瓦斯抽采特征

3.1　强扰动卸压对钻孔瓦斯抽采的影响

水力冲孔是一种类似高压水射流的技术措施，其对构造软煤的损伤破坏作用显著，具有显著的增透抽采效果。当煤体整体不发生损伤破坏时，随着应力的增加，透气性逐步下降；当煤体发生损伤破坏以后，煤体透气性突增，围岩应力状态对煤体透气性的变化起到控制作用，且原生煤的透气性变化幅度要大于构造煤[17]。采用 FLAC3D 数值模拟软件，对常规钻进和水力冲孔扰动的钻孔周围煤层透气性分布进行模拟，模拟结果见图 2 所示。

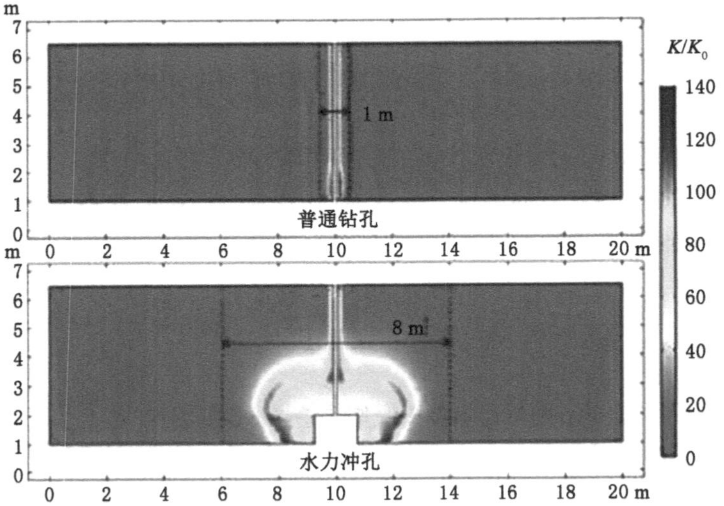

图 2　穿层钻孔周围煤体透气性变化分布图

由于水力冲孔对煤层的强扰动作用，钻孔的卸压影响范围成倍增加，透气性大幅提高。对古汉山矿、九里山矿、中马村矿等矿井采取水力冲孔措施前后的煤体透气性进行考察，结果表明，九里山矿 16 采区穿层钻孔水力冲孔后，经 90 d 的抽采后，距钻孔 3 m 处煤体透气性增加 78.21 倍、5 m 处增加 57.67 倍、6 m 处增加 11.21 倍。古汉山矿 16 采区在实施水力冲孔作业地点的考察表明，煤体透气性系数经近 1 年的抽采后透气性增加 86 倍，由 0.027 $m^2/MPa^2 \cdot d$ 提高至 2.35 $m^2/MPa^2 \cdot d$，在钻孔抽采有效影响范围内的煤体得到了卸压增透。

进一步对比同一区域实施水力冲孔作业期间发生喷孔和未发生喷孔的钻孔瓦斯抽采浓度变化曲线，具体见图3所示。可以看出，无论是同组钻孔还是相邻钻孔，钻进期间发生喷孔的钻孔抽采浓度均要大于未发生喷孔的钻孔，其衰减速度也要明显小于未发生喷孔的钻孔，水力冲孔对煤体的强扰动作用越强，钻孔周围补给瓦斯越充分，卸压增透作用越明显。

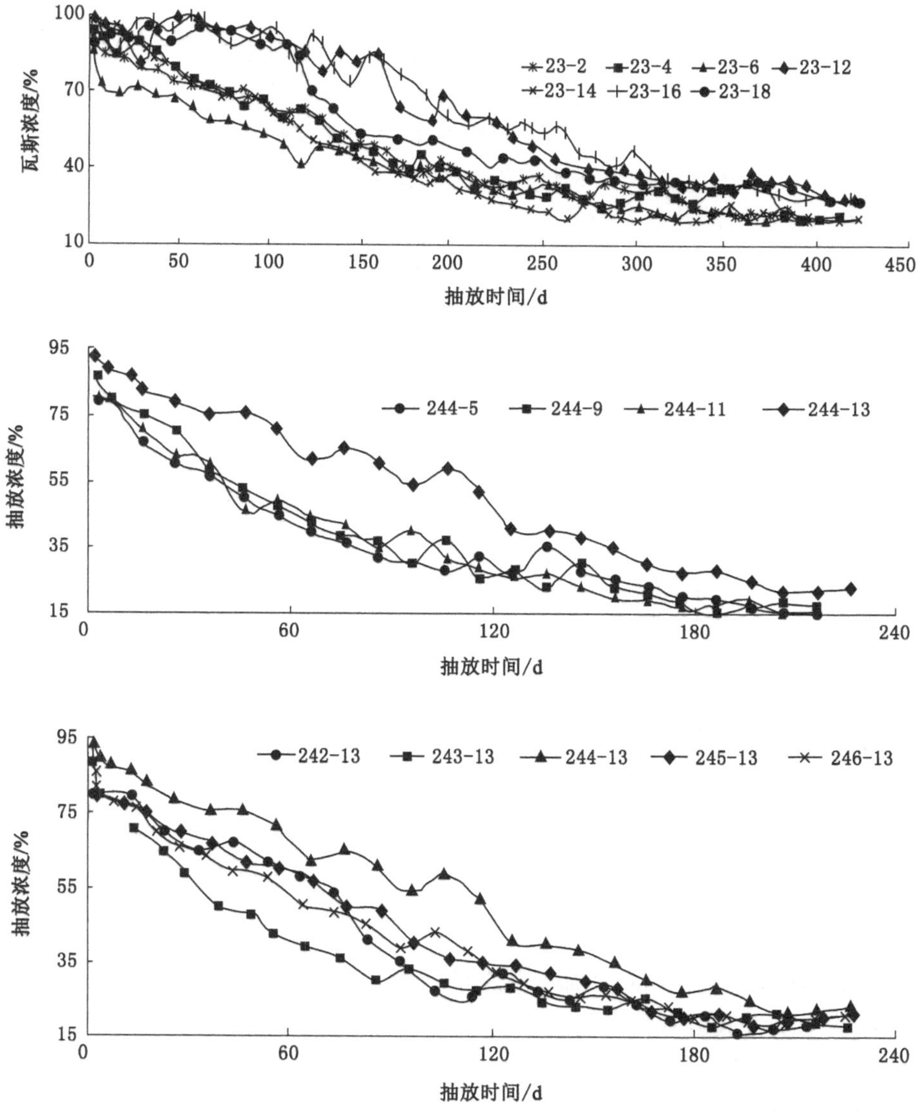

图3　23组双号钻孔瓦斯抽采浓度变化情况

（23-12、23-16、23-18、244-13均为喷孔钻孔）

3.2　不同卸压强度钻孔瓦斯抽采规律

在实施穿层钻孔水力冲孔作业的过程中，将单位长度煤层钻孔能够冲出的煤量称为钻孔冲孔卸压强度，依据钻孔单位长度冲煤量换算钻孔周围空洞直径，一般要远远大于钻孔的自然钻进半径。在复合煤层赋存条件下实施水力冲孔作业,能够显著增加钻孔出煤量,提高钻孔周围煤体透气性,在煤体构造煤不发育、冲孔规模较小区域,钻孔有效卸压范围和效果则必然有所削弱。在煤层瓦斯抽采过程中,直接表征煤层透气性的指标可以用钻孔有效抽采半径衡量,即在一定时间内抽采钻孔能够抽采到的最大影响范围,该参数与煤层原始瓦斯含量、抽采时间和煤层透气性相关,考察钻孔有效抽采半径,可以进一步分析不同冲孔卸压强度对钻孔瓦斯抽采的影响[18]。

钻孔有效抽采半径采用现场直接测定法,一般在抽采钻孔周边不同距离布置测试钻孔,通过测定测试钻孔内瓦斯压力、瓦斯涌出量或打钻过程中钻屑解吸指标值的变化,作为钻孔有效抽采半径的判断指标。不同卸煤强度,可以看作在水力冲孔作用下钻孔周围煤体卸压范围的差异,单位时间冲煤量大小与煤体破坏速度相关,冲孔速度越快,解吸量越大,发生喷孔的强度越大。为考察不同卸煤强度钻孔有效抽采半径,对焦作矿区古汉山矿、九里山矿、中马村矿三对矿井正常钻进不冲孔、水力冲孔等不同方式下的单位长度钻孔出煤量进行准确计量,作为判断分析依据,考察了不同卸压强度情况下的钻孔有效抽采半径。统计不同冲孔卸压强度情况下的钻孔有效抽采半径,如表 1 所示。

表 1　不同卸压强度下钻孔有效抽采半径

矿名	采区	钻孔类型	冲孔强度/(t/m)	180d 最大有效抽采半径/m
中马村矿	39 采区	穿层	未冲孔	2.30
		穿层	0.25	3.52
		穿层	0.50	3.74
古汉山矿	15 采区	穿层	0.50	4.09
	16 采区	穿层	0.30	3.59
		穿层	0.50	3.89
	17 采区	顺层	未冲孔	2.68
九里山矿	15 采区	顺层	未冲孔	2.84
	16 采区	穿层	未冲孔	3.05
	16 采区	穿层	0.40	3.98

提高钻孔有效出煤量是提高钻孔抽采效率的有效手段,从不同出煤量钻孔有效抽采半径的差异分析认为,水力冲孔等强扰动措施在高压水等外力的作用下快速破碎煤体,单位钻孔长度周围煤体卸压破碎的范围增大,破碎煤体解吸释放出的瓦斯量和周围更远处煤体补给的瓦斯量也越大,不同卸压强度对钻孔瓦斯抽采产生较大影响。从表 1 可以看出,中马村矿 39 采区和古汉山矿 16 采区钻孔有效抽采半径随着钻孔单位长度冲煤量的增大而增大,具有明显的规律性。古汉山矿 16 采区和九里山矿 15 采区相邻,实施水力冲孔的穿层钻孔有效抽采半径明显大于顺层钻孔;九里山矿 16 采区煤层透气性高于古汉山矿 16 采区,冲孔卸煤率较低时,有效抽采半径仍略大于后者。

4 低透气性煤层强扰动卸压关键指标的确定

水力冲孔等以卸压掏煤为特点的强扰动增透措施，虽然随着冲孔（掏煤）卸压强度的增加，能够有效地增加钻孔的有效抽采影响范围，但并非是冲煤量越多越好，必须综合考虑施工速度和抽采效率之间的平衡。为进一步指导水力冲孔等强扰动卸压措施，基于对水力冲孔提高煤层透气性的作用和卸压煤体内钻孔瓦斯抽采特征的认识，焦作矿区在实施水力冲孔等强扰动卸压增透措施时，将单位长度钻孔平均应冲煤量（卸煤率）作为判断措施有效性的关键判定指标，成组控制区域内的穿层钻孔卸煤总量，则应能达到在该区域形成足够卸压空间的要求。

近些年来，焦作矿区九里山矿、中马村矿、古汉山矿通过大力实施水力冲孔强扰动卸压措施，采掘工作面瓦斯防治得到了有效保障，抽采达标时间缩短至 6 个月以内，区域措施效果检验实测残余瓦斯含量均小于 6 m^3/t，实现了均匀卸压消突，主要在于严格控制了水力冲孔措施的掏煤卸压指标。根据统计，九里山矿 16 采区平均钻孔卸煤率达到 0.67 t/m，中马村矿 39 采区平均钻孔卸煤率达到 0.75 t/m，古汉山矿 16 采区平均钻孔卸煤率达到 0.59 t/m；各矿井区域卸煤总量则达到控制区域总煤量的 30‰以上。在现场作业期间，为达到较好的卸压消突效果，焦作矿区各突出矿井一般要求钻孔冲孔卸煤量应达到控制区域内煤体总量的 20‰，单孔长度钻孔卸煤率应达到 0.5 t/m 以上。

按照上述要求，各矿井在进行穿层钻孔抽采设计时，钻孔间距严格依据不同冲孔强度对应的有效抽采半径确定；实际施工穿层钻孔并进行冲孔作业期间，严格对钻孔的单位冲煤量进行计量考核，确保满足设计时达到有效影响范围的冲煤量指标，确保有效消除抽采空白带，实现突出煤体均匀卸压消突。

5 结论

水力冲孔等以掏煤卸压为特点的强扰动卸压增透措施，在国内突出矿井得到了较为广泛的推广和应用，虽然实施水力冲孔措施期间容易导致钻孔喷孔等问题的发生，对作业现场产生一定的安全威胁，但强扰动作用下的钻孔喷孔能够更好地增加卸压影响范围，对于提高瓦斯抽采效果和实现抽采区域煤体均匀卸压有着重要的作用。突出煤层应严格采取有效的钻孔防喷技术措施，在防止瓦斯事故的同时，利用强扰动卸压措施技术实现诱喷增透。

不同冲孔卸压强度下，钻孔有效抽采影响范围存在着差异，突出矿井应对不同冲孔强度下的钻孔有效抽采半径进行实际考察。在实施水力冲孔等强扰动卸压措施期间，应紧密结合煤层和瓦斯赋存特征，合理确定穿层钻孔卸煤率关键指标，优化冲孔技术参数，并严格做好冲孔掏煤作业期间的钻孔出煤量计量考核，确保突出煤层均匀卸压消突。

参 考 文 献

[1] 程磊，张玥，李辉，等．低渗透性煤层深孔预裂爆破参数优化模拟研究[J]．煤炭技术，2022，41(10)：155-158.

[2] 陈凯，张东明，任发科．水力压裂试验中煤体扰动应力变化规律研究[J]．煤矿安全，

2023,54(3):79-84.

[3] 陈继福.底抽巷穿层钻孔液态 CO_2 相变致裂增透技术研究[J].煤炭工程,2020,52(3):62-65.

[4] 贵宏伟,李学臣,郭艳飞.强吸附煤层近吸附平衡状态瓦斯解吸规律[J].煤矿安全,2018,49(4):20-24.

[5] 郝志远.软硬复合煤层钻孔高压水射流卸压增透机制及应用研究[D].徐州:中国矿业大学,2020.

[6] 何明川.层状构造煤层定向钻孔水力压裂瓦斯高效抽采技术[J].煤矿安全,2022,53(12):62-67.

[7] 王小涵,高魁.基于AHP-模糊数学法的煤层深孔预裂爆破效果综合评价[J].煤炭工程,2021,53(4):126-130.

[8] 李全贵,邓羿泽,胡千庭,等.煤层水力压裂应力与裂隙演化的细观规律[J].煤田地质与勘探,2022,50(6):32-40.

[9] 崔聪,张浪.水力压裂对煤层应力影响的实验研究[J].矿业安全与环保,2018,45(4):12-16.

[10] 李经国,戴广龙,吴景民,等.水力冲孔后周围煤层应力分布规律研究[J].煤矿安全,2015,46(10):48-51.

[11] 刘东,刘文.水力冲孔压裂卸压增透抽采瓦斯技术研究[J].煤炭科学技术,2019,47(3):136-141.

[12] 张勇.高瓦斯低透气性煤层水力冲孔卸压增透技术研究[D].徐州:中国矿业大学,2017.

[13] 陶云奇,冯丹,马耕,等.水力冲孔物理模拟试验及其卸压增透效果研究[J].煤炭科学技术,2017,45(6):55-60.

[14] 肖长河,王春光,白振峰,等.突出煤层水力冲孔卸压增透效果数值模拟研究[J].煤炭技术,2015,34(7):147-149.

[15] 周二元.高瓦斯极松软强突出煤层穿层钻孔防喷孔施工工艺研究与应用[J].煤炭技术,2016,35(5):243-244.

[16] 郑杰.松软突出煤层瓦斯钻孔施工防喷孔技术研究[J].江西化工,2020(3):326-328.

[17] 郝从猛.突出煤层水力冲孔卸压消突合理出煤率考察研究[J].华北科技学院学报,2022,19(4):60-64.

[18] 郝富昌,孙丽娟,刘明举.考虑卸压和抽采效果的水力冲孔布孔参数优化研究[J].采矿与安全工程学报,2014,31(5):756-763.

作者简介:李学臣(1973—),男,河南台前人,焦作煤业(集团)有限责任公司科学技术研究所所长,教授级高级工程师,长期从事矿井瓦斯防治技术研究和管理工作。

轴压对煤渗透率影响的真三轴实验研究

刘见宝[1,2]，宋志敏[1,2,3]，李　冰[1]，任建刚[1]，曲艳伟[1]，肖　明[1]
（1.河南工程学院，河南郑州，451191；2.河南理工大学，河南焦作，454000；
3.华北水利水电大学，河南郑州，450046）

摘　要：煤的渗透率是影响煤层瓦斯抽采的关键参数，渗透率受地层应力的影响作用明显。本文利用自主研发的真三轴应力-渗流实验装置，设置固定的气压和围压，通过改变轴压的大小，研究轴压对煤层渗透性的影响。实验结果表明，轴压与煤层渗透率呈现多项式关系，随着轴压的增加，渗透率先小幅降低，随后逐渐升高，当轴压达到 30 MPa 以上时，煤层渗透性急剧升高。这可能是因为在较大的轴压下，煤层发生塑性变形，生成新的裂隙，大幅提高了煤层的透气性。通过 COMSOL 数值模拟软件，综合考虑瓦斯的吸附解吸、扩散、渗流作用，计算了地应力对煤层瓦斯抽采效率的影响效果。计算结果显示，随着轴压的升高，煤层瓦斯抽采效率不断升高。随着轴压从 5 MPa 升高到 30 MPa，瓦斯抽采效率升高到原来的 2～3 倍。

关键词：真三轴渗流实验；无烟煤；渗透率；数值模拟；抽采效率

随着煤层开采深度的增大，高瓦斯矿井、煤与瓦斯突出矿井发生煤与瓦斯突出的危险性也在增加。同时，在煤层开采过程中，会遇到褶皱、小断层等不同的构造现象，这些构造会形成一定的应力集中区域，这些应力集中区域是瓦斯赋存的优选区域，同时也是煤与瓦斯突出的多发地。造成此种现象的原因之一，就是地应力的分布对煤层渗透性产生影响，降低了局部煤层的透气性，形成瓦斯聚集带。鞠玮等[1]通过对滇东-黔西地区二叠系煤储层渗透率变化规律的研究，发现天然裂隙发育特征与现今地应力状态耦合对该区煤储层渗透性具有重要的控制作用。因此，研究煤岩在应力作用下渗透率的变化规律，可以降低煤层开采过程中的瓦斯事故发生，同时提高煤层瓦斯抽采的针对性和效率。

前人从不同的角度对地应力与煤层渗透性关系开展了大量的研究工作，取得了丰硕的成果[2,3]。但是其认识存在一定的差异，主要有随着轴压的增加降低、升高、先减小后增大三种观点，针对轴压与渗透率关系模型也提出了多种拟合形式[4,5]。薛燕光等[6,7]发现，当恒定瓦斯压力与围压不变时，煤样渗透率随轴压的增加而呈指数降低。薛熠等[8]认为，峰前和峰后阶段煤岩体渗透率均随应力呈现指数增长趋势，但两者在增长量上存在明显不同。王登科

基金项目：国家自然科学基金项目（41972177，41872169，42172189）；中国博士后科学基金项目（2018M642747）；河南省科技攻关项目（222102320346）；河南省自然科学基金项目（202300410099）。

等[9-11]通过三轴压缩试验发现，含瓦斯煤的渗透率呈“V”字形变化趋势，渗透率随煤样的应变先减小后增大。在孔隙压缩与弹性变形阶段，荷载作用初期煤中孔隙-裂隙逐渐被压密，煤样渗透率下降，进入弹性变形阶段，煤样渗透率较低。在塑性变形阶段，随着轴向应力的增大煤中裂隙扩展，煤样渗透率增大，声发射活动强度明显增高并达到峰值[12-15]。

程远平等[16]开展了煤体卸荷渗透率试验研究，认为原始裂隙的扩展以及新生裂隙的产生，两者的综合作用是导致卸荷煤体渗透率骤增的原因。孙光中等[17]通过对硬煤、软煤渗透率的研究，发现轴压变化与硬煤的渗透率变化符合直线减小的变化规律，轴压变化对于软煤样渗透率的影响大于硬煤。蒋长宝等[18]认为，随着加卸载速率比增大，原煤破坏形态逐渐由多宏观断裂面向单一宏观断裂面发展。王刚等[19]发现，当围压大于试样的先期固结压力时，试样在三轴压缩过程中一直呈现体缩，变得更密实，因而渗透系数随着轴向应变的增加而减小，最后趋于稳定。当围压远小于试样的先期固结压力时，试样产生了对抗渗不利的集中剪切带，集中剪切带成为渗流通道，使得试样的表观轴向渗透系数随轴向应变的增加而显著增大。

本文通过自主研发的三轴应力-渗流试验装置，在固定气压和围压的前提下，研究轴压对煤层渗透率的影响，并通过 COMSOL 数值分析软件，计算垂向地层应力对瓦斯抽采效率的影响。

1 样品和实验装置

1.1 样品

煤样品为无烟煤，取自山西昔阳矿区。在采煤工作面采集完整性相对较好的大块原始煤样，包装封闭后运至实验室，经过切割、打磨加工成正方体试件，试件尺寸为 100 mm×100 mm×100 mm。煤的工业分析是了解煤质特性的主要指标，也是评价煤质的基本依据。根据 GB/T 212—2008 测得煤样的工业分析数据见表 1，无烟煤(WY)的固定碳含量为 72.15%。利用具有透射光和反射荧光功能的生物显微镜，对煤中的各显微组分百分含量进行数点法定量统计，根据各显微组分不同的加权系数计算出类型指数，从而确定有机质类型。煤的显微组分主要包括壳质组、镜质组和惰质组。根据 GB/T 8899—2013 测得煤样的显微组分数据见表 1，实验煤样的镜质组含量为 82.81%。

表 1 实验煤样的工业分析和显微组分

煤样	工业分析				显微组分		
	水分/%	灰分/%	挥发分/%	固定碳/%	壳质组/%	镜质组/%	惰质组/%
WY	2.43	16.67	8.75	72.15	0.96	82.81	16.23

1.2 实验设备

使用自主研发的真三轴应力-渗透率测试仪进行实验(图 1 和图 2)。实验设备可以完成地下储层环境下(三轴压力、温度)的气体渗透率等测试实验研究，为煤矿瓦斯灾害防治和瓦斯抽采提供必要的技术支持和基础科研数据。设备技术参数如下：① 岩芯尺寸：300 mm×

300 mm×300 mm(可选试样 200 mm×200 mm×200 mm,100 mm×100 mm×100 mm),本次选择 100 mm×100 mm×100 mm 式样。② 三轴液压压力 X 轴方向液压压力为 40 MPa;Y 轴方向液压压力为 40 MPa;Z 轴方向液压压力为 40 MPa;控制精度±0.1 MPa;③ 气体渗透率测量范围为 0.001～1 000 mD。

国内外大多使用硅胶套对试件棱边进行密封,以防止渗流过程中气体沿着试件边缘渗漏。但是,在实验过程中发现轴向压力较大时,硅胶套切断概率较大。实验证实铜质胶套既能保证密封效果,同时由于具有一定的强度,耐压性、抗剪性均较强,效果优于硅胶套。为了进一步保证密封效果,在铜胶套上面涂上环氧树脂进行密封。

图 1 实验装置实物整体图

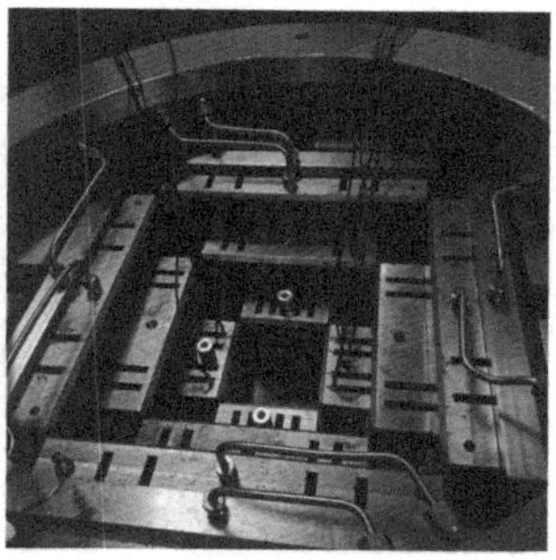

图 2 夹持器核心部分图

2 实验结果

实验煤样为无烟煤,煤样层理水平放置。分别在煤样两个侧面、顶面标记为 X、Y、Z 面。X 面为甲烷进气的面,Z 面为平行层理的面。进口气压设置为 1.8 MPa。设置 X 轴应力大小为 30 MPa,Y 轴应力大小为 20 MPa,X 轴、Y 轴的应力大小不变,Z 轴应力设置为 5 MPa、10 MPa、15 MPa、20 MPa、25 MPa、30 MPa、35 MPa 的等差数列(图 3),求轴压变化对渗透率的影响。实验之后取出煤样,并拍照观察煤样破坏情况(图 4～图 6)。

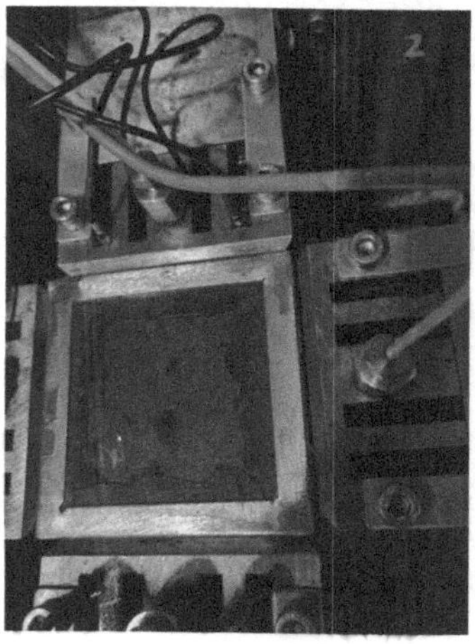

(a) 实验前煤样放置

(b) 实验后煤样放置

图 3 无烟煤轴压试验过程中的煤样放置

图 4　无烟煤 X 面实验前后对比(左侧为实验前,右侧为试验后)

图 5　无烟煤 Y 面实验前后对比(左侧为实验前,右侧为试验后)

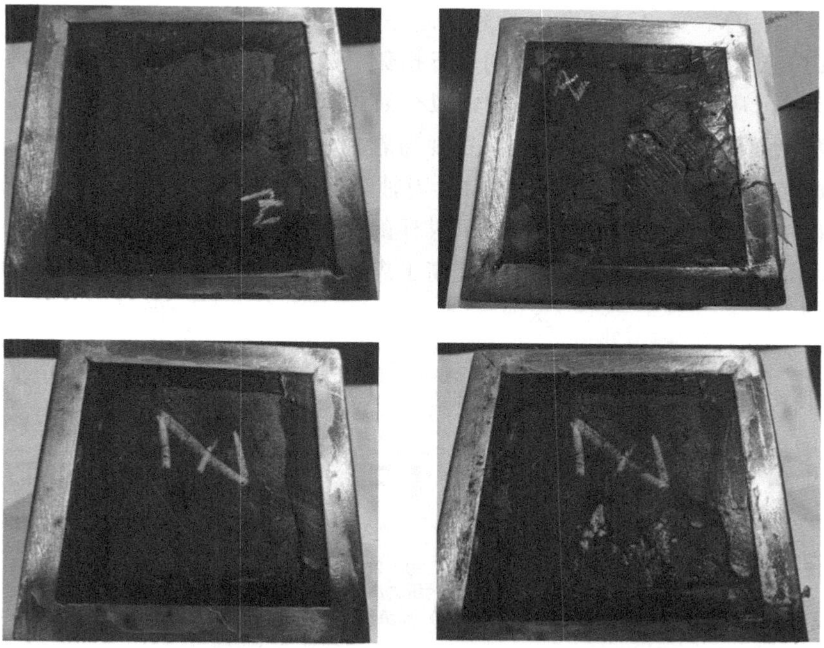

图 6　无烟煤 Z 面实验前后对比(左侧为实验前,右侧为试验后)

地应力在压裂后裂缝扩展及延伸过程中起到了主导的作用,主要包括水平方向的两个应力 σ_x、σ_y 以及垂向的应力 σ_z,地应力具有较强的方向性。裂缝的扩展和延伸总是沿着拉压强度小及黏结力弱的部位发育[20]。理论与实践表明,最小水平主应力方向是裂缝容易发生的地方,裂缝形态取决于水平应力与垂直应力的相对大小,当水平应力大于垂向应力,裂缝往往容易产生水平方向的裂缝,当垂向应力大于水平应力时,容易产生与垂向方向平行的垂直裂缝,应力与裂缝的关系如图 7 所示。因此,在轴压 Z 变化过程中,依次形成了平行于 Y 轴的裂隙(5～20 MPa),平行于 Z 轴的裂隙(20～30 MPa),平行于 X 轴的裂隙(30～35 MPa)。从实验前后煤样的对比照片可以看出,在 Y 面和 Z 面均形成了明显的垂直层理的裂隙,另外在 Y 面还可以明显看到平行层理裂隙的生成。这些为甲烷的渗流提供了通道,提高了煤层的渗透性。

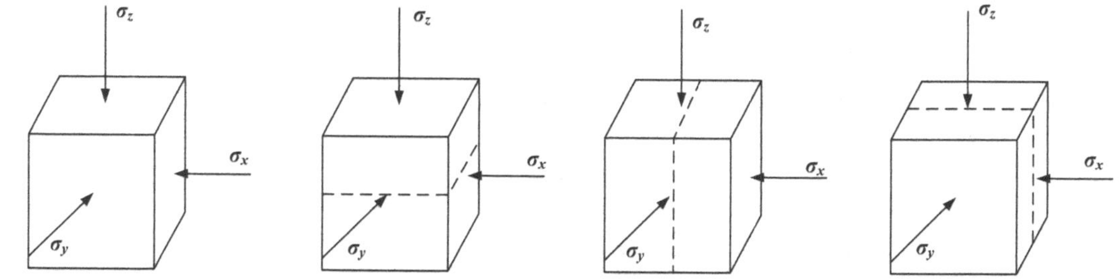

(a) 三向应力状态　(b) 水平裂缝　(c) 垂直于 σ_x 垂直裂缝　(d) 垂直于 σ_y 垂直裂缝

图 7　应力与裂缝形态的关系

在 Z 轴应力较小时(<30 MPa),随着轴压的变化,渗透率变化并不大。但在轴压较大时候(≥30 MPa),渗透率变化明显增大。为了进一步研究轴压与初始渗透率、渗透率变化的关系,通过 MATLAB 软件对实验数据分别进行指数函数拟合、幂函数拟合、多项式拟合,拟合结果见图 8 和表 2。从拟合效果来看,多项式拟合效果最好,其残差平方和相较于指数函数、幂函数低一个数量级。分析拟合曲线,可以发现随着轴压的增大,在轴压<5 MPa 阶段,渗透率显示有一个微小幅度的减小,随后缓慢增大,当轴压达到 30 MPa 以上,渗透率急剧增大。这可能是因为在初始阶段,轴压的增大压缩了煤样的孔隙、裂隙,但当轴压超过煤样的固结压力之后,开始发生塑性变形,形成新的裂隙,提高了煤层的透气性,渗透率明显增加。

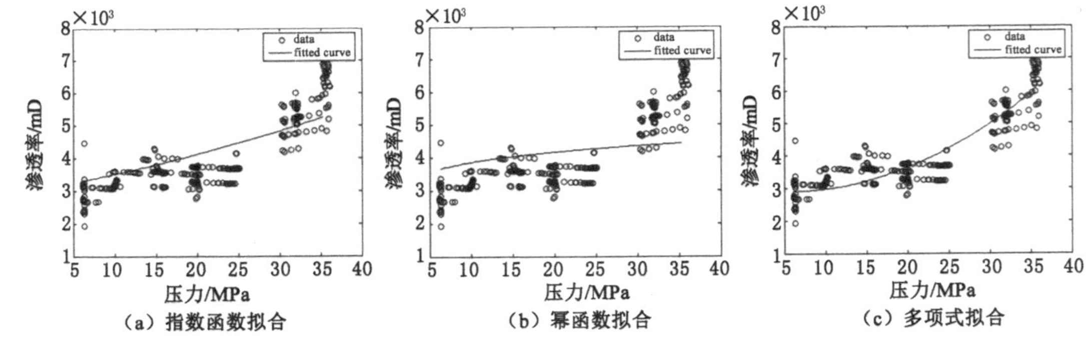

图 8　轴压变化与渗透率的拟合关系

表 2　不同方法的拟合结果对比

拟合公式	拟合结果	残差平方和
$y=k_0e^{ax}$	$y=0.003e^{0.0158x}$	2.083 5 E−004
$y=k_0x^a$	$y=0.003x^{0.1093}$	4.1057E−004
$y=ax^2+bx+k_0$	$y=0.0001\times(0.0343x^2-0.3737x)+0.003$	9.506 0 E−005

注:k_0 为初始渗透率,其值取 0.003 mD。

3　数值模拟

为评估地应力对煤层瓦斯抽采效率的影响,利用 COMSOL 有限元分析软件,通过流固耦合分析,充分考虑瓦斯吸附解吸、扩散和渗流的总过程,建立模型进行数值分析计算,结合前人研究成果[21],各模块的参数设置见表 3。模型的长和宽分别设置为 100 m,高设置为 6 m,钻孔半径设置为 0.1 m。建立的几何模型见图 9 所示。

表 3　数值模拟参数表

参数名	值/单位	描述
E	2 713/MPa	煤的弹性模量
ν	0.339	煤的泊松比
ρ	1 250/(kg/m³)	煤层密度
k_0	0.003 15/mD	初始渗透率

表3(续)

参数名	值/单位	描述
φ_0	0.06	初始孔隙率
μ	1.08E−5/(Pa·s)	甲烷动力黏度
V_L	0.02/(m^3/kg)	朗缪儿常数(极限吸附量)
P_L	1/MPa	朗缪儿压力
V_M	22.4/(L/mol)	标况下甲烷的摩尔体积
R	8.413 510/(J/mol/K)	气体状态常数
T	293/K	样品温度
M	16/(g/mol)	甲烷的气体分子质量
F_x	30/MPa	X 方向围压
F_y	20/MPa	Y 方向围压
F_z	5/MPa	Z 方向轴压
r	0.1/m	钻孔半径
p_0	1.8/MPa	初始压力
p_b	0.087/MPa	抽采负压
t	9.2/d	吸附时间

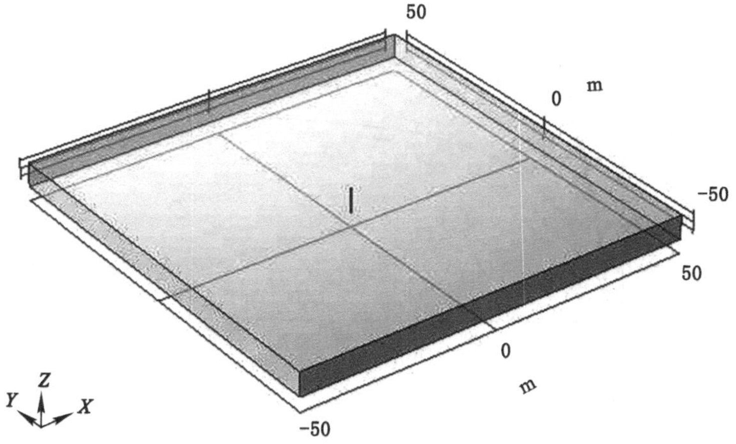

图 9　瓦斯抽采数值模拟几何模型

利用一般形式偏微分方程模拟扩散过程,其中的扩散源项 f 采用以下公式表示:

$$f=-\frac{V_{\mathrm{M}}(u-p)(u+P_{\mathrm{L}})^2}{tV_{\mathrm{L}}RTP_{\mathrm{L}}\rho+t\varphi_0V_{\mathrm{M}}(u+P_{\mathrm{L}})^2} \tag{1}$$

式中,u 表示孔隙中的瓦斯压力;p 表示裂隙中的瓦斯压力。

固体力学模块采用线弹性模型,分别设置左边界面、前边界面、下边界面为滑动边界,即在法向上位移为 0。右边界面设置为压力边界,压力大小为 30 MPa,模拟物理实验中的 X 轴应力;后边界面设置为压力边界面,压力大小为 20 MPa,模拟物理实验中的 Y 轴应力;上边界面也设置为压力边界面,其应力大小分别设置为 5 MP、10 MPa、15 MPa、20 MPa、25MPa、30 MPa,模拟垂直于煤层层理面的 Z 轴方向应力。

渗流模块采用达西定律。模型初始压力设置为 1.8 MPa,垂直层理的四个边界面条件设置为压力边界,气体压力大小设置为 1.8 MPa,抽采孔的抽采负压设置为 0.087 MPa。渗透率分别采取固定渗透率 k_0,和随轴应力变化的应力模式 k,其表达式如下:

$$k = 0.000\ 1 \times (0.034\ 3\sigma_z^2 - 0.373\ 7\sigma_z) + 0.003 \tag{2}$$

数值模拟实验结果显示,固定渗透率条件下,钻孔日产气量在 20 d 内保持较高的上升速率,在 20~40 d 上升速率变缓,而在 40 d 以后,日产气量基本达到平衡,稳定在 23 000 m^3。在随应力变化的渗透率条件下,随着轴向应力的增大,钻孔日产气量逐渐增加,并且其达到平衡的天数大幅增加,日产气量分别达到 47 000~70 000 m^3 之间,是固定渗透率条件下的 2~3 倍,并且随着轴压的增加,日产气量增加幅度变小(图 10)。

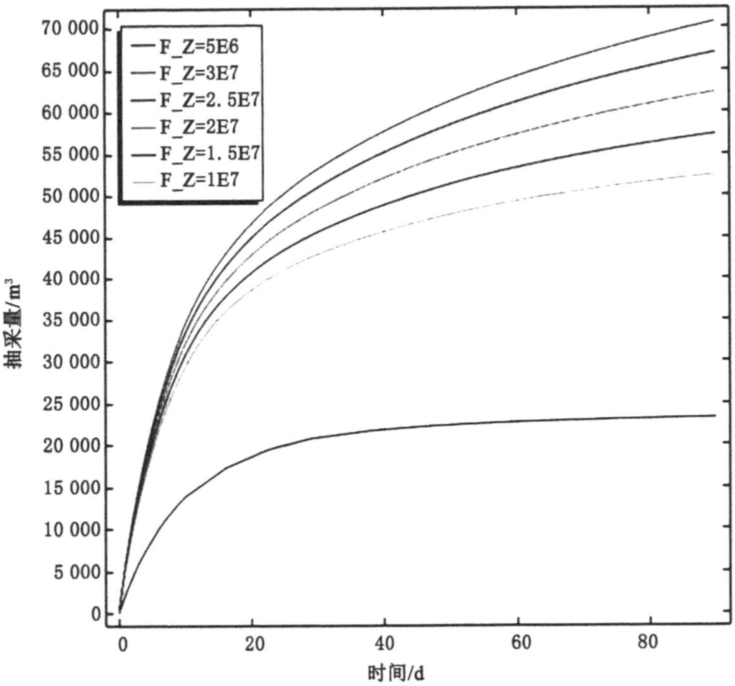

图 10 不同轴压下抽采性能对比

4 结论

(1) 固定围压和气压,改变轴压的真三轴应力-渗透试验结果显示,随着轴压的变化,最大主应力、最小主应力不断转换,形成不同方向的裂隙。其中,平行于 Y 轴、Z 轴的裂隙较发育,并且形成了平行层理面的裂隙系统,使得煤样渗透性明显改善。

(2) 利用 MATLAB 工具箱进行实验数据的拟合对比,发现多项式拟合效果最好。随着轴压的增加,渗透率先小幅减小,在 5.5 MPa 达到最小值,可能与弹性变形阶段的孔裂隙压缩有关;随后缓慢增大,当轴压大于 30 MPa 之后,渗透率明显增大,这可能是因为在塑性变形阶段，形成了垂直层里面和平行层里面的新生裂隙系统。

(3) 随着轴压的增加，煤的渗透率增大，煤层气抽采效率提高。变渗透率是固定渗透率日产气量的 2～3 倍，且达到平衡抽采量的时间延长。

参考文献

[1] 鞠玮，王胜宇，姜波，等. 滇东-黔西地区现今地应力场与二叠系煤储层渗透率特征[J]. 煤炭科学技术，2022，50(2)：179-186.

[2] 李健青，周劲辉，黄红星，等. 孔隙压力-应力耦合下煤岩渗透特性研究[J]. 煤炭技术，2020，39(11)：27-29.

[3] 薛俊华，李延河，李洪彪，等. 全应力-应变条件下煤岩渗透率变化机制实验研究[J]. 煤矿安全，2021，52(2)：33-37.

[4] 荣腾龙，周宏伟，王路军，等. 开采扰动下考虑损伤破裂的深部煤体渗透率模型研究[J]. 岩土力学，2018，39(11)：3983-3992.

[5] 周宏伟，荣腾龙，牟瑞勇，等. 采动应力下煤体渗透率模型构建及研究进展[J]. 煤炭学报，2019，44(1)：221-235.

[6] 薛燕光，张东明，杨玉顺，等. 三种应力作用下含瓦斯原煤渗透性分析[J]. 矿业安全与环保，2020，47(3)：22-26.

[7] 李波波，王斌，杨康，等. 应力与温度综合作用的煤岩渗透机理[J]. 中国矿业大学学报，2020(5)：844-855.

[8] 薛熠，高峰，高亚楠，等. 采动影响下损伤煤岩体峰后渗透率演化模型研究[J]. 中国矿业大学学报，2017，46(3)：521-527.

[9] 王登科，魏建平，尹光志. 复杂应力路径下含瓦斯煤渗透性变化规律研究[J]. 岩石力学与工程学报，2012，31(2)：303-310.

[10] 赵毅鑫，曹宝，张通. 轴压和渗透压对破碎岩石渗透率影响的试验研究[J]. 矿业科学学报，2018，3(5)：434-441.

[11] 李回贵，高保彬，王洪磊，等. 不同应力比煤岩等效渗透率变化的数值模拟[J]. 煤矿安全，2020，51(11)：195-200.

[12] 谢和平，张泽天，高峰，等. 不同开采方式下煤岩应力场-裂隙场-渗流场行为研究[J]. 煤炭学报，2016，41(10)：2405-2417.

[13] 孟召平，章朋，田永东，等. 围压下煤储层应力-应变、渗透性与声发射试验分析[J]. 煤炭学报，2020，45(7)：2544-2551.

[14] 祝捷，王琪，唐俊，等. 加卸载条件下煤样应变与渗透性的演化特征[J]. 煤炭学报，2021，46(4)：1203-1210.

[15] 白鑫，王登科，田富超，等. 三轴应力加卸载作用下损伤煤岩渗透率模型研究[J]. 岩石力学与工程学报，2021，40(8)：1536-1546.

[16] 程远平，刘洪永，郭品坤，等. 深部含瓦斯煤体渗透率演化及卸荷增透理论模型[J]. 煤炭学报，2014，39(8)：1650-1658.

[17] 孙光中，郭兵兵，王公忠，等. 两种煤样渗透率对轴压及围压变化相应特征的实验研

究[J].科学技术与工程,2016,16(14):132-137.

[18] 蒋长宝,魏晗冬,陈昱霏,等.加卸载应力条件下原煤力学与渗透特性的实验研究[J].煤矿安全,2020,51(2):5-9.

[19] 王刚,韦林邑,魏星,等.压实黏土三轴压缩变形过程中的渗透性变化规律[J].岩土力学,2020,41(1):32-38.

[20] BROOKE-BARNETT S,FLOTTMANN T,PAUL P K,et al. Influence of basement structures on in-situ stresses over the Surat Basin,southeast Queensland[J]. Journal of Geophysical Research:Solid Earth,2015,120:1-20.

[21] 王登科,彭明,付启超,等.瓦斯抽采过程中的煤层透气性动态演化规律与数值模拟[J].岩石力学与工程学报,2016,35(4):704-712.

基于生物荧光菌的煤层水力化措施效果示踪测定技术研究

郝　殿[1]，李学臣[1]，肖　栋[2]

（1.焦作煤业集团有限责任公司科学技术研究所，河南焦作，454002；
2.中国矿业大学煤炭资源与安全开采国家重点实验室，江苏徐州，221116）

摘　要：针对目前对水力化措施实施效果进行考察时以煤体水分增幅、离子示踪或同位素作为实施效果判定指标时，存在的测定范围有限制、可靠性低、成本高等问题，提出了生物荧光示踪测定技术和方法。生物荧光菌以煤中分离杆菌为基础，利用DNA克隆与再编译技术将外缘B-GFP基因在煤层杆菌中表达并传代，具有存活能力强、吸附性强、水中扩散性强、荧光特征具有可激发特征等特点。基于荧光示踪菌的生物探测技术在工作面注水效果及范围考察方面进行了现场应用，根据示踪标的物中荧光菌的存与否判断水分（水流）的通达性，判断结论具有绝对的可靠性，为工作面注水措施设计施工提供了可靠依据。

关键词：生物荧光菌；水力化措施；实施效果；示踪；水分

水力化措施（水力压裂、煤层中高压注水等）作为一种增加煤层透气性、提高煤层瓦斯抽采效果的有效技术途径，具有影响范围更大、增透效果显著等优势，是一种广泛应用于低透气性煤层的增透技术。水力化措施实施后的有效湿润范围、湿润程度及湿润的分布状态是衡量水力化措施效果的关键指标[1]，常规的探测方法是采用取样测定水分增值的分析方法，即由取样点绘制出沿钻孔周围水分增值分布曲线或区域分布状态图，以此确定整个注水区域煤层的湿润分布状态[2,3]。但由于煤层水分变化的复杂性、巷道风场对表层煤含水率影响、取样方法对含水率影响、煤样保存方法对含水率影响等多因素影响导致该方法可靠性相对较差[4]。

示踪剂测试与解释技术是一种较为先进的技术，该技术解释参数精度高、科技较为先进、理论基础扎实，对于储层参数的确定较为准确[5]。近几年，世界上大部分地区都开始在矿场上应用示踪剂测试与解释技术[6]，因此其相关配套的解释原理及方法也逐渐发展成熟[7]。

以荧光材料为示踪介质等技术方法虽然能够实现目标，但是每次材料用量达到50 t左右，材料成本过高，且材料输入操作性差，技术不具备工业化价值[8]。包覆荧光和吸附荧光示踪技术在煤矿水力化措施效果考察应用上，尚没有相关研究。实际压裂中流体运移轨迹至目前无法通过一种有效手段进行示踪，需要一种新的煤层水力化措施示踪技术，能同时兼容封闭与开放环境示踪、成本低廉、实施技术需求低、准确率高等需求。

综上,针对目前对水力化措施实施效果进行考察时以煤体水分增幅、离子示踪[9,10]或同位素[11,12]作为实施效果判定指标时,存在的测定范围有限制、可靠性较低、成本高、技术实施难度大等问题,提出一种生物荧光示踪测定技术和方法,为水力化措施实施效果考察提供依据,以更好地指导瓦斯治理工作。

1 荧光菌示踪基本原理

基因标记[13]技术是近年来发展起来的分子生物学技术。荧光蛋白基因在标记基因方面由于具有独特的优点而广受科学家们的关注[14]。2006 年,中南大学和海伦教授团队首次在深海浮游生物中发现一种生物蓝绿荧光蛋白(B-GFP)。当受到 370 nm 紫外激发时,B-GFP 发射绿色荧光。它产生荧光无须底物或辅因子,发色团是其蛋白质一级序列固有的。采用基因克隆技术,把 B-GFP 基因同煤层杆菌有自主复制能力的载体 DNA(pET-28a)在体外人工连接,构建成新的重组 DNA,然后送入煤层杆菌中去表达,从而产生遗传物质和状态的转移和重新组合。在此基础上,B-GFP 重组基因能够在一定的宿主细胞中进行扩增,形成大量的具备 B-GFP 特征的子代菌体。

2 荧光杆菌工业扩培工艺

培育实验研究证实,B-GFP 煤层杆菌理想培育温度为 35±2 ℃,Eh > +0.1 V,pH 值介于 5.5~7.5 之间。工业化培育中,系统灭菌效果是导致外源菌污染的重要因素,其中灭菌包括培育系统灭菌、供氧系统灭菌、监控监测传感器灭菌、培养基灭菌、接种环境无菌等多个环节。以低成本菌群培育为目标的工业化菌株扩培中,难以确保有效无菌环境培育。

通过菌间竞争能力分析,青霉菌、曲霉菌易抑制煤层杆菌生长,菌株扩培前期,大肠杆菌生长也会影响目标菌的扩繁,当煤层杆菌 OD600>0.6 时,大肠杆菌的竞争抑制特征减弱。

煤层杆菌荧光载体对数生长期的繁殖速率约 100 min 一代。繁殖速度较青霉菌和曲霉菌快,但较大肠杆菌慢。煤层杆菌对双抗霉素耐受性优良。菌群 OD600>1.4 时,菌群密度区域稳定,并且常温厌氧保存实验证实,环境温度低于 40 ℃时,扩培后菌群能够稳定存活,并且具有较强的抗外源菌污染能力,兼性厌氧或厌氧条件下群落基本停止生长,B-GFP 特性稳定。菌株死亡不影响 B-GFP 蛋白的荧光表达。温度高于 62 ℃,B-GFP 蛋白失活。

综合 B-GFP 重组荧光杆菌的环境需求、竞争能力、与抗性特征,搭建荧光杆菌工业扩培系统进行培育。杆菌的扩培和荧光表达完成后,革兰氏染色镜检确定荧光杆菌为格兰仕阳性,菌株呈短杆状,菌体长径比为 5~12,分裂时菌体出现显著弯折点。

杆菌细胞内部荧光蛋白在特定波长光照射下,分子被激发从 Sa 到 Sb,短时间内第一电子激发态的最低能级跃迁至基态,(从 Sb 返回 Sa)并以光的形式释放能量。由于固定了激发态最低能级和基态能级差,发出光的波长长于入射光,并且波长稳定。荧光窄带色谱激励表达技术固定了发射光谱宽度,能有效提高激发荧光的辨识度。定型后的荧光杆菌在 360~380 nm 光照射下可被激发显著的 507±10 nm 蓝绿荧光。激发荧光在暗场下能显著被观测,1 mL 菌液离心后,350 nm 紫外照射可肉眼观测显著的荧光效应;煤样饱和吸附后,紫外照射下也可肉眼观测到表面荧光菌覆层[15](图 1)。

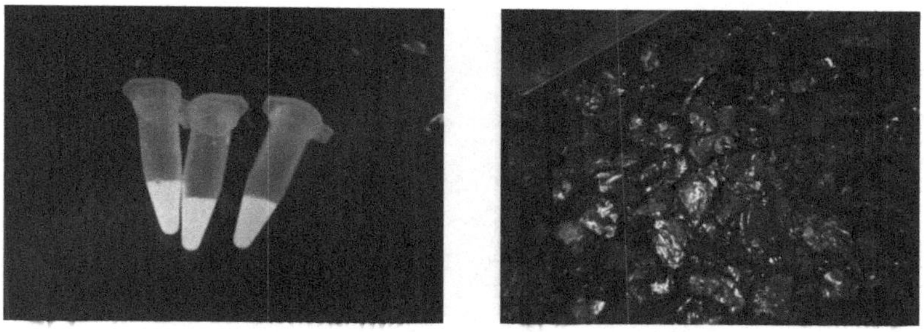

图1　荧光杆菌形态与荧光表达效果

3　水力化措施实施效果示踪测定

3.1　试验地点概况

中马村矿3906工作面位于39采区西翼中部，井下标高为－317.9～－353.3 m，地面标高为＋136～＋139 m，煤层埋深为454～492 m。3906工作面走向长约513 m，倾斜宽127.8～146 m，工作面所在区域煤层产状为N43°～84°E/SE∠6°～16°，二$_1$煤层倾角为6°～16°，平均为11°，工作面煤层厚度变化较大，整体煤厚2.1～10.8 m，平均为6.3 m。

3.2　案例一

采用一次注入、分次取样流程。

3.2.1　菌种注入方法

（1）荧光菌示踪剂的准备

① 菌体稀释倍数测算：按照煤体孔隙率20%计算，煤表面荧光菌附着厚度5个菌体单位测算，浓缩荧光菌（菌体密度＞1×10^9）按照1∶10在水箱中稀释，确保荧光杆菌为过量供给，解决菌液煤裂隙分布中不因煤表面吸附而导致上下游菌体分布率差异对实验的影响。

② 配置量测算：根据注液管管径与长度、单孔煤体注水量经验值估算，荧光示踪菌剂准备量为0.8 m^3。

③ 混合后紫外光检查菌体荧光活性与稀释后可观测效果，370 nm光线照射下，稀释后的荧光示踪菌剂呈现蓝绿色荧光，肉眼清晰可见（图2）。

（2）荧光菌示踪剂注入

① 本次试验点打孔两个：水平孔垂直于煤壁，孔深10 m；仰孔位置在平水孔左侧1.5 m，仰角15°、垂角45°，斜向上打孔10 m。

② 水头放空：注入端放水，并用紫光灯持续观测出水的荧光特征，直至紫外下可观测到显著荧光后完成水头放空。

③ 封孔：同时插入2个注水孔，封孔器封孔深度为2.0 m。

④ 菌剂注入（注水压力约10.0 MPa）：封孔完成菌剂注入，注入过程中关注左右15 m范围煤壁有无渗漏点或贯通注水孔泄露。

⑤ 荧光菌注入结束点：注入菌液全部注完或附近煤壁有菌液流出（本次试验中的结束点

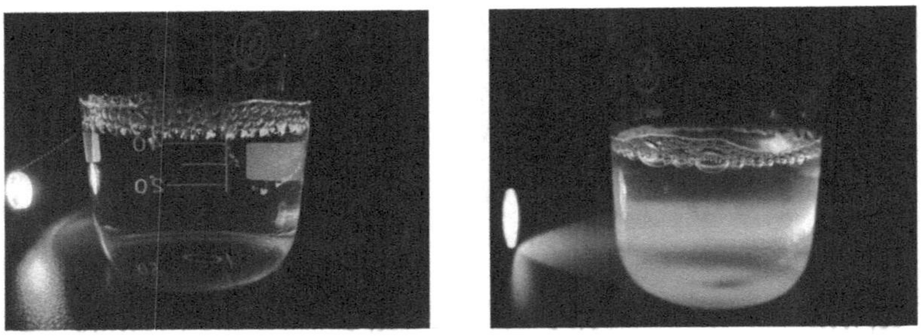

(a) 可见光　　(b) 370 nm紫外光

图 2　10%稀释后的荧光示踪菌剂的荧光效应

为后者)。

(3) 取样设计

① 根据打孔深度,实验设计取样深度设置为 10 m。

② 取样频次设计:工作面每天进尺 1.8 m,计划取样距离为 0、2、4、10 m,对应进尺时间分别为 4 月 14 日、4 月 15 日、4 月 16 日、4 月 19 日。

③ 取样点分别采用同心圆取样法,具体取样点设计如图 3 所示,设计每次取样 34 个,受现场条件限制实际取样每次 26 个,共计取样 104 个。

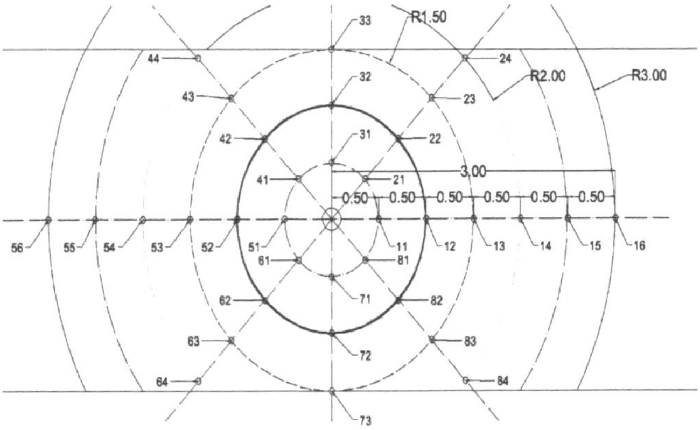

图 3　示踪荧光示踪菌注水考察取样位置示意图

④ 示踪菌剂注入完成后,根据取样频次设计与取样点设计取样,每点取样清除表面浮煤 5～10 cm 后采用剥离法取样,煤样粒度不小于 5 mm,煤样不能落地,每个取样点取样不小于 50 g,无菌自封袋封装。

(4) 样品分析

① 在实验室每个取样点煤样随机选取 5 个颗粒,表面吹扫去掉浮煤,400 倍放大,370 nm 荧光下观测。

② 由于煤样菌体分布同时具有分散和集聚性,煤样菌体附着量观测中,根据荧光点数目和大小将结果分为 D、Z、S、X 四级(表 1)。以煤样的荧光菌生物探针测定结果为参考,将四个等级的菌样分布分别赋值 0～40。

表 1　菌体分级方法

分级	菌样分布描述	赋值
D	菌体呈聚集性分布，随机视野中菌斑不小于 5 个(图 4)	30
Z	菌体呈聚集或分散性分布，聚集分布时随机视野中为 1～5 个，分散性分布时随机视野中荧光点数不少于 5 个	15
S	菌体呈分散分布，荧光点数随机视野中为 1～5 个	5
X	随机视野中未观测到有效荧光点或菌斑	0

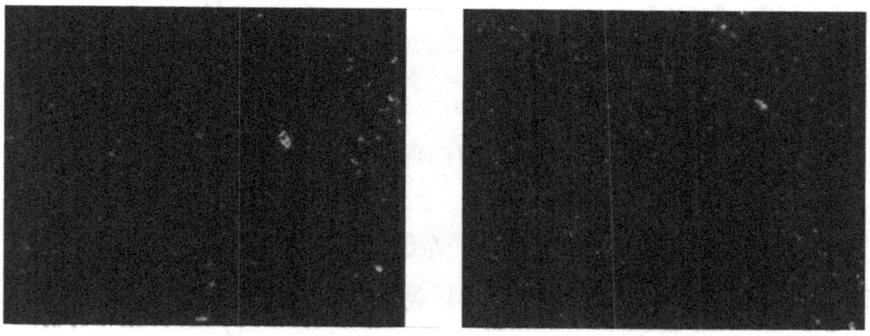

图 4　煤表面荧光菌的点分布与聚集分布显微观测效果

③ 每个取样点的 5 个煤样中需要有 3 个获得相同判断，如果未达到条件，增加测试煤样数，直到达到以上条件，保留最相近的 5 个结果。

④ 5 个数据取平均，记录为当前取样点的菌体分布数量。

3.2.2　结果分析

首先采用紫外线下的煤表面可视荧光标记观测发现，受稀释倍数、裂隙随机性以及煤体裂隙空间菌液对煤体有效浸润率影响，所取煤样表面紫外照射下未观测到显著的荧光特征。经微观分析，菌样在煤层表面的覆盖率低于 10 个菌体单位时，由于荧光菌体厚度和背景吸收，难以用肉眼直接观测到表面荧光生物沉积现象。

由此，本次试验中分别采用了荧光显微计数法和生物探针法对煤样的菌种有效分布完成了分析和分级。本次一共完成 104 个试样，520 个样品观测与数据统计(其中 4 月 14 日取样未观测到)。根据统计结果完成对 4 月 14 日、15 日、16 日、19 日四次取样的取样点荧光菌分布分析，并制图(图 5)。

根据以上数据，本次实验结果分析如下：

(1) 如图 5 所示，注水当日(4 月 14 日)煤表面未发现显著的荧光菌分布点(所有煤样的荧光标记赋值均为 0)。表明在 10 MPa 注水压力下，2.0 m 封孔在注水期间(约 30 min)有效防止注入水流通过表面裂隙渗出，封堵与注入效果优良。

(2) 综合四次取样的荧光菌分布，从纵深角度分析，封口端位置(煤表面以深 2 m)附近荧光示踪菌分布最广、附着率最高，其中 11 个点位的赋值系数为 40，占总采样点的 42.31%；4 m 深度位置的 40 赋值点位减少至 8 个，伴随煤层深度增加，示踪菌的分布逐渐减小，10 m 深位置均分布趋于系数 5。造成该结果的原因一是封孔端煤体裂隙发育充分，注入液渗流阻力低，更容易完成菌种的分配；二是菌群注入后矿区持续对试验区域进行注水作业，稀释了远端裂隙远端菌液，进而导致煤表面荧光菌吸附量的减少。

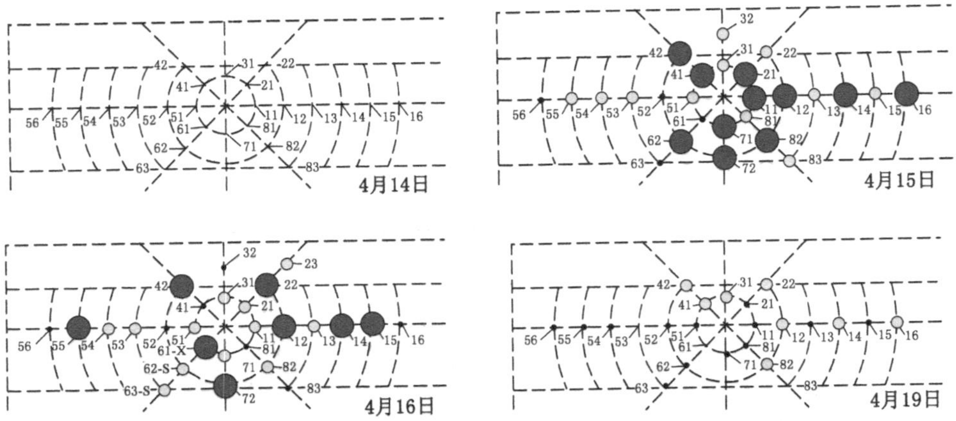

图5　四次取样间隔取样点菌种分布图

(3) 从等深剖面分析，2～4 m深位置，D等级采样点主要在1.0 m圈范围内，纵右侧方向，分布可达2.5 m，该区域处于饱和浸润区；C等级采样点分布范围可达到2.5 m及以上，该区域可定义为注水有效影响区；接近10 m深位置，注水影响效果显著下降。

(4) 根据(2)、(3)分析，煤层注水的有效半径根据倾角和煤质的差别而产生差异：① 下倾角平均有效影响半径可达2.5 m，并且浸润率高；② 上倾角影响半径也能接近2.5 m，但是相对于浸润率略低；③ 有效浸润范围并非呈规则圆形面扩散，与煤层走向和裂隙发育呈显著相关。

(5) 综合煤质与荧光菌分布特征，实验位置煤层呈现显著复合煤层特征，上下煤层为软煤，质地松散，易碎；中间煤层(厚约0.8 m)是硬煤，质地坚硬。距表面2 m位置煤层是注液起始点，该点整体菌群分布向1号～6号轴方向呈现右下方向的扇形扩散；该趋势在4 m、10 m位置处呈现出主要向1号轴向扩散特征，并且10 m位置的菌分布显著减少。

(6) 本次实验结果表明，越接近煤壁，裂隙发育越充分，示踪菌的分布越显著，由于周围有贯通钻孔存在，低压力条件下煤表面裂隙贯通性较差；数据进一步表明，煤层注水主要在近煤表面扩散，深部区域受到裂隙发育影响，难以形成显著浸润效果。

3.3　案例二

采用一次注入、一次排渣取样流程。

3.3.1　试验地点选择

为解决案例一试验中由于选取点为注水区导致的注水溢流和后期注水对结果的影响，本次研究中选点要求如下：

(1) 实验位置15 m范围内未有任何钻孔、注水作业。

(2) 煤体完整性较好，裂隙发育具有代表性。

3.3.2　荧光菌示踪剂的准备与注入

(1) 菌体稀释倍数保持案例一试验中的10%浓度。

(2) 配置量测算：根据注液管管径与长度、单孔煤体注水量经验值估算，荧光示踪菌剂准备量为0.8 m^3。

(3) 混合后紫外光检查菌体荧光活性与稀释后可观测效果，370 nm 光线照射下，稀释后的荧光示踪菌剂呈现蓝绿色荧光，肉眼清晰可见。

(4) 本次实验打孔 1 个，试验点位置垂直煤体，孔深 8 m。

(5) 水头放空：注入端放水，并用紫光灯持续观测出水的荧光特征，直至紫外下可观测到显著荧光后完成水头放空。

(6) 封孔：封孔器封孔深度为 2.0 m。

(7) 菌剂注入：封孔完成菌剂注入，注入过程中关注左右 15 m 范围煤壁有无渗漏点或贯通注水孔泄露。

(8) 荧光菌注入结束点：注入菌液全部注完或附近煤壁有菌液流出(本次试验中的结束点为后者)。

3.2.3 取样与分析方法

(1) 取样时间设计：基于第一次实验结果，本次现场实验的首次取样设定在注水后第二天，工作面进尺为 1.8 m/d。

(2) 取样点分别采用同心圆取样法，具体取样点设计如图 6 所示，以注水孔为中心点，列号向左采用 A～E 字母编号，向右采用 1～5 数字编号。

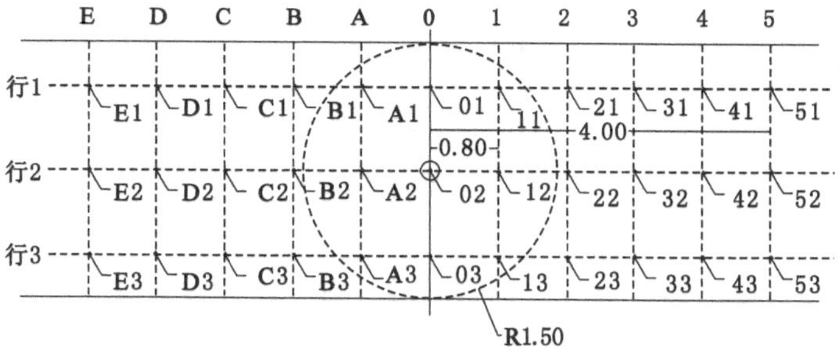

图 6 案例二实验取样方法设计

(3) 取样方法：采用表层剥离与钻取取样相结合的一次性取样方法。

新揭露煤体取样方法：清除表面浮煤 5～10 cm 后采用剥离法取样，煤样粒度不小于 5 mm，煤样不能落地，每个取样点取样不小于 50 g，无菌自封袋封装。

煤层深度方向取样方法：根据取样点设计，风钻取样。钻孔接近取样深度后(2 m 和 4 m，实际相当于取了 2、4、6 m 三个深度的煤样)接返屑，每个取样点取样不小于 50 g，无菌自封袋封装。

(4) 在实验室每个取样点煤样随机选取 5 个，370 nm 荧光下 400X 观测，同第一次荧光菌观测与系数赋值方法观测与计数。

(5) 每个取样点的 5 个煤样中需要有 3 个获得相同判断，如果未达到条件，增加测试煤样数，直到达到以上条件，保留最相近的 5 个结果。

(6) 本次实验同时对各煤样结果测定含水率，每个煤样测试 3 组，取均值。

(7) 5 个数据取平均，记录为当前取样点的菌分布数量，并作图。

3.3.3 结果分析

案例二试验中完成三个深度位置取样，分别完成取样点荧光菌分布与含水率测定分析并制图,如图 7～图 8 所示。

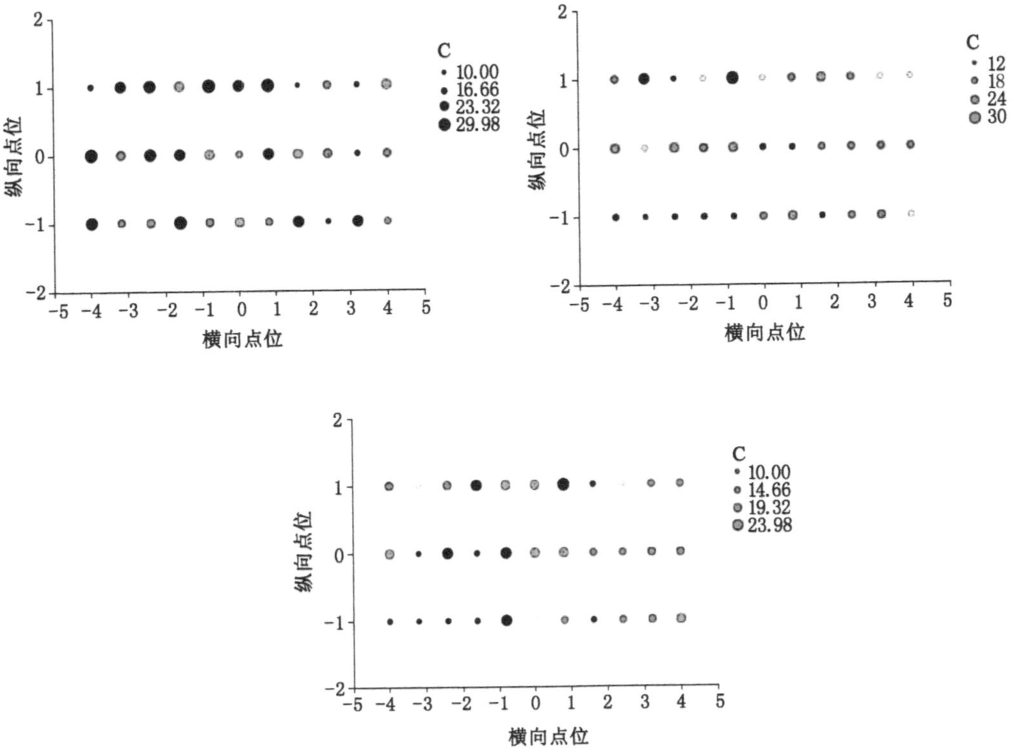

图 7　案例二实验示踪菌分布图

根据本次实验测试数据分析,实验结果如下:

(1) 综合分析本次实验结果,与案例一结果相似,煤层注水的有效半径显著大于 1.5 m,并且面分布进一步明确高压注水的有效浸润范围并非呈圆形面扩散,与煤层走向和裂隙发育呈显著相关。

(2) 实验位置煤层呈现显著复合煤层特征,上下煤层为软煤,质地松散,易碎;中间煤层(厚约 0.8 m)是硬煤,质地坚硬。距表面 2 m 位置取样点距离注水起始点深 0.5 m,该点整体菌群分布向左上层扩散(尤其通过 4 m 位置取样图,更为清晰)。

(3) 从深度方向,越接近煤壁,裂隙发育越充分,示踪菌的分布越显著(2 m、4 m、6 m 的荧光菌分布逐渐减少)。由于本次试验中避免了工作面注水工作对已注入菌种的稀释影响因素,该结论与第一次实验结果一致,煤层注水主要在近煤表面扩散,深部区域受到裂隙发育影响,难以形成显著浸润效果。

(4) 示踪菌分布数据与煤层含水率横向对比,示踪菌更加清晰地展示了各点位的浸润情况,同时示踪菌本身不受煤表面风流影响,不受打钻摩擦生热影响,不受保存中的煤样与保存容器占空比影响等,使示踪菌的分析结果更接近实际情况。

3.4　示踪菌煤层注水有效半径分析实验结论

利用微生物示踪技术评估煤层注水有效影响半径的主要结论如下:

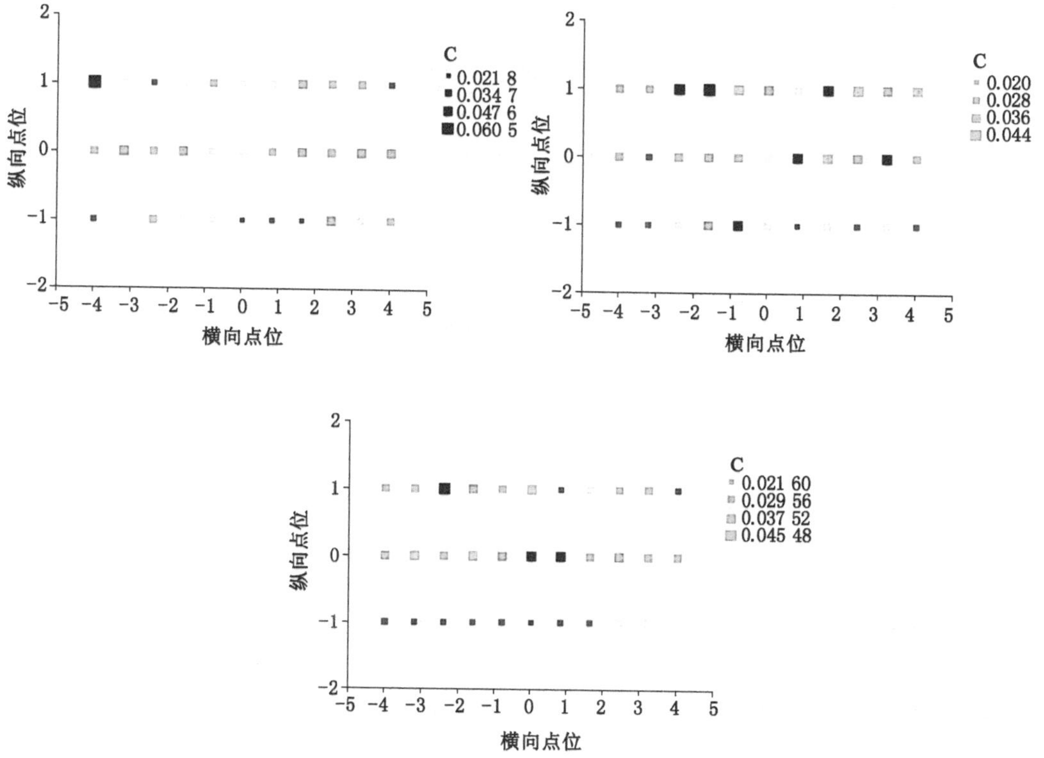

图 8　案例二实验含水率分布图

(1) 煤层注水，10 MPa 条件下在 2～4 m 位置的有效浸润半径大于 2.5 m，裂隙较为发育区域可超过 3 m。

(2) 有效浸润范围与煤层走向、煤层结构关联紧密，有效浸润范围不呈规则圆形。

(3) 深度方向，注入水的分布具半纺锤形特征，距离煤壁的有效浸润高于煤层内部，＞4 m 煤层难以有效形成均匀浸润。

(4) 建议将注水孔距调整为 5～6 m，打孔深度可减少为 6 m，封孔器位置放置在 3～4 m 以深位置，能更为有效提高煤层的注水浸润效果。

4　结论

(1) 荧光杆菌以煤中分离杆菌为基础，利用 DNA 克隆与再编译技术将外缘 B-GFP 基因在煤层杆菌中表达并传代。荧光杆菌具有存活能力强、吸附性强、水介质中扩散性强、荧光特征具有可激发特征等特点，综合菌源特征和荧光激发机制，煤层荧光杆菌生物示踪技术具有显著的技术优势。

(2) 基于荧光示踪菌的生物探测技术在工作面注水效果考察方面进行了现场应用，准确可靠地测定了工作面注水影响范围及效果，为工作面注水措施设计施工提供了可靠依据。

(3) 根据示踪标的物中是否存在荧光菌从而判断水分（水流）的通达性，判断结论具有绝对的可靠性，有效解决了常规方式测定范围有限制、可靠性较低的问题，形成了生物荧光示踪测定技术和方法。

参考文献

[1] 肖国清,刘英学,陈宝智.煤体注水浸润半径测试方法的研究[J].煤炭科学技术,2001(4):44-46.

[2] 刘涛,郭胜均,李爱菊,等.分段式注水对湿润半径影响的试验研究[J].矿业安全与环保,2009,36(S1):8-10.

[3] 徐恒恒,刘涛,张茂宇,等.综采工作面煤层注水湿润半径的影响因素研究[J].煤炭技术,2017,36(10):50-52.

[4] 邓志刚,齐庆新,李宏艳,等.采动煤体渗透率示踪监测及演化规律[J].煤炭学报,2008(3):273-276.

[5] 姚传进,雷光伦,薛世峰,等.一种识别储层非均质性的双示踪剂方法[J].中国石油大学学报(自然科学版),2016,40(1):108-115.

[6] 李勇.一种新型同位素示踪剂载体及应用[J].测井技术,2003(5):427-431.

[7] 吴庆红,魏振吉,李治平,等.基于示踪剂的煤层气井分层产能测试技术[J].天然气工业,2014,34(8):68-74.

[8] 尹新颖,卞健健,郭庆美,等.红色热激活延迟荧光材料的研究进展[J].材料导报,2017,31(S2):63-66.

[9] 王健,梁杏,靳孟贵,等.运用溴离子示踪法评价玛纳斯河流域平原区潜水蒸发[J].地球科学,2020,45(3):1051-1060.

[10] 刘晓艳,陈建生,孙晓旭.采用氯离子示踪法计算沙漠降雨入渗量[J].农业工程学报,2010,26(S1):146-149.

[11] 孟志龙,杨永刚,秦作栋,等.汾河下游流域水体硝酸盐污染过程同位素示踪[J].中国环境科学,2017,37(3):1066-1072.

[12] 林统,陈建生,陈亮.地下水不同流态的同位素示踪探测分析[J].核技术,2008(10):745-750.

[13] 钟卫鸿,叶海仁,陈建孟,等.应用绿色荧光蛋白基因标记细菌进行生物膜结构定量化新方法[J].环境科学,2005(4):160-164.

[14] 彭鼎铭,付志飞,徐平勇.荧光蛋白与超分辨显微成像[J].光学学报,2017,37(3):79-85.

[15] 肖栋,王恩元,彭苏萍,等.煤体微生物厌氧发酵对裂隙发育的响应规律[J].煤炭学报,2017,42(5):1207-1212.

作者简介:郝殿(1985—),男,江苏沛县人,2010 年研究生毕业于河南理工大学,现任焦煤集团科研所瓦斯室主任,高级工程师,长期从事矿井瓦斯防治技术研究工作。

潘西矿后六采区 $19^{\#}$ 煤层瓦斯含量分布及影响因素研究

赵庆刚，刘　军，杨明军

（山东万祥矿业有限公司潘西煤矿，山东济南，271107）

摘　要：通过收集、整理潘西矿后六采区 $19^{\#}$ 煤层采、掘工程揭露瓦斯资料和实测瓦斯含量，对瓦斯参数测试结果和回采期间瓦斯参数统计分析，分析了煤层瓦斯含量分布规律，主要影响因素，确定煤层埋深、距离大断层距离、小断层发育情况、煤层上覆基岩厚度等是影响瓦斯赋存的主控因素。

关键词：瓦斯实测；含量分布规律；影响因素；赋存主控因素

矿井瓦斯是煤矿生产过程中主要不安全因素之一，采煤工作面瓦斯涌出规律是工作面瓦斯涌出量预测、通风设计的依据，其结果直接影响矿井通风系统合理性、瓦斯防治措施有效性和安全高效生产可靠性。本文以潘西煤矿后六采区 6198、6197 工作面瓦斯涌出量、瓦斯含量变化情况，进行瓦斯参数测定和回采期间瓦斯参数统计分析，对煤层瓦斯含量分布规律、主要影响因素及其瓦斯赋存主控因素进行分析。

1　矿井概况

潘西井田位于莲花山与泰山背斜之间，莱芜含煤盆地的东部，构造形态以单斜构造为主，局部有次一级褶曲发育，地层走向为 270°～320°，倾角为 20°～34°，局部受岩浆岩和断层影响，倾角可增大到 30°～40°。井田内大中型断层共有 23 条，方向性明显。岩浆岩对局部煤质影响较大，邻近岩浆岩煤层变质程度达到无烟煤、高阶烟煤，随着与岩浆岩距离的增大，煤变质程度逐渐降低，直至低变质烟煤、褐煤。

$19^{\#}$ 煤层为潘西井田主采煤层，其储量占矿井总储量 60％以上，层位稳定，全区可采，煤厚 0.68～4.65 m，平均为 2.30 m，含夹石 1～3 层，夹石厚度为 0.10～1.06 m，平均为 0.23 m，为复杂结构煤层，夹石厚度由西向东逐渐变厚，瓦斯含量变化较大。煤层最大埋深为 1 150 m。

2　后六深部 $19^{\#}$ 煤层瓦斯含量

2.1　煤层瓦斯含量的测定

煤层原始瓦斯含量是煤层瓦斯主要参数之一，是计算矿井瓦斯储量和预测瓦斯涌出量的基础,是判定煤与瓦斯突出危险性重要参数之一。准确测定煤层瓦斯含量是矿井瓦斯治理和科研必须进行的一项基础工作。

本次瓦斯含量测定在6198顺槽进行,施工顺层钻孔取样,钻孔长度为20 m,共采取8个煤样,取煤样的地点分别为:1# 煤样罐(6198运输巷与石门交叉口)、2# 煤样罐(−740 m后六下部辅助下山掘进头)、3# 煤样罐(6198上巷477 m处)、4# 煤样罐(6198上巷591 m处)、5# 煤样罐(6198上巷561 m处)、6# 煤样罐(6198工作面)、7# 煤样罐(6198下巷距石门500 m处)和8#(6198下巷距石门950 m处),如图1所示。

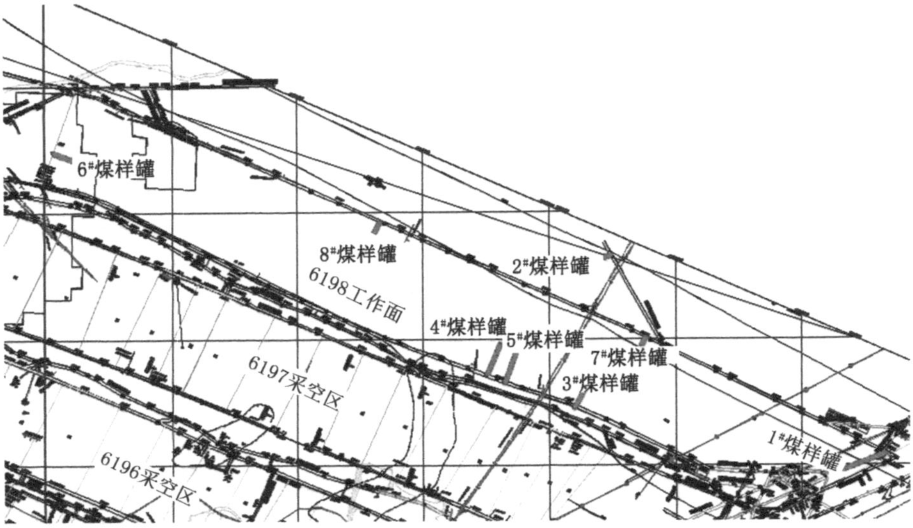

图1 井下瓦斯含量测定地点图

煤层瓦斯含量测定结果见表1。

表1 瓦斯含量测定地点及测定结果

煤样编号	取样地点	瓦斯含量/(m^3/t)
1# 煤样罐	6198运输巷与石门交叉口	1.89
2# 煤样罐	−740 m后六下部辅助运输下山	2.13
3# 煤样罐	6198上巷477 m处	1.67
4# 煤样罐	6198上巷591 m处	1.78
5# 煤样罐	6198上巷561 m处	1.67
6# 煤样罐	6198工作面距上巷52 m处	1.88
7# 煤样罐	6198下巷距石门500 m处	1.47
8# 煤样罐	6198下巷距石门950 m处	1.64

表1显示,后六采区6198工作面整体瓦斯含量大约在1.8 m^3/t,瓦斯含量相对较小。分析不同取样地点瓦斯含量测定结果,6198工作面瓦斯含量有如下规律:沿煤层走向,从6198工作面向外沿推进方向瓦斯含量逐渐降低;沿煤层倾向方向,从6198上巷到6198下巷,再到−740 m后六下部辅助运输下山掘进工作面,瓦斯含量呈现逐渐增加的趋势,表现出随着煤层

埋藏深度的增加，煤层瓦斯含量逐渐增加，符合煤层瓦斯含量分布的一般规律；断层附近瓦斯含量相对较大，即 2#、4#、6# 等测点瓦斯含量相对其他测点较大，主要原因这几处测点附近有较大断层，伴生小断层发育。7# 测点处的瓦斯含量相对较小，与其他测点相比距离断层较远。

2.2 后六采区 19# 煤层回采期间瓦斯涌出量统计

工作面瓦斯涌出量由监控系统中瓦斯浓度以及通风报表中工作面风量计算得到，以月为单位统计 6197 工作面瓦斯涌出量和 6198 工作面已采区域瓦斯涌出量情况，6197 工作面和 6198 工作面月瓦斯涌出量如表 2、表 3 所示。以时间为横坐标、涌出量为纵坐标，得到 6197 工作面和 6198 工作面瓦斯涌出量统计图，如图 2、图 3 所示。

表 2 6197 工作面瓦斯涌出量统计表

时间	实际涌出量/m^3	时间	实际涌出量/m^3
1 月	34 427.232	7 月	102 028.320
2 月	45 111.744	8 月	98 467.200
3 月	62 590.464	9 月	107 157.728
4 月	92 636.224	10 月	129 138.320
5 月	93 578.128	11 月	123 432.688
6 月	97 233.568	12 月	118 461.408

表 3 6198 工作面瓦斯涌出量统计表

时间	实际涌出量/m^3	时间	实际涌出量/m^3
1 月	84 180.960	6 月	115 078.464
2 月	114 223.680	7 月	84 995.712
3 月	128 964.336	8 月	64 463.040
4 月	118 127.472	9 月	58 971.744
5 月	118 742.496	10 月	71 386.848

瓦斯涌出量统计结果表明，后六采区 6197、6198 工作面不同位置瓦斯涌出量差异较大。在 6197 工作面回采期间煤层瓦斯涌出量沿工作面推进方向差异较大，变化范围为 3.44 万～12.91 万 m^3，其中 1 月工作面靠近切眼，当月瓦斯涌出量最低，其值为 3.44 万 m^3，10 月工作面靠近停采线，当月瓦斯涌出量最高，瓦斯涌出量为 12.91 万 m^3，是瓦斯涌出量最低月份的 3.7 倍。6198 工作面的瓦斯涌出量差异性较小，从 1 月的 8.4 万 m^3 到 10 月的 7.14 万 m^3，其间瓦斯实际涌出量最小为 9 月的 5.90 万 m^3，瓦斯实际涌出量最大为 3 月的 12.90 万 m^3，是最低瓦斯涌出量的 2.1 倍。瓦斯涌出量存在区域性差异，但差异性较 6197 工作面小。

由图 2 和图 3 可以看出，瓦斯实际涌出量在沿工作面推进方向上存在较大差异，相邻区域瓦斯涌出量变化较大，整体表现为随着距切眼距离的增加而增大，煤层瓦斯涌出量和与切眼的距离基本正相关。6198 工作面瓦斯涌出量随距切眼距离的增大而先增大后降低，瓦斯涌出量与至切眼的距离无明确正负相关性。

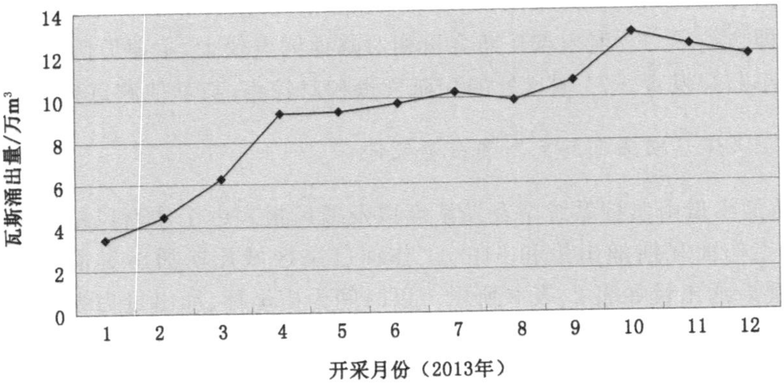

图 2　6197 工作面瓦斯涌出量统计图

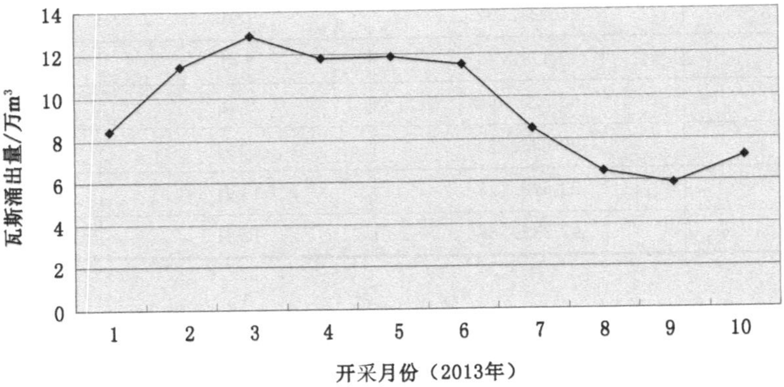

图 3　6198 工作面瓦斯涌出量统计图

3　后六深部 19# 煤层工作面瓦斯含量分布及异常分析

3.1　后六深部 19# 煤层瓦斯含量分布规律

3.1.1　6197 工作面瓦斯含量统计分析

根据 6197 采煤工作面回风巷监测到的瓦斯浓度，以月为单位计算出 6197 工作面回采期间瓦斯含量随距切眼距离不同而变化情况，结果如图 4 所示。

图 4 显示 6197 回采面虽然处在同一水平，但是煤层瓦斯含量却存在很大差异，表现出随着回采距离的增加而增大的趋势，表明 6197 工作面在全年回采期间内沿工作面推进方向上层瓦斯含量逐渐升高，煤层瓦斯含量和与切眼的距离基本呈正相关。对比断层揭露位置可知，6197 工作面从 1 月份到 12 月份回采过程中，工作面遇到断层较少，主要大断层为工作面前方靠近停采线位置的 F_1 断层。6197 工作面 1 月距离 F_1 断层 980 m，12 月距离 F_1 断层 180 m，与 F_1 断层的距离越来越近，瓦斯含量越来越高，表明地质构造等因素影响煤层瓦斯储存。在 4 月、5 月工作面遇到 F_{15} 断层时，6197 工作面煤体瓦斯含量突然迅速增大，到达 560 m 后又

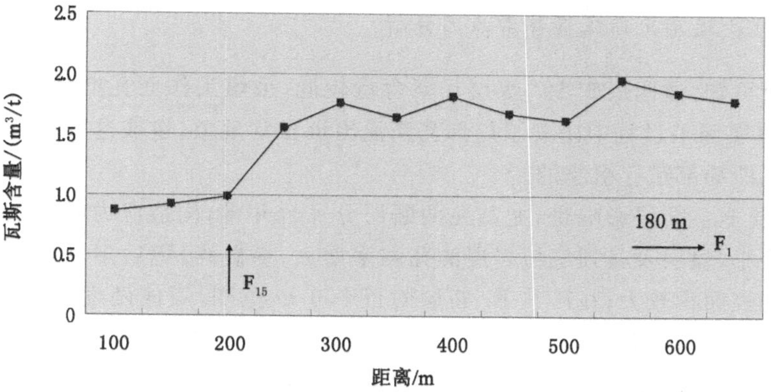

图 4　后六采区 6197 工作面沿工作面推进方向瓦斯含量分布图

迅速增加，随后略微有所下降，也表明断层附近瓦斯含量增大。

3.1.2　6198 工作面瓦斯含量统计分析

根据 6198 采煤工作面回风巷监测到的瓦斯浓度，以月为单位计算出 6198 工作面回采期间不同区域煤层的瓦斯含量，结果如图 5 所示。

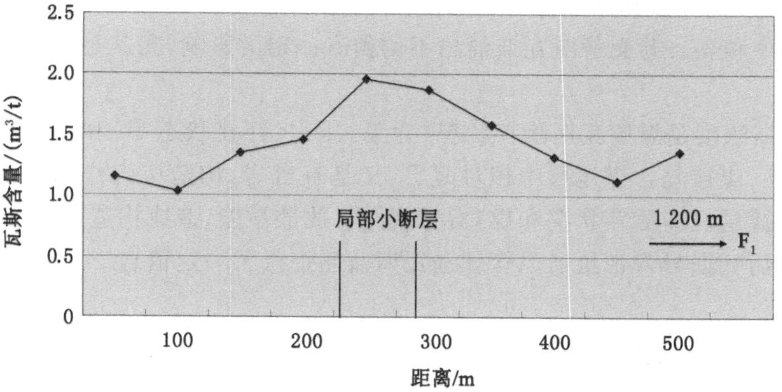

图 5　后六采区 6198 工作面沿工作面推进方向瓦斯含量分布图

由图 5 可以看出，6198 工作面沿工作面推进方向瓦斯含量随着推进距离增加缓慢增加，到达 220 m 位置处，瓦斯含量迅速增大，推进到 300 m 后逐渐恢复至切眼位置处瓦斯含量值。由 1 月份到 10 月份回采期间瓦斯含量的分布可知，6198 工作面瓦斯含量整体变化规律为两端小、中间大，即距离切眼 250 m 附近瓦斯含量较高，其他区域较低。

对比断层揭露位置可知，6198 工作面在 5 月、6 月回采过程中先后揭露了 4 条落差为 1.5～3.5 m 的正断层，此时煤层瓦斯含量由 1.03 m^3/t 逐渐升至 1.96 m^3/t 最大值，在通过断层 40 m 后，煤层瓦斯含量开始逐渐恢复至 1 m^3/t 左右。此外，6198 工作面回采过程中没有遇到其他构造，且距离 F_1 断层尚有 1 200 m 的距离。因此，6198 工作面煤体瓦斯含量增加主要是受到局部小断层的影响，这些小断层有利于煤层瓦斯的赋存。

3.2 后六采区 19# 煤层瓦斯赋存异常原因分析

由上文分析可知，潘西煤矿 19# 煤层瓦斯含量较低，采煤工作面瓦斯涌出量较小，但受到断层影响，19# 煤层回采过程中出现了局部瓦斯涌出量异常现象，造成这种现象的原因主要是地质构造造成瓦斯局部赋存引起的。

(1) 在 F_7 及 $F_{7\text{-}1}$ 断层影响带，尤其在两断层分叉合并带，构造应力相对集中，节理发育，煤体硬度明显变小，煤层及其顶底板岩层的孔隙率增大，易破碎，炮后多呈粉煤，块煤极少，反映了原始煤体的表面积较大；在矿井 F_1 断层附近 500 m 范围，煤体硬度明显变小，煤层顶板有 10～20 cm 厚度不等的泥岩，致使游离态瓦斯不易逸散，再加上受采动影响，破坏了原有的瓦斯动平衡，一部分吸附瓦斯转化为游离瓦斯而涌出，说明构造变动及采掘技术对煤体吸附和放散瓦斯性能有不同程度的改善。此外，煤层顶板为封闭性较好的砂质泥岩和泥岩，使断层影响带的煤层瓦斯保存条件较好。

(2) 掘进工作面揭露的断裂及孔隙连通性对瓦斯涌出量有重要影响。连通性越好，参与涌出瓦斯的煤体范围越大，瓦斯涌出量自然增大，反之则小。煤层断裂及空隙的连通性，主要受控于地质条件，亦即自然状态的连通性如何，与采掘技术也有很大的关系，如掘进工艺、推进度、支护方式等；若为炮掘，炮眼密度、深度、装药量等均会使煤层断裂及空隙的自然连通性进一步变好或变差，从而导致瓦斯涌出的不均衡。

(3) 掘进工序和煤岩巷交替对瓦斯涌出不均衡有一定的影响，尤其是岩巷变煤巷处，瓦斯涌出量会增大。

(4) 炮后瓦斯浓度是煤层瓦斯赋存状况(含量、压力、存在状态等)和煤对瓦斯吸附、放散性能的综合反映。煤层是含煤地层中相对薄层，又是有机岩，构造应力作用下应变较明显，在一定程度上改变煤层瓦斯赋存状况和煤对瓦斯吸附、放散性能，造成构造影响带炮眼瓦斯浓度的差异变化。炮后瓦斯异常带给通风管理和瓦斯监测提供了一定信息。

4 后六采区 19# 煤层瓦斯赋存主控因素

4.1 断层构造对瓦斯赋存的影响

断层从多方面影响瓦斯赋存，不仅对煤层完整性和瓦斯封闭条件，而且对煤体结构、煤岩显微特征及煤的渗透率均有不同程度影响，进而对煤层瓦斯含量产生重要影响。断层对瓦斯赋存影响程度与断层性质及规模有关，从断层性质与瓦斯赋存关系看，压性断层(包括逆断层、压性走滑断层或发生反转的正断层)断层面为密闭型，断层面附近成为构造应力集中带，使煤层吸附瓦斯量增多，煤层瓦斯含量相对增高；同时，由于瓦斯不易透过断层面运移散失而有利于瓦斯保存。张性断层(正断层、拉张走滑断层或发生反转的逆断层)断层面为开放型，断层面附近由于构造应力释放而成为低压区，煤层瓦斯大量解吸，从断层面逸散，使煤层含气量急剧下降。褶皱构造对瓦斯赋存的影响一般表现为向斜构造比背斜构造对瓦斯保存有利，主要是因为背斜轴部张性小断裂要比向斜轴部发育，瓦斯容易从裂隙中逸散。

根据后六采区已掘巷道及回采区域实际揭露情况分析，后六采区整体为单斜构造，形态简单，但中小断层较为发育。断层之间连通性较好时，利于煤层瓦斯的流通与逸散，煤层瓦斯含量较低。当局部断层连通性较差时，断层附近的煤层瓦斯含量较高，采掘过程中瓦斯涌出量反之较大。

4.2 埋深对瓦斯赋存的影响

一般出露于地表的煤层，瓦斯容易逸散，并且空气也向煤层渗透，导致煤层中瓦斯含量小，甲烷浓度低，随着煤层埋藏深度的增加，地应力增高，围岩的透气性降低，瓦斯向地表运移的距离相应增大，这种变化有利于封存瓦斯，不利于放散瓦斯。所以，在瓦斯风氧化带以下，瓦斯含量、涌出量及瓦斯压力主要随煤层埋藏深度增加而变大。

19# 煤层埋藏深度在井田内有明显差异，根据 19# 煤层埋藏深度揭露情况，呈现为随着埋藏深度增加，瓦斯赋存条件变好，瓦斯含量增加。

依据瓦斯含量测试结果，得到瓦斯含量随埋深变化规律，详见表 5。

表 5　瓦斯含量测定结果

煤样编号	取样地点	测点标高/m	埋深/m	瓦斯含量/(m^3/t)
1#	6198 运输巷与石门交叉口	−988	1 225	1.89
2#	−740 m 后六辅助运输下山	−1 002	1 241	2.13
3#	6198 上巷 477 m 处	−912	1 132	1.67
4#	6198 上巷 591 m 处	−897	1 135	1.78
5#	6198 上巷 561 m 处	−890	1 132	1.67
6#	6198 工作面距上巷 52 m 处	−912	1 137	1.88
7#	6198 下巷距石门 500 m 处	−906	1 116	1.47
8#	6198 下巷距石门 950 m 处	−892	1 122	1.64

根据表 5，利用回归分析方法，对 19# 煤层瓦斯含量(y)与煤层埋深(x)进行线性回归，求得瓦斯含量 W 与煤层埋深(x)的线性关系式，见图 6 所示。

$$W = 0.003x - 2.220 \qquad R^2 = 0.709$$

式中，x 为煤层埋深，m；W 为瓦斯含量，m^3/t；R 为相关回归系数。

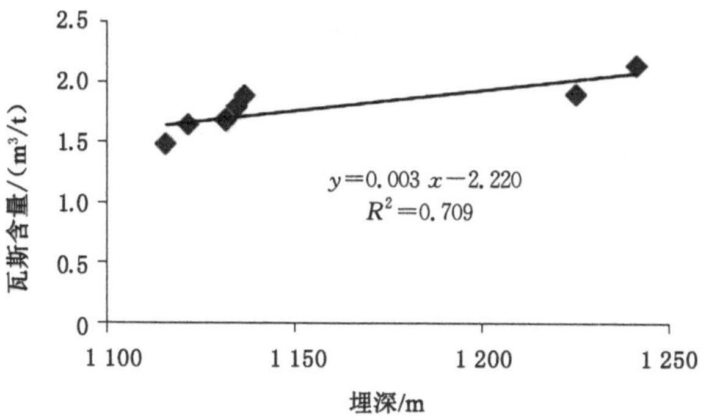

图 6　19# 煤层瓦斯含量与煤层埋深关系散点图

从图 6 可以看出，19# 煤层瓦斯含量与煤层埋藏深度线性关系较好，瓦斯含量随着煤层埋藏深度增加而增大。

4.3 上覆基岩对瓦斯赋存的影响

潘西井田位于莱芜煤田东部,属北方型石炭二叠系含煤地层,包括中石炭统本溪组,上石炭统太原组,下二叠统山西组。煤系基盘为奥陶系石灰岩。煤系上部依次为侏罗系蒙阴组红色岩系,古近系、新近系官庄组、第四系松散沉积物。

石炭系上统太原组(C_2)是本区主要含煤地层。石炭系上统太原组厚度为 152～200 m,平均为 177.78 m,为海陆交互相沉积,旋回结构和粒度均很明显,岩相较齐全。岩性以深灰色砂页岩、粉砂岩和灰色至灰绿色中粗砂岩为主,夹有少量黏土岩和一至四层薄层石灰岩。泥岩多在粉砂岩和石灰岩过渡处,黏土岩多在煤层底板。

19# 煤层位于石炭系上统太原组最下部,煤层顶板有砂质泥岩和四灰,为 19# 煤层瓦斯赋存形成两道盖层,由于其厚度较小,不利于瓦斯保存,造成地质历史时期 19# 煤层瓦斯排放量较大,瓦斯含量较低。

5 总结

基于后六采区 6197、6198 工作面瓦斯涌出量、瓦斯含量变化情况对 19# 煤层瓦斯涌出规律以及主要影响因素进行分析,结果表明:

(1) 后六采区 19# 煤层瓦斯涌出量在沿工作面推进方向上存在较大差异,其中 6197 工作面瓦斯月涌出量变化范围为 3.44 万～12.91 万 m^3,整体表现为随着距切眼距离的增加而增大;6198 工作面瓦斯月涌出量变化范围为 5.9 万～12.9 万 m^3,表现为随回采距离的增加先增大后降低。

(2) 潘西煤矿 19# 煤层瓦斯含量较小,瓦斯涌出量的变化主要受到 F_1 及局部小断层的影响,这些断层能够阻止瓦斯释放从而影响煤层瓦斯含量。其中,6197 工作面主要受 F_1 断层的影响,越靠近 F_1 断层瓦斯涌出量越高;6198 工作面在 2017 年回采期间距离 F_1 断层较远,主要受到揭露的局部小断层影响,在小断层揭露区域附近瓦斯涌出量较高。

(3) 6198 工作面即将进入瓦斯异常区域,受 F_1 断层的影响,6198 工作面的瓦斯涌出量将逐渐增大,最大瓦斯涌出量将超过 13 万 m^3,如果遇到局部隐伏构造,瓦斯涌出量将会更大。

作者简介:赵庆刚(1974—),男,山东齐河人,助理工程师,1994 年毕业于徐州煤炭建筑工程学校,发表论文数篇。

新庄煤矿三$_3$煤层对下伏三$_2$煤层保护效果数值研究

周　游，郭　浩，郭　聪
（河南神火煤电股份有限公司新庄煤矿，河南永城，476600）

摘　要：新庄煤矿三$_2$煤层为煤与瓦斯突出煤层，本文以新庄煤矿36采区为具体研究背景，研究36采区三$_3$煤层开采对下伏三$_2$煤层卸压保护效果，以三$_3$煤层36031采煤工作面布置参数为依据，研究分析开采三$_3$煤层下伏煤岩体应力、煤层位移等参数变化规律，确定开采三$_3$煤层工作面对下伏三$_2$煤层有明显卸压保护效果，为矿区类似地质条件下进行近距离上保护层开采及区域防治煤与瓦斯突出提供了理论依据和数据支撑，具有较大的推广应用前景。

关键词：突出矿井；下伏煤层；卸压保护

为了实现安全高效开采突出矿井的目标，采取验证有效的区域防突措施消除煤与瓦斯突出危险性是必经之路。保护层开采后，开采层顶底板岩体中地应力重新分布，岩体受到地应力影响向采空区方向移动，发生变形、破坏，导致煤岩体透气系数增大，成为邻近煤层卸压瓦斯的流动通道，实现邻近煤层防治煤与瓦斯突出效果。岩（煤）层变形程度与移动距离越大，代表岩体卸压越充分，即保护效果也越好。

新庄煤矿36采区煤层地质柱状图显示，三$_2$煤层上方约6.25 m为三$_3$煤层，三$_3$煤层平均厚度在1.2 m左右，可以作为三$_2$煤层上保护层开采。因此，本文以新庄煤矿36采区瓦斯地质条件作为原型，采用计算机数值模拟技术结合现场实测等手段，研究三$_3$煤层开采对下伏三$_2$煤层移动变形、应力变化及卸压保护效果。

1　研究思路及研究内容

本文采用FLAC3D数值模拟软件进行开采三$_3$煤层对围岩应力和移动变形数值模拟，分析近距离上保护层三$_3$煤层开采对其下伏三$_2$煤层的卸压保护效果。

研究内容如下三个方面：① 保护层开采卸压裂隙场研究。② 三$_3$煤层开采围岩卸压变形研究。③ 三$_3$煤层开采卸压保护效果研究。

2　保护层开采卸压裂隙场研究

采场覆岩厚度、强度及距离开采层的距离不同，导致在煤层开采过程中覆岩破坏程度不同，其中坚硬的厚岩层较难破坏，并且对其上覆岩层的变形与破坏在一定程度上起控制作用。关键层抗破坏能力较强,工作面连续推进长度较小时,关键层不会出现失衡、破坏现象。煤体采出使其上覆煤岩层失去支撑作用而变形下沉,产生离层裂隙和破断裂隙,为煤岩体中的瓦斯运移和聚集提供了通道和空间。在此过程中,关键层结构、破断及失稳对煤岩层瓦斯解吸、运移产生很大影响。

2.1 采场上覆岩层裂隙场演变规律

在煤系岩层中,由于成岩时间和矿物成分等不同,使各岩层厚度和力学特性存在着一些差别,形成厚度不等、强度不同的多层岩层。无论这些岩层坚硬、软弱或厚薄,在覆岩采动演化过程中同时兼有加载和承载作用,其中某些坚硬岩层在覆岩采动变形破坏和运动演化过程中起主要控制作用,它们破断前以连续梁力学结构支承上覆岩层,破断后以砌体梁力学结构支承上覆岩层,并以砌体梁力学结构演化运动影响采场矿压、岩层移动和地表沉陷。

2.2 卸压瓦斯流动及汇集规律

在煤层开采过程中,因采动卸压作用,处于卸压范围的围岩,将通过采动裂隙网络与开采层采空区相连通,形成了采动裂隙带,这是煤矿抽采卸压瓦斯重点区域。研究表明,在煤层开采后,由于围岩的移动和地应力的重新分布,在地层中造成了大量的裂隙,使顶底板附近煤层瓦斯大量涌入开采空间,如图1所示。采煤工作面第一次落顶后将引起煤层顶板岩层冒落破裂和变形,在采空区附近会造成一个卸压圈。处于冒落区的邻近煤层将会直接向采空区放散瓦斯。通常情况下,采空区邻近层卸压变形区域排放瓦斯范围随时间和空间不断发展而发展,距开采层不同距离的邻近层瓦斯进入采区时间和涌出量取决于开采高度、层间岩石性质、邻近层瓦斯含量和工作面的长度等因素。

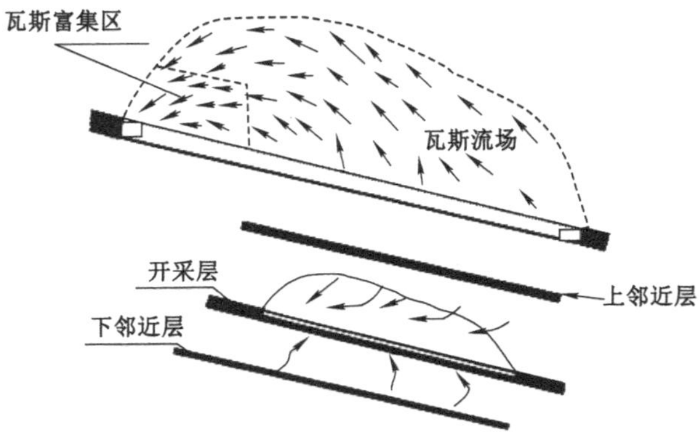

图1 采空区高浓度瓦斯富集示意图

根据采场下伏煤岩裂隙分带特征将采空区底板划分为底鼓裂隙带和底鼓变形带,不同区带内瓦斯具有不同的流动及赋存规律。煤层处于底鼓裂隙带时,煤层包含大量顺层裂隙和穿层裂隙,在两种裂隙及其交汇处形成了瓦斯汇集及流动通道,在压差作用下,卸压瓦斯有沿层间穿层裂隙逸散到保护层采空区的趋势。煤层属于底鼓变形带区域顺层裂隙发育较为完全,由于煤层间少有能让瓦斯流动的穿层裂隙,因此,煤层解吸瓦斯大多仍汇集在煤层中。

3 三$_3$煤层开采围岩卸压变形研究

3.1 模型建模

3.1.1 煤岩力学参数的选择

数值模拟分析采用摩尔库仑破坏准则,邻近煤岩层物理力学参数见表1。

表1　各岩层主要力学参数

岩层	密度/(kg/m³)	体积模量/GPa	剪切模量/GPa	内摩擦角/(°)	黏聚力/MPa	层厚/m
细砂岩	2 700	25	1.8	38	10	5.8
砂泥岩	2 400	48	9.6	29	5	10
三$_2$煤	1 400	1.5	0.8	25	1.1	2.1
细砂岩	2 700	25	1.8	38	10	5.0
泥岩	2 200	24	4.8	30	2.5	1.25
三$_3$煤	1 400	1.5	0.8	25	1.1	1.2
泥岩	2 200	24	4.8	30	2.5	1.25
砂泥岩	2 400	48	9.6	29	5	6.4
细砂岩	2 700	25	1.8	38	10	5.5

3.1.2　模型的建立

数值模型分析的范围：走向长300 m，倾向长350 m，高85 m。模型方向左右留50 m宽岩柱，模型走向前后留设75 m岩柱，三$_3$煤层由下向上沿煤层倾向回采，回采宽度为150 m，回采长度为250 m。数值分析主要对象是三$_2$煤层与三$_3$煤层之间的岩层，将该部分岩层放置在数值模型的中部，可减小边界对工作面应变数据的影响。

边界条件选择：模型底界限制竖直方向位移，可左右移动；模型左、右边界限制左右移动，可上、下移动，即左右、底边界采用单向滚动控制，使边界岩体不至于影响内部岩体的应力迭代计算。模型顶边界采用应力边界，应力值为覆岩所受的地应力。

3.2　数值模拟

通过建立数值模型反映新庄煤矿三$_3$煤开采对下伏三$_2$煤层的卸压保护效果。依据新庄煤矿采面人员配置、设备选型、生产计划等参数，设计数值模型每循环回采25 m，回采高度1.2 m，循环时步10 000，连续开采总长度250 m。为最大限度模拟36031工作面回采情况，确保模型开挖前应力、应变状态与煤岩体原始状态接近。

3.3　结果分析

(1) 随着保护层开采距离不断增加，开切眼及工作面两侧煤体的集中应力不断增大，煤体压缩变形并向下移动，移动量随着层间距的增大而减小。由于采空区中部底板煤岩体处于卸压状态，受到挤压作用，煤岩体发生向上的移动变形现象。随着煤岩体层间距不断增大，移动变形量逐渐减小，呈现出倒“U”形特征。工作面回采长度达150 m时，顶板岩层最大下沉量为150 mm，底板岩层最大底鼓量为15 mm，三$_2$煤层最大底鼓量为12 mm。随着工作面推进，顶板下沉量和底板底鼓量基本呈“U”字形演化，影响范围逐渐向上、向下发展，各岩层位移量逐渐增大。

(2) 三$_3$煤层采空区边界走向上内错4～5 m范围内，随着工作面向前推进，采空区底板同一深度不同观测点应力值逐渐减小，卸压程度逐渐加大，应力降低范围呈斜梯形态势不断增加，三$_2$煤层垂直应力均低于3 MPa，卸压曲线呈现倒“U”形特征，说明该范围为三$_2$煤层有效卸压范围;走向上采空区边界外侧 0～20 m 范围内,随着底板岩层层间距的增加,三$_2$ 煤层垂直应力逐渐增加,卸压程度逐渐减弱,有效卸压范围逐渐减小,说明该范围三$_2$ 煤层属于应力增加区,呈现应力集中现象。

4　三$_3$ 煤层开采卸压保护效果分析

为了分析研究三$_3$ 煤层采煤工作面连续回采对三$_2$ 煤层卸压保护效果,分别在三$_3$ 煤层采煤工作面每个回采循环对三$_2$ 煤层布置数据监测线,记录三$_2$ 煤层在三$_3$ 煤层回采过程中应力、位移、膨胀变形量等数据,见图 2～图 5 所示。

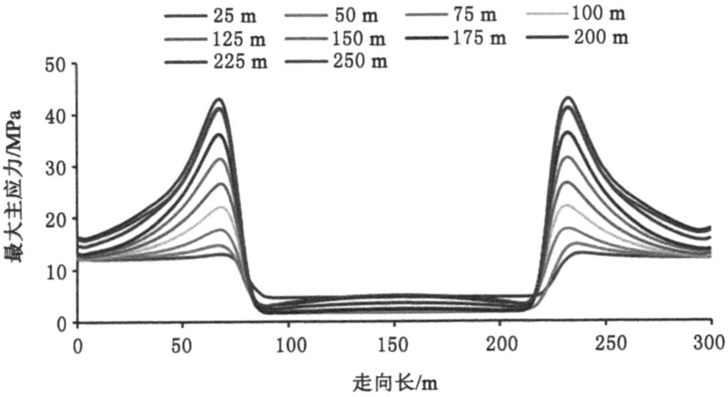

图 2　受三$_3$ 煤层回采影响三$_2$ 煤层最大主应力变化曲线

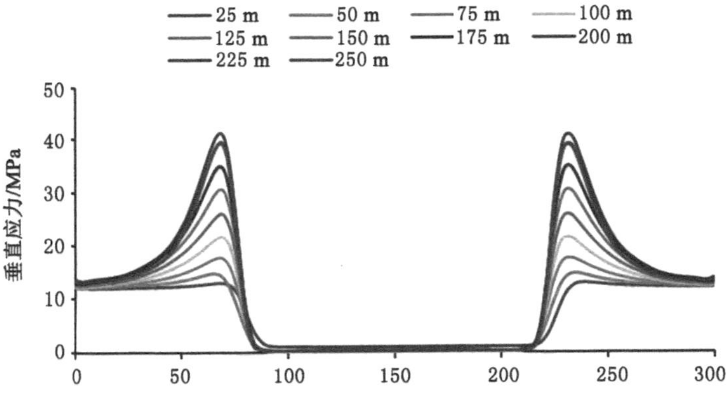

图 3　受三$_3$ 煤层回采影响三$_2$ 煤层垂直应力变化曲线

由图 2 可知:① 三$_3$ 煤层工作面回采不同距离,下伏三$_2$ 煤层最大主应力的变化规律是大致相似,在三$_3$ 煤层工作面走向采空外侧 0～20 m 范围应力增大。随着三$_3$ 煤层工作面回采长度增加,应力峰值逐渐增加,最大主应力达 42 MPa 左右。② 三$_3$ 煤层采煤工作面回采长度为 25 m 时,采空区下方三$_2$ 煤层最大主应力降低,走向上采空区边界内错 4.5 m 范围三$_2$ 煤层最大主应力均低于 4 MPa,最大主应力降低幅度达 60%以上。③ 随着三$_3$ 煤层采煤工作面回采长度增加,采空区范围三$_2$ 煤层主应力相应降低,走向上主应力降低范围变化不明显,说明三$_3$

煤层采空区边界内错 4.5 m 范围的三$_2$ 煤层均处于卸压区。

图 3 表明:① 随着三$_3$ 煤层回采范围增大,走向上采空中部的三$_2$ 煤层垂直应力相应降低,走向上垂直应力降低范围增加不明显。② 三$_2$ 煤层垂直应力变化曲线整体呈“U”形,即采空区内错约 4.5 m,对应采空区中部三$_2$ 煤层的垂直应力基本一致,并均低于 3 MPa。③ 走向上采空区边界外侧 0～20 m 范围三$_2$ 煤层垂直应力随开采范围增大相应增加,说明该范围三$_2$ 煤层属于应力增加区,呈现应力集中现象,如三$_3$ 煤层回采长度为 150 m 时,采空区边界外 10 m 处三$_2$ 煤层垂直应力达 30 MPa,应力集中系数达 2.5 以上。④ 三$_3$ 煤层采空区边界走向上内错 4.5 m 范围的三$_2$ 煤层垂直应力均低于 3 MPa,说明该范围为三$_2$ 煤层有效卸压范围。

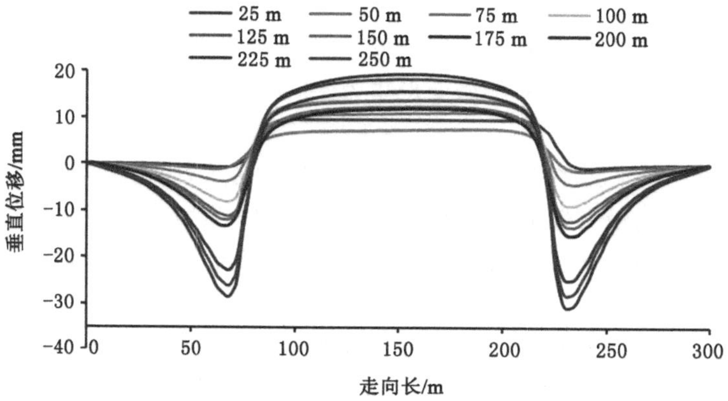

图 4　受三$_3$ 煤层回采过影响三$_2$ 煤层垂直位移变化曲线

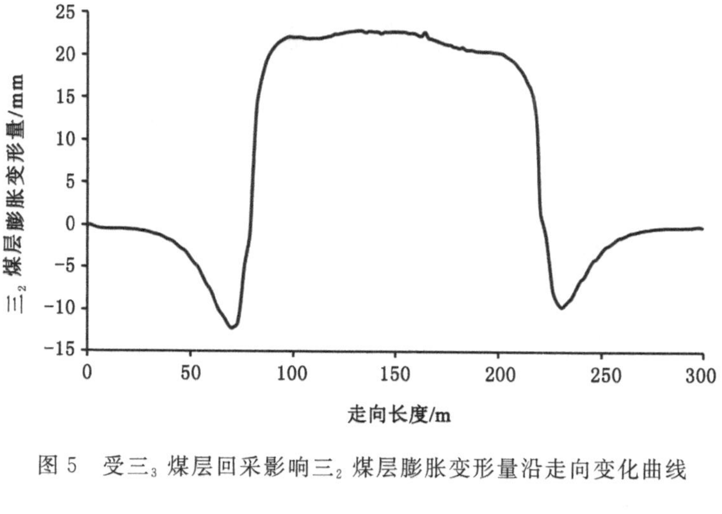

图 5　受三$_3$ 煤层回采影响三$_2$ 煤层膨胀变形量沿走向变化曲线

图 4 表明:① 随着三$_3$ 煤层回采范围增大,走向上三$_2$ 煤层移动变形量相应增大,走向上移动变形范围增加不明显。三$_3$ 煤层采煤工作面布置走向回采宽度不变,因此三$_2$ 煤层走向上发生移动变形宽度变化不明显。② 随着三$_3$ 煤层回采,三$_2$ 煤层移动变形曲线整体呈“W”形,即采空区内错约 4.5 m 范围采空区对应的三$_2$ 煤层移动变形量基本一致,当三$_3$ 煤层回采长度为 100 m 时,采空区中部三$_2$ 煤层移动变形量约为 13 mm。③ 对应三$_3$ 煤层采空区外 0～20 m 范围三$_2$ 煤层移动变化量呈负值,说明该区域三$_2$ 煤层呈压缩下移状态,说明三$_3$ 煤层回

采后，三$_2$煤层走向上的移动变形量呈“W”形对称分布，对应三$_3$煤层采空区走向上内错4.5 m为三$_2$煤层有效卸压范围。

图5表明：当三$_3$煤层回采长度为250 m时，三$_2$煤层最大膨胀变形为22.89 mm，相对膨胀变形为10.9‰，膨胀率大于3‰；三$_2$煤层膨胀变形量大于7.0 mm的区域在走向上内错4.5 m左右，说明在新庄矿36采区地质条件下，三$_2$煤层充分卸压区为36011风巷、36031机巷轮廓线内错约4.5 m的区域，这个区域是三$_2$煤层进入稳定膨胀变形的区域。

5 结论

(1) 新庄煤矿三$_3$煤层回采后，采空区底板下伏三$_2$煤层发生显著的膨胀变形，三$_2$煤层最大膨胀变形为22.89mm，最大相对膨胀变形率为12.4‰，大于《防治煤与瓦斯突出细则》规定的临界值3‰。

(2) 下伏三$_2$煤体产生膨胀变形，大大增加了煤层的透气性，游离瓦斯沿采动裂缝释放，实测保护范围内三$_2$煤层的最大残余瓦斯压力是0.28 MPa，实测保护范围内三$_2$煤层的最大残余瓦斯含量是4 m^3/t，分别远低于0.6 MPa和6 m^3/t，因此，保护范围内三$_2$煤层已经消除了煤与瓦斯突出危险。

(3) 通过理论分析、数值模拟和现场试验等研究手段，系统研究了新庄煤矿近距离上保护层开采后下伏煤岩体的卸压特征、位移变形以及瓦斯运移规律，确定了开采三$_3$煤层对下伏三$_2$煤层有效卸压保护效果，为矿区类似地质条件进行近距离上保护层开采、防治煤与瓦斯突出提供理论依据和数据支撑，具有较大的推广应用前景。

参考文献

[1] 贾连鑫.下伏煤岩体移动变形规律数值模拟研究[J].煤炭技术，2023，42(3)：74-78.

[2] 郭建行.上保护层开采底板卸压规律及瓦斯治理技术[J].煤炭工程，2022，54(10)：80-85.

[3] 黄兴.近距离煤层群保护层开采底板卸压及效果考察[J].中国矿山工程，2022，51(4)：45-50.

[4] 柴敬.保护层开采下伏煤岩卸压效应及其光纤监测[J].煤炭学报，2022，47(8)：2896-2906.

[5] 黄勇.保护层开采卸压瓦斯运移规律及强化抽采技术研究[J].煤炭技术，2022，41(6)：90-93.

[6] 刘秋菊.近距离煤层群保护层开采对比分析及瓦斯抽采效果研究[J].煤炭技术，2022，41(1)：159-162.

[7] 秦汝祥.上保护层开采卸压保护范围研究[J].工矿自动化，2021，47(11)：81-87.

[8] 邓兆睿.近距离煤层群半煤岩上保护层开采卸压增透效应研究[J].采矿与岩层控制工程学报，2022，4(2)：35-43.

[9] 丁海洋.上保护层开采双工作面卸压数值模拟[J].矿业工程研究，2021，36(2)：54-64.

[10] 李丽.近距离煤层群开采上保护层被保护层卸压瓦斯治理实践[J].安全,2021,42(6):61-68.

[11] 郭春晖.保护层开采瓦斯治理与保护范围考察[J].湖南科技大学学报(自然科学版),2020,35(3):7-12.

[12] 李广培.保护层连续卸压开采消突效果工程实践应用[J].山西焦煤科技,2020,44(9):35-40.

[13] 撒占友.上保护层开采下伏煤层卸压变形及应力分布[J].煤矿安全,2020,51(7):61-65.

[14] 李海涛.近距离煤层群保护层开采底板卸压瓦斯抽采技术研究[J].煤炭工程,2020,52(7):78-82.

[15] 殷伟.上保护层开采下伏煤岩体应力卸压规律力学分析[J].煤矿安全,2019,50(9):197-202.

[16] 张挺哲.上保护层开采底板卸压瓦斯抽采技术研究[J].西部探矿工程,2019,31(8):137-138.

[17] 张磊.保护层开采保护范围的确定及影响因素分析[J].煤矿安全,2019,50(7):205-210.

[18] 代志旭.千米级深井上保护层开采下伏煤层卸压效果研究[J].煤矿安全,2019,50(4):6-9.

[19] 丁建兵.近距离上保护层开采卸压瓦斯运移动态时空演化规律[J].煤,2018,27(9):16-19.

[20] 王长平.近距离上保护层开采下伏被保护层卸压效应研究[J].能源与环保,2018,40(5):64-66.

[21] 任青山.近距离上保护层开采卸压保护效果研究[J].煤炭技术,2018,37(4):129-130.

[22] 于占昆.上保护层卸压效果的数值模拟分析[J].能源技术与管理,2018,43(1):26-28.

作者简介:周游(1988—),男,河南信阳人,河南神火煤电股份有限公司新庄煤矿通防科副科长,矿山工程师,2011年6月毕业于河南工程学院安全工程专业,学士学位,主要从事矿山开采及防治煤矿瓦斯研究。

郭浩(1989—),男,吉林吉林市人,河南神火煤电股份有限公司新庄煤矿通防科主任工程师,矿山工程师,2012年6月毕业于中国矿业大学采矿工程专业,学士学位,主要从事矿山开采及防治煤矿瓦斯研究。

郭聪(1984—),男,河南永城人,河南神火煤电股份有限公司新庄煤矿通防科副科长,矿山工程师,2010年6月毕业于河南理工大学安全工程专业,学士学位,主要从事防治煤矿瓦斯研究。

赵家寨煤矿 12205 工作面漏风规律考察与研究

何鹏飞
(郑煤集团工程技术研究院,河南郑州,450000)

摘　要:针对赵家寨煤矿存在的煤炭自燃问题,采用理论研究分析与现场测定相结合的研究方法,结合试验工程的回采工艺、通风方式,研究分析了工作面、密闭区的漏风形式,确定了漏风路线两侧压差法实施地点、实施方法以及 SF_6 示踪气体法漏风取样地点、示踪气体释放量、漏风量等关键参数。综合采用通风能量压能法、漏风路线两侧压差法和 SF_6 示踪气体法,现场测定了 12205 工作面和工作面邻近区域密闭区的漏风方向和漏风量。

关键词:漏风量;示踪气体;采空区;密闭区

煤炭自燃不仅造成资源浪费,同时还严重威胁井下作业人员的生命安全,也是矿井生产灾害之一。河南省新郑煤电有限责任公司主采煤层二$_1$煤层,为Ⅲ类不易自燃煤层,最短自然发火期为 129 d,煤尘有爆炸危险性。矿井投产初期,因空帮空顶和现场技术管理不到位,矿井发生多起煤层自然发火事故。在工程技术人员的不懈努力下,技术管理水平不断提高,煤层自然发火现象大大减少,但煤层自然发火事故仍偶有发生,对矿井的安全生产、经营管理造成较大的影响。近年来矿井开采条件越来越复杂,各个地方漏风加剧,有必要进一步掌握漏风规律,为矿井采取防治煤层自然堵漏、均压做好准备。

深入考察与研究采空区气体的运移规律,可为工作面防灭火工作提供指导。相关研究表明,漏风是引起采空区煤自燃的主要原因之一,它受工作面采掘活动、煤层赋存复杂地质条件、大气参数变化等因素影响。针对采空区气体的运移规律,广大学者采用数值模拟、实验分析及现场实测等方法进行了一系列研究,但综合采用压能法、压差法和示踪气体法测定采空区和密闭的漏风规律的研究较少。取典型巷道区域,现场测量工作面、密闭、典型连接巷道的风压差、风量、巷道形状以及支护形式,分析高冒区周围巷道的阻力分布,初步确定漏风形式和漏风方向,随后采用示踪气体法,确定巷道漏风方向和漏风量,分析漏风对煤自燃的影响,可为 12 采区二$_1$煤层防灭火工作提供重要的借鉴和指导。

1　12205 工作面漏风规律

1.1　工作面漏风形式分析

12205 工作面属于长壁后退式采煤,采用 U 形通风形式,由于在进、回风巷之间的压差使得在采空区内部形成了从里到外的半月式的漏风路线，与工作面形成的小并联扩散漏风形式是从工作面入风端漏入，从回风端漏出。12 采区煤层属于自燃煤层，此种漏风方式为采空区自然发火埋下了隐患。12205 工作面漏风轮廓和漏风形式如图 1 所示，在该情况下，采空区漏风主要与工作面推进距离有关。

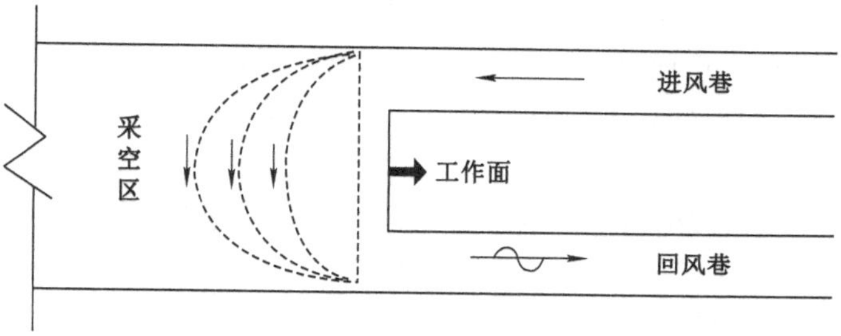

图 1　12205 采空区上下顺槽之间漏风轮廓

1.2　工作面漏风的测定

1.2.1　检测方法

示踪气体检测矿井漏风的基本原理是在井巷风流中释放示踪气体，顺着风流方向，沿途布点取样分析示踪气体的浓度变化。如果沿途不漏风或者向外漏风，则风流沿途各点的示踪气体浓度保持不变；如果沿途向内漏风，则沿途各点示踪气体浓度呈下降趋势变化。通过分析示踪气体的浓度变化，求出井巷沿途的漏风量，从而找出漏风规律。由压能测定可知，12205 工作面进风侧压能较高，回风侧压能相对较低，因此采用进风巷释放示踪气体 SF_6 对 12205 工作面通风系统进行漏风检测。测点布置图如图 2 所示。

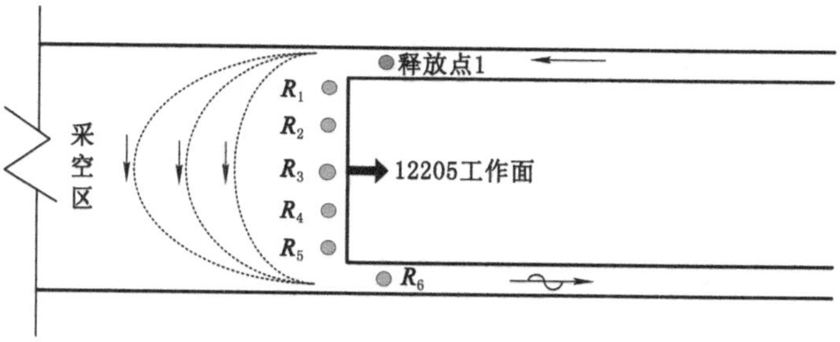

图 2　测点布置图

由于工作面不存在邻近工作面，主要探测工作面附近漏风。其中，释放点 1 位于工作面下隅角 30 m 处，高度为 1.5 m，分别在 R_1、R_2、R_3、R_4、R_6 处接收 SF_6。

1.2.2　漏风取样地点的确定

示踪气体释放点和取样点与漏风点，或释放点与取样点的间距可按下式进行计算，

$$L \geqslant 32\frac{S}{U} \tag{1}$$

式中　L——示踪气体释放点和取样点与漏风点或释放点与取样点的间距，m；

S——井巷断面积，m^2；

U——井巷周界长度,m。

根据矿井实际情况,12205 工作面四周全是原煤区且没有邻近巷道,进、回风巷只存在向煤体裂隙中漏风情况,漏风量很小,且无完整的漏风通道;工作面漏风通道主要从工作面进风口向采空区呈半月式漏风,从回风巷出口漏出,形成完整的漏风通道,漏风量较大,故主要测量工作漏风情况。结合公式(1),可以算出最小取样距离 L 为 22.2 m,为了保证 SF_6 气体在工作面中浓度保持稳定,在工作面每隔 40 m 取一个气样,到取样点 R_6 结束取样。取样地点为 R_1、R_2、R_3、R_4、R_5、R_6,两取样点中间间距为 40 m,测量浓度分别记为 C_1、C_2、C_3、C_4、C_5、C_6。

1.2.3 释放量的确定

在矿井中,定量释放装置的最小释放量可以按照下式计算:

$$q = KCQ \tag{2}$$

式中 q——SF_6 示踪气体连续定量释放量,m^3/min;

K——系数,取值 4～5;

C——预定风流中的 SF_6 示踪气体最小浓度,取值 10^{-8};

Q——通过被测巷道的风量,约为 1 130 m^3/min。

经计算,确定进风口 SF_6 理论最小释放量为 4.52 mL/min,根据测量仪器量程反算最大释放量为 20.34 mL/min。根据矿井实际情况,取释放量为 15 mL/min。

1.2.4 漏风数据的采集

对工作面不同时间点 SF_6 的采样,数据见表 1。

表 1 工作面 SF_6 漏风数据采集表

SF_6 释放量	SF_6 采样点	SF_6 释放时间	SF_6 采样时间	SF_6 浓度 $C_i/10^{-6}$			
				左	中	右	均值
15 mL/min	R_1	2019.7.14 9:00	9:10	9.75	8.58	5.98	8.104
	R_2		9:15	6.14	12.01	6.11	8.087
	R_3		9:20	7.02	9.91	7.28	8.071
	R_4		9:25	10.96	9.98	3.23	8.055
	R_5		9:30	9.08	7.98	7.06	8.04
	R_6		9:35	8.01	8.03	8.04	8.026

1.2.5 漏风量的计算

在 12205 工作面巷道的 a 点按一定的释放速度释放示踪气体,在 b 点测量示踪气体浓度,如图 3 所示。当在 a 点以连续稳定恒定的释放速率释放示踪气体,a 点到 b 点有足够的距离使示踪气体与巷道风流充分均匀混合,若工作面风量稳定,在一定时间后,b 点的示踪气体浓度是一个常数,即 $\frac{dC}{dt}=0$,则巷道通风量可用下式计算:

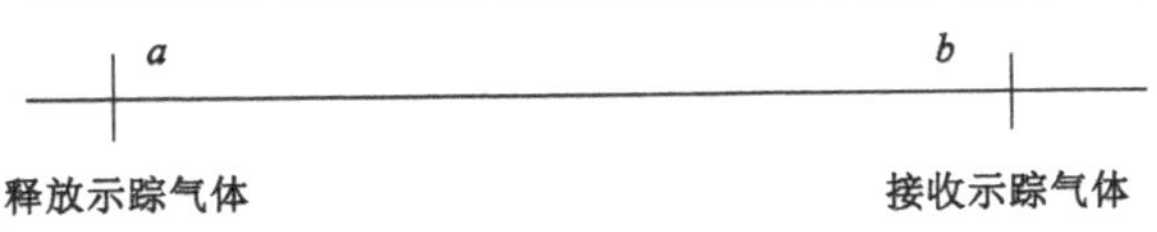

图 3 12205 工作面漏风量测量

$$Q=\frac{q}{C_b-C_a} \tag{3}$$

式中 Q——巷道通风量，m^3/min；

q——示踪气体释放速率，m^3/min；

C_a——巷道中示踪气体释放前的示踪气体浓度，m^3/m^3；

C_b——巷道中示踪气体释放后的示踪气体浓度，m^3/m^3。

由式(3)可计算出：$Q_{1-2}=1\ 071\ m^3/min$，$Q_{2-3}=1\ 000\ m^3/min$，$Q_{3-4}=937.5\ m^3/min$，$Q_{4-5}=925.9\ m^3/min$，$Q_{5-6}=914.6\ m^3/min$。

分析可知，12205 工作面从进风巷进入时，风量为 973 m^3/min。0～60 m 时向工作面漏风量为 973－914＝59 m^3/min；60～100 m 时向工作面漏风为 925.9－914.6＝11.3 m^3/min；100～140 m 时向工作面漏风量为 937.5－925.9＝11.6 m^3/min；140～180 m 时向工作面漏风量为 1 000－937.5＝62.5 m^3/min；180～220 m 时向工作面漏风量为 1 071－1 000＝71 m^3/min，最终风量汇合到回风巷。

2 密闭区漏风的测定

2.1 密闭区漏风分析

密闭区煤炭自燃与漏风密切相关，密闭漏风通道一般存在于高压能向低压能区域，采用科学测定的方法查明密闭区漏风范围及漏风形式，有利于早期决策，采取有效措施防止煤炭自燃。矿井密闭区漏风主要有巷道向密闭内漏风、密闭向大巷漏风、密闭向相邻密闭区域漏风三种情况。密闭内废弃采空区有大量遗煤，易燃易爆危险气体，且容易蓄热，当向密闭内漏风时，会为采空区提供充足的氧气，从而发生煤自燃，引发火灾。故密闭区漏风主要考虑向密闭区漏风及对相邻密闭影响的情况。

2.2 漏风风向测定

漏风风向测定采用 U 形压差计对密闭内外压差进行测量，测量装置连接图见 4。读出 U 形压差计的水柱差，密闭外高内低记为正，内高外低记为负。测定结果如图 5 所示。

由密闭内外压差测定可知，12210 上车场密闭、12206 上车场密闭、12206 中车场密闭、31118 上车场密闭、31110 上车场密闭、12206 下副巷密闭、11208 上副巷密闭、11208 下副巷密闭、31120 下副巷密闭数值为正，存在向密闭区内漏风状况。其余为负的，存在密闭向巷道内漏风状况，为零的暂时不确定漏风方向。

2.3 SF_6 释放点的确定

结合图 4 和图 5 压能、密闭内外压差测定结果，根据压能高和密闭外压差高为 SF_6 释放点依据，密闭漏风测试选择 12206 中车车场密闭、12210 上车场密闭和 12206 下副巷密闭(备选) 3 个释放点。

采用示踪气体 SF_6 脉冲释放方法，一次性通过 12206 中车场密闭孔向密闭内释放一定量的 SF_6，每 48 h 在其相连通密闭孔用抽气泵收集气体，取 5 次，共计 5 d，然后回地面利用精密

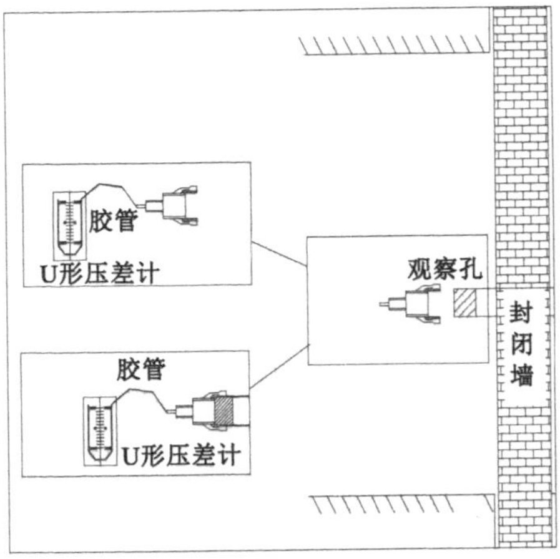

图 4　密闭内外压差测量装置图

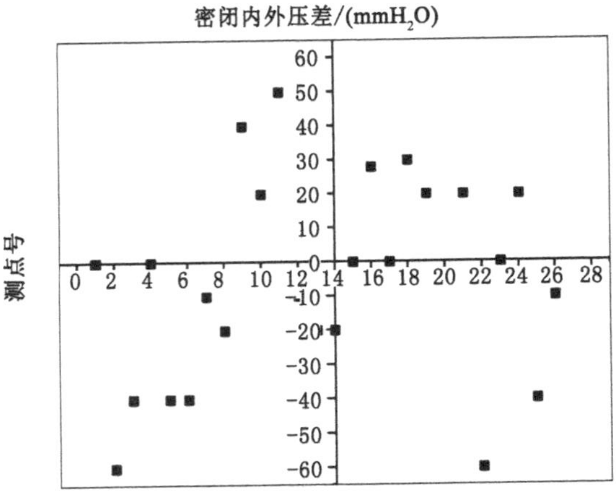

图 5　密闭内外压差测量数据处理图

SF_6 测定仪检测是否含有 SF_6 以及其浓度大小，进而根据是否有示踪气体 SF_6 来判断其是否漏风，根据浓度大小判断漏风量大小。

在矿井中，脉冲释放装置的最小释放量可以按照下式计算：

$$Q_{SF_6}=KC_{av}t\sum_{i=1}^{n}q_{air} \tag{4}$$

式中　Q_{SF_6}——SF_6 释放量，L；

K——单位换算系数，$K=1\ 000$ L/m^3；

C_{av}——火区或采空区内 SF_6 的平均浓度，m^3/m^3(体积比)；

t——预定采样累计时间，min；

n——漏风密闭个数；

q_{air}——每个漏风密闭的漏风量，m^3/min。

式(4)中 C_{av} 取决于分析 SF_6 样品仪器的检测灵敏度。目前国产仪器的检测灵敏度一般可达到 1×10^{-8} 以下，为了使估算的释放量不致偏低，在选取浓度值时可稍高些，取 5×10^{-6}(体积比)。采样累计时间 t 是从释放 SF_6 开始到某一预定时间为止的累计时间。采样时间的长短除取决于释放量的多少、捕获点的距离以及采空区内的风速外，还与井下采空区内的连通程度有关，也与密闭质量有关。每次测量中，预计累计采样 10 d，因此 t 取 240 h。漏风量 q_{air} 是个经验数值，各地区、各矿井甚至在同一矿井也不一致，计算时可视各地具体情况取平均值。由于每个释放点影响密闭为 8 个，且煤层局部埋深浅，部分地区地表塌陷，煤岩裸露，具有一定漏风的可能，综上考虑，这里 $\sum_{i=1}^{n}q_{air}$ 取 10 m^3/min。将上述数据代入式(4)中，可估算得出 $Q_{SF_6}=300$ L。

2.4　漏风漏风量测定与计算

2.4.1　漏风量计算方法

$$Q_{air}=\frac{mDq_{SF_6}}{Kt\sum_{i=1}^{m}C_i} \tag{5}$$

式中 Q_{air}——漏风量，m^3/min；

D——修正系数，取0.9～1.0；

q_{SF_6}——SF_6 的实际释放量，L；

K——单位换算系数，$K=1000\ L/m^3$；

t——截至第 m 个样品时的累计采样时间，min；

m——样品个数；

C_i——第 i 个样品检测的 SF_6 浓度。

公式中 t 是从释放 SF_6 开始截止第 m 个样品时已收到90%以上的 SF_6 释放量时的累计采样时间，修正系数 D 要大于0.9。

2.4.2 12206中车场密闭漏风

根据上述描述，修正系数 D 取1.0；SF_6 的实际释放量为300 L，12206中车场密闭的漏风量计算如下：

q_{SF_6} 取300 L；共有40个气样，$m=40$；共采样10 d，加释放至第一次采样时间，总计共256 h，$t=256\times60=15\ 360$ min；$\sum_{i=1}^{m}C_i$ 为40个样品总计的 SF_6 浓度，为体积分数。计算40个气样总计测得 SF_6 浓度为6.33 ppm，则其体积分数为：

$$\sum_{i=1}^{m}C_i=\frac{6.33\ \text{ppm}}{10\ 000}=0.000\ 633\%=6.33\times10^{-4}\%$$

将上述数据代入式(5)，可计算出漏风量：

$$Q_{air}=\frac{40\times1\times300}{1\ 000\times15\ 360\times6.33\times10^{-4}}=1.234\left(\frac{m^3}{min}\right)$$

此次检测，12206中车场密闭漏风量约为1.234 m^3/min。

2.4.3 12210上车场密闭漏风

12210上车场密闭漏风测算结果如下：

q_{SF_6} 取300 L；共有35个气样，$m=35$；共采样10 d，加释放至第一次采样时间，总计共256 h，$t=256\times60=15\ 360$ min；$\sum_{i=1}^{m}C_i$ 为35个样品总计的 SF_6 浓度，为体积分数，因此需进行单位换算。计算35个气样总计测得 SF_6 浓度为78.07 ppm，则其体积分数为：

$$\sum_{i=1}^{m}C_i=\frac{78.07\ \text{ppm}}{10\ 000}=0.007\ 807\%=7.807\times10^{-3}\%$$

将上述数据代入式(5)，可计算出漏风量：

$$Q_{air}=\frac{35\times1\times300}{1\ 000\times15\ 360\times6.33\times10^{-3}}=0.108\left(\frac{m^3}{min}\right)$$

此次检测，12210上车场密闭漏风量约为0.108 m^3/min。

2.4.4 12206下副巷密闭漏风

12206下副巷密闭漏风测算结果如下：

q_{SF_6} 取300 L；共有40个气样，$m=40$；共采样10 d，加释放至第一次采样时间，总计共256 h，$t=256\times60=15\ 360$ min；$\sum_{i=1}^{m}C_i$ 为40个样品总计的 SF_6 浓度，为体积分数，因此需进行单位换算。计算40个气样总计测得 SF_6 浓度为82.27 ppm，则其体积分数为：

$$\sum_{i=1}^{m} C_i = \frac{82.27\ \text{ppm}}{10\ 000} = 0.008\ 227\ 7\% = 8.227 \times 10^{-3}\%$$

将上述数据代入式(5),可计算出漏风量:

$$Q_{\text{air}} = \frac{40 \times 1 \times 300}{1\ 000 \times 15\ 360 \times 8.227 \times 10^{-3}} = 0.094\ 7\left(\frac{\text{m}^3}{\text{min}}\right)$$

此次检测,12206 下副巷密闭漏风量约为 0.094 7 m^3/min。

4 结论

(1) 通过通风阻力和压能测定以及密闭内外压差,密闭漏风确定了 12206 中车场密闭、12210 上车场密闭、12206 下副巷密闭三个 SF_6 释放点,工作面漏风确定释放点和接收点的位置。

(2) 通过漏风理论分析,确定了密闭漏风 SF_6 释放方法为脉冲释放,释放量为 300 L;工作面漏风释放方法为恒流释放方法,释放量为 15 mL/min。

(3) 通过漏风测量计算,估算出 12206 中车场密闭释放点漏风量约为 1.234 m^3/min;12210 上车场密闭释放点漏风量约为 0.108 m^3/min;12206 下副巷密闭释放点漏风量约为 0.094 7 m^3/min;其中 12206 下副巷密闭为 12206 中车场密闭补充点,其结果仅供参考。

(4) 12205 工作面漏风规律为:0～60 m 时向工作面漏风量为 59 m^3/min;60～100 m 时向工作面漏风为 11.3 m^3/min;100～140 m 时向工作面漏风量为 11.6 m^3/min;100～180 m 时向工作面漏风量为 62.5 m^3/min;180～220 m 时向工作面漏风量为 71 m^3/min。

参考文献

[1] 邓军,李贝,王凯.等.我国煤火灾害防治技术研究现状及展望[J].煤炭科学技术,2016.44(10):1-7.

[2] 郭海相,王伟,毛龙.浅埋深近距离易自燃煤层群开采工作面防灭火技术[J].煤矿安全,2016,47(2):148-150.

[3] 李玉明.能位测试与示踪气体联合检测在复杂采空区漏风中的应用研究[J].华北科技学院学报,2013,10(1):36-38.

[4] 于志祥.基于示踪气体的采空区漏风通道检测技术应用与研究[J].能源技术与管理,2018,43(2):77-78.

[5] 张柏林.近距离煤层复杂采空区下工作面安全开采影响因素分析[J].煤矿安全,2018,49(7):212-215.

[6] 叶庆树,戴广龙,李鹏,等.基于双示踪技术浅埋煤层采空区地表漏风规律研究[J].煤炭工程,2020,52(7):83-87.

[7] 于志祥.基于示踪气体的采空区漏风通道检测技术应用与研究[J].能源技术与管理,2018,43(2):77-78.

[8] 曹凯.复杂环境条件下煤自燃火灾治理技术[J].煤矿安全,2020,51(9):85-88.

[9] 杨军,周开放,陈向军,等.柠条塔煤矿 110 工法采空区漏风规律及防治对策[J].煤

炭技术,2018,37(2):145-148.

[10] 叶庆树,胡鑫,白玉.浅埋藏近距离煤层群开采漏风规律研究[J].煤矿安全,2019,50(9):147-150.

[11] 高峰,王文才,李建伟,等.浅埋煤层群开采复合采空区煤自燃预测[J].煤炭学报,2020,45(S1):336-345.

[12] 黎经雷,牛会永,鲁义,等.风速对近距离煤层采空区漏风及煤自燃影响研究[J].煤炭科学技术.2019,47(3):156-162.

作者简介:何鹏飞(1984—),男,河南信阳人,工程师,2011 年毕业于太原理工大学采矿工程专业,现从事瓦斯防治工作。

吕家坨矿深部瓦斯地质规律研究

王国华

(开滦(集团)有限责任公司,河北唐山,063018)

摘　要:本文以开滦矿区吕家坨矿为研究对象,分析已采区瓦斯地质条件和瓦斯地质规律,系统梳理对比了瓦斯含量、瓦斯涌出量的变化特征,探讨了矿井瓦斯生成运移过程和主采煤层瓦斯含量分布特征;从煤层瓦斯赋存储层物理性质特征角度分析了煤层孔裂隙发育特征,及其对瓦斯赋存的影响,综合对比分析浅部和深部瓦斯地质影响因素的差异性,认为研究区浅部主要受地温场、煤层顶板含泥率以及构造条件影响,深部则主要受到埋深、构造、围岩条件、地应力条件的影响。

关键词:吕家坨矿;深部煤层;瓦斯地质规律

煤炭是中国的主体能源,国家《能源中长期发展规划纲要(2004—2020年)》(草案)指出:我国将“坚持以煤炭为主体、电力为中心、油气和新能源全面发展的战略”[1]。中国煤层赋存条件复杂,矿井瓦斯、矿井涌水、火灾、煤尘和顶板等五大煤矿灾害是危及煤炭高效、安全、绿色开采的主要障碍,特别是瓦斯问题,一直是困扰煤炭生产的重大问题[2,3],说明瓦斯依然是我国煤矿安全的第一杀手,严重威胁着矿工的生命安全。因此,煤矿瓦斯防治工作始终是安全生产的重中之重,是实现我国煤矿安全生产的技术保障。

煤自形成之后,受后期构造作用影响,其埋深不断发生变化,伴随着甲烷的生成及运移[4]。很多地区煤层沉积之后受多期次构造运动的影响,煤层发生间断式煤化作用,发生多次生气作用,导致煤中赋存的瓦斯具有较大的变化。研究者通过对开平煤田煤层瓦斯地质演化研究发现,受构造影响,开平煤田不同地区的煤层经历了不同埋藏作用,在此期间,煤中有机质发生多次不同规模的生气作用,对煤层瓦斯赋存特征具有一定影响,是矿井瓦斯出现异常涌出现象的直接基础[5]。

作为河北省重要煤炭生产基地的开滦矿区,其下属的吕家坨矿井瓦斯等级为高瓦斯矿井。随着煤层开采深度不断加深,地应力增加,出现冒顶片帮显现,加之局部煤层厚度突变,导致瓦斯涌出量及瓦斯压力明显增大;在部分深部地区由于构造较为复杂致使煤层遭受较为严重的破坏,煤体结构破碎,形成构造煤,煤的孔裂隙增多,使游离态瓦斯增多,同时也增强了煤对瓦斯的吸附性,引起局部煤层瓦斯异常现象,甚至发生瓦斯动力现象。瓦斯治理工作成为该矿井的首要任务。

掌握矿井深部瓦斯赋存规律是煤矿瓦斯灾害防治的基础，是有效控制煤矿瓦斯事故、遏制重特大瓦斯灾害的关键。因此，针对吕家坨矿深部特定的瓦斯地质条件，深入研究其瓦斯地质规律，开展煤矿瓦斯灾害危险区预测，使原有的技术得到深化提高，并配合其他瓦斯防治技术，为煤矿安全生产提供技术指导。本文基于瓦斯地质理论及方法，遵循矿井瓦斯的构造逐级控制理念，从多层次、多尺度揭示矿井深部煤层瓦斯赋存和分布规律，为瓦斯防治、通风设计和矿井长远规划提供参考。

1　区域地质构造背景

吕家坨井田隶属开平煤田，位于开平向斜东南翼。开平煤田地层属华北型沉积，古生代地层广泛分布，其中石炭二叠系为含煤岩系，含煤地层被第四系冲积层覆盖。井田内煤系地层由石炭二叠系含煤岩系组成，含煤 20 余层，吕家坨井田设计开采煤层有 6 层，即二叠系下统大苗庄组的 5、7、8、9 煤层和赵各庄组的 11、12 煤层，其中 5、11、12 煤层局部可采，7、8、9 煤层基本全区可采。

开平煤田位于燕山南麓，是一个北东向的大型复式含煤向斜构造，开平煤田在大地构造分区上属Ⅳ级构造单元，它位于Ⅰ级构造单元——中朝准地台之上，Ⅱ级构造单元——燕山沉降带内，由燕山旋回造成的盖层构造——唐山、蓟县陷褶束（Ⅲ级构造单元）中的一个复式含煤向斜。其东侧与山海关台拱（Ⅲ级构造单元）为邻，南部则伸入华北断坳（Ⅱ级构造单元）之中。

2　已采区瓦斯涌出特征分析

矿井瓦斯涌出量是一个动态参数，不仅取决于煤层瓦斯含量和开采深度，而且与一系列瓦斯地质和采矿技术条件有关。同一煤层即使瓦斯含量相同，但由于采掘布置和采煤方法、采掘工艺、采掘时期的不同，以及煤层特征和含煤地层中各煤层组合关系不同，瓦斯涌出量将发生变化。因此，瓦斯涌出量受多因素综合影响的参数，是可变参数。分析和研究影响瓦斯涌出量变化的因素，是瓦斯涌出量预测的重要课题，亦是通风安全工作和研究人员的重要任务。

由表 1、图 1、图 2 可知，2010～2018 年，矿井绝对瓦斯涌出量及相对瓦斯涌出量的最高值年份为 2011 年，2018 年矿井鉴定为瓦斯矿井。

表 1　2010～2018 年矿井瓦斯鉴定结果表

年度	绝对涌出量/(m^3/min)	相对涌出量/(m^3/t)	二氧化碳绝对涌出量/(m^3/min)	二氧化碳相对涌出量/(m^3/t)	矿井瓦斯等级
2010	13.974	2.361	25.484	4.306	低瓦斯矿井
2011	17.511	2.741	—	—	低瓦斯矿井
2012	8.539	1.397	—	—	瓦斯矿井
2013	11.569	1.893	—	—	瓦斯矿井
2014	12.712	1.946	—	—	瓦斯矿井

表1(续)

年度	绝对涌出量/(m^3/min)	相对涌出量/(m^3/t)	二氧化碳绝对涌出量/(m^3/min)	二氧化碳相对涌出量/(m^3/t)	矿井瓦斯等级
2015	12.723	1.93	—	—	瓦斯矿井
2016	11.513	1.874	—	—	瓦斯矿井
2017	10.746	1.421			瓦斯矿井
2018	13.985	2.272			瓦斯矿井

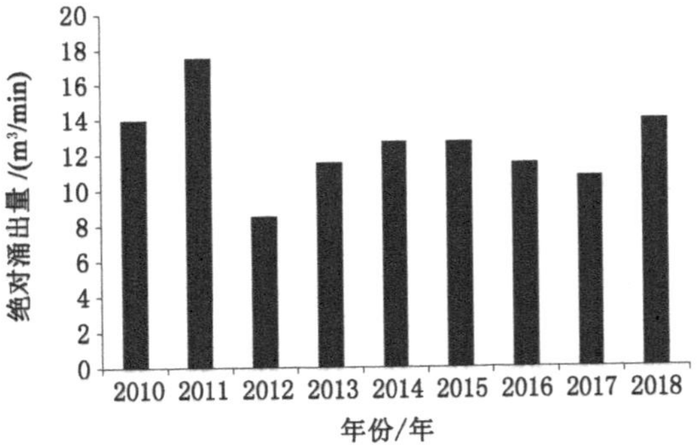

图1 矿井绝对瓦斯涌出量柱状图

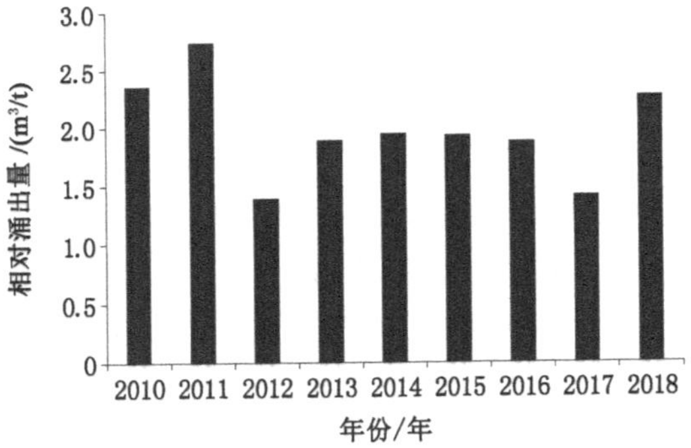

图2 矿井相对瓦斯涌出量柱状图

对吕家坨矿2013年以来各煤层具有瓦斯涌出数据的开采工作面情况进行统计发现，仅有7、8、9、12四层煤具有瓦斯涌出量数据，其中7煤有9个工作面，分别为5476YD、5876、5877、6270、6271、6375、6377、6571、6572，8煤有6个工作面，分别为5887、6183、6185、6187、6383、6385，9煤有4个工作面，分别为5496、6191、5491S、5492Y，12煤层有5825、5422Y、5422Z、5424Z、5426Z、5825X 6个工作面。

表 2　研究区 2014～2019 年 7 煤层采面瓦斯涌出量统计表

采面	日期	绝对涌出量/(m^3/min)
5876Y	2014.12	0.55
	2014.11	0.56
	2014.10	0.55
	2014.9	0.55
	2014.8	0.37
	2014.7	0.37
	2014.6	0.37
	2014.5	0.37
	2014.4	0.37
	2014.3	0.37
	2014.2	0.75
	2014.1	0.76
5877	2017.5	0.34
	2017.4	0.34
	2017.3	0.34
	2017.2	0.33
	2017.1	0.34
	2016.12	0.33
	2016.11	0.33
	2016.10	0.33
	2016.9	0.33
	2016.8	0.33
	2016.7	0.34
	2016.6	0.33
	2016.5	0.49
	2016.4	0.33
	2016.3	0.33
	2016.2	0.18
	2016.1	0.33
	2015.12	0.33
	2015.11	0.49
	2015.10	0.17
	2015.9	0.17
	2015.8	0.33
	2015.7	0.33
	2015.6	0.33
	2015.5	0.33
	2015.4	0.50
	2015.3	0.50
	2015.2	0.33
	2015.1	0.33
	2014.12	0.32
	2014.11	0.32
	2014.10	0.33
	2014.9	0.33
	2014.8	0.32
	2014.7	0.33
	2014.6	0.32
	2014.5	0.49

采面	日期	绝对涌出量/(m^3/min)
5877	2014.4	0.33
	2014.3	0.33
	2014.2	0.49
	2014.1	0.65
6270	2015.12	0.57
	2015.11	0.49
	2015.10	0.68
	2015.9	1.13
	2015.8	1.14
	2015.7	1.13
	2015.6	1.13
	2015.5	2.20
	2015.4	1.69
	2015.3	0.54
	2015.2	0.28
	2015.1	0.19
	2014.12	0.16
	2014.11	0.15
	2014.10	0.24
	2014.9	0.15
	2014.8	0.15
6271	2019.1	0.22
	2018.12	0.22
	2018.11	0.12
	2018.10	2.51
	2018.9	2.90
	2018.8	0.42
	2018.7	0.42
	2018.6	0.42
	2018.5	0.82
	2018.4	0.21
	2018.3	0.43
	2018.2	1.31
	2018.1	0.42
	2017.12	0.20
	2017.11	0.22
	2017.10	0.22
	2017.9	0.88
	2017.8	0.88
	2017.7	0.88
	2017.6	0.66
	2017.5	1.31
	2017.4	1.34
	2017.3	1.11
	2017.2	1.09
6375	2014.7	2.12
	2014.6	1.41
	2014.5	1.24
	2014.4	1.46

采面	日期	绝对涌出量/(m^3/min)
6375	2014.3	1.50
	2014.2	2.58
	2014.1	1.63
6377	2018.1	0.42
	2017.12	0.20
	2017.11	0.22
	2017.10	0.22
	2017.9	0.88
	2017.8	0.58
	2017.7	0.76
	2017.6	1.24
	2017.1	4.36
	2016.12	4.35
	2016.11	3.43
	2016.10	3.82
	2016.9	1.82
	2016.8	2.77
	2016.7	1.60
	2016.6	1.24
	2016.5	1.74
	2016.4	1.32
	2016.3	1.11
	2016.2	1.31
	2016.1	1.59
	2015.12	1.01
	2015.11	1.70
	2015.10	1.24
6571	2019.2	1.11
	2019.1	1.10
	2018.12	1.12
	2018.11	0.87
	2018.10	1.33
	2018.9	2.67
	2018.8	2.20
	2018.7	4.44
	2018.6	4.56
	2018.5	1.53
	2018.4	2.10
	2018.3	1.20
	2018.2	1.57
	2018.1	0.88
	2017.12	1.08
	2017.11	0.88
	2017.10	0.87
	2017.9	1.08
	2017.8	1.35
	2017.7	1.33
	2017.6	0.87
	2016.4	0.46

采面	日期	绝对涌出量/(m^3/min)
6572	2016.4	0.22
	2016.3	0.48
	2016.2	0.67
	2016.1	0.89
	2015.12	0.46
	2015.11	0.55
	2015.10	0.45
	2015.9	0.45
	2015.8	0.73
	2015.7	0.59
	2015.6	0.78
	2015.5	0.46
	2015.4	0.63
	2015.3	0.87
	2015.2	1.23
	2015.1	1.21
	2014.12	1.51
	2014.11	1.00
	2014.10	1.00
	2014.9	0.74
	2014.8	0.97
	2014.7	0.73
	2014.6	0.87
	2014.5	0.68
	2014.4	0.59
	2014.3	0.62
	2014.2	0.38
	2014.1	0.42
5476YD	2016.4	0.28
	2016.3	0.45
	2016.2	0.46
	2016.1	0.46
	2015.12	1.19
	2015.11	0.96
	2015.10	0.98
	2015.9	1.18
	2015.8	0.79
	2015.7	1.15
	2015.6	1.17
	2015.5	1.29
	2015.4	0.73
	2015.3	0.73
	2015.2	0.21
	2015.1	0.11
	2014.12	0.11
	2014.11	0.15
	2014.10	0.21
	2014.9	0.19

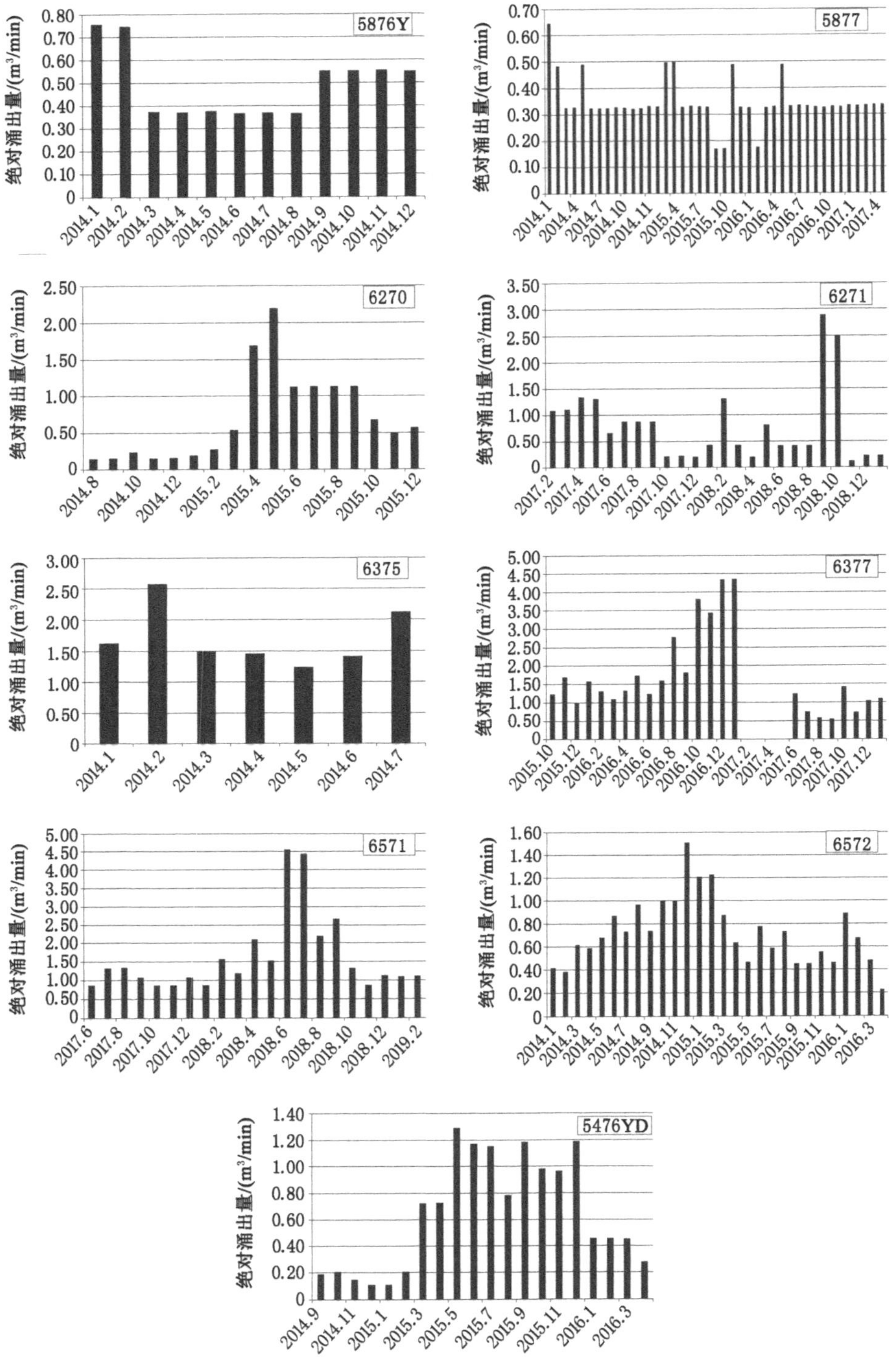

图 3　7 煤采煤工作面绝对瓦斯涌出量直方图

从 7 煤层各工作面统计的瓦斯涌出结果(表 2、图 3)可以看出，7 煤瓦斯涌出量变化较大，其中 5876Y 和 5877 工作面瓦斯涌出量较低，最高值为 0.76 m^3/min，最低值仅为 0.17

m^3/min，6377 和 6571 工作面瓦斯涌出量相对较高，最大值为 4.56 m^3/min，最小值为 0.46 m^3/min。就 7 煤各工作面整体而言，瓦斯涌出量最大为 4.56 m^3/min，最小为 0.11 m^3/min，平均涌出量为 0.87 m^3/min。

3　深部瓦斯赋存条件分析

前文对研究区各煤层已采工作面瓦斯赋存情况的分析以及深部与浅部的划分可以发现，研究区瓦斯赋存在深部与浅部确有差异，说明在深部与浅部肯定有某些地质条件的差异导致瓦斯赋存变化，是深部煤炭开采中需要注意事项。因此，对比分析研究区深部与浅部地质条件差异，对于深部瓦斯赋存的主控因素分析以及深部矿井开采的理论研究都至关重要。

3.1　宏观裂隙发育特征

按裂隙形成的力学性质，可将外生裂隙进一步划分为张性裂隙、压性裂隙、剪性裂隙、松弛裂隙等。本文采集了吕家坨－800 m 水平、－950 m 水平的煤样，由于样品均为构造煤，宏观裂隙发育见图 4、图 5。

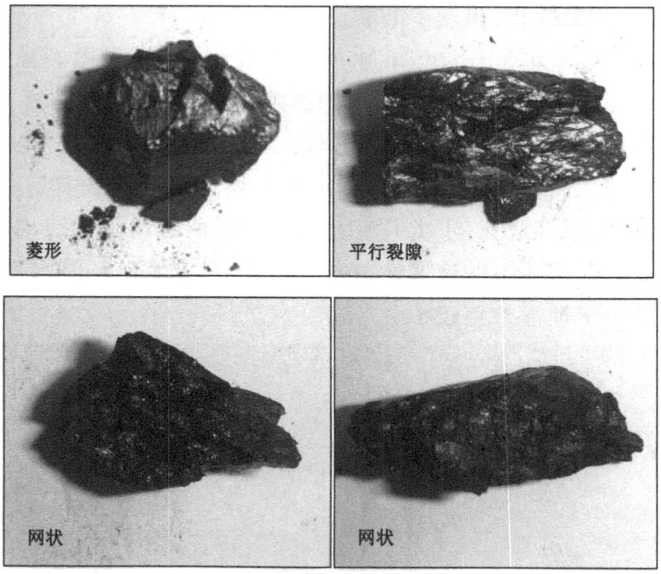

图 4　研究区煤样垂直于镜面方面裂隙发育特征

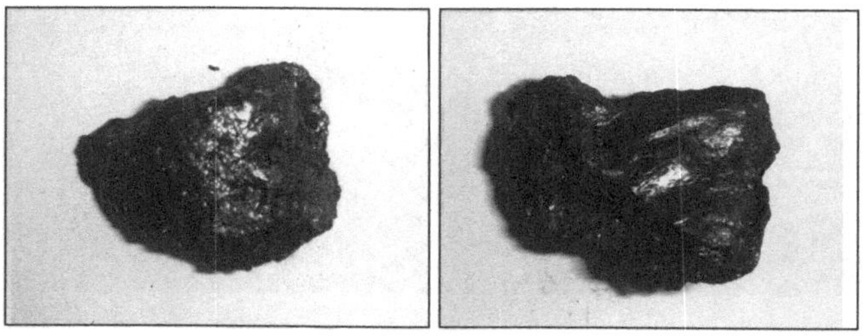

图 5　研究区煤样平行镜面方向裂隙发育特征

3.2 微观裂隙发育特征

微观裂隙是指肉眼难以辨认的，必须借助光学显微镜或扫描电镜才能观察的线形空间，其发育尺度显著低于宏观裂隙。进一步分为两个不同尺度级次，即光学显微镜下可观测到的显微裂隙和仅扫描电镜观察到的超显微结构，多发育于镜煤与亮煤中。

在光学显微镜下构造煤条带状结构和层理构造已不显现，宏观煤岩组分（镜煤、亮煤、暗煤、丝炭）已不能辨别，光泽暗淡，没有方向性的裂隙发育。

两侧可能出现位移（微小断层），还可能显现揉皱的形迹（微小褶曲），甚至表现为纤维角砾岩化。有机显微组分常呈现出挤压变形、扭曲变形特征；受力严重时显微组分发生破碎或发生位移，并常被重新胶结，构造滑面与塑性流变现象常见。

(1) 煤因性脆而裂隙发育，按其成因分内生裂隙和外生裂隙，由于受到构造应力等影响，显微裂隙形态和组态与宏观构造很相似，单条裂隙呈直线状、锯齿状或折线状，多条裂隙可组成网络状裂隙，常见的裂隙网络有树枝状、矩形、菱形、三角形、"T"形、"X"形、楔形、叠瓦形及不规则状等。

(2) 煤体如果受到更强的构造应力影响，煤体裂隙增大增多，裂隙两边发生相对位移，裂隙两边的颗粒排列发生一定变化，出现了断裂。

(3) 通过对比发现，吕家坨矿－800 m水平主采煤层12煤显微裂隙较多且相互交叉切割，为煤层瓦斯的运移提供了良好的通道，7煤则裂隙相对较少，且裂隙短小，之间不连通。总体而言，显微裂隙发育程度为12-1煤＞9煤＞8煤＞7煤，见图6所示。

研究区煤样进汞、退汞曲线如图7所示，显示区内煤层压汞曲线具有一定的进汞、退汞体积差，滞后环窄小，孔隙多以开放孔（Ⅰ类孔）为主，但退汞曲线均呈下凹状，表明其中也包括相当数量的半封闭孔（Ⅱ类孔），孔隙的连通性较差。此外，吕家坨矿不同水平下煤样进汞退汞曲线变化不大，这可能是由于埋深差距较小。

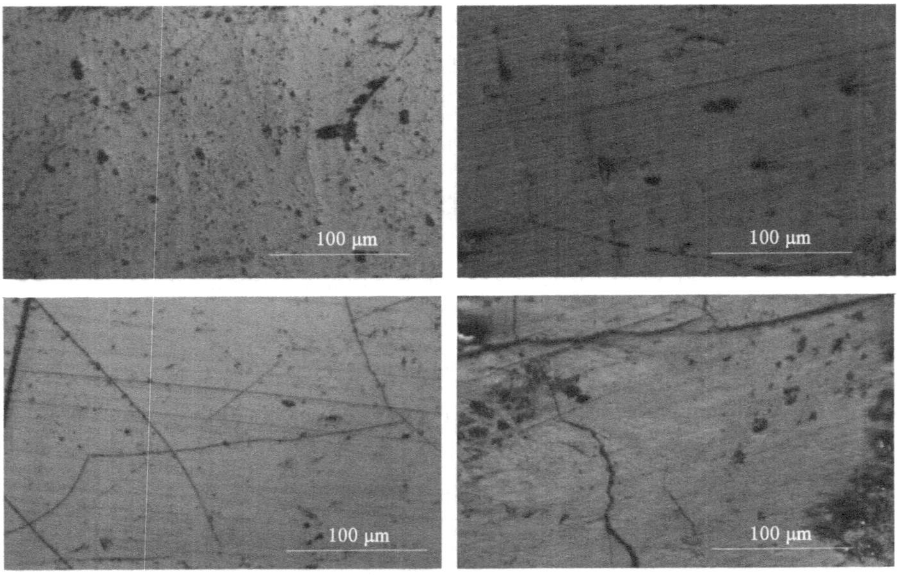

图6　吕家坨－800 m水平7、8、9、12-1煤显微裂隙

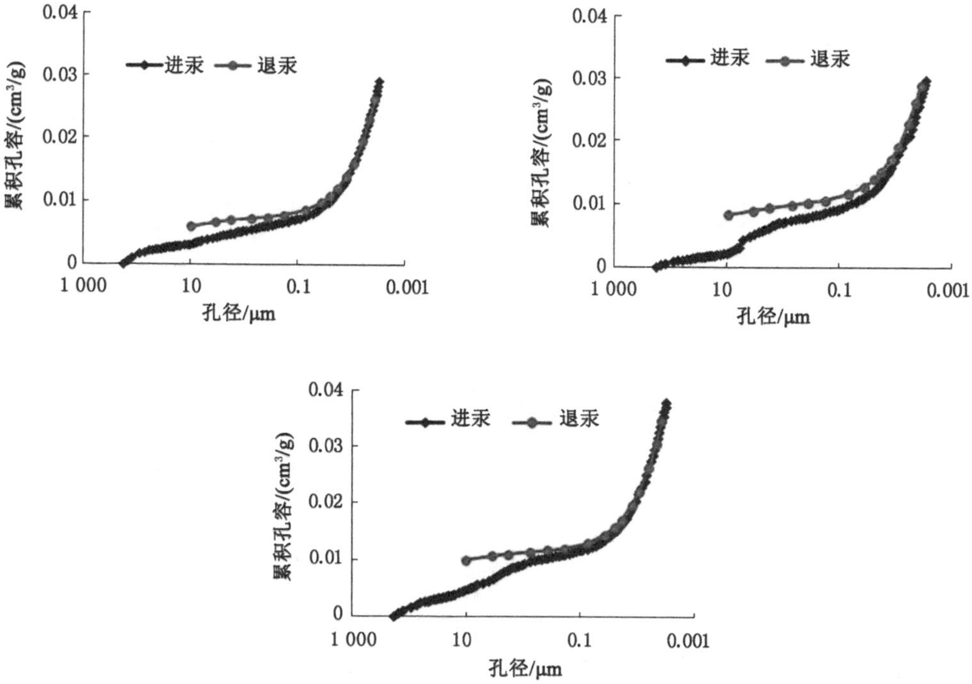

图 7　研究区 L_{J-1}、L_{J-2}、L_{J-5} 煤样孔径与累计孔容的关系图

4　深部瓦斯赋存主控因素分析

上文分析可知，瓦斯赋存受到埋藏深度、煤层物性、构造条件、水文地质条件、围岩条件、地温场条件以及地应力场条件的影响，对众多影响因素分析可知，储层的物性条件主要决定了煤层对瓦斯的储存能力。实测含气饱和度则显示，研究区各煤层为欠饱和状态，煤储层物性对深部与浅部煤层瓦斯赋存影响不大。水文地质条件虽然对煤层瓦斯的赋存影响较大，但由于研究区范围较小，水文地质条件变化不大，因此对于深部与浅部瓦斯的赋存影响变化较小。地温场特征及其对瓦斯赋存的影响表明，浅部煤层受温度升高的脱附效应大于深部。深部地温虽高，但梯度较小，地温脱附作用相对较小，所以对于深部瓦斯的赋存，温度影响相对较小。埋深、构造条件、围岩特征、地应力条件则对深部煤层瓦斯的赋存作用明显，特别是深部煤层，相对于浅部其最明显的特征是受到地应力场变化的影响，埋深、构造条件、围岩特征对深部与浅部瓦斯的赋存均起到关键作用。研究区浅部为煤系地层与第四系直接接触，构造复杂。基于前文研究与分析，认为研究区浅部主要受地温场、煤层顶板含泥率以及构造条件影响，深部则主要受到埋深、构造、围岩条件、地应力条件的影响，见图 8 所示。

5　结论

本文分析、总结了吕家坨矿已采区瓦斯赋存特征，以研究区地层、煤层特征为基础，通过分析研究区瓦斯地质演化特征以及已采区煤层力学性质，结合研究区历年瓦斯数据资料，总结了

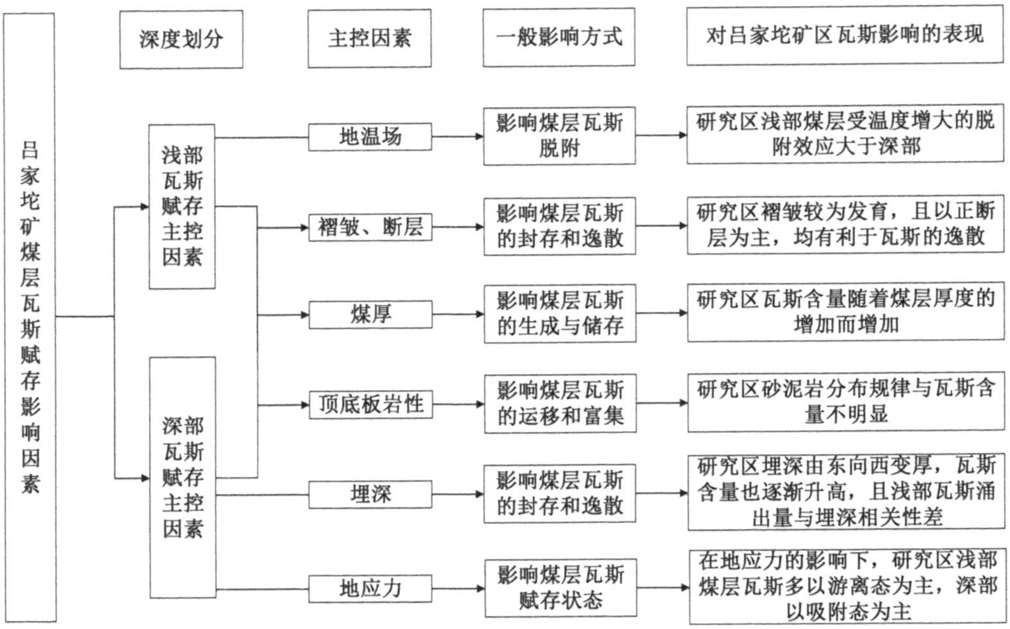

图 8　吕家坨矿瓦斯赋存规律对比模式图

研究区已采区瓦斯涌出量特征和瓦斯含量特征，确定显微裂隙发育程度 12 煤＞9 煤＞8 煤＞7 煤，煤储层孔隙分布特征显示出两极分布，埋深、构造条件、围岩特征、地应力条件则对深部煤层瓦斯的赋存作用明显。相对于深部煤层，浅部煤层的明显特征是受到地应力场变化的影响，埋深、构造条件、围岩特征对深部与浅部瓦斯的赋存均起到关键作用。

参考文献

[1]　张绍强，张运章. 我国煤炭资源、生产与环境概况[J]. 环境保护，2006，34(13)53-57.

[2]　韩松林，赵亚娟，高琳，等. 瓦斯地质区划及瓦斯异常分析：以顺和煤矿二$_2$煤层为例[J]. 煤炭科学技术，2021，49(11)150-156.

[3]　张俊文，杨虹霞. 2005—2019 年我国煤矿重大及以上事故统计分析及安全生产对策研究[J]. 煤矿安全，2021，52(12)：261-264.

[4]　孟召平，张昆，沈振. 构造煤与原生结构煤中甲烷扩散性能差异性分析[J]. 煤田地质与勘探，2022，50(3)102-109.

[5]　王猛，朱炎铭，王怀勐，等. 开平煤田不同层次构造活动对瓦斯赋存的控制作用[J]. 煤炭学报，2012，37(5)：820-824.

作者简介：王国华，正高级工程师，研究生学历，从事矿井瓦斯地质研究工作。

煤层中水对甲烷吸附解吸影响研究

郭　飞
（河南理工大学资源环境学院，河南焦作，454000）

摘　要：通过分析煤与瓦斯突出机理，介绍了煤层注水防突技术。基于煤层水对甲烷吸附-解吸影响微观效应，梳理了煤层水对甲烷吸附—解吸的双重影响，总结了前人的主要研究成果，取得以下认识。高压水注入煤层后，对煤层孔裂隙中甲烷的解吸起到封堵作用，具有一定的消突效果；与甲烷相比，煤体对水有更高的优先吸附性，能在一定程度上驱替甲烷，从而促进甲烷的解吸；煤层孔隙中的水封堵甲烷，导致煤层渗透率降低，抑制了甲烷解吸与运移；水对甲烷解吸的促进与抑制同时存在，引起甲烷解吸规律变化的原因主要是含水量与毛细管压力的变化，影响因素主要包括煤的组成、粒径大小、孔隙结构、煤体破坏程度、瓦斯压力和温度。

关键词：注水防突；高压水；渗透率；甲烷解吸；含水量

煤层气（瓦斯）是赋存在煤层中的一种非常规天然气，21 世纪以来，煤层气产量不断升高，成为潜在的洁净化石能源。目前，美国、加拿大、中国和澳大利亚等国家已经实现煤层气的商业开发。可以预见，将来煤层气工业将会在全球得到更多关注[1]。我国有煤与瓦斯突出矿井多对[2]，随着煤矿开采深度和强度的加大，矿井瓦斯对煤矿的安全生产危险性增大，这将严重制约煤炭资源的高效安全开采。因此，煤矿瓦斯治理的研究具有重要的现实意义。

水力压裂工艺是一项常见的煤与瓦斯突出防治措施，其机理是通过向煤层注入高压水达到卸压和促进瓦斯排放的目的。液态水压入煤层后，水分子占据煤基质表面的吸附点位，与甲烷形成竞争吸附关系[3-5]。注水后瓦斯压力大幅降低，一部分吸附态甲烷解吸转换为游离态，游离态甲烷分子进一步扩散释放，起到消突增产作用[6]。然而，水力压裂工艺后，高压水进入煤岩孔隙，水分子在大孔和裂隙中驱替甲烷，对微孔中的甲烷起到一定的封堵作用，这必然影响了煤基质表面吸附态甲烷的解吸，所以水力压裂对甲烷解吸同时起到促进和抑制的作用。

大量学者通过对比干燥煤样、平衡水煤样和注水煤样的等温吸附解吸实验结果，分析煤层中水对甲烷吸附解吸规律的影响。1930 年，苏联学者佐尔维格基于水比甲烷更易被煤表面吸附的特性，首次提出向煤体注水驱替甲烷的想法[7]。同一时期，别楚克认为经水浸泡过的煤体可降低瓦斯涌出量，并通过等温解吸实验进行了验证。实验表明，从湿煤中解吸的甲烷量与干燥煤相比大幅降低。水对甲烷解吸的影响效应受多种因素控制，肖知国通过测试先注水煤样的等温吸附/解吸特性，先吸附甲烷再注水煤样的等温解吸特性、瓦斯解吸速度及残存瓦斯含量，对抑制解吸效应进行了定量研究，得出了抑制解吸效应与注水参数的响应关系。研究表明，抑制解吸效应与注水量、注水压力、覆压大小及煤样粒度有关[8-10]。白海鑫分析了高压条件下水的侵入对煤中瓦斯的驱替和水锁效应的影响，选取了三种添加剂对煤样进行结构改造处理，提出了适用于高瓦斯低渗透性煤层水力化增透和瓦斯抽采的优化方案：采前高压水压裂增透煤层强化瓦斯抽采＋中低压注水封堵残留瓦斯，并且在高压注水阶段注入添加剂以强化煤体润湿性[11]。

煤层中水对甲烷解吸同时存在促进和抑制的双重影响，为进一步探究含水煤样对甲烷吸附解吸的耦合作用，本文分别从注水煤层防治煤与瓦斯突出机理、水对甲烷吸附-解吸影响机理、水对甲烷解吸影响因素和水力压裂工艺对甲烷解吸影响等方面研究注水煤样治理瓦斯应用现状，分析水与甲烷竞争吸附微观效应，探讨优化水力压裂对甲烷解吸的影响作用。

1 注水煤层防治煤与瓦斯突出

1.1 煤与瓦斯突出机理研究

在煤与瓦斯突出机理研究方面，世界各国先后提出了瓦斯为主导作用的假说、地应力为主导作用的假说(岩石变形潜能说、应力集中说、冲击式移近说、剪应力说、震动波动说、顶板位移不均匀说及应力叠加说等)、化学本质说(地球化学说、爆炸煤说、重煤说及硝基化合物说等)及综合作用假说等[12-15]。目前，人们普遍接受综合作用假说，认为煤与瓦斯突出是由储层地应力、瓦斯压力及煤岩物理力学性质共同作用形成的复杂动力现象。

近年来，在突出机理的认识上也有一些了新的进展，俄罗斯学者研究发现孔隙压力的增加可使增大煤岩的拉伸变形。郑哲敏针对我国特大型突出实例，采用能量分析法得出瓦斯内能比煤岩体弹性潜能大 1～3 个数量级。另有日本学者认为瓦斯压力梯度是导致煤岩拉应变增高而破坏的重要原因。何学秋提出了煤与瓦斯突出的流变假说，蒋承林提出了煤与瓦斯突出的球壳失稳假说[16-18]。对于煤与瓦斯突出过程，目前一般认为：突出准备阶段的动力来源是煤岩弹性潜能释放转化的动能，从而使煤体遭到破坏。由于煤体的力学性质不同，所以弹性潜能的释放方式也是不尽相同的，当煤体脆性破坏时，能量的释放是快速和突然的；而当煤体塑性变形时，能量释放则相对缓慢平缓[19]。突出发生和发展阶段主要是在煤中瓦斯的作用下完成的，当煤体破碎后，瓦斯由吸附态急速转化为游离态，瓦斯膨胀的能量把煤粉碎并抛向巷道，这一能量大小是与瓦斯释放体积成正比的[20,21]，因此，判定煤层突出危险性的重要特征主要是煤层能否快速在渗透和扩散过程中释放出大量瓦斯，其中煤的瓦斯放散初速度 Δp 是一个重要的区域预测指标。

1.2 煤层注水防突技术

煤层注水最早是矿井生产中的一种防尘措施，20 世纪 30 年代，苏联煤矿开始应用煤层注水防治煤与瓦斯突出；60 年代，我国在阳泉、北票、里王庙和抚顺等矿区进行了现场试验，随后逐步在全国推广应用[22]。80 年代，阳泉矿务局运用 42 mm 孔径、1.5～2.0 m 孔深和 3.0～4.5 m 孔间距的单、双排布孔方式，对 3# 煤层进行注水防突现场试验，突出强度由注水前的平均 33.6 t/次减为 12.3 t/次，瓦斯涌出量降低了 28.18%，取得了明显的防突效果。

目前学者对煤层注水的防突机理仍存在争议，一般认为，低压注水不会造成煤岩结构发生明显变化，水基本只对煤体会进行较均匀的湿润，因此，防突机理主要体现在抑制瓦斯解吸方面[23]。而采用水力疏松、水力挤出的高压注水方式时，压力水导致煤中孔隙、孔隙裂隙和煤体结构发生变化，使工作面前方煤岩充分卸压从而释放大量瓦斯，以取得很好的防突效果。

2 煤层水对甲烷吸附/解吸影响

水对煤中甲烷吸附解吸特性影响的机理和微观效应一直是研究热点。大量研究表明，煤层水对甲烷解吸同时存在促进和抑制作用，当高压水注入煤层后，水分子与甲烷分子出现竞争吸附，起到驱替甲烷的效果[24-26]。同时，水赋存于煤层孔裂隙中，出现水锁效应，降低甲烷的解吸能力，影响裂缝网络中甲烷的运移[27]。

2.1 煤层水促进甲烷解吸

2.1.1 煤层水促进甲烷解吸机理

煤是一种多孔介质，它对部分气体和液体有着较强的吸附能力，其中，瓦斯在煤孔裂隙中的赋存状态主要为吸附态和游离态。高压水能克服煤岩体的抗破坏能力，宏观裂缝在空间内完全延伸，形成主要的渗流通道；同时，微观裂缝的充分发育使得裂缝与孔隙间的连通性增强，形成相互连接的裂隙网络，从而沟通气体流动通道并提高了煤层的渗透性[28-30]。当煤层孔裂隙网络得到充分的发育后，更多的水分得以进入煤层更深处，有助于扩大煤层的润湿范围，改变煤的吸附解吸特性，从而影响瓦斯的赋存状态。当液态水受毛细管力作用进入煤岩中后，水与甲烷之间具备竞争吸附基础，水作为极性物质更容易占据煤基质表面的吸附位，从而促进吸附态瓦斯解吸释放[31]。

2.1.2 煤层水促进甲烷解吸研究现状

1936 年，Joubert 研究发现，煤中的水分会降低甲烷吸附量，并确定了水分与甲烷吸附量的定量关系（图 1）。张时音等通过测试平衡水煤样的吸附瓦斯特性，得到与上述研究一致的结果[32]。肖知国等实现了煤样先吸附甲烷达到平衡平衡，再注水，测定液态水置换吸附态甲烷的过程。赵阳升教授等人较早提出了水驱替瓦斯的作用，在双重孔裂隙介质中，压力水会将部分游离瓦斯从较大的孔裂隙之中驱赶到煤层更深处，并沿着裂隙通道渗流到抽采孔中[33]。张晓梅借助孔裂隙双重介质模型分析了煤的水分饱和度与时间和位置的关系，并建立了稳态流动下双重介质渗流微分方程[34]。苏伟伟发现在注水过程中，孔隙内的瓦斯与水相互作用形成毛细管力，而水在毛细管力的作用下能进入到孔隙更深的位置，导致水相在多孔介质中的体积分数逐渐增大[35]。陈绍杰建立了煤层注水与瓦斯抽采单相渗流的数学模型，验证了注水驱赶瓦斯和置换解吸瓦斯的作用。路长征通过研究含瓦斯煤体中水驱替瓦斯的微观机理发现，平衡压力和含水率是影响水置换瓦斯的关键因素，最大置换量随着含水率或平衡压力的增大而增大[36]。

2.2 煤层水抑制甲烷解吸

2.2.1 抑制甲烷解吸机理

当压裂液泵入煤层后，会造成井壁周围的油气渗透率降低，阻碍油气扩散。在煤层注水过程中，由于毛细管力的作用，孔隙内难以主动排出外来液体，导致煤层含水饱和度增加，而煤层渗透率则降低，从而抑制孔隙中吸附甲烷的解吸作用，该现象在煤层气的商业开发中也称为煤

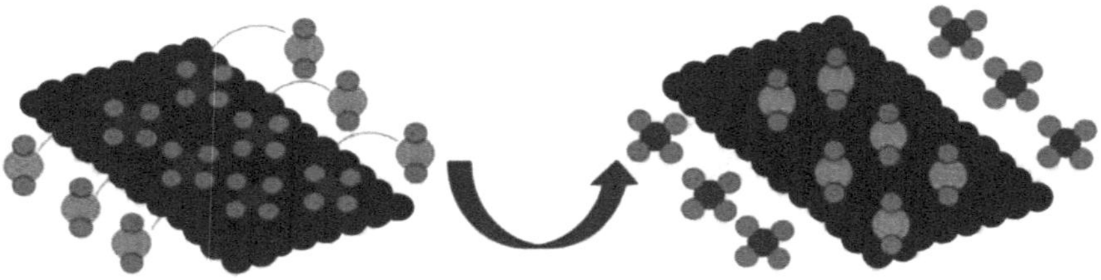

图 1　水分子驱替甲烷示意图

注:紫色球体代表碳原子,蓝色球体代表氢原子,红色球体代表氧原子。

层水锁效应[37]。其机理主要由煤中吸附水、滞留水和贾敏效应综合作用而表现出抑制甲烷解吸的微观效应(图 2)。

2.2.2　煤层水抑制甲烷解吸研究现状

对甲烷解吸规律的影响因素,国内外学者进行了大量的研究,包括煤的变质程度、粒径大小、孔隙结构、煤的破坏程度、瓦斯压力、温度和水分。赵东等人依据煤层抽采瓦斯工艺设计了含瓦斯煤体注水后的解吸实验,认为水对煤体的解吸特性较大,最大解吸量随着注水压力的升高而减少,解吸率呈非线性规律衰减,并且达到平衡的时间随注水量的增多而增加。王皓通过制备不同含水率的煤粉发现,随着含水率的增加,煤样的 a 值降低,b 值增大[38]。陈向军等人利用自制的高压吸附-注水-解吸测试装置研究发现,外加水分越大,置换解吸量越大,卸压后瓦斯解吸量、解吸速度、扩散系数、瓦斯放散初速度等数值越小,但最终总解吸量随着水分含量的增大而增大,剩余瓦斯含量随之逐渐减少,因此水对瓦斯起促进解吸作用。樊亚庆通过研究等压注水对煤中瓦斯的置换效应发现,水对瓦斯的置换速度主要分为快速增加、持久和衰减三阶段,并且随着时间的推移,置换量越多[39]。

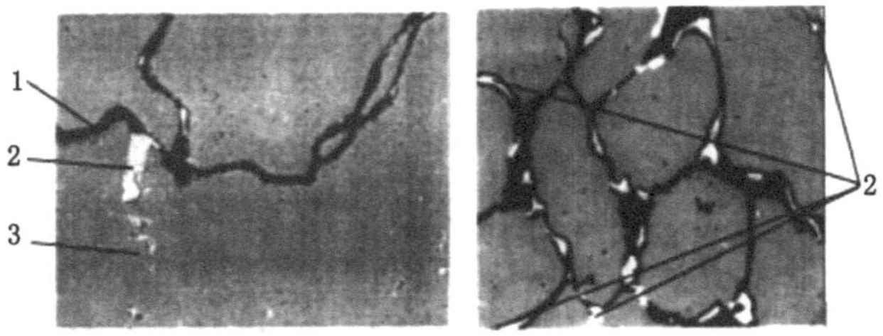

1—煤层孔隙中的水;2—煤层孔隙撒的甲烷;3—煤基质。

图 2　水抑制甲烷解吸机理示意图

肖知国研制专门的设备考察了含水煤样吸附解吸瓦斯特性、抑制解吸效应和残存瓦斯含量,发现水分对瓦斯同时存在置换和抑制作用,当煤体所含水分越多,初始解吸速度越小,衰减速度越慢,而增加覆压条件可明显削弱这种现象。张国华研究了外液侵入对煤中甲烷解吸的影响,设置了无外液侵入、渗透溶液侵入、常压和带压等四个条件的对比实验,发现水锁效应会导致甲烷解吸的终止时间提前,瓦斯解吸量及其速度减小,但瓦斯压力降低可以使其增大[40]。吴家浩搭建了含瓦斯煤外加水分渗吸/解吸实验平台并开展实验研究发现,水分能促进置换解吸,而水锁使得瓦斯解吸速度和解吸率表现出时效性,但残余瓦斯含量随水分的增多而减少,因此整体上表现为水促进瓦斯解吸。王凤林等人根据煤样的不同含水量制作了干燥、平衡水和饱和水对照组,研究了不同含水度和负压下的瓦斯解吸变化,并从分子间作用力的角度分析瓦斯解吸受煤样物质组成和分子结构的影响。林明华等人在实验室中研究发现注入煤体内的水会阻碍瓦斯的解吸过程,水置换瓦斯解吸强度远小于抑制解吸强度,极大地降低了煤层中瓦斯的涌出量。

3 煤层水对甲烷吸附-解吸影响因素

3.1 含水量

研究表明,水可以显著减少纳米孔中的甲烷吸附。在小孔(1 nm)中,水和甲烷被吸附在同一层中。在大孔隙(>2 nm)中,水分子吸附在第一层,甲烷形成弱的第二层吸附。通过原位和原位核磁共振研究了水对纳米孔中甲烷吸附和扩散的影响。水的存在抑制了甲烷的吸附,但这种抑制作用在直径为 0.5~3 nm 的孔隙中比直径为 6 nm 的孔隙更强。甲烷在直径为 0.5~3 nm 的孔隙内的自扩散系数不受水存在的显著影响。

然而,在尺寸为 6 nm 的孔隙中,甲烷的扩散系数随着水吸附量的增加而增加,达到峰值,然后随着进一步的水吸附而降低到恒定值。根据密度泛函理论,研究了甲烷和水与煤表面的相互作用,并通过其吸附能进行了表征。结果表明,煤与甲烷的相互作用是弱物理吸附,而煤与水的相互作用由物理吸附和化学吸附组成。不论煤的变质程度如何,水与煤基质的吸附势能均大于甲烷与煤的吸附势能,因此,相较甲烷而言,水与煤体之间具有更高的吸附优先性。

Joubert 等人研究发现,煤的吸附能力和水分含量有关,水分含量有一个临界值,未达到临界水分时,煤的吸附量随水分的增加而减小,超过临界水分后,吸附量随水分的增加变化很小或基本上不变化,并提出水分含量临界值就是最大平衡水分含量。水分吸附等温线符合 Dent 模型。Dent 模型便于区分吸附在主要和次要位置的水。对于较低的相对压力,在主要位置的吸附占主导地位,而随着压力的增加,在次要位置的吸附显著增加[41]。二级位点吸附的百分比取决于含氧官能团的浓度,因为较高浓度的官能团支持水分子桥接。

3.2 毛细管压力

当两种未混合流体在毛细管中流动时,一种流体通常以柱塞状的形状分散在另一种流体中,从而在两相流体流动区域中形成许多弯液面界面。界面两侧的力是不连续的,它们的差值称为毛细管压力,用 P_c 表示。

毛细管压力也可以表示为:

$$P_c = P_{nw} - P_w \tag{1}$$

其中,下标 nw 和 w 分别表示非润湿相和润湿相。对于毛细管中的气体和水流,水是润湿相,气体是非润湿相。

通常,煤基质孔隙可以被认为是毛细管。在毛细吸胀作用下,水将被吸收到可用的孔隙中。半封闭孔隙的毛细吸胀过程如图 3 所示,其中实线箭头表示毛细压力的方向,虚线箭头表示液态水的运动。

如果孔隙气体压力不大于毛细管压力,煤层气将封闭在孔隙中。在这种情况下,毛细管压力阻止气体解吸和迁移,这是水锁效应的一种形式。多孔介质的润湿性能可以根据介质和孔

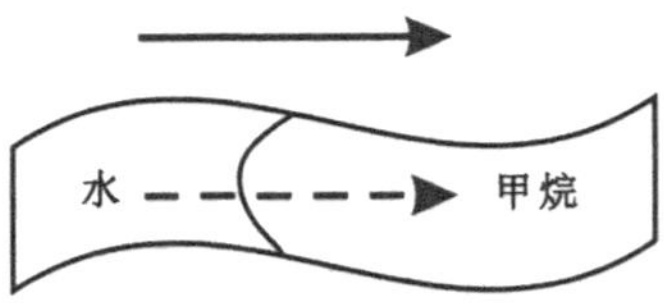

图 3 半封闭孔隙中的毛细吸胀过程

隙流体的类型而急剧变化。研究发现,增加基质对侵入流体的亲和力可使防护流体更有效地排出,直至达到临界润湿过渡,超过临界润湿过渡后,趋势将发生逆转。

3.3 贾敏效应

由于表面张力,水中的气泡或气体中的水滴总是试图保持球形。如果流过孔隙的气泡或水滴的直径大于孔喉直径,则孔隙将被堵塞。气泡和水滴的形状必须延长以通过孔喉。为了改变形状,必须消耗一些能量,从而降低气泡或水滴的运动速度,并增加要克服的阻力。上述现象称为贾敏效应(图 4)。贾敏效应是一种阻滞效应,也称为气体阻滞效应或液体阻滞效应。

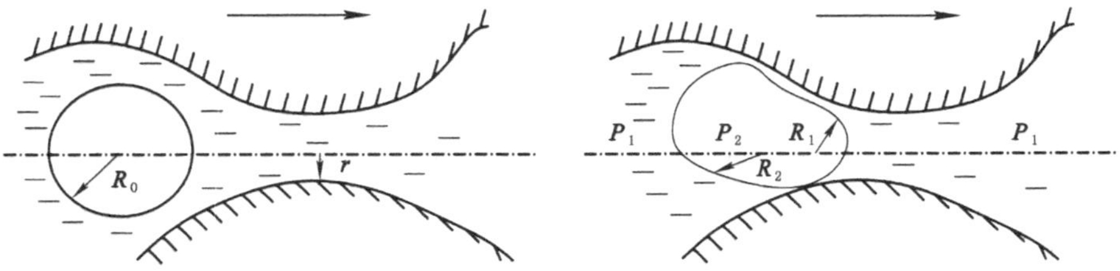

图 4 贾敏效应示意图

在甲烷解吸过程中,甲烷和液态水都分布在煤体的孔隙中。只有当甲烷压力足够大以克服由甲烷的贾敏效应引起的阻力时,甲烷才会从微孔流入大孔。此时,甲烷将流入煤层的裂缝网络。否则,微孔中的甲烷不能流入大孔。类似地,如果施加在水上的力不能克服贾敏效应所产生的阻力,水将留在孔隙中,从而产生阻水效应。

研究表明,贾敏效应受煤层渗透率、孔喉比、水侵入深度、水饱和度、界面张力等因素的影响。煤层渗透率越低,孔喉比越大,相应地,贾敏效应更为显著。水-液侵入深度越大,含水饱和度越大,因此液体阻力更强。随着气液界面张力的增加,贾敏效应增加。基于以上分析,可以进行水力压裂以提高煤层的渗透性,可以采用酸化压裂以增加孔喉直径。此外,通过增加排水量可以降低残余水饱和度,通过向压裂液中添加表面活性剂可以降低气-水界面张力。

4 水力压裂对甲烷吸附-解吸影响

4.1 水力压裂引起甲烷驱动现象

研究表明,在高瓦斯煤层的水力压裂过程中,通风巷道气流中的甲烷浓度显著增加,表明煤层中的甲烷被排出,这种现象被称为水力压裂的甲烷驱动现象。在水力压裂过程中,高压水将在裂缝系统内流动。当割理和孔隙中的水压增加时,通道系统的原始机械平衡被破坏,煤层中发生应力重新分布。在渗水的最前沿，孔隙水将克服通道向前移动的阻力，导致甲烷在渗水最前沿的一定范围内被压缩。

因此，甲烷压力增加，由局部甲烷压力增加引起的压力差可导致甲烷迁移，这被认为是水力压裂的甲烷驱动现象。由于水力压裂的甲烷驱动现象，形成了三个椭圆形区域，即湿区、气动区和应力扰动区。

4.2 水力压裂对甲烷解吸的双重影响

水力压裂可以同时促进和抑制甲烷的解吸，因此，水力压裂对甲烷解吸具有双重影响。从时间角度来看，水力压裂过程可分为两个阶段，即水力压裂期间和水力压裂之后。在水力压裂过程中，高水压将驱动孔隙和裂缝中的游离甲烷。由于水和甲烷之间存在竞争吸附和取代解吸，将发生水置换甲烷的现象，这已通过实验得到验证。在此过程中，水力压裂具有促进作用，使吸附的甲烷脱附为游离甲烷。

水力压裂可以改变煤的结构，从而提高煤层的渗透性。因此，吸附的甲烷将解吸并成为游离甲烷，然后沿着裂缝网络流动并被提取。在水力压裂过程中，会发生孔隙气体压力的升高和降低，导致原始甲烷压力的变化。如果孔隙气体压力降低到临界解吸压力以下，一些吸附的甲烷将解吸并变成游离甲烷。相反，如果孔隙气体压力增加，游离甲烷将变成吸附甲烷。

当进行水力压裂时，孔隙和裂缝中的游离甲烷由高压水驱动。同时，由于水和甲烷之间的竞争解吸和替代解吸现象，水可以在一定程度上替代吸附的甲烷。上述过程可视为通过水力压裂提高甲烷解吸率的直接效果。

水力压裂后，煤层中的液态水含量增加，甲烷的运移通道被水占据和堵塞，煤层的渗透率降低，甲烷的解吸受到抑制。同时，在水力压裂过程中，加压水进入煤层孔隙。水力压裂后，钻孔水压急剧下降，孔隙水压力也随之下降。因此，孔隙水将发生贾敏效应和毛细吸胀效应，并抑制孔隙中甲烷的解吸。

5 结论

(1) 煤与瓦斯突出是地应力、瓦斯压力及煤体自身物理力学性质共同作用形成的复杂动力现象，煤层注水是防治煤与瓦斯突出的有效措施。大量实验表明，高压注水后，煤体的甲烷解吸速率与瓦斯涌出量大幅降低，可起到良好的防突效果。

(2) 煤层水对甲烷解吸同时存在促进和抑制作用，促进甲烷解吸的机理是微观裂缝的充分发育使得裂缝与孔隙间的连通性增强，形成相互连接的裂隙网络，从而沟通气体流动通道并提高了煤层的渗透性。抑制甲烷解吸是在煤层注水过程中，由于毛细管力滞留影响，孔隙内负压不能主动排出外来液体，造成煤层含水饱和度增加，煤层渗透率降低。

(3) 煤层水影响甲烷解吸的因素包括煤的变质程度、粒径大小、孔隙结构、煤的破坏程度、瓦斯压力、温度和水分，导致甲烷解吸规律变化的原因主要为含水量与毛细管压力的变化，从而发生贾敏效应，水力压裂对甲烷吸附-解吸有双重影响。

参考文献

[1] 徐凤银,肖芝华,陈东,等.我国煤层气开发技术现状与发展方向[J].煤炭科学技术,2019,47(10)205-215.

[2] 李希建,林柏泉.煤与瓦斯突出机理研究现状及分析[J].煤田地质与勘探,2010,38(1):7-13.

[3] ADERIBIGBE A,CHENG K,HEIDARI Z,et al. Application of magnetic nanoparticles mixed with propping agents in enhancing near-wellbore fracture detection[J]. Journal of Petroleum Science and Engineering,2016,141:133-143.

[4] AHAMED M A A,PERERA M S A. Pressure-dependent flow characteristics of proppant pack systems during well shut-in and the impact of fines invasion[J]. Journal of Natural Gas Science and Engineering,2021,96:104251.

[5] 王继仁,邓存宝,邓汉忠.煤与瓦斯突出微观机理研究[J].煤炭学报,2008(2):131-135.

[6] AL-MUNTASHERI G A. A critical review of hydraulic fracturing fluids over the last decade (2014)[R]. A critical review of hydraulic fracturing fluids over the last decade.

[7] 聂百胜,柳先锋,郭建华,等.水分对煤体瓦斯解吸扩散的影响[J].中国矿业大学学报,2015,44(5):781-787.

[8] ALWAKEEL S,GHANBARI F,HUBLER M. Particle arrangement effects on the stress intensity in composite material[J]. Engineering Fracture Mechanics,2018,202:33-46.

[9] ALWAKEEL S,FARSHAD G,MIJA H. Particle arrangement effects on the stress intensity in composite material[J]. Engineering Fracture Mechanics,2018,202:33-36.

[10] BANDARA K M A S,RANJITH P G,RATHNAWEERA T D. Proppant crushing mechanisms under reservoir conditions:Insights into long-term integrity of unconventional energy production[J]. Natural Resources Research,2019,28 (3):1139-1161.

[11] 程庆迎.低透煤层水力致裂增透与驱赶瓦斯效应研究[D].徐州:中国矿业大学,2012.

[12] BANDARA K M A S,RANJITH P G,RATHNAWEERA T D. Extensive analysis of single ceramic proppant fracture mechanism and the influence of realistic extreme reservoir conditions on proppant mechanical performance[J]. Journal of Petroleum Science and Engineering,2020:195.

[13] BANDARA K M A S,RANJITH P G,ZHENG W,TANNANT D D,et al. Grain-scale analysis of proppant crushing and embedment using calibrated discrete element models[R]. Acta Geotechnica,2022.

[14] 肖知国,王兆丰.煤层注水防治煤与瓦斯突出机理的研究现状与进展[J].中国安全科学学报,2009,19(10):150-158.

[15] BARTKO K,SALIM A,SALDUNGARAY P,et al. Hydraulic fracture geometry evaluation using proppant detection:Experiences in saudi arabia[R]. Paper presented at the

SPE Saudi Arabia Section Technical Symposium and Exhibition,2013.

[16] 肖知国.煤层注水抑制瓦斯解吸效应实验研究与应用[D].焦作:河南理工大学,2010.

[17] CAO Y,SHI B,ZHOU D,et al. Study and application of stimulation technology for low production cbm well through high pressure n_2 injection-soak[J]. Journal of China Coal Society,2019,44 (8),2556-2565.

[18] CAO Y,ZHANG J,ZHAI H,FU G,et al. CO_2 gas fracturing:A novel reservoir stimulation technology in low permeability gassy coal seams. Fuel,2017,203:197-207.

[19] 郭怀广.煤层注水防突机理及合理水分研究[D].焦作:河南理工大学,2011.

[20] CHANG X,LYU R,WANG P,et al. Optimization on particle size fraction of lightweight coated ceramsite proppant in coal reservoir[J]. Coal Geology & Exploration, 2021,49(2):28-33.

[21] 邱显海,李凤春.地应力对煤层气井水力压裂裂缝发育的影响[J].内蒙古煤炭经济,2019(2):151-152.

[22] CHEN D,LI N,WANG E. Reliability assessment of the hydraulic fracturing process in coal mine based on the analysis of micro-seismic source parameters[J]. Natural Resources Research,2021,30(3):2317-2332.

[23] CHEN P,HE H Y,HE Z. High strength lightweight glass-ceramics sintered from fly ash:A potential proppant material[J]. Transactions of the Indian Ceramic Society, 2013,72(2):124-129.

[24] 范坤坤.含水页岩气体吸附及解吸-流动机理研究[D].青岛:中国石油大学(华东),2018.

[25] GUO Z,ZHAO J,LI Y,ZHAO Y,et al. Theoretical and experimental determination of proppant-crushing ratio and fracture conductivity with different particle sizes[J]. Energy Science & Engineering,2021,10(1):177-193.

[26] 陈学习,张凯,张亮,等.不同注水压力条件影响含瓦斯煤解吸特性实验研究[J].华北科技学院学报,2017,14(1):1-5.

[27] 黄炳香,陈树亮,程庆迎.煤层压裂开采与治理区域瓦斯的基本问题[J].煤炭学报,2016,41(1):28-37.

[28] GUO Z,ZHAO J,LI Y,et al. Theoretical and experimental determination of proppant-crushing ratio and fracture conductivity with different particle sizes[J]. Energy Science & Engineering,2022,10(1):177-193.

[29] 张国华,梁冰.渗透剂溶液侵入对瓦斯解吸速度影响实验研究[J].中国矿业大学学报,2012,41(2):200-204.

[30] GUO Z,ZHAO J,YOU Z,et al. Prediction of coalbed methane production based on deep learning[J]. Energy,2021,230(2):120847.

[31] 赵东,冯增朝,赵阳升.高压注水对煤体瓦斯解吸特性影响的试验研究[J].岩石力学与工程学报,2011,30(3):547-555.

[32] 王兆丰,李晓华,戚灵灵,等.水分对阳泉3号煤层瓦斯解吸速度影响的实验研究

[J]. 煤矿安全,2010,41(7):1-3.

[33] GUPTA D, SHEN D, SZYMCZAK S J. A chemical inhibitor-infused, high-strength proppant additive for reservoir flow assurance against scale deposition in wells with high intervention costs[R]. Paper presented at the SPE European Formation Damage Conference & Exhibition, Noordwijk, The Netherlands, June 2013.

[34] 牟俊惠,程远平,刘辉辉. 注水煤瓦斯放散特性的研究[J]. 采矿与安全工程学报,2012,29(5):746-749.

[35] 李波波,李建华,杨康,等. 孔隙压力与水分综合作用的煤岩渗透率演化规律[J]. 中国矿业大学学报,2020,49(1):44-53.

[36] HAO S, LI X, JIANG Y, et al. Trends and variations of ph and hardness in a typical semi-arid river in a monsoon climate region during 1985-2009. Environmental Science and Pollution Research, 2016, 23(18):17953-17968.

[37] HU Y, WANG Q, ZHAO J, et al. Three-dimensional complex fracture propagation simulation: Implications for rapid decline of production capacity[J]. Energy Science & Engineering, 2020, 8(12):4196-4211.

[38] 张时音,桑树勋,杨志刚. 液态水对煤吸附甲烷影响的机理分析[J]. 中国矿业大学学报,2009,38(5):707-712.

[39] HU Y T, CHUNG H, JASON M. What is more important for proppant transport, viscosity or elasticity? [R]. Paper presented at the SPE Hydraulic Fracturing Technology Conference, 2015.

[40] HUANG F, DONG C, SHANG X, et al. Effects of proppant wettability and size on transport and retention of coal fines in saturated proppant packs: Experimental and theoretical studies[J]. Energy & Fuels, 2021, 35(15):11976-11991.

[41] 王兆丰,苏伟伟,陈向军,等. 含瓦斯煤自然吸水渗吸试验研究及机理探析[J]. 煤炭科学技术,2015,43(8):72-76.

作者简介:郭飞(1991—),男,河南焦作人,博士研究生,主要从事煤层气勘探与开发、非常规天然气地质研究工作。

含水含瓦斯煤体冷冻过程的温度响应特性试验研究

张善雪[1]，王兆丰[1,2,3]，范道鹏[4]
（1.河南理工大学安全科学与工程学院，河南焦作，454000；
2.煤矿灾害预防与抢险救灾教育部工程研究中心，河南焦作，454000；
3.煤炭安全生产与清洁高效利用省部共建协同创新中心，河南焦作，454000；
4.武汉建工集团股份有限公司，湖北武汉，430000）

详细摘要：我国煤矿已进入深部开采阶段，随着开采深度的增加，煤与瓦斯突出防治面临着前所未有的挑战。现有的防治煤与瓦斯突出措施更多地关注降低煤层储能，对提高煤体强度的重视程度不够，绝大多数措施甚至是通过牺牲煤体强度来降低煤层储能。以石门揭煤为例，往往需要施工上百个穿层钻孔预抽瓦斯，这对抽采瓦斯、降低煤体储能具有积极的作用，但对煤体强度是不可逆转的损伤，甚至造成防突屏障缺失。因此，降低煤体储能并同时提高煤体强度是破解石门揭煤和地质构造带煤与瓦斯突出防治难题的技术关键。

冷缩能够提高物体的强度，因此，在采取瓦斯抽采措施后，利用部分抽采钻孔向石门揭煤地点或地质构造带等局部区域注水并冷冻，进一步降低煤体储能并提高煤体强度，将是一条有效防治石门揭煤地点和地质构造带瓦斯突出的全新技术途径。

含水含瓦斯煤冷冻过程中，游离瓦斯转变成吸附瓦斯所释放的吸附热和水相变成冰所释放的相变热会迟滞煤体温度的下降。本文采用自研的高低温交变试验系统（图1），在0 ℃、−5 ℃、−10 ℃、−20 ℃的环境温度条件下，对含水率8%、瓦斯吸附平衡压力为0 MPa、0.74 MPa的郑煤集团白坪煤矿二$_1$煤型煤试样的温度响应特性进行了系统的测试，得到的主要研究结论如下：

（1）在−5 ℃及以下低温环境冷冻时，不含瓦斯煤样内部温度变化具有快速降低、短暂稳定、缓慢下降、趋于平稳的四个阶段，如图2示。煤样温度短暂稳定是由于温度的下降，水不断相变成冰，释放的相变热对煤体温度下降具有明显的迟滞效应。环境冷冻温度越低，煤样温度出现短暂稳定的时间越早，且持续时间越短。

（2）在0 ℃环境冷冻时，不含瓦斯煤体内部温度变化只具有快速下降、缓慢下降、趋于平稳三个阶段，如图2示。缺少短暂稳定的主要原因在于水未达到冻结状态，水相变成冰的量很少，相变热对煤体温度下降的迟滞效应不明显。

基金项目：国家自然科学基金资助项目（5207041719）。

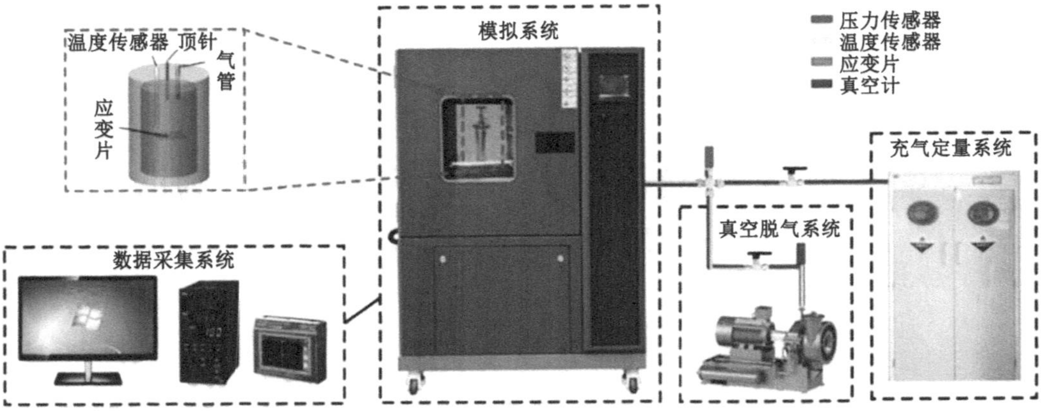

图 1　高低温交变试验系统示意图

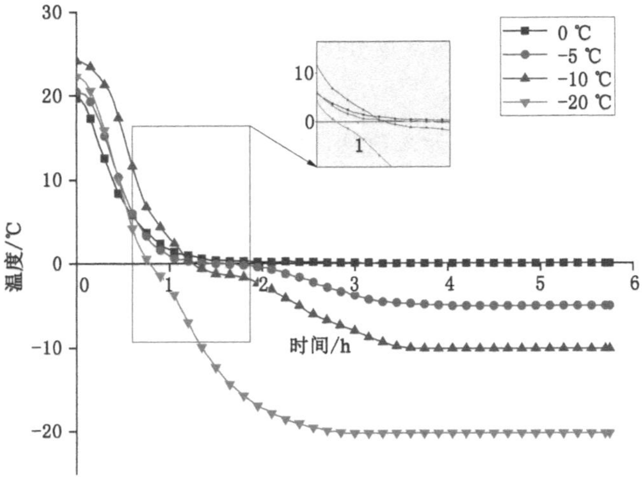

图 2　不含瓦斯煤样(1/4)R 处温度变化曲线

(3) 含瓦斯煤样在－5 ℃及以下低温环境冷冻时，煤样内部温度变化也具有快速降低、短暂稳定、缓慢下降、趋于平稳的四个阶段，如图 3 示。与不含瓦斯煤样相比，主要表现在快速降低和短暂稳定这两个阶段有明显差异：快速降低阶段的下降速度变慢，持续时间变长，主要是由于冷冻造成游离态瓦斯转变成吸附态瓦斯，释放吸附热，造成温度下降迟滞；短暂稳定阶段时间拉长，其原因是由于温度的下降，水不断相变成冰，释放的相变热对煤体温度下降具有明显的迟滞效应。

(4) 在 0 ℃环境冷冻时，含瓦斯煤体内部温度变化也只具有快速下降、缓慢下降和趋于平稳这三个阶段，如图 3 示。和－5 ℃及以下低温环境相比，没有出现短暂稳定阶段，其原因是含瓦斯煤在 0 ℃环境水相变成冰的量很少，相变热对煤体温度下降的迟滞效应不明显；与 0 ℃环境不含瓦斯煤样相比，由于降温过程造成游离态瓦斯转变成吸附态瓦斯，释放的吸附热导致煤样温度下降迟滞，造成快速下降阶段的下降速度变慢，持续时间变长。

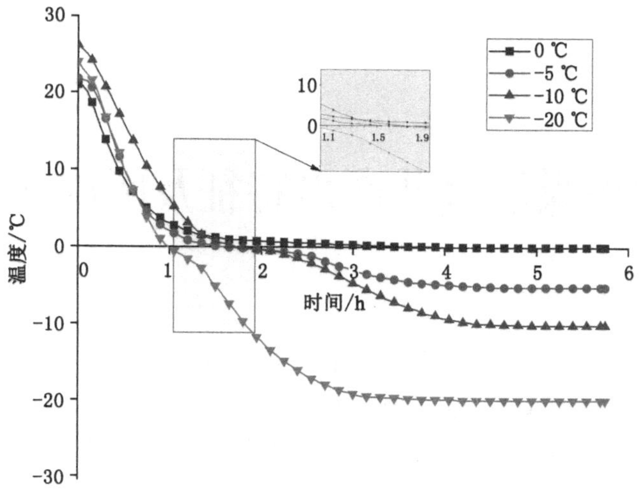

图 3　含瓦斯煤样(1/4)R 处温度变化曲线

关键词:煤与瓦斯突出;含瓦斯煤;冷冻温度;冻胀

作者简介:张善雪(1998—),女,河南新乡人,现为河南理工大学安全科学与工程学院硕士研究生。

富 CO_2 井田煤层气井产出特征及吸附热力学机制

张小东[1,2],张　硕[1],孙泽源

(1. 河南理工大学能源科学与工程学院,河南焦作,454000;
2. 中原经济区煤层(页岩)气河南省协同创新中心,河南焦作,454000)

摘　要: 为了探究不同 CO_2 浓度煤层气井的产能特征及产气机制,本文研究了海石湾井田的煤层气地质条件和含气性特征,借助现代测试技术,对比分析了煤对不同组成的气体吸附热差异,探讨了其原因及对井产能的影响机制。结果发现:① 温度越高,煤对气体的吸附热越小,吸附平衡时间变长,CH_4 吸附量越小;压力越大,吸附热越大,吸附平衡时间减少,CH_4 吸附量越大,说明高温不利于气体吸附。而温压对达到吸附热峰值的时间均表现为负相关。② 随着排采时间的增加,产气量呈下降趋势,CO_2 含量越大,产气量越低,稳产时间越长。③ 断裂构造附近,浅部煤层气井见气、稳产时间长。原因在于浅部煤层温度低,但 CO_2 含量高,煤层气解吸难度越大,因此在降低产气效率的同时稳产时间相对增大。

关键词: 富 CO_2;煤层气;吸附热;产能模拟;产能差异

窑街矿区是我国少有的富 CO_2 矿区,矿井瓦斯中 CO_2 含量高(最高达 90%)且变化大(20%～70%),原位下为有机和无机成因组成的混合气[1-3],由此对煤层气地面开发井产出的特殊性。为了探究窑街矿区富 CO_2 煤层气地面井的产出特征及产气机制,本文以窑街矿区海石湾井田为工作区,基于矿井瓦斯地质资料以及煤层气井生产数据(图 1,图 2),研究了海石湾井田的煤层气地质条件和含气性特征,按照 CO_2 浓度 20%、40%、60%、80%对煤层气井进行了产能模拟,结合孔渗性、吸附热测试结果,比较了煤对不同组成的气体吸附热差异,并探讨了其原因及对井产能的影响机制,以期为海石湾井田的煤层气勘探开发实践提供指导。

(1) 研究区断裂和褶皱构造较发育,煤种主要为中变质的不黏煤或弱黏煤,煤的孔隙率较高,中孔、微孔含量高;煤层裂隙较发育,但多充填黏土矿物和方解石,呈现高孔隙率、低渗透率的特点。

(2) 煤层气组成以 CO_2 为主,在井田内分布具有中东部高、西部低的特征,CH_4 分布具有南高北低、西高东低的特征,且越靠近 F_{19} 大断裂,CO_2 含量越高(图 3,图 4)。其中埋深和断裂构造是影响气体组分的主因,而煤厚及煤系厚度对含气量影响较为显著,埋深对气体组分影响较为显著。

(3) 温度和压力对吸附热及 CH_4 单组分气体吸附的影响呈相反的规律,表现为温度越高,煤对气体的吸附热越小,吸附平衡时间变长,CH_4 吸附量越小;压力越大,吸附热越大,吸

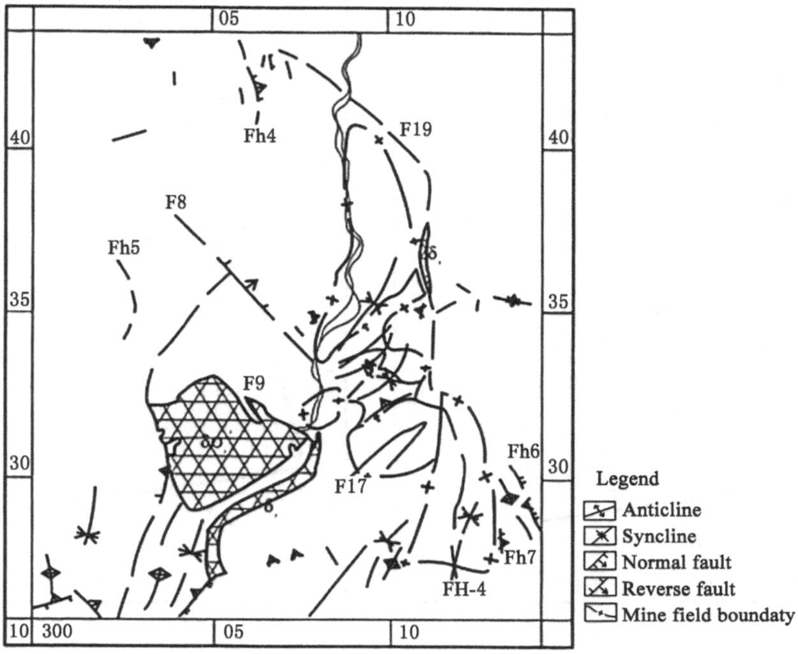

图 1　海石湾井田构造纲要图

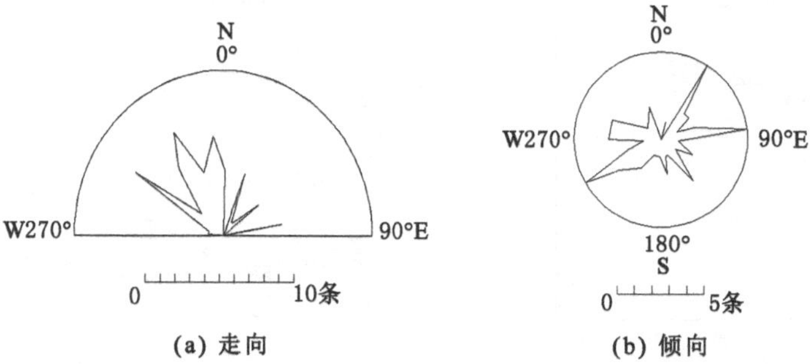

图 2　井田裂隙玫瑰花图

附平衡时间减少，CH_4 吸附量越大，说明高温不利于气体吸附(图 5～图 8)。温压对达到吸附热峰值的时间均表现为负相关。

(4) D2 井排采工作开始较早，排采时间较长，共排采了 355 d。根据 D2 井目前的排采曲线可将其排采分为两个阶段：从排采初到开始产气为第 1 阶段，随着排采时间的增长、产水量的增加，排采到第 71 d 时开始见气；第 2 阶段为 D2 井产气之日起至数据截止时间，产气量保持稳定。D2 井的排采曲线具有明显的规律性，即产气和产水曲线均先快速上升后趋于稳定，稳产时间较长，产气量在排采第 120 d 时达到最大值 1 100.7 m^3/d(图 9)。

D6、D7、D8 井排采工作起步较晚，到数据截止日期排采时间较短。D6 井共排采了 86 d，D7 井和 D8 井共排采了 108 d。由图可知，D6、D7、D8 井分别在排采第 69 d、28 d、38 d 时开始见气，随后产气曲线均逐步上升，最高日产气量分别可达 866.00 m^3/d、558.00 m^3/d、448.00 m^3/d。由于排采时间较短，目前可能尚未达到井产峰值，产气效果较好。D7 井在排采第 82 d

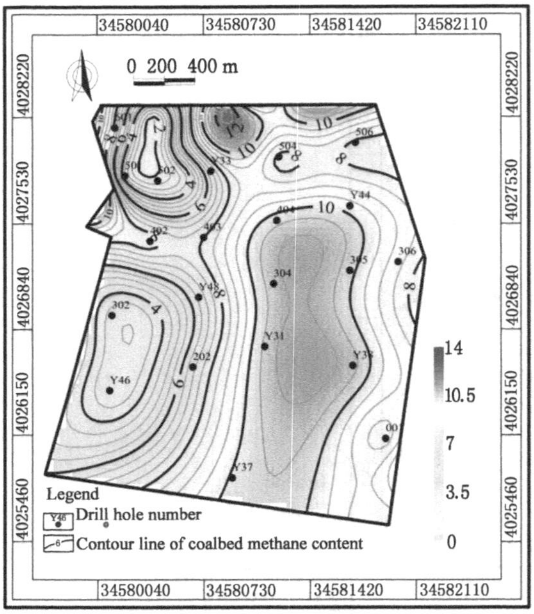

图 3　煤二层煤层气含量等值线图

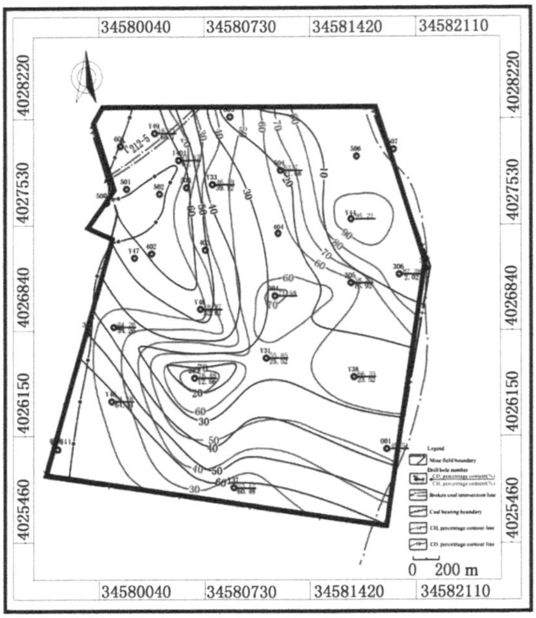

图 4　煤二层 CO_2/CH_4 浓度分布等值线图

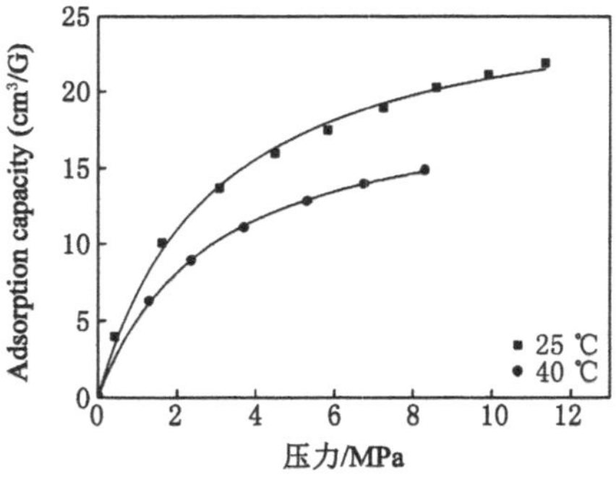

图 5　不同温度下 CH_4 等温吸附曲线

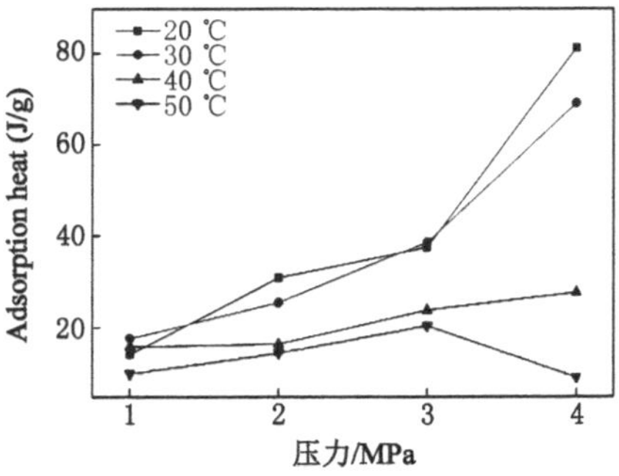

图 6　煤对 CO_2 的吸附热结果

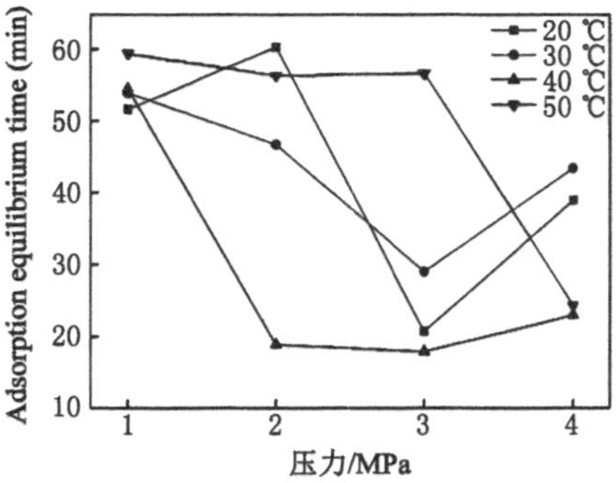

图 7　CO_2 分子吸附平衡时间关系图

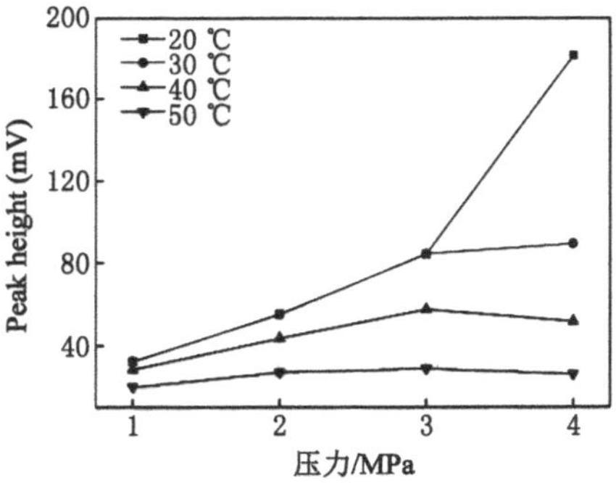

图 8　CO_2 吸附热峰值关系图

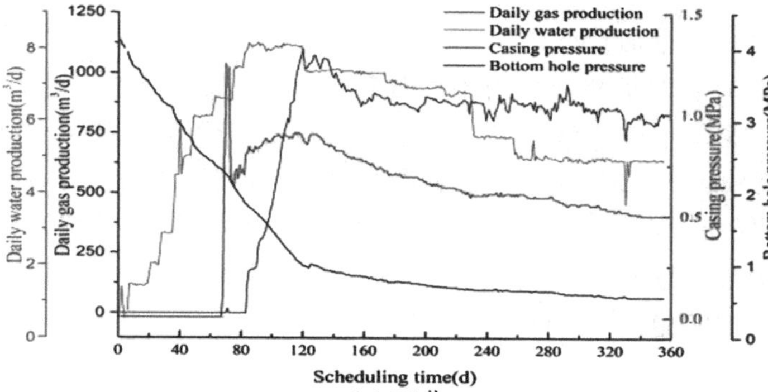

(a) D2井

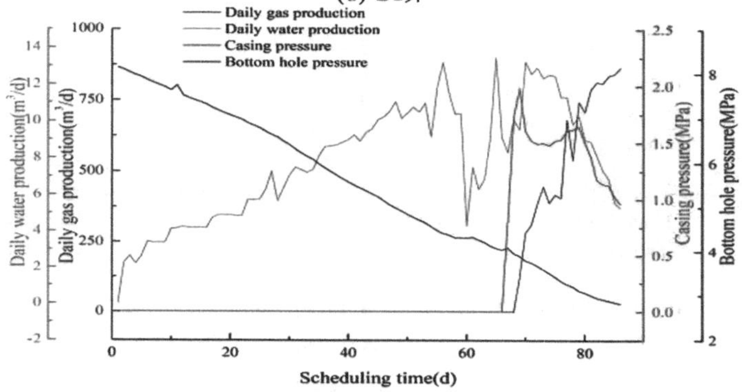

(b) D6井

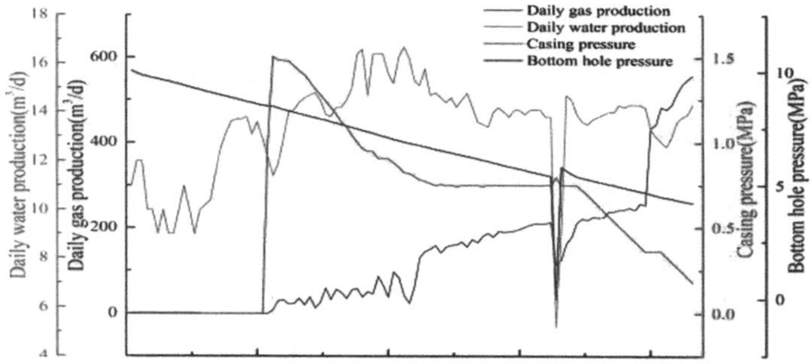

(b) D7井

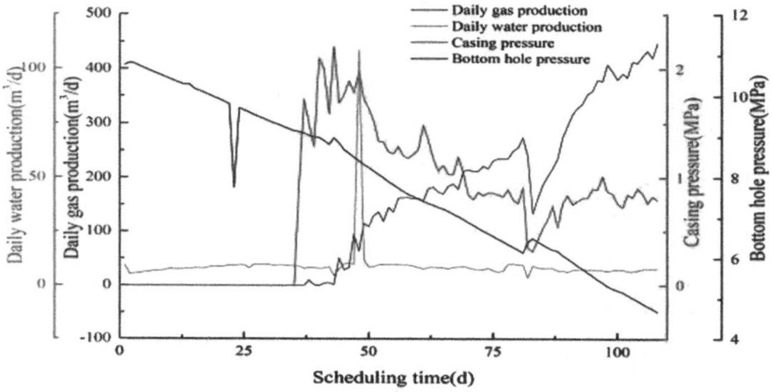

(b) D8井

图 9　气井排采曲线

时，井底压力突然降至 0，使得日产水量降至最低值 5.20 m^3/d，原因可能是起管柱时产生过大的抽吸压力或钻井液密度增加减小。

气井产气量随着时间的推移均出现不同程度的下降，最高日产气量和产气量降幅均与 CO_2 浓度呈负相关，即 CO_2 浓度越高，气井产量越低，产气量下降幅度越小，稳产时间越长(图 10～图 12)。生产实践表明，随着距离采掘工作面和 F_{19} 断裂距离的减小，气井见气、稳产时间变长。原因在于埋藏变浅，煤层中 CO_2 含量增大，由于 CO_2 吸附热较高，且吸附能力强于 CH_4[4-6]，煤层气解吸难度越大，见气时间变长，加之储层温度减小，气体解吸速度降低[7]，因此在降低产气效率的同时稳定产气时间相对增大。

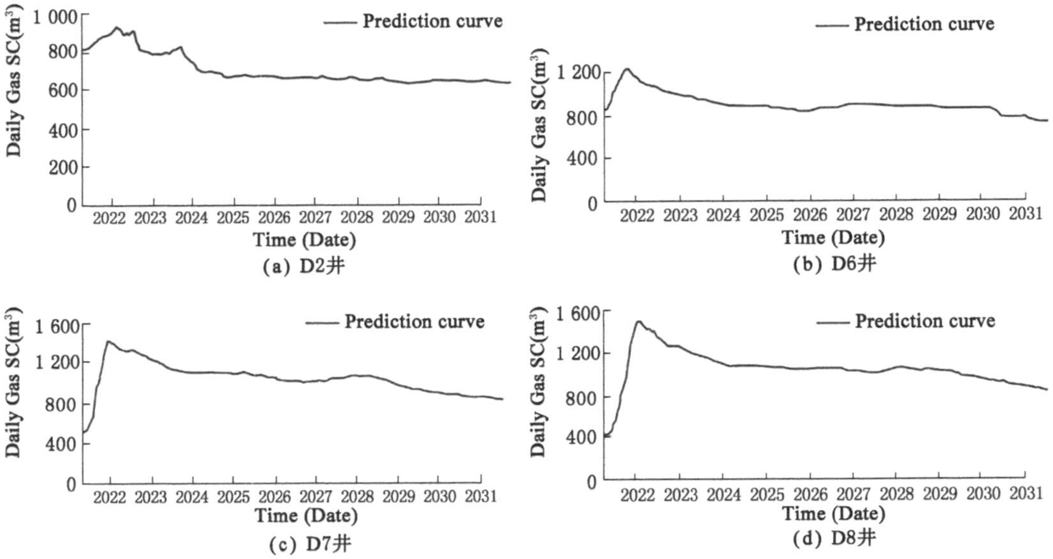

图 10　气井未来十年产能预测曲线

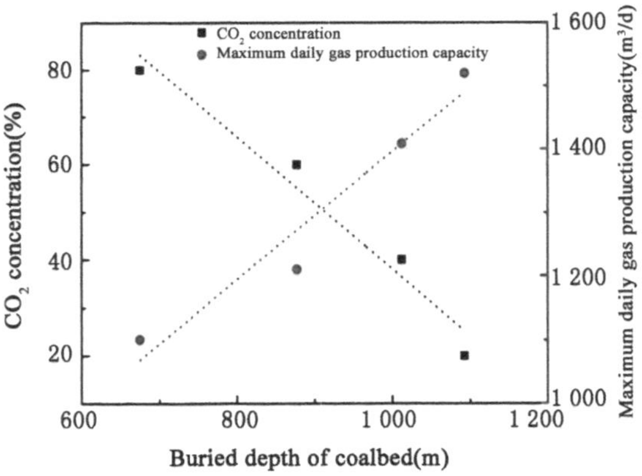

图 11　煤层埋深与 CO_2 浓度及最高日产气量关系图

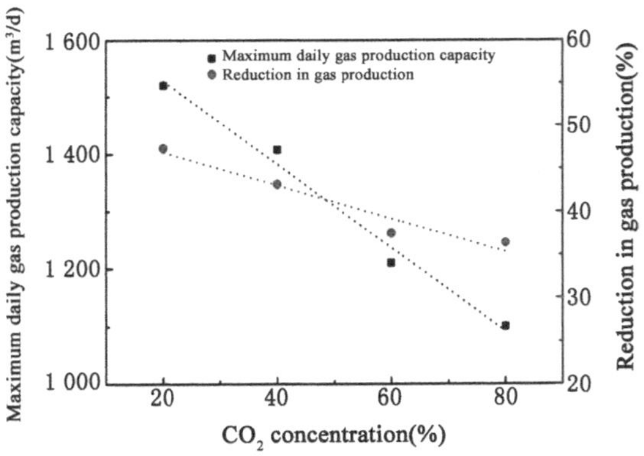

图 12　CO_2 浓度与最高日产气量及产气量降幅关系图

参考文献

[1] 俞启香,王绍章,陆国祯,等.甘肃窑街矿务局皮带斜井突出二氧化碳的来源和赋存[R],1982.

[2] 陶明信.窑街煤矿二氧化碳突出的地球化学及构造研究[D].兰州:中国科学院兰州地质研究所,1993.

[3] 卫平生,张虎权,陈启林,等.民和盆地多重能源矿产共存成藏机理[M].北京:石油工业出版社,2007:131-141.

[4] XIAOJUN CUI,BUSTIN R M,GREGORYDIPPLE. Selective transport of CO_2, CH_4 and N_2 in coals: insights from modeling of experimental gas adsorption date[J]. Fuel, 2004(83):293-303.

[5] KIM H J,YAO S,HE J,et al. Adsorption characteristics of CO_2 and CH_4 on dry and wet coal from subcritical to supercritical conditions[J]. Chemical Engineering Journal, 2011,171(1):45-53.

[6] 周来,冯启言,秦勇.CO_2 和 CH_4 在煤基质表面竞争吸附的热力学分析[J].煤炭学报,2011,36(8):1307-1311.

[7] 李龙建,张雷,郭建英,等.用高压气体吸脱附-微量热联用法对 CO_2 和 CH_4 在煤上吸附热力学的研究[J].煤炭转化,2020,43(3):1-7.

作者简介:张小东(1971—),男,河南温县人,博士,教授,博士生导师,主要从事非常规天然气地质与工程、CO_2 地质封存、煤地球化学方向的教学和科研工作。

张硕(1991—),女,山西晋城人,讲师,博士(后),主要从事非常规天然气地质与工程、CO_2 地质封存、煤地球化学方向的教学和科研工作。

孙泽源(1997—),女,河南三门峡人,硕士研究生在读,主要从事 CO_2 地质封存研究。

焦作古汉山矿瓦斯赋存地质控制因素及瓦斯地质单元划分

刘小磊[1,2],贾天让[1,2],魏国营[1,2],闫江伟[1,2],冯阵东[1,2],刘　操[1,2]
(1.河南理工大学安全科学与工程学院,河南焦作,454000;
2.煤炭安全生产与清洁高效利用省部共建协同创新中心,河南焦作,454000)

详细摘要:矿井瓦斯赋存规律对矿井煤炭开采具有至关重要的作用,由于我国地质条件复杂,特别是焦作矿区断层和构造煤发育,瓦斯含量和瓦斯压力普遍偏高。不同区域瓦斯赋存规律差异性相对较大,甚至同一矿井瓦斯赋存也可能存在较大差异,如古汉山矿。古汉山矿瓦斯赋存规律受地质构造、煤层埋深、上覆基岩厚度、围岩岩性、水文条件、煤层及顶板裂隙发育情况及构造煤分布等因素影响。在不同构造单元,矿井瓦斯赋存的主控因素具有差异性。

古汉山矿瓦斯赋存呈现东低西高的整体趋势,成煤后地层抬升,上覆基岩遭受剥蚀,特别是东部区域,在新近系地层沉积之前,煤层上覆基岩遭受了强烈剥蚀,从而导致上覆基岩厚度变薄,煤层瓦斯不断逸散;同时,受东部赤庄断层影响,使煤层直接对接在上盘的新近系之中,煤层瓦斯继续逸散,最终导致了矿井西部瓦斯含量整体偏低的现状。因此,从根本上,矿井瓦斯赋存规律受构造控制,在地质历史过程中,构造又影响着煤层上覆基岩厚度、煤层埋深、水文和构造煤的发育等因素,这些因素最终综合作用,导致现今的矿井瓦斯赋存规律。在以上分析的基础上,得出的主要认识如下:

(1) 将古汉山井田划分为4个构造单元,揭示了其瓦斯赋存构造控制特征

以团相断层东西向段及其延伸线将矿井划分为东西2块,而以团相断层北东向段、DF_5、DF_6、DF_{18}、DF_{21} 等组成的北东向延伸线为界划分为南北2块,从而将整个矿井划分为4个构造单元(图1)。受团相断层和赤庄断层的控制,井田上覆基岩厚度具有西厚东薄总体分布特征,是井田瓦斯分布整体上西高东低的主要原因。在团相断层东西两侧(构造单元1和构造单元4),矿井瓦斯含量受上覆基岩厚度控制显著,在同等埋深条件下,基岩厚度较薄是造成构造单元4瓦斯含量小于构造单元1和构造单元2的主要因素;在矿井东部(构造单元3和构造单元4),除受煤层埋深影响外,构造单元3主要受赤庄断层影响,构造单元4主要受基岩厚度影响;赤庄断层形成的煤层隐伏露头叠加上覆基岩厚度薄、煤岩层裂隙发育是造成构造单元3低瓦斯赋存的控制因素。

(2) 将古汉山井田划分为3个瓦斯地质单元,揭示了各单元瓦斯地质特征

以构造单元划分为基础,主要依据不同构造单元上覆基岩厚度和煤层瓦斯分布的不同,结合煤层及围岩裂隙发育程度、构造煤发育程度,将井田划分为3个瓦斯地质单元(图2),构造

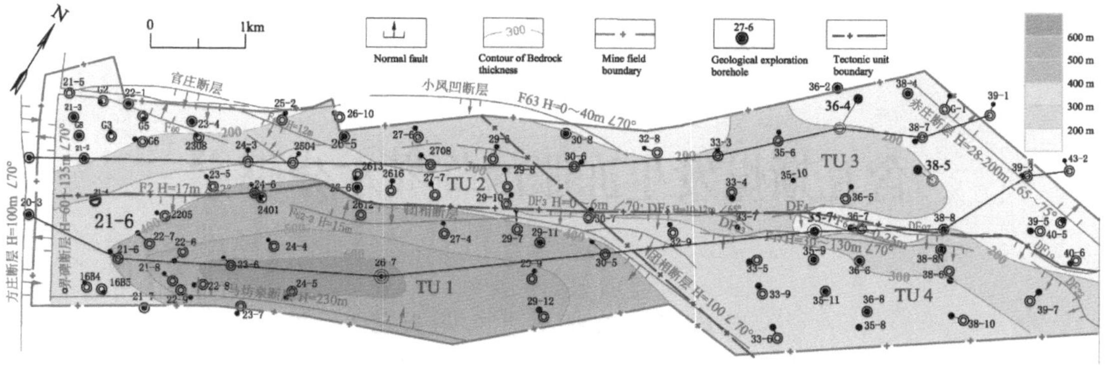

图 1　古汉山矿煤层上覆基岩厚度与构造单元的划分(TU 代表构造单元)

单元 1 和构造单元 2 为瓦斯地质单元Ⅰ,构造单元 3 为瓦斯地质单元Ⅱ,构造单元 4 为瓦斯地质单元Ⅲ。瓦斯地质单元Ⅰ厚基岩、强挤压、低渗透、高瓦斯,瓦斯地质单元Ⅱ薄基岩、高渗透、低破坏、低瓦斯,瓦斯地质单元Ⅲ基岩较厚、低渗透、较高瓦斯。

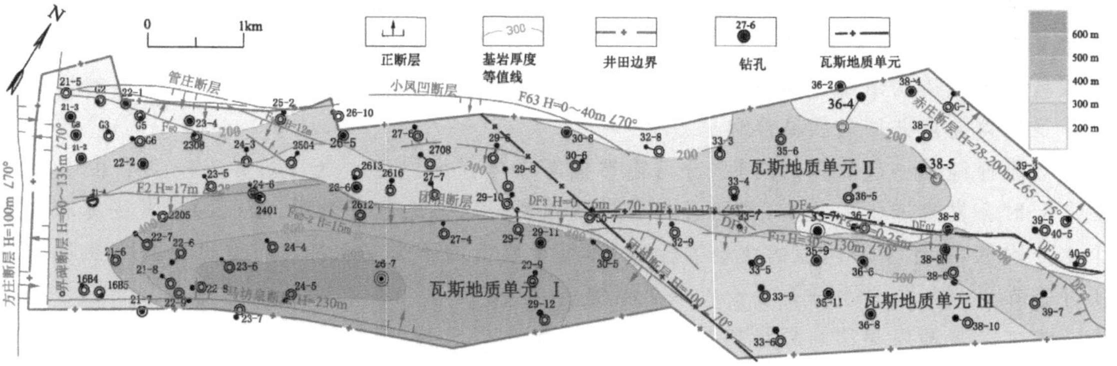

图 2　古汉山井田瓦斯地质单元划分

(3) 揭示了 17 采区瓦斯赋存规律和控制因素

薄基岩叠加赤庄断层形成的隐伏露头的排放作用以及浅部断层与露头导通的影响,17 采区煤层瓦斯赋存整体呈现出东部小西部大的整体特征,在赤庄断层影响带内煤层瓦斯具有甲烷成分降低、氮气成分增高的气体组分特征。17 采区基岩厚度分布具有明显的分带特征,分为 3 个条带;埋深 400 m 以浅基岩厚度随埋深的增加而增大为 1 个基岩条带;400 m 以深基岩厚度随埋深增加变化较小,具有距离赤庄断层距离的增加而增厚的分布特征,分为 2 个基岩条带。在埋藏深度的影响下,赤庄断层瓦斯排放影响带具有“喇叭”状的分布,即浅部影响范围大,深部影响范围小。

关键词:古汉山矿;瓦斯赋存;地质控制;构造单元;瓦斯地质单元

含瓦斯煤发生冻胀的临界水分研究

韩鹏武[1],王兆丰[1,2,3],马兴莹[4]

(1.河南理工大学安全科学与工程学院,河南焦作,454000;

2.河南省瓦斯地质与瓦斯治理重点实验室

——省部共建国家重点实验室培育基地(河南理工大学),河南焦作,454000;

3.煤炭安全生产与清洁高效利用省部共建考察创新中心,河南焦作,454000;

4.中煤能源研究院,陕西西安,710054)

详细摘要: 我国已进入深部煤炭开采阶段,地应力、瓦斯压力、低温不断升高,地质构造越来越复杂,煤与瓦斯突出、冲击地压等瓦斯动力灾害的防治压力山大。冷冻防突作为一种石门揭煤地点和地质构造带瓦斯突出防治的新方法,已受到业内的广泛关注。冷冻防突的出发点是降低煤体储能并同时提高煤体强度。

热胀冷缩是一般物体的特性,冷缩能够提高煤体强度。但水是自然界唯一会在由 4 ℃降至 0 ℃时会发生冻胀的物质,冻胀会削弱煤体强度。以往的研究表明,岩(土)体发生冻胀有一个水分阈值,高于水分阈值的才会发生冻胀,低于阈值的不会发生冻胀。含瓦斯煤发生冻胀存不存临界水分?临界水分是多少?缺乏研究。

本文采集郑煤集团白坪煤矿二$_1$煤 3~6 mm 的颗粒样,掺水压制成 100 mm×200 mm 的型煤煤样,利用自主搭建的含瓦斯煤冻胀模拟测试平台,在试验温度−10 ℃、瓦斯吸附平衡压力为 0 MPa、0.74 MPa 的条件下,对含水率 0%、5%、6%、7%、10%、13%和 15%的煤样进行了冻胀模拟试验,采用实验室试验、理论分析和数值模拟相结合的研究方法,研究了含瓦斯煤发生冻胀的临界水分,得到的主要结论如下:

(1) 当水分含量低于 7%时,不含瓦斯煤和含瓦斯煤的体积膨胀量均很小,几乎可以忽略。一旦水分含量达到或超过 7%以上,不含瓦斯煤和含瓦斯煤的冻胀效应明显,冻胀应变曲线具有典型的冻胀特征;随着水分含量的增加,不含瓦斯煤和含瓦斯煤的应变均相应增加(图 1)。

(2) 含水率相同时,含瓦斯煤冻胀变形持续时间长于不含瓦斯煤冻胀变形持续时间,这说明含瓦斯冷冻煤体过程中,在游离瓦斯转化成吸附瓦斯所释放的吸附热和水变成冰所释放的相变热的共同作用下,会抑制冻胀过程的进程(图 2)。

(3) 建立了含瓦斯煤水-热-力三场耦合冻胀模型,运用 COMSOL 模拟软件,模拟分析不同含水率下不含瓦斯煤和含瓦斯煤体的变形量以及应力分布,并结合实验室冻胀模拟实测结果,研究得出不含瓦斯煤和含瓦斯煤具有相同的冻胀临界水分值,该临界水分值为 7%。

基金项目:国家自然科学基金资助项目(5207041719)。

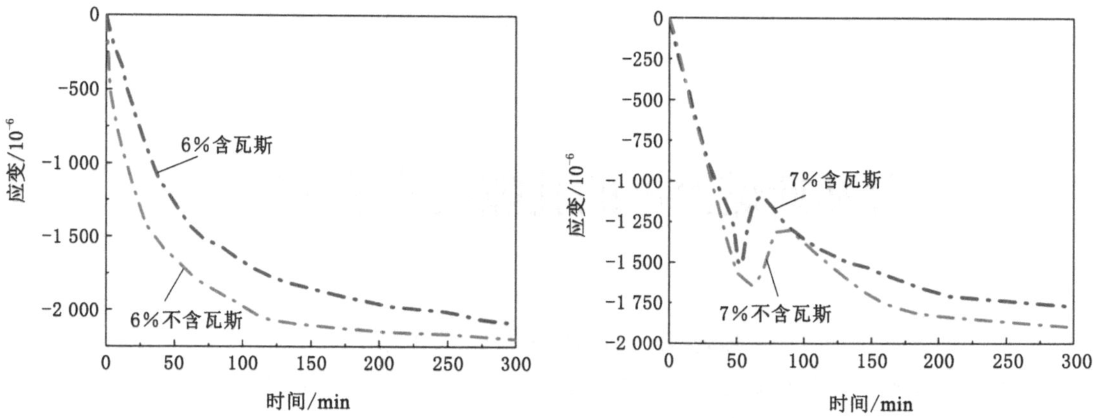

图 1　含瓦斯煤样与不含瓦斯煤样冷冻过程应变曲线对比

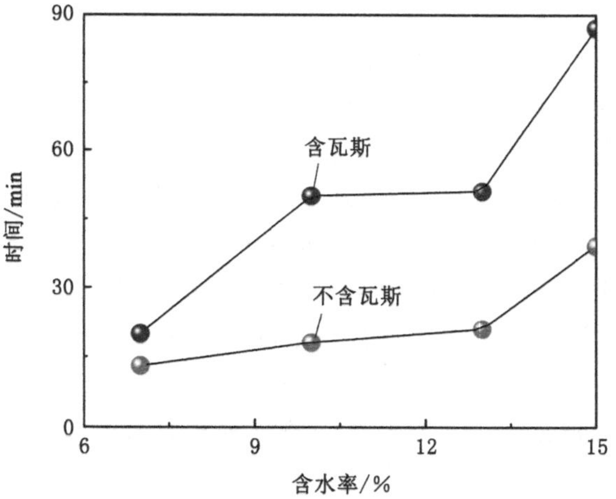

图 2　含瓦斯煤样与不含瓦斯煤样冷冻过程冻胀应变持续时间对比

关键词:含水率;冻胀;煤体应变;水分临界值

作者简介:韩鹏武(1999—),男,山西运城人,现为河南理工大学安全科学与工程学院硕士研究生。

含瓦斯煤冷冻的孔隙结构响应特性

张思奇[1]，王兆丰[1,2,3]，马兴莹[4]

(1. 河南理工大学安全科学与工程学院，河南焦作，454000；2. 河南省瓦斯地质与瓦斯治理重点实验室 省部共建国家重点实验室培育基地(河南理工大学)，河南焦作，454000；3. 煤炭安全生产与清洁高效利用省部共建考察创新中心，河南焦作，454000；4. 中煤能源研究院，陕西西安，710054)

详细摘要：我国已进入深部开采阶段，煤与瓦斯突出防治已成为煤矿瓦斯防治的重中之重。低温冷冻作为一种石门揭煤地点和地质构造带瓦斯突出防治的新方法，已受到业内的广泛关注。热胀冷缩是一般物体的特性，唯独水在由 4 ℃降至 0 ℃的过程会发生冻胀，因此，冷冻含瓦斯煤会经历冷缩、冻胀、再冷缩的过程，导致煤体结构发生改造，进而影响煤体强度。

本文通过采集郑煤集团告成矿二$_1$煤 3～6 mm 粒度的煤样，掺水压制成 100 mm×200 mm 的型煤，在瓦斯吸附压力为 0.74 MPa、环境温度为 −10 ℃的条件下，分别对含水率为 0%、5%、7%、10%、13%和 15%的型煤进行冷冻；借助 AUTOPORE9500 型全自动压汞仪，测试并分析冷冻前后煤样的孔隙结构变化特征，得到的主要研究结论如下：

(1) 干燥煤样冷冻后的累计进汞量略大于冷冻前累计进汞量，表明冷冻过程只存在冷缩效应，不会发生冻胀。煤样骨架发生收缩变形，也会减少煤样可见孔和大孔数量，增加小孔和微孔数量，导致孔隙连通度变差。

(2) 冷冻前与冻胀后煤样的进汞曲线形态和趋势基本相似(图 1)，煤样冷冻后的累计进汞量高于冷冻前的累计进汞量，增加幅度随含水率增大而增加；含水煤样冷冻前的进汞曲线突增点均滞后于冷冻后的进汞曲线突增点，说明煤样在冷缩和冻胀的共同作用下，孔隙结构被持续破坏，煤样产生更多中孔及以上的孔隙。

(3) 干燥煤样低温冷冻后，其孔径分布未发生较大变化，相较于冷冻前的煤样中孔和小孔分布略有增加；含水煤样冷冻后，受冻胀效应的影响，煤样不但产生新的微孔，中孔和小孔连通成大孔，累计孔体积大于冻胀前，如图 2 示。含水率越大的煤样，冻胀效应越明显，总孔体积增加越明显。

(4) 煤样冷冻后，阶段孔体积主峰相较于冷冻前的煤样主峰均发生了偏移，如图 3 示。干燥煤样冷冻后的阶段孔体积主峰相对于冷冻前的主峰向左发生了偏移；含水煤样冷冻后的阶段孔体积主峰相对于冷冻前的主峰向右发生了偏移；煤样含水率越高，阶段孔体积主峰向右偏移的幅度越大，说明冷冻过程的冻胀效应导致煤体大孔占比增加。含水率越高，累计孔体积越高，煤样的大孔占比也越大。

基金项目：国家自然科学基金资助项目(5207041719)。

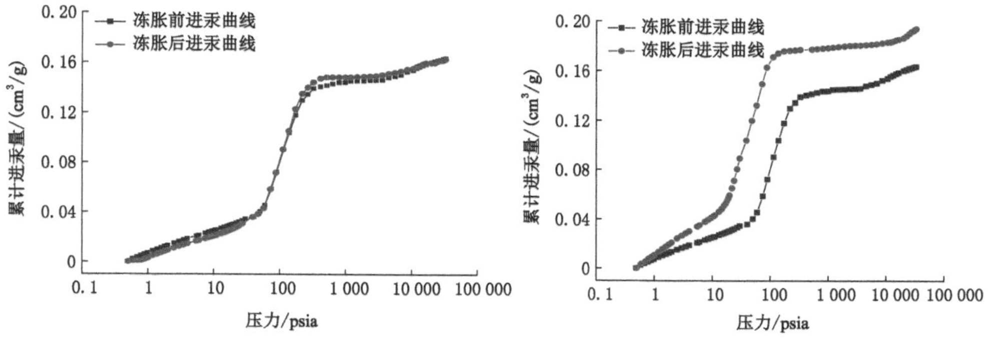

(a) 0%　　(b) 7%

图 1　不同含水率含瓦斯煤冷冻前后进汞曲线

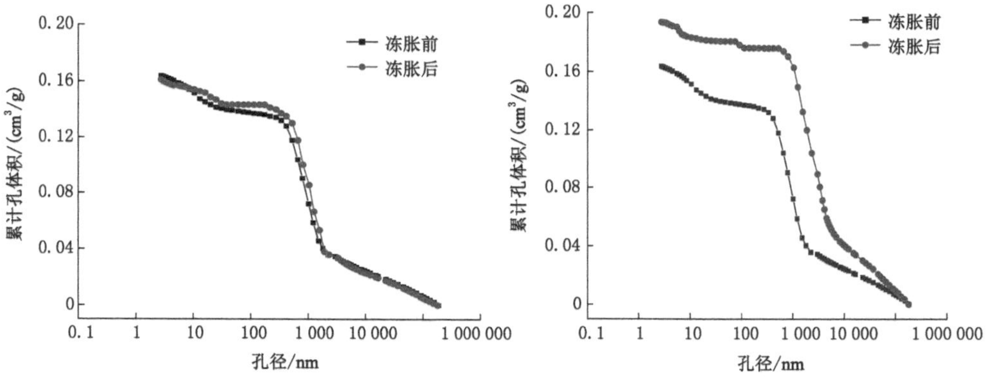

(a) 0%　　(b) 7%

图 2　不同含水率含瓦斯煤冷冻前后累计孔体积曲线

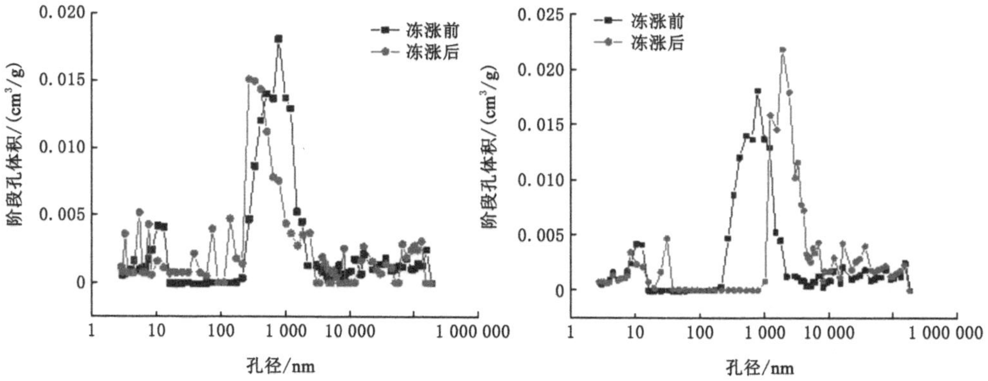

图 3　不同含水率含瓦斯煤冻胀变形前后阶段孔体积曲线

关键词:含瓦斯煤;含水率;冻胀;孔隙结构

作者简介:张思奇(2000—),男,湖南郴州人,现为河南理工大学安全科学与工程学院硕士研究生。

瓦斯防治方法与技术篇

L形井"一井两区"连续抽采先导试验与技术优化

张江华[1,2],秦　勇[1],李国富[1,2],郭盛强[1,3],杨昌永[1,3],刘洪太[2],
李德慧[2],李军军[2],季长江[2],赵晋斌[2],杜立强[3]
(1. 中国矿业大学资源与地球科学学院,江苏徐州,221116;
2. 煤与煤层气共采国家重点实验室,山西晋城,048012;
3. 山西蓝焰煤层气集团有限责任公司,山西晋城,048000)

摘　要:采动区、采空区煤层气抽采是煤与煤层气共采技术中重要的环节,采空区煤层气抽采近些年在山西省重点煤矿区实现了小规模应用,而L形井作为采动区重要的抽采方法却应用效果欠佳。为了打破采动区、采空区煤层气抽采时空局限,提高采动L形井的抽采寿命及效益,研究了采动-采空区煤层气来源,分析了3口采动L形井转采空区井的产气效果及低产原因,探讨了采动-采空区L形井"一井两用"的设计方法。结果表明,3口采动L形井转采空区井中仅1口实现了抽采盈利,单井设计方案需进一步优化;提出了采动L形井水平段标准化设计方案,建立了基于"O"形圈理论、"上三带"理论、数值模拟相结合的采动-采空区L形井水平井层位优选技术;提出了大口径两开井身结构、分段固井技术及多级非连续固井技术的设计思路,优化设计了采动区、采空区煤层气压力集输系统,探讨了采动-采空区L形井连续排采方法。研究认为,优化的采动-采空L形井设计方案将有助于延长采动L形井稳产时间及提高抽采效益,可实现一井两用及采动、采空两区煤层气抽采衔接。

关键词:采动区;采空区;煤层气;一井两区;L形井;连续抽采

山西省重点煤矿区经过多年的煤与煤层气共采技术探索,已经由规划区、准备区、生产区(即采动区)"三区联动立体抽采的煤与煤层气共采模式"[1,2]发展成为全矿区、全层位、全时段的煤与煤层气共采"四区"(规划区、准备区、生产区、采空区)联动井上下联合抽采模式及技术体系[3,4]。采煤-采气工程时空协调与优势互补,有效提高了煤层气抽采率和煤炭回采率[5]。

煤矿采掘扰动后煤层渗透率大幅提高,卸压使煤层气大量解吸并运移到裂隙带,采动区地面L形井通过抽采顶板裂隙区聚集的煤层气,实现采煤工作面瓦斯治理[6]。该技术融合地面直井、采动区直井和井下水平井等多种抽采技术优势[7],水平段呈线状分布,抽采覆盖范围能贯穿整个工作面[8]。前人研究采动区L形井技术,建立了采动区上覆岩层层间剪切滑移模

基金项目:国家科技重大专项课题基金资助项目(2016ZX05067001—008);山西省科技重大专项资助项目(20191102001)。

型，分析了采动区上覆岩层层间剪切滑移规律[9]；总结了采动L形水平井的井形结构设计和井位层位选择、导向钻进和疏通、地面安全抽采控制等关键技术，分析了抽采效果[10]；基于采动区覆岩三维裂隙分布形态建立了三维裂隙场模型，进行了数值模拟，对水平段位置进行了优化设计[11,12]。

目前，山西省重点煤矿区已经施工10余口采动L形水平井，但仅有晋城寺河煤矿3313工作面和阳泉新景矿3213工作面L形井抽采效果较好[8,9]，有效防止了工作面瓦斯超限。采动L形井因受采煤工程的时空限制，抽采时间较短，工程成本难以回收。其中，3口水平井在转为采空区井进行抽采尝试后，仅1口井抽采取得良好效果。因此，有必要分析其产气效果未达预期的原因，探讨采动-采空区L形井连续抽采关键技术，优化水平段位置设计、井身结构及固井设计及采动-采空两区连续抽采技术，以实现L形井一井两区、采动L形井抽采盈利以及两区煤层气抽采衔接。

1　采动-采空区煤层气来源

工作面回采过程中，煤层气赋存平衡状态被打破，卸压煤层气沿离层裂隙和贯穿裂隙向裂隙集中区和工作面流动与扩散。达到新的压力平衡后，采动裂隙场中煤层气浓度差异为煤层气运移提供了动力。为此，采动区煤层气主要来源于工作面煤壁、采落煤炭、回采遗煤、邻近煤层解吸气和顶底板围岩游离气，各涌出煤层气量多少直接影响采动裂隙场瓦斯涌出量(图1)。工作面回采完毕后，采空区顶板垮落带和裂隙带(流体运移通道)在2～3年后逐渐稳定(图2)，煤层气逐步向顶板裂隙带和采空区运移，即采空区煤层气主要来源于回采后的遗煤、遗留煤柱及邻近煤层中的解吸气(图1)。

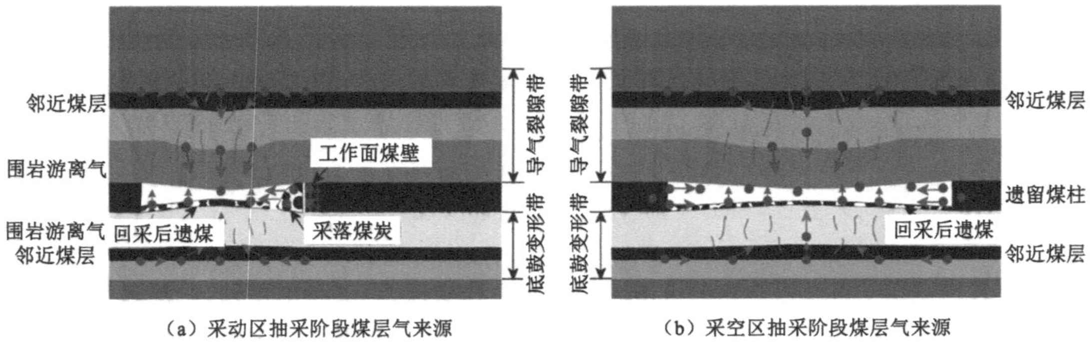

(a) 采动区抽采阶段煤层气来源　　(b) 采空区抽采阶段煤层气来源

图1　采动-采空区L形井不同抽采阶段煤层气来源

2　采动-采空区L形井煤层井抽采试验

3口试验井分别位于西山屯兰矿12408工作面、阳泉新景矿3213工作面和晋城胡底矿1301工作面，工作面回采完后即关井，封闭1年后转为采空区煤层气抽采试验，井位布置、井身结构及固井设计方案见文献[6]。水平段层位利用导水裂隙带计算方法确定，水平段80%的长度设计在裂隙带中部[6](图3)；井身采用常规三开结构，一开井眼直径为311.1 mm，二开

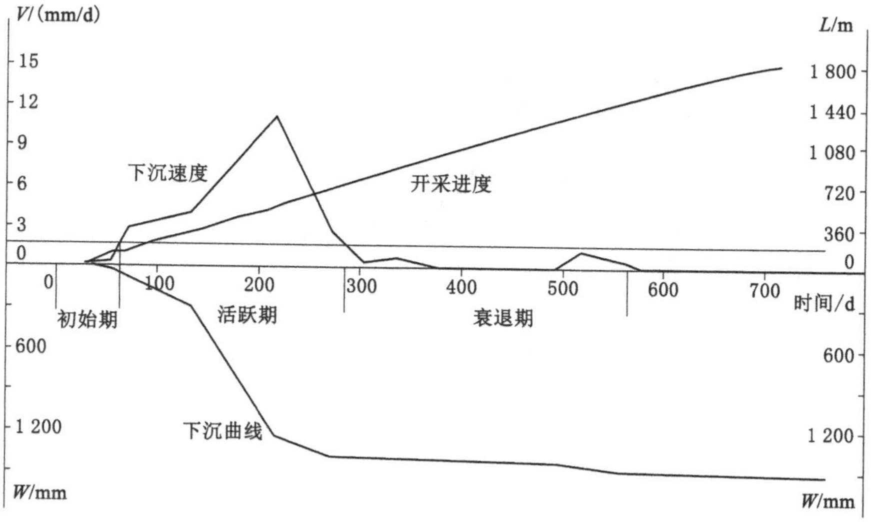

图 2 西山屯兰矿 12408 工作面最大下沉点(A29)沉降曲线

井眼直径为 241 mm,三开井眼直径为 171 mm,裸眼完井。

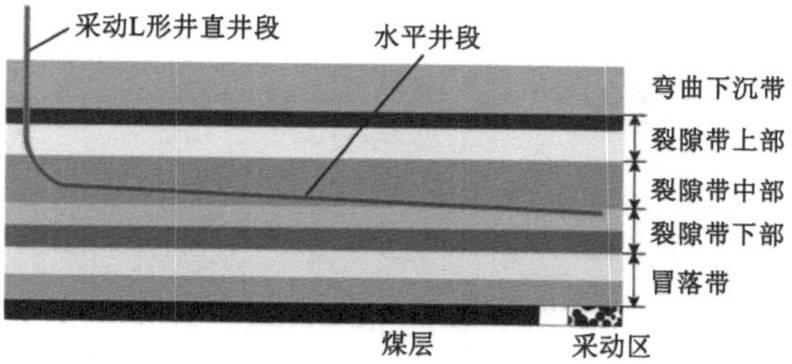

图 3 采动区 L 形井水平段层位布置示意图[6]

试验结果显示,新景矿 XJ-L-01 井抽采效果较好,采动阶段累计抽采煤层气 410 万 m^3,最大产气量达 2.0 万 m^3/d,平均甲烷体积分数为 58%,最高达 95%;进入采空区抽采阶段,日均产气量为 2 825 m^3(图 4),累计抽采 240 万 m^3。屯兰矿 XST-L-01 井采动阶段抽采效果不理想,煤层回采前期未产气,稳定抽采时间仅 153 d,其间因不产气停机次数较多,累计抽采 97 万 m^3;采空区阶段抽采效果较好,日均产气量为 2 560 m^3(图 5),采空阶段累计抽采 339 万 m^3。胡底矿 HD-L-01 井采动和采空阶段抽采效果均不理想,稳定产气时间均较短;采动阶段累计产气 74 万 m^3,累计产气时间仅 93 d;采空阶段累计抽采 131 万 m^3,累计产气 31 个月,目前已停产(图 6)。

屯兰矿和胡底矿两口井的抽采效果不理想,原因在于水平段与导气裂隙带未产生稳定的流体运移通道,水平井眼与煤层的垂距相比 XJ-L-01 井均较大(表 1),约 80%的水平段处于裂隙带中部,采动卸压产生的裂隙难以构成稳定煤层气扩散通道,导致在初次来压之前甚至采动阶段都无法稳定产气。同时,井身结构采用三开设计,三开裸眼完井不固井,易发生井眼变形及错断,后期转为采空井后也无法稳定产气。

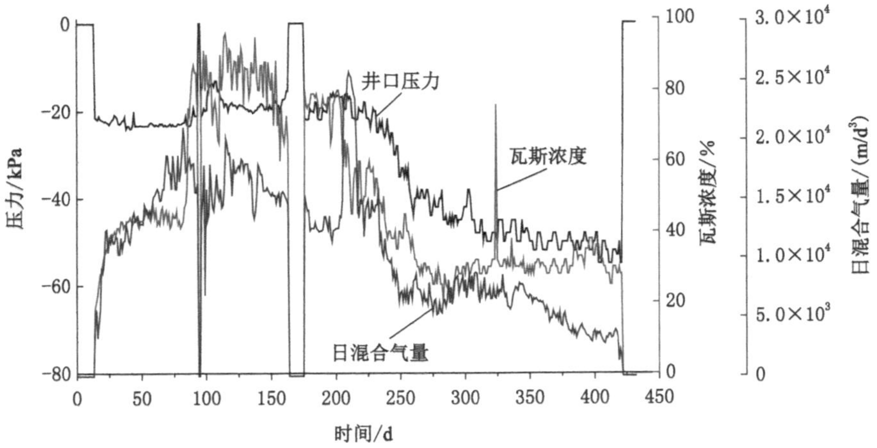

(a) 采动区排采阶段

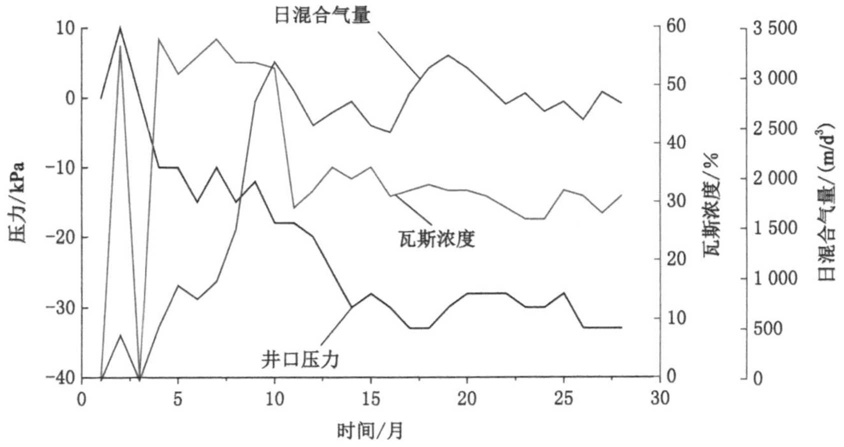

(b) 采空区排采阶段

图 4　XJ-L-01 井排采曲线图

表 1　采动-采空 L 形水平井顶板裂隙带统计表

煤矿	井号	最大裂隙带计算范围/m	实际轨迹垂距范围/m	实际平均垂距/m
新景	XJ-L-01	8～48	8～34	30
屯兰	XST-L-01	13～51	15～54	45
胡底	HD-L-01	22～60	10～60	48

综上所述,3 口井中仅 XJ-L-01 井实现了抽采盈利,采动-采空 L 形水平井钻完井工程需进一步优化设计,以达到提高产气效果、延长稳产时间,进而实现采动-采空区一井两用的目的。

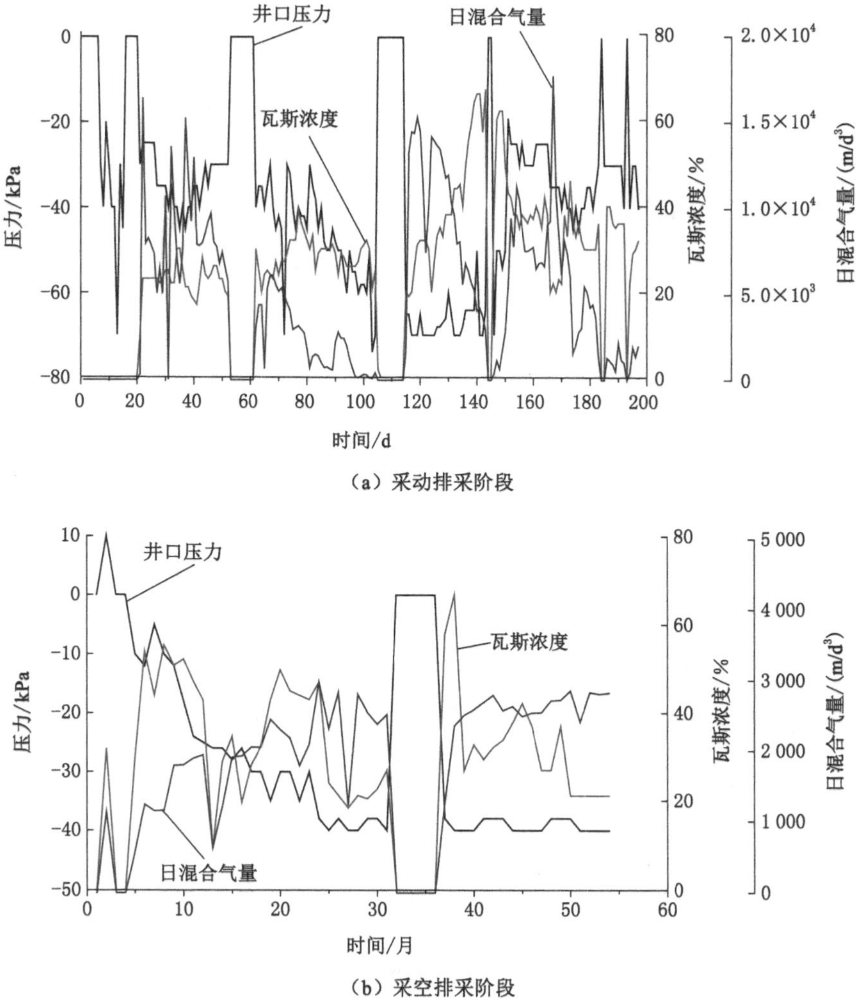

图 5　XST-L-01 井排采曲线图

3　采动-采空区 L 形井连续抽采关键技术优化

3.1　水平段选层优化设计

为保证 L 形井在采动阶段稳定高产，水平段穿越区域应为裂隙发育区域。在保证水平段井眼不发生变形或错断前提下，水平段纵向位置宜尽可能靠近煤层顶板，以形成稳定的煤层气产出通道。XJ-L-01 井采动区抽采阶段约 60%的生产期内产气量较高，约 40%的后续生产期产气较低(图 4)。这一特点，为水平段位置分段设计提供了重要依据，即将 60%的水平段设计在裂隙带下部，靠近直井段的 40%长度设计在裂隙带中部。

综上分析，基于“O”形圈理论[13]和“上三带”理论[14]，结合数值模拟，发展了采动-采空 L

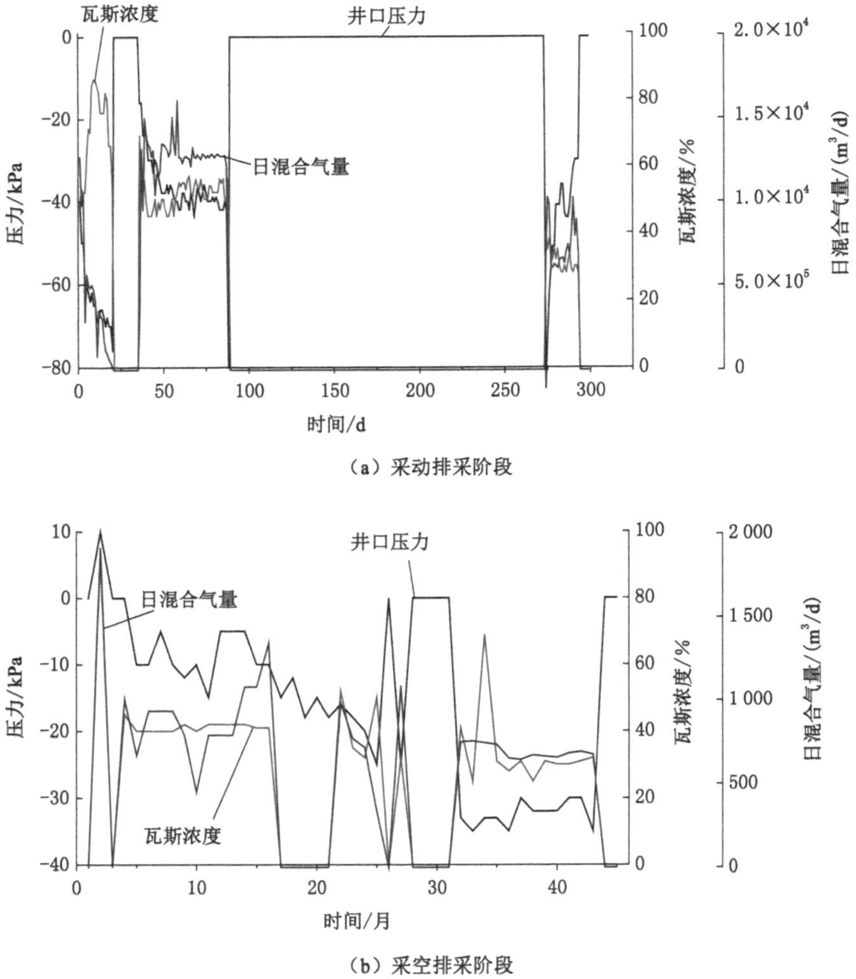

图 6　HD-L-01 井排采曲线图

形井水平段层位优选技术,优化了水平段位置设计方案。具体方案如下:

(1) 采用《建筑物、水体、铁路及主要井巷煤柱留设与压煤开采规范》[15]、《矿井水文地质规程(试行)》[16]中推荐的采矿导水裂隙带计算经验公式,预测覆岩导气裂隙带发育高度,作为水平段纵向位置设计的关键依据。

(2) 横向上将导气裂隙带划分为三区,即侧向裂隙区、"O"形圈裂隙区、重新压实区(图7)。将工作面采高、覆岩关键层结构及采深作为导气裂隙带三区发育形态影响因素进行数值模拟,建立拟合公式[17],计算出"O"形圈裂隙区范围,作为水平段横向布置范围的关键依据。

(3) 纵向上将导气裂隙带分为 3 个部分,即裂隙带上部、中部和下部(图 7)。同时,将采动-采空区 L 形井水平段(总长度 L)分成 2 个部分,第 1 段长度为 $0.4L$,第 2 段长度为 $0.6L$,且水平井段设计为沿单斜下倾方向布置,倾角为 1°～ 2°。

(4) 将水平段纵向上确定在导气裂隙带中下部。选择裂隙带中部厚度及强度均较大的岩

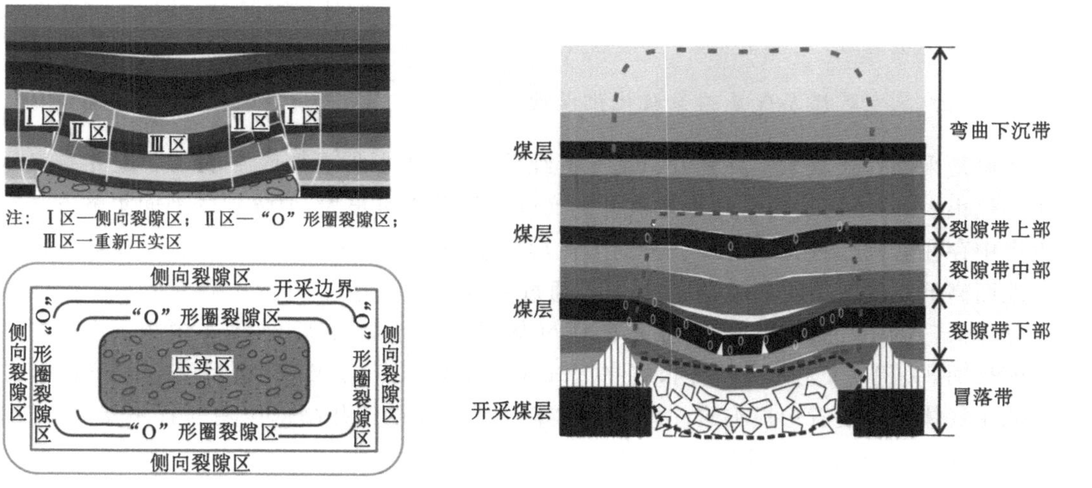

（a）横向裂隙带分布示意图　　（b）纵向裂隙带分布示意图

图 7　采动-采空区覆岩裂隙带系统示意图

层布置水平井段的第 1 段；第 2 段布置在裂隙带下部，这将有助于提高水平井采动阶段和采空阶段产气量，延长采动阶段的稳产时间。

3.2　井身结构及固井设计优化

为保证采动-采空连续抽采，对 L 形井的井身结构进行了优化设计，利用“分段固井技术[18,19]”或“多级非连续固井技术[20]”，提高固井质量，实现采动-采空区 L 形井的一井两用(图 8)。常规采动 L 形井一般采用三开井身结构，二开直井段和造斜段固井，三开裸眼完井。采动-采空 L 形井的井身结构采用大口径两开，一开采用直径为 444.5 mm 的钻头，二开井眼直径为 311.1 mm，钻至靶点位置完钻。为延长采动水平井使用寿命，保证水平段井眼的稳定性及产气效果，水平段下入 139.7 mm 的割缝筛管，不固井或者分段固井；为有效封隔含水层、保

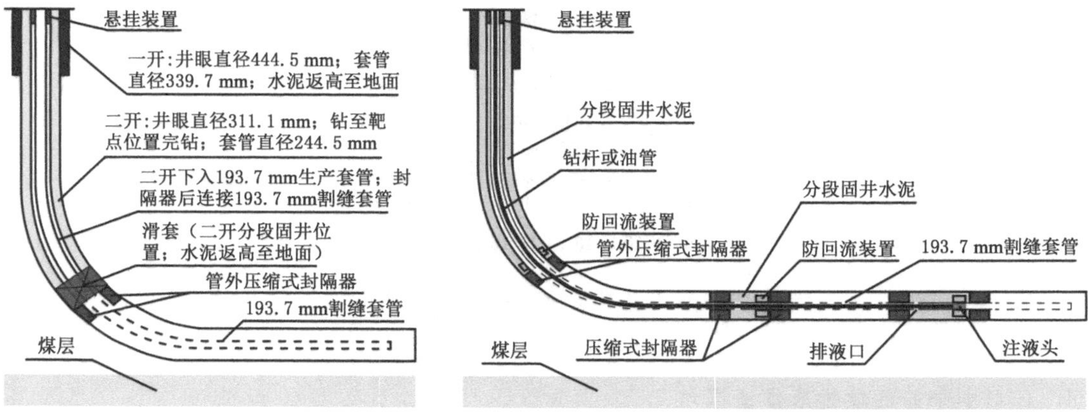

（a）分段固井技术　　（b）多级非连续固井技术

图 8　井身结构及固井方法

持直井段的稳定性和气密性，二开直井段和部分造斜段分段固井，造斜段固井位置为煤层顶板上部最大裂隙带位置。

3.3 采动区、采空区煤层气集输系统优化设计

无论是采动井还是采空井经井口增压提纯后，井口压力与规划区常规煤层气井井口压力差距仍然很大，一个区块内常规煤层气井的产气气压差别也很大，原煤层气地面集输方法在实际生产中存在着高压气井对低压气井的生产形成制约甚至倒灌，因此开发了一种集成式煤层气井地面高低压气源智能集输的方法[21]。通过分析气源压力差，确定压力差小于0.1 MPa时不区分高低压直接进行混合，通过高低压气体混合装置汇集后向站外输出；压力差大于0.1 MPa时，关闭高低压连通阀门，将高压气输送至高压管汇，低压气输送至低压管汇，并经过高低压气体混合装置形成汇聚。该技术方案降低了煤层气井高低压输气管路支路的干扰，实现节能降耗的功能(图9、图10、图11)。

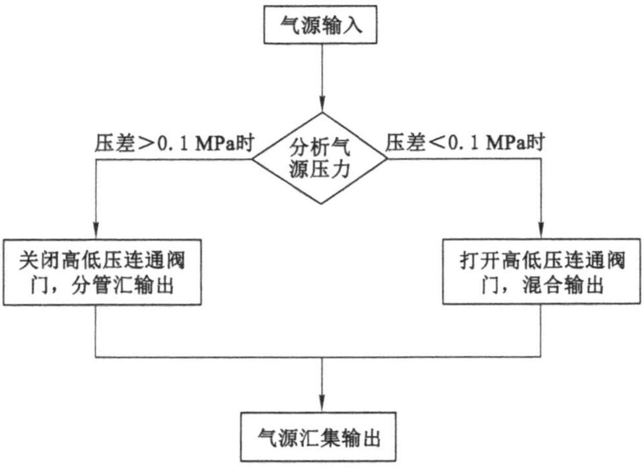

图9 高低压集输系统流程图

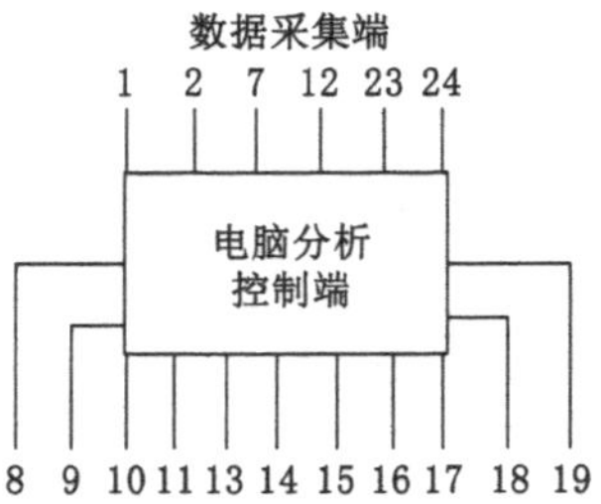

图10 压力分析控制系统工作原理图

3.4 L形水平井连续排采方法探讨

采动-采空L形井的采动和采空排采阶段，抽采受采动卸压影响而解吸的游离气，但需要不同的负压抽采。在采动抽采阶段，煤层瓦斯压力高、涌出量大，宜采用水环真空泵高负压抽

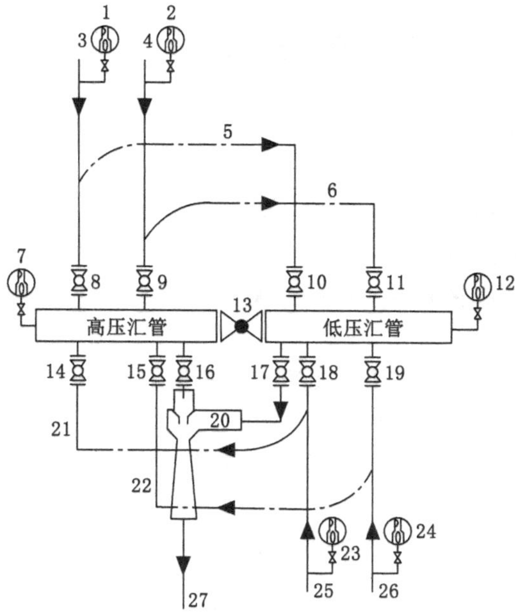

1—第一压力传感器;2—第二压力传感器;3—第一气源传输管道;4—第二气源传输管道;5—高压汇管;6—低压汇管;7—高压汇管压力传感器;8—第一气源传输管道高压阀门;9—第二气源传输管道高压阀门;10—第一气源传输管道低压阀门;11—第二气源传输管道低压阀门;12—低压汇管压力传感器;13—管道控制阀;14—第三气源传输管道高压阀门;15—第四气源传输管道高压阀门;16—高压汇管出气管阀门;17—低压汇管出气阀门;18—第三气源传输管道低压阀门;19—第四气源传输管道低压阀门;20—高低压气体混合装置;21—气源集输出口;23—第三压力传感器;24—第四压力传感器;25—第三气源传输管道;26—第四气源传输管道;27—混合气出口。

图 11　集成式高低压管网集气管路布置示意图

采,负压范围为−10～−90 kPa;在采空抽采阶段,煤层瓦斯压力降低、涌出量变小,宜采用水环真空泵中低负压抽采,前期产气为微正压,后期最低负压可至−30 kPa(图 4)。

4　结论

(1) 研究了采动区、采空区两阶段煤层气来源,分析了3口常规采动L形水平井转采空区井的抽采效果,认为采动-采空区连续抽采L形井需进一步优化设计,提高瓦斯治理效果,实现水平井的抽采盈利。

(2) 提出了采动-采空区L形井水平段优化设计方法。建立了"O"形圈理论、"上三带"理论、数值模拟相结合的采动-采空L形井水平井层位优选技术。将水平段大部分布置在裂隙带下部,有助于提高水平井采动阶段和采空阶段产气量,延长采动阶段的稳产时间。

(3) 为实现采动-空区L形井的一井两用,提出了大口径两开井身结构、分段固井技术及多级非连续固井技术的设计思路,优化设计了采动区、采空区煤层气压力集输系统,探讨了采动-采空区L形井连续抽采方法,该方案将有效提高气井的固井质量、延长气井的稳产时间。

参考文献

[1] 李国富,李波,焦海滨,等.晋城矿区煤层气三区联动立体抽采模式[J].中国煤层气,2014,11(1):3-7.

[2] 刘彦青,赵灿,李国富,等.晋城矿区煤与煤层气协调开发模式优化决策方法[J].煤炭学报,2020,45(7):2575-2589.

[3] 龚杰立,李国富,李德慧,等.山西省煤成气勘查开发现状及探索[J].煤田地质与勘探,2022,50(2):39-47.

[4] 黄中伟,李国富,杨睿月.我国煤层气开发技术现状与发展趋势[J/OL].煤炭学报,https://kns.cnki.net/kcms/detail/11.2190.

[5] 张千贵,李权山,范翔宇,等.中国煤与煤层气共采理论技术现状及发展趋势[J].天然气工业,2022,42(6):130-145.

[6] 李国富,付军辉,李超,等.山西重点煤矿采动区煤层气地面抽采技术及应用[J].煤炭科学技术,2019,47(12):83-89.

[7] 凡永鹏,王钰博.塔山矿特厚煤层综放面采空区瓦斯治理措施研究[J].中国安全科学学报,2016,26(12):116-121.

[8] 刘恺德,侯晨,姜在炳,等.采动区综采工作面地面"L"型钻井瓦斯抽采技术[J].采矿与安全工程学报,2018,35(6):1284-1292.

[9] 刘东燕,孙海涛,张艳.采动影响下采区上覆岩层层间剪切滑移模型分析[J].岩土力学,2010,31(2):609-614.

[10] 李日富.煤矿采动区地面L型顶板水平定向井抽采技术及试验[J].矿业安全与环保,2017,44(2):12-15.

[11] 郝春生,袁瑞甫,郝海金,等.基于采动覆岩裂隙三维分布形态的地面L型抽采钻孔合理位置研究[J].河南理工大学学报(自然科学版),2019,38(6):24-31.

[12] 白建平,郝春生,杨昌永,等.综采工作面覆岩采动裂隙三维分布规律研究[J].煤炭科学技术,2020,48(11):106-112.

[13] 钱鸣高,许家林.覆岩采动裂隙分布的"O"形圈特征研究[J].煤炭学报,1998,23(5):466-469.

[14] 钱鸣高,石平五.矿山压力与岩层控制[M].徐州:中国矿业大学出版社,2003:68-70.

[15] 国家安全监管总局,国家煤矿安监局,国家能源局,等.建筑物、水体、铁路及主要井巷煤柱留设与压煤开采规范[M].北京:煤炭工业出版社,2017.

[16] 中华人民共和国煤炭工业部.《矿井水文地质规程(试行)》[M].北京:煤炭工业出版社,2009.

[17] 秦伟.地面钻井抽采老采空区瓦斯的理论与应用研究[D].徐州:中国矿业大学,2013.

[18] 姚伟,薛占新,金国辉,等.泵送桥塞分段压裂工艺在煤层气"二开半程固井"水平井中的应用[J].中国煤层气,2020,17(6):3-8.

[19] 宋志敏，刘见宝，李冰，等. 一种二开井身结构煤层气地面 L 型预抽井完井方法：CN201911390259.0[P]. 2019-12-30.

[20] 张江华，王争，李国富，等. 一种多用途、防止污染产层的多级非连续固井方法：CN202011545397.4[P]. 2020-12-24.

[21] 李德慧，韩成才，李兵，等. 一种集成式煤层气井地面高低压气源智能集输的方法：CN111075403B[P]. 2021-07-06.

作者简介：张江华（1984—），男，河北保定人，晋能控股煤与煤层气共采国家重点实验室理论与方法研究中心副主任，高级工程师，2020 年就读于中国矿业大学资源与地球科学学院地质资源与地质工程专业博士研究生，主要从事煤层气地质与勘探开发研究工作。

低透气性煤层联合卸压增透技术研究与应用

易书钢[1],李学臣[1,2],郝　殿[1],赵庆红[3]
(1. 河南焦煤能源有限公司科学技术研究所,河南焦作,454100;
2. 焦作煤业(集团)有限责任公司,河南焦作,454100;
3. 河南焦煤能源有限公司中马村矿,河南焦作,454150)

摘　要:针对焦作矿区低透气性煤层穿层钻孔施工期间,单一水力冲孔措施作用时硬煤冲煤效率低、抽采效果不理想的难题,采用理论分析、现场试验考察相结合的方法,结合不同煤层增透技术的增透技术的增透机理和技术优点,提出"机械造穴+水力冲孔"与"松动爆破+机械造穴+水力冲孔"联合卸压增透技术,明确联合增透技术的实施流程、主要装备,并通过工业性试验,综合考察对比了单一水力冲孔措施和"机械造穴+水力冲孔"与"松动爆破+机械造穴+水力冲孔"联合增透技术时的冲孔效率、增透抽采效果和安全可靠性,验证了多措施联合增透技术对提高坚硬煤层冲孔效率和抽采效果的积极作用。

关键词:低透气性煤层;联合卸压增透;冲煤效率;松动爆破;抽采浓度

近些年,我国经济升级转型加快,经济增长方式已进入新常态,能源利用效率不断提高,能源结构也得到了显著的改善,水能、风能、太阳能等新能源的利用量快速提高,天然气和煤层气的开发利用不断加强,能源的巨大缺口导致国家对于传统的煤炭能源的需求量仍然非常大,与此同时煤矿的开采强度及开采深度呈逐年增加趋势,也给瓦斯治理带来众多难题。焦作矿区主采二$_1$煤层是典型的高瓦斯、低透气性突出煤层,受煤层赋存条件限制,焦作矿区煤层不具备开采保护层的条件,普遍采用预抽煤层瓦斯的区域防突措施,瓦斯治理难度大、治理任务艰巨。

为了提高瓦斯治理效果,重庆研究院、河南能源研究院、河南理工大学、焦煤科研所等科研院所在矿区进行了水力冲孔、机械造穴、水力压裂和松动爆破等多种增透技术的研究和试验,结果表明:水力冲孔技术有利于焦作矿区构造煤的强力扰动卸压,但受煤层条件影响较大。软煤分层中冲孔速度可达到1～2 t/m或以上,但对于中硬煤层的冲孔扰动效率低、效果不理想,冲煤钻孔往往需要数个班次才能达到设计冲煤量。预裂爆破增透技术在抽采钻孔内安设爆炸药卷,通过专用封孔器封孔,对特定范围的煤段爆破,能够快速在钻孔周围形成卸压增透区,但裂隙扩展性差,实施技术后初期抽采量大幅增加,但衰减速度快,增透效果难以修复。安徽理工大学刘泽功等在赵固二矿进行底板措施巷穿层钻孔深孔松动爆破技术考察发现,松动爆破对提升瓦斯抽采效果具有一定的效果;机械扩孔造穴增透技术能利用机械破岩作用提高钻孔直径，但直径越大、钻具质量越大，所需要的钻机扭矩也越大，造穴效果受到设备能力影响较大，焦煤科研所在中马村矿、九里山矿试验多种自旋式造穴装置、刀臂式造穴装置时发现，机械造穴对提高钻孔施工效率具有一定的效果，但造穴效果和造穴后抽采效果受到装备影响较大。

综合大量的工程实践和研究结果，水力冲孔技术在众多的增透技术中，最为安全、有效和经济，保证该技术应用效果的关键是通过各种途径提升水力冲孔效率。研究人员结合复合煤层的特点开展了联合增透技术研究，充分发挥不同增透技术的技术优势，联合多种技术尽可能在煤层中形成足够的卸压区域和空间，提升瓦斯治理效果。

1 联合增透技术及装备

1.1 “机械造穴＋水力冲孔”技术及装备

1.1.1 技术机理

“水力冲孔＋机械造穴”技术是利用高压水预冲蚀作用降低机械造穴切削阻力，高压水可以缓解刀具尖端出现温度、应力集中，防止卡钻事故的发生，也能促使微裂纹的产生和扩展，增强了裂缝的连通性。实施机械造穴技术时，利用造穴刀臂对煤岩施加挤压力，使煤岩自由表面出现张裂纹，当应力超过煤岩所能承受的极限时，煤岩表面就会出现岩块剥落，随后刀具插入煤岩，对煤层施加作用力，进一步切削和破碎煤岩体，刀具与煤岩接触附近存在的裂缝和孔隙缺陷也会逐渐发展、汇聚，成为临界断裂分割带。

1.1.2 主要装备及实施流程

该技术的主要装备包括 XDJXSD508/B 型展开式两翼机械水刀[装置图及工作状态见图1(a)]、CBQL200/31.5 型履带式冲孔泵、肋骨钻杆和 ZYWL6000 履带钻机[图 1(b)]，钻孔造穴效果(顶板痕迹)见图 1(c)，该技术主要实施流程如下：

(a) (b) (c)

图 1　造穴装置及造穴孔洞图

(1) 刀臂开合试验。作业前，为保证装置的可靠使用，作业前应在孔外进行刀臂开合试验。调整水压压力，观察刀臂开始打开时的压力以及完全打开时水压大小，该压力值应符合装置正常的使用范围。

(2) 钻孔施工。采用 ϕ133 mm 钻头带造穴装置开孔施工，使用静压水直接施工设计终孔位置。在钻孔见煤后，应用在见煤位置长时间冲孔，以便造穴装置在该处能够顺利打开。

(3) 造穴施工。撤钻，将造穴装置的尾部撤至见煤位置后，调整打钻水压至 4～5 MPa，进行扩孔造穴。打钻速度应根据煤层硬度、排渣情况进行调节，硬煤段或排渣量大时降低钻机速度，软煤段或排渣顺畅时可以适当提高钻进速度。

(4) 刀臂回收。造穴施工结束后，退钻 0.5 m，使用静压水进行撤钻，将刀具退出孔内。

1.2 “松动爆破＋机械造穴＋水力冲孔”技术及装备

1.2.1 技术机理

通过松动爆破，实现爆破区域破碎和致裂，为造穴装置的开启创造空间，确保在进入硬煤段前造穴装置刀臂正常开启，利用造穴机具的切削作用破坏煤体，产生大直径切削孔。进一步采用水力冲孔技术，在高压水的冲击作用下，高压水侵入裂隙时，会渗入到岩石的微裂缝和孔隙中，在压力作用下形成“水楔作用”，扩大裂隙范围。综合采用“松动爆破＋机械造穴＋水力冲孔”技术，可以充分发挥不同技术的优势，在实施的不同阶段均能增加煤层中裂隙数量和影响范围，最终使得周围煤体位移、膨胀变形，使煤层透气性提高，促进瓦斯渗流得以改善，能解决硬煤层增透时机械造穴钻机难以正常开启和冲孔冲煤量少的问题。

1.2.2 主要装备及实施流程

该技术的主要装备包括炸药、雷管、专用封孔器、清水泵(或者乳化液泵)等(图 2)。炸药采用三级煤矿许用水胶炸药，雷管采用煤矿许用工业电雷管，封孔器采用 FKSL—135/16 型矿用封孔器(图 2)，机械造穴装备同 1.1，孔内爆破效果对比见图 2，该技术实施流程如下：

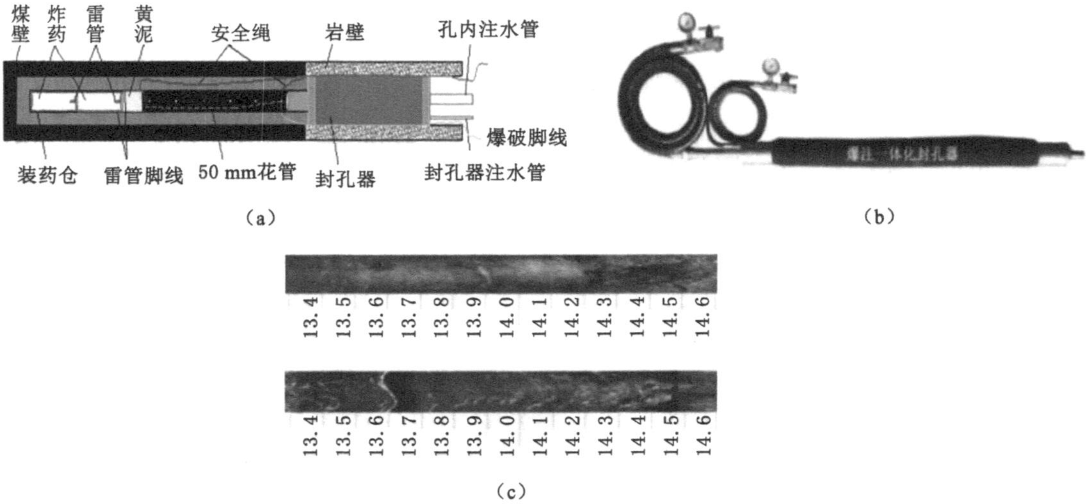

图 2 松动爆破装置与爆后效果对比图

(1) 松动爆破，破坏煤岩交界处的硬煤：装药→连孔内脚线→第一次进行导通实验→将炸药送至孔内指定位置→第二次进行导通实验→安装封孔器(注水封孔)→孔内注水→第三次进行导通实验→连线爆破→炮后检查。

(2) 冲洗钻孔，利用静压水或者高压水清理钻孔内的杂质。

(3) 应用机械造穴装置，正常造穴扩孔。

(4) 造穴过程中或者造穴结束时实施水力冲孔。

2 联合增透技术的工业应用

2.1 "机械造穴＋水力冲孔"联合增透技术

机械造穴装置刀臂试验钻孔进行应用时，在复合煤层内能有效切割煤体，并形成一定体积的孔洞，使煤体得以卸压。为了验证联合技术的适用性和有效性，在中马村 3901(上)中间底抽巷较硬煤区域(f=0.8～1.4)施工 16 个钻孔造穴钻孔和 16 个相邻、同角度对比普通钻孔。现场造穴过程中，先集中在见煤点附近对软煤进行冲煤，以形成一定的空间，以便造穴装置打开，开始造穴后先在软煤中进一步冲孔，然后增加钻杆，沿着钻孔轴向来回冲孔，待钻孔中无法冲出煤时，继续接钻杆往前冲煤，直至孔底。

2.1.1 对水力冲孔参数的影响

根据水力冲孔绘制冲孔速度、冲孔效率、每米冲煤量对比柱状图如图 3 所示。

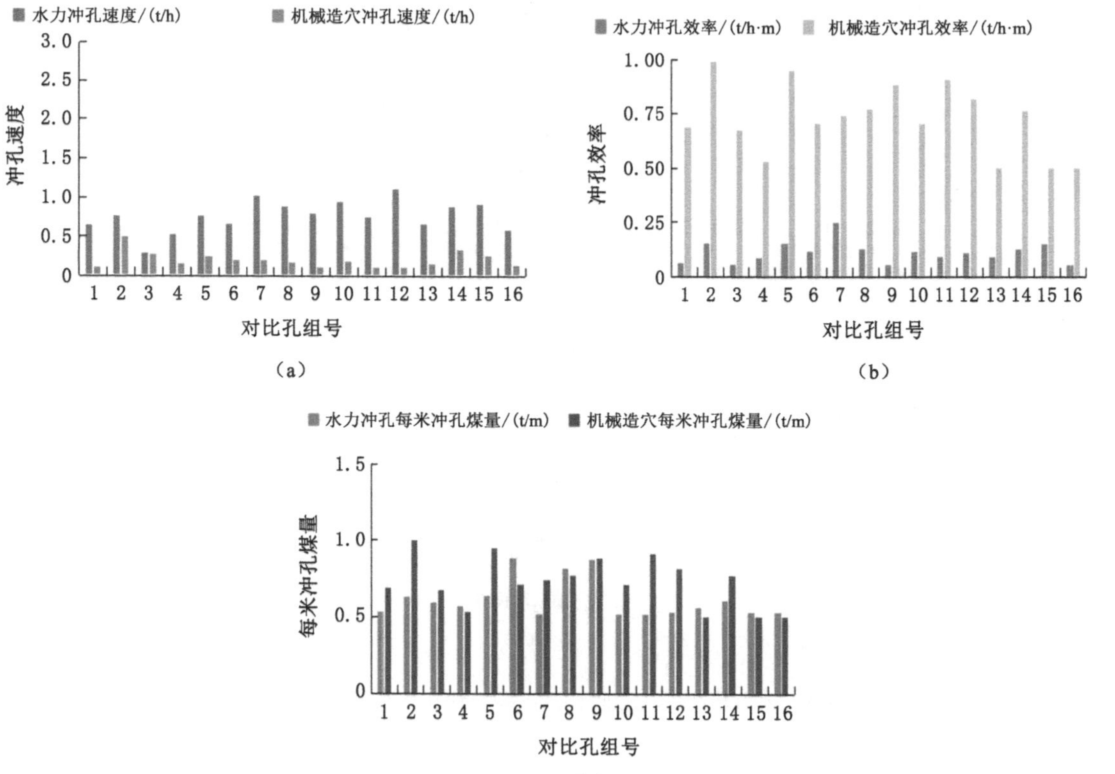

图 3 冲孔速度、冲孔效率、每米冲煤量对比柱状图

结合上图和钻孔施工情况可知：

常规水力冲孔钻孔共施工 29 班，煤段平均长度为 7.34 m，总计冲煤量 72.95 t，冲煤时间 6 145 min，计算钻孔平均冲煤速度为 0.71 t/h，冲煤效率为 0.10 t/h · m，每米冲孔煤量为 0.62 t/m。联合造穴钻孔共施工 28 班，煤段平均长度为 7.54 m，总计冲煤量 87.21 t，累计冲

煤时间 4 201 min,钻孔平均冲煤速度为 1.33 t/h,冲煤效率为 0.20 t/h·m,每米冲孔煤量为 0.73 t/m。采用该联合措施钻孔冲孔速度为常规水力冲孔钻孔的 1.9 倍,冲孔效率为常规水力冲孔钻孔的 2.0 倍,每米冲孔煤量为常规水力冲孔钻孔的 1.2 倍,冲煤量和冲煤效率提高较明显。

2.1.2 对瓦斯抽采参数的影响

根据钻孔施工完毕后,结合钻孔的抽采参数测定情况,绘制钻孔抽采浓度曲线图和钻孔初始浓度、120 日均抽采浓度对比柱状图,如图 4 所示。

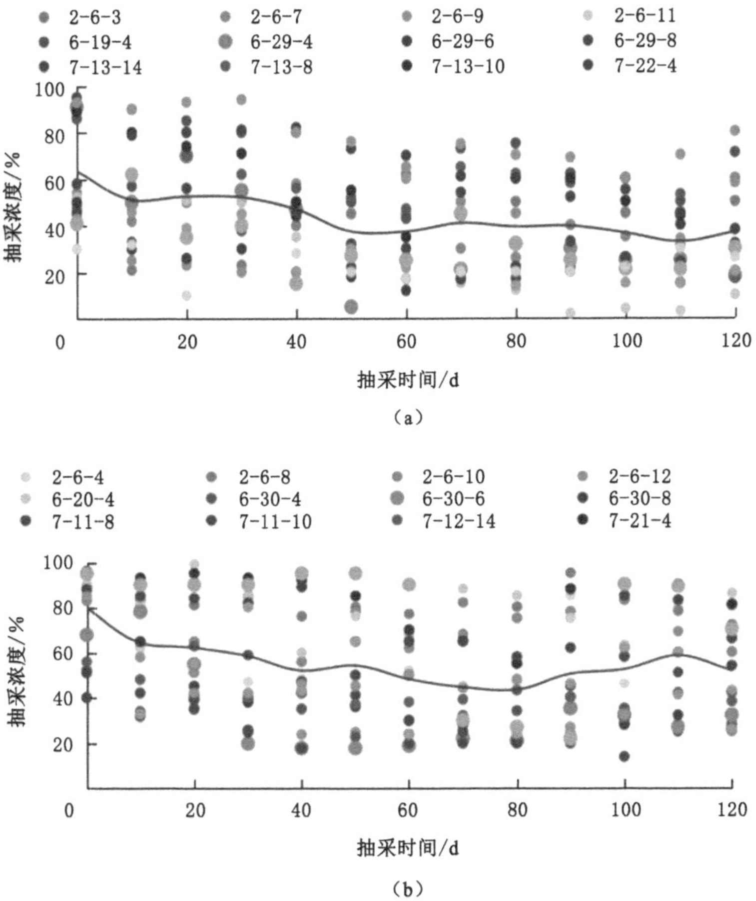

图 4 水力冲孔(左)和联合措施(右)钻孔抽采浓度曲线图

从图 5 可以看出:

(1) 两种增透措施下,抽采钻孔的抽采浓度衰减规律差异性较大,同一种增透措施的不同钻孔抽采浓度变化也有一定差异。这是由于不同煤体的自然解吸瓦斯能力往往存在差异,同时造穴和冲孔作用也对钻孔封孔和钻孔瓦斯涌出产生了影响。

(2) 联合措施钻孔平均初始浓度为 79%,水力冲孔钻孔平均初始浓度为 62%,平均初始浓指标前者大多数钻孔高于后者,提高约 25.8%。120 日均浓度为 53%,水力冲孔钻孔的为 44%,120 日均浓度指标前者大多数钻孔高于后者,提高约 20.5%,说明联合措施对于进一步

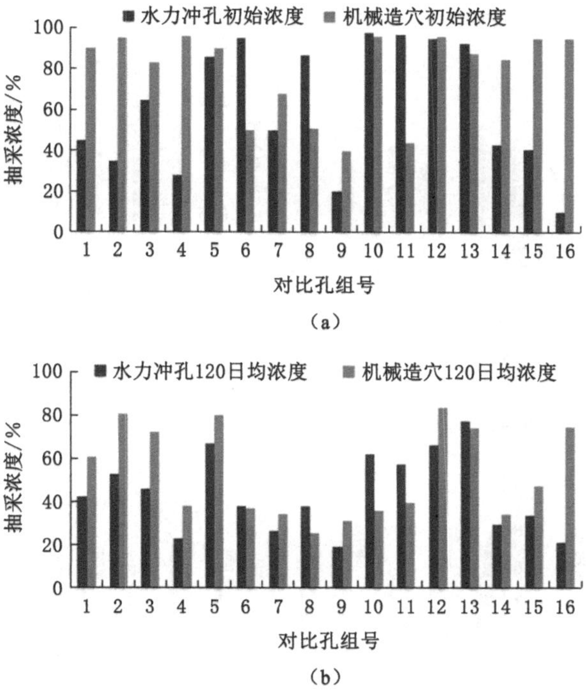

图5 两种措施钻孔初始浓度、120日均抽采浓度对比柱状图

提高水力冲孔后钻孔的抽采效果起到了较好的作用。

2.2 “松动爆破＋机械造穴＋水力冲孔”联合增透技术

针对坚硬煤层，研究人员提出了“松动爆破＋机械造穴＋水力冲孔”联合增透技术，并试验考察了实施流程和关键技术参数，为了进一步验证该技术的适用性和有效性，在3901(上)运输底抽巷坚硬煤区域(f＝1.4～2.2)进行工业试验，共计试验造穴钻孔11个，同时选取第2、3块段中与措施孔相邻、同角度的11个钻孔作为对比孔。

2.2.1 对水力冲孔参数的影响

根据水力冲孔绘制冲孔速度、冲孔效率、每米冲煤量对比柱状图如图6所示。

结合图6和钻孔施工情况可知：

(1) 11个“松动爆破＋造穴钻孔＋水力冲孔”，所有孔煤段长度合计67.6 m，煤段平均长度为6.15 m，冲孔煤量合计51.30 t，冲孔用时3 234 min。11个常规水力冲孔钻孔，所有孔煤段长度合计71 m，煤段平均长度为6.45 m，冲孔煤量合计43.00 t，冲孔用时5 992 min。对比孔和试验孔钻孔参数相近。

(2) 考察孔中常规水力冲孔钻孔冲孔速度为0.65 t/h，冲孔效率为0.11 t/h・m，每米冲孔煤量为0.61 t/m。采用松动爆破＋机械造穴措施后冲孔速度1.01 t/h，为常规措施的1.55倍；冲孔效率为0.17 t/h・m，为常规措施的1.57倍；每米冲孔煤量为0.76 t/m，为常规措施的1.25倍，说明在硬煤区采用该联合增透技术具有较好的效果。

2.2.2 对瓦斯抽采参数的影响

根据钻孔施工完毕后，结合钻孔的抽采参数测定情况，绘制钻孔抽采浓度曲线图和钻孔初

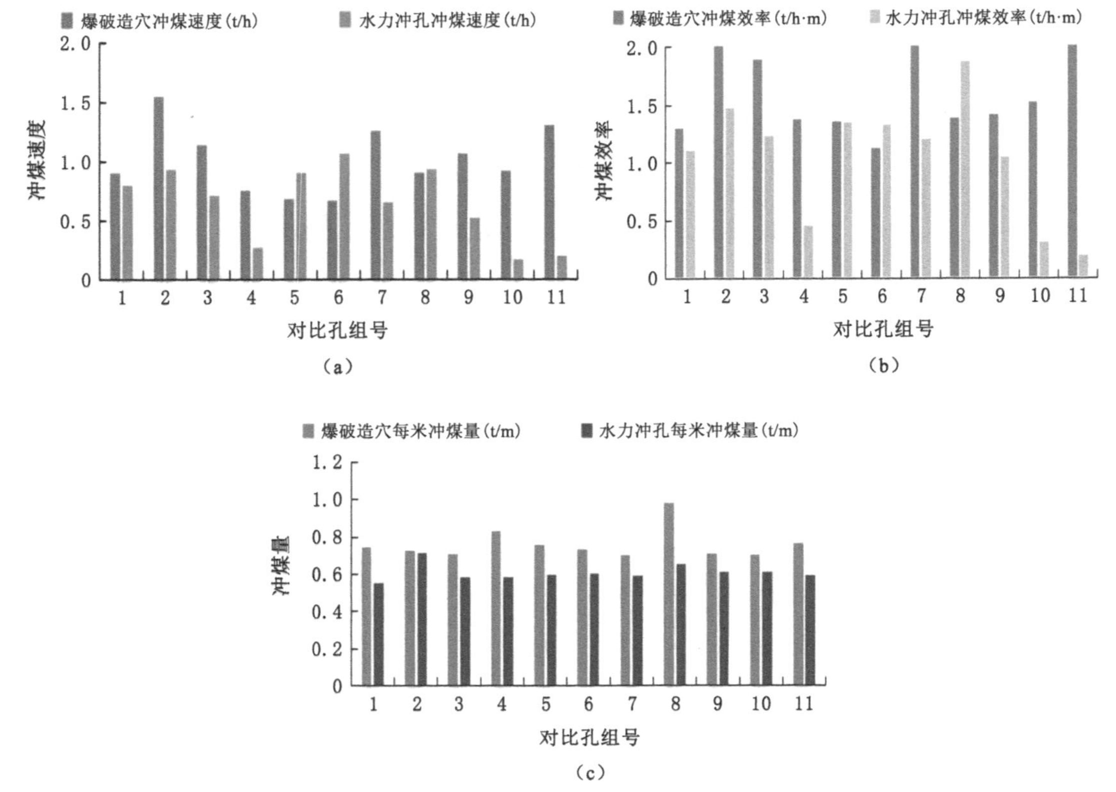

图 6　冲孔速度、冲孔效率、每米冲煤量对比柱状图

始浓度、120 日均抽采浓度对比柱状图，如图 7 所示。

可以看出：

① 联合措施钻孔初始浓度为 73%，水力冲孔钻孔的为 60%，初始浓指标前者较后者提高 21.7%。联合措施钻孔 120 日均浓度为 52%，水力冲孔钻孔的为 40%，120 日均浓度指标前者较后者提高 30.0%。

② 实施联合措施时，孔口煤岩交界处受爆破破坏和冲煤作用影响，封堵效果会有一定程度的下降，但是该措施大大增加了煤层的透气性，有利于煤层的解吸和瓦斯涌出，故联合措施钻孔较常规水力冲孔钻孔抽采初始浓度和 120 日均抽采浓度得到提升，说明联合增透措施对提高硬煤钻孔的抽采效果具有较好的效果。

3　结论

解决焦作矿区硬煤层冲孔难、冲煤不均匀的关键是充分发挥不同增透技术的优势，在煤层中形成足够的卸压空间，加快煤层瓦斯解吸释放。本文提出的“机械造穴＋水力冲孔”“松动爆破＋机械造穴＋水力冲孔”联合增透技术，在现场进行了应用效果考察，结果表明：

(1) 在较硬煤层($f=0.8\sim1.4$)实施“水力冲孔＋机械造穴”技术与在坚硬煤层($f=1.4\sim2.2$)实施“松动爆破＋机械造穴＋水力冲孔”技术具有可行性，针对不同煤层选用联合增透

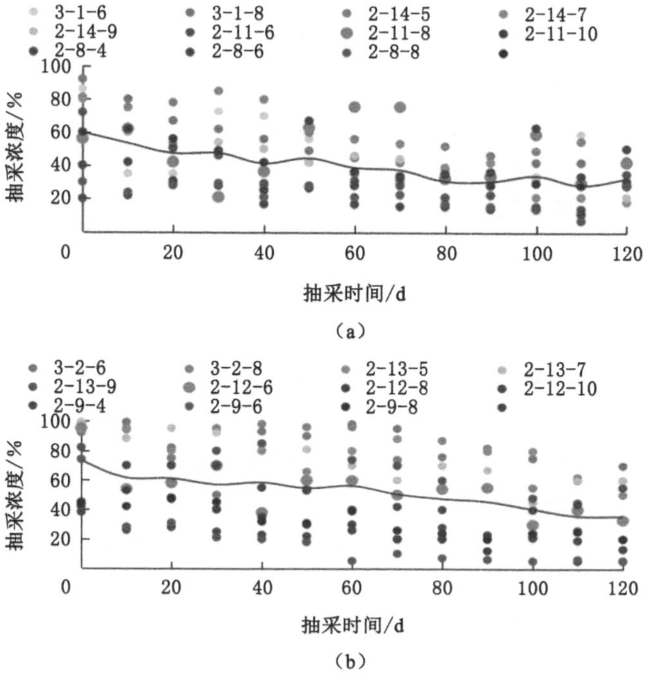

图 7　水力冲孔(左)和联合措施(右)钻孔抽采浓度曲线图

技术,能有效提高钻孔冲煤量、冲煤速度,提高了抽采效果。

(2) 在应用机械造穴机具和实施松动爆破过程中,通过有效实施安全保障措施,杜绝了造穴机具丢失、爆破拒爆残爆现象,技术应用期间安全性较好。随着先进的造穴机具以及具有控爆检爆功能的数码电子雷管、起爆器在矿井的推广应用,联合增透技术的安全性和应用效果也将进一步提高。

参 考 文 献

[1]　袁亮.我国深部煤与瓦斯共采战略思考[J].煤炭学报,2016,41(1):1-6.

[2]　孔胜利,杨洋,贾音,等.煤层瓦斯赋存特征及其关键地质因素影响研究[J].煤炭科学技术,2019,47(7):53-58.

[3]　王亮,陈大鹏,郭品坤,等.深部煤层渗透特征及首采关键层卸压改造技术[J].煤炭科学技术,2017,45(6):17-23.

[4]　易书钢,郝殿,赵庆红,等.机械造穴增透技术在硬煤层穿层抽采钻孔的应用研究[J].煤矿机械,2023,44(2):137-140.

[5]　刘厅,林柏泉,赵洋,等.瓦斯非均衡赋存煤层精准冲孔增透技术及应用[J].煤炭科学技术,2023,51(2):217-231.

[6]　牟全斌,赵继展.基于机械造穴的钻孔瓦斯强化抽采技术研究[J].煤炭科学技术,术,2015,43(5):58-61.

[7]　柴锡军,熊俊杰,杨程涛.煤矿井下机械造穴卸压增透装置研究与应用[J].煤炭技

术,2023,42(2):163-166.

[8] 娄亚北,冯利民,刘健,等.穿层深孔爆破在突出坚硬煤层瓦斯抽采中的应用[J].煤炭科学技术,2015,43(12):66-71.

[9] 郭育东.深孔预裂爆破在工作面瓦斯抽采中的应用[J].江西煤炭科技,2022(4):183-184.

[10] 程磊,张玥,李辉,等.低渗透性煤层深孔预裂爆破参数优化模拟研究[J].煤炭技术,2022,41(10):155-158.

[11] 刘明举,赵文武,刘彦伟,等.水力冲孔快速消突技术的研究与应用[J].煤炭科学技术,2010,38(3):58-61.

[12] 杨腾龙,王兆丰,刘海.下向钻孔水力冲孔工艺优化试验研究[J].煤矿安全,2019,50(3):13-16.

[13] 王凯,李波,魏建平,等.水力冲孔钻孔周围煤层透气性变化规律[J].采矿与安全工程学报,2013,30(5):778-784.

[14] 白志安,吴桂义,张开智,等.松动爆破作用下的瓦斯抽采效率研究[J].煤炭工程,2021,53(1):118-122.

[15] 佐江宏.低透气性煤层深部复杂地质高瓦斯区域深孔预裂爆破技术[J].煤矿安全,2013,44(10):69-71.

作者简介:易书钢(1983—),男,毕业于安徽理工大学安全技术及工程专业,硕士研究生,高级工程师,现在河南能源焦煤公司科学技术研究所从事矿山安全技术及安全管理工作。

鹤煤九矿2106煤柱工作面突出危险性预测

孔祥翔[1]，贺万利[2]

（1. 鹤壁煤电股份公司第九煤矿，河南鹤壁，458031；
2. 河南理工大学安全科学与工程学院，河南焦作，454000）

摘　要：煤柱工作面因周围采空区形成的集中应力带使其突出危险性增加，准确预测煤柱工作面煤与瓦斯突出危险性对矿井防治煤与瓦斯突出具有重要意义。本文根据鹤煤九矿2106煤柱作面采掘实际情况，结合二$_1$煤层突出危险分析、瓦斯赋存特征、煤柱工作面实测瓦斯参数，应用瓦斯参数结合瓦斯地质分析方法，预测2106煤柱工作面为无突出危险区，为矿井制定区域防突计划提供了理论依据。

关键词：瓦斯含量；突出危险性；瓦斯压力；瓦斯赋存

随着煤矿开采逐渐向深部防治，采掘工作面面临着更高的煤层瓦斯压力、瓦斯含量以及地应力，造成了煤层发生突出危险越来越大，严重威胁煤矿的采掘安全[1-3]。一些学者经过对煤层瓦斯赋存状况以及地质条件分析，结合实验数据，研究了煤层瓦斯含量对煤层发生突出的控制作用，发现瓦斯含量增加对提高煤层瓦斯突出危险程度影响[4-6]。许满贵等[7]通过研究导致瓦斯突出的主要因素，得到煤层厚度越大、埋深越深则对瓦斯赋存的影响就越大。Dennis J. Black[8]通过研究得到，煤层中所有突出事件都与地质构造有关，并且都发生在没有大量瓦斯抽放的地区。98%的突出事件皆和异常地质条件相关，并且瓦斯含量是导致煤层突出的主要诱因[9]。对于煤层突出危险性预测方法，目前主要采用瓦斯地质分析法以及单项指标法等。因为煤矿发生突出和所处地的地质有很大的联系，煤层所处的深度不同且具有不同的地质环境，瓦斯赋存的情况也存在差异，所以突出发生的概率也存在差异[10]。单项指标法包括测定煤破坏类型、瓦斯放散初速度指标（Δp）、煤的坚固性系数（f）和煤层瓦斯压力（p），通过对各个因素设定临界值，若检测区域的数据值大于或等于临界值，那么就认为该区域就有很大可能发生突出[11]。

综合上述分析，为更进一步准确认识和预测鹤煤九矿2106煤柱工作面煤与瓦斯突出危险性，本文采用煤层瓦斯参数结合瓦斯地质分析的方法，准确预测了鹤煤九矿2106工作面煤与瓦斯突出危险性，保证了2106工作面采掘安全。

1　九矿2106工作面概况

鹤煤九矿位于鹤壁煤田的北部，被第三、四系所掩盖，为一向北东倾斜、波状起伏的单斜构造。该矿南部为二$_1$ 煤生产区，为下降区，煤层埋藏较深，区域地层主要走向为 NE10°～30°，倾角为 10°～30°，煤系总的趋势为单斜构造，以断裂为主，伴有宽缓的褶曲。矿井构造形态明显受新华夏系控制，断层以 NE 向高角度斜交正断层为主，使得九矿南部井田内的构造相对比较简单。

2106 煤柱工作面井下位置位于九矿 21 采区东北部，为原－250 m 水平大巷及－250 m 副暗斜井井底保护煤柱。2106 煤柱工作面煤层标高为－220～－260 m，埋藏深度为－440～－490 m。工作面北部为 22 采区 2202 工作面采空区，西部为 21 采区 21022 工作面采空区，南部为 21 采区 2103 及二五煤柱工作面采空区，东部为 25 采区 2502 工作面采空区。受上述采空区影响，2106 煤柱工作面成为“孤岛”，采空区周围形成集中应力带增加了 2106 煤柱工作面突出危险。

2　九矿二$_1$ 煤层突出危险性预测

九矿为煤与瓦斯突出矿井，矿井对二$_1$ 煤层部分工作面或顺槽等煤的破坏类型、煤的坚固性系数(f)、瓦斯放散初速度 (Δp)、煤层瓦斯压力(p)以及煤层瓦斯含量等煤层瓦斯基础参数已经进行了测定，利用单项指标法以及瓦斯参数结合瓦斯地质分析法对二$_1$ 煤层突出危险性进行预测。煤层突出危险性指标临界值如表 1。

表 1　煤层突出危险性指标临界值

煤层突出危险性	煤的破坏类型	瓦斯放散初速度 Δp	煤的坚固性系数 f	煤层瓦斯压力 p/MPa
突出危险	Ⅲ、Ⅳ、Ⅴ	≥10	≤0.5	≥0.74

2.1　突出危险性预测参数测定及分析

(1) 破坏类型。根据对二$_1$ 煤层 3102 工作面、32011 上顺槽、25072 工作面等巷道进行观测编录，发现其多为Ⅱ、Ⅲ类构造煤，局部地方发育Ⅳ类构造煤。

(2) 煤的坚固性系数(f)。煤的坚固性系数 f 值的测定取样地点分别在 31021 工作面、32011 上顺槽、25072 工作面，其标高分别为－510 m、－420 m、－400 m。测定得到二$_1$ 煤层的坚固性系数 f 为 0.21～0.24。

(3) 瓦斯放散初速度(Δp)。取样地点分别选在 31021 工作面、32011 上顺槽、25072 工作面、东总回风巷 A 钻场，其标高分别为－510 m、－420 m、－400 m、－400 m。测定得到二$_1$ 煤层瓦斯放散初速度 Δp 为 13.5～18 mmHg。

(4) 瓦斯压力(p)。测定地点为－420 m 轨道运输大巷 2$^{\#}$ 和 4$^{\#}$ 钻场，每个地点施工 2 个测压钻孔，对二$_1$ 煤层进行瓦斯压力测定，结果见表 2。

(5) 瓦斯含量。测量地点为 31041 回风巷、32011 下顺槽掘进头、3104 底抽巷第三钻场(4～5 m)、3104 底抽巷第三钻场(6～7 m)东总回风巷 A 钻场，测得的瓦斯含量分别为 11.21 m^3/t、7.96 m^3/t、7.45 m^3/t、13.58 m^3/t、9.36 m^3/t。

表 2　二$_1$ 煤层瓦斯压力测定表

煤层	煤层测压地点	标高/m	埋深/m	瓦斯压力/MPa
二$_1$	−420 m 轨道运输大巷 2# A 孔	−405	610	0.64
	−420 m 轨道运输大巷 2# B 孔	−405	610	0.58
	−420 m 轨道运输大巷 4# A 孔	−400	615	0.64
	−420 m 轨道运输大巷 4# B 孔	−400	615	0.72

依据前述煤层瓦斯基础参数测定结果，运用瓦斯地质统计法分析九矿井田深部原始含量和压力参数。计算公式如下：

$$W_{\mathrm{H}}=\frac{W_{H_1}-W_{H_2}}{H_1-H_2}\times(H-H_2)+W_2 \tag{1}$$

$$P_{\mathrm{H}}=\frac{P_{H_1}-P_{H_2}}{H_1-H_2}\times(H-H_2)+P_2 \tag{2}$$

式中，W_H 为含量梯度，$m^3/t\cdot hm$；P_H 为压力梯度，MPa/hm；H 为标高。

据此得到九矿二$_1$ 煤层瓦斯含量梯度为 3.62 $m^3/t\cdot hm$，瓦斯压力梯度为 0.355 MPa/hm。煤层原始瓦斯含量、压力预测结果见表 3。

表 3　煤层原始瓦斯含量、压力预测结果

标高/m	瓦斯含量/(m^3/t)	瓦斯压力/MPa
−330	5.39	0.48
−340	5.75	0.51
−350	6.11	0.55
−360	6.48	0.58
−370	6.84	0.62
−380	7.20	0.65
−390	7.57	0.69
−400	7.93	0.72
−410	8.29	0.76
−420	8.65	0.79
−430	9.02	0.83
−440	9.38	0.87
−450	9.74	0.90
−460	10.10	0.94
−470	10.47	0.97
−480	10.83	1.01
−490	11.19	1.05
−500	11.55	1.08

2.2 瓦斯地质单元划分

鹤煤九矿井田为一向北东倾斜的波状起伏的单斜构造，相对于鹤壁煤田其他矿井，地质构造相对较为简单。整个井田被 F_{153} 断层切割成南北两个井田。因北部井田被 F_{155}、F_{153} 两条断层切割抬起，南部为下降区，瓦斯地质特征差别较大，可划分为南部、北部两个地质单元进行瓦斯地质分析。

北部井田二$_1$ 煤层大部分被剥蚀，仅在井田北部二号井区有残留，瓦斯保存条件差，瓦斯含量低，已全部开采完毕，此次不进行该单元的突出危险区域预测。南部井田为九矿二$_1$ 煤生产区，为下降域。该区煤层埋藏较深，区域地层主要走向为 NE10°～30°，倾角为 10°～30°，煤层总趋势为单斜构造，以断裂为主，伴有宽缓的褶曲。构造形态明显受新华夏系控制，断层以 NE 向的高角度斜交正断层为主，使得九矿南部井田内的构造相对比较简单。

2.3 二$_1$ 煤层突出危险性预测

综合考虑九矿地应力大小、地质构造复杂程度、二$_1$ 煤层瓦斯压力和瓦斯含量值，以及其他瓦斯基础参数，邻近矿井煤与瓦斯突出情况，九矿在生产过程中瓦斯涌出的实际情况，如果选择瓦斯含量 8.0 m^3/t、瓦斯压力 0.74 MPa 作为九矿预测区域煤与瓦斯突出危险性临界值，确定九矿二$_1$ 煤层－400 m 煤层底板等高线以浅煤层不具有突出危险性，属无突出危险区；－400 m 以深煤层具有突出危险性，属突出危险区。

由于 2106 采面位于矿井－440 m 煤层底板等高线以浅，因此，可以初步预测其不具有突出危险性。

3 2106 煤柱工作面瓦斯赋存特征分析

2016 煤柱工作面属于九矿南部井田单元。由于 2016 煤柱工作面为“孤岛”状存在，增大了突出危险性，同时，工作面中间有多条本煤层巷道和顶底板巷道，改变了煤层瓦斯赋存状态，因此需要对 2016 煤柱工作面进行小尺度预测。

3.1 邻近老巷煤层瓦斯赋存

煤层巷道掘出后，在巷道周围形成卸压区和应力集中区，卸压区煤层变形破坏，煤层瓦斯解吸，大量瓦斯逸散排出，瓦斯含量降低，瓦斯含量降低范围可以用等值排放宽度估计。研究表明，对于具体煤巷，等值排放宽度与巷道尺寸、排放时间呈正相关关系。预排瓦斯等值宽度亦可采用下式进行计算：

低变质煤： $0.808\times t^{0.55}$

高变质煤： $(13.85\times 0.0183t)/(1+0.0183t)$

式中，t 为排放时间。

巷道煤壁暴露时间≥300 d，无烟煤、瘦煤及焦煤、肥煤、气煤及长焰煤的巷道预排瓦斯等值宽度分别为 13 m、18 m、23 m。九矿为贫瘦煤，且此处巷道煤壁暴露时间都在 5 a 以上，可以确定，每条煤巷的预排瓦斯等值宽度都大于 18 m。此外，由于巷道不断变形破坏，巷道断面变小，需不断扩帮拉底维修，使得巷道的卸压范围不断增加，预排瓦斯等值宽度也应相应有所增加。

3.2 邻近采空区煤层瓦斯赋存

矿山压力研究表明，在采空区周围存在一个环形永久卸压区和一个环形应力集中区，环形卸压区的宽度与煤层埋深、煤层厚度硬度产状、采煤工艺、采空区形成时间等因素密切相关，随着时间延长环形卸压区的宽度相应增加并逐步达到一个稳定值。环形应力集中区随着时间延长峰值逐步变小，并向煤层周围深部转移，宽度变大，逐步趋向原始地应力。和煤巷同样，环形卸压区周围应存在一个预排瓦斯等值宽度。目前，没有关于此预排瓦斯等值宽度结论，但可以判定，此预排瓦斯等值宽度应大于煤巷预排瓦斯等值宽度。

3.3 邻近顶、底板岩巷排放煤层瓦斯

由于 2106 煤柱工作面邻近煤层施工了多条顶、底板岩巷，这些巷道距离煤层很近，部分甚至由煤层穿顶底板进入岩巷，施工时间较长，巷道不断变形破坏，巷道断面变小，需不断扩帮、挑顶、拉底维修，使得巷道的卸压范围不断增加，引起巷道上下煤层的变形破坏，形成预排瓦斯等值宽度。此类预排瓦斯等值宽度可以参考煤巷的预排瓦斯等值宽度。

综上所述，2106 煤柱工作面周围邻近采空区以及多条煤、岩巷的存在，改变了煤层瓦斯的赋存状态，使大部分区域煤层卸压，瓦斯压力降低，解吸并释放了大量瓦斯，只在采空区、煤岩巷卸压排放影响不到的小范围内可能存在接近煤层原始瓦斯含量的赋存状态。为研究 2016 工作面煤层瓦斯赋存情况，需重点在此类位置布点实测瓦斯含量。

4 2106 工作面突出危险性预测

根据 2106 煤柱工作面实际情况，为小尺度范围内更进一步准确预测 2106 煤柱工作面煤与瓦斯突出危险性，采用煤层瓦斯参数结合瓦斯地质分析的方法进行预测。

4.1 煤层瓦斯含量的测定

本次测定方法采用钻屑解吸法直接测定煤层瓦斯含量，采集的煤样装入煤样罐密封解吸，井下现场解吸，然后进行地面解吸，计算井下瓦斯损失量，并在实验室测定煤层的瓦斯残存量。

由前述 2106 采面周围邻近采空区以及多条煤、岩巷的存在，改变了煤层瓦斯赋存状态，使得大部分区域煤层释放出了大量瓦斯，只在采空区、煤岩巷卸压排放影响不到的小范围内可能存在接近煤层原始瓦斯含量的实际赋存状态，为研究 2016 工作面煤层瓦斯赋存情况，选择－420 m 胶带巷、－250 m 水平大巷与水仓、皮带暗斜井等巷道内布置了 8 个实测瓦斯含量与压力点，代表 2106 煤柱工作面存在的最大煤层瓦斯含量与压力值，瓦斯含量以及压力测量值见表 4、表 5。

表 4 2106 工作面煤层瓦斯含量测定结果

孔号	M_{ad}/%	A_{ad}/%	瓦斯成分/%	瓦斯含量	
			CH_4	原煤/(m^3/t)	可燃基/(m^3/t·r)
1	0.64	26.56	45.82	2.79	3.83

表4(续)

孔号	M_{ad}/%	A_{ad}/%	瓦斯成分/%	瓦斯含量	
			CH_4	原煤/(m^3/t)	可燃基/(m^3/t·r)
2	0.48	14.69	82.82	3.28	3.87
3	0.45	16.91	79.96	4.25	5.14
4	1.00	14.95	73.88	4.19	4.98
5	0.64	17.25	15.24	2.10	2.56
6	0.44	12.41	41.41	2.79	3.20
7	0.51	11.92	58.42	2.59	2.96
8	0.58	11.39	64.75	2.65	3.01

表 5　2106 工作面煤层瓦斯压力测定值

孔号	1	2	3	4	5	6	7	8
表压/MPa	0.22	0.23	0.16	0.17	0.18	0.20	0.16	0.25
绝对压力/MPa	0.32	0.33	0.26	0.27	0.28	0.30	0.26	0.35

4.2　测定结果分析

实测的 8 个煤层瓦斯含量均在 2.1～4.25 m^3/t 之间，测定方法正确，测定结果可靠，与九矿井田煤层原始瓦斯含量预测－330 m 以浅小于 5.39 m^3/t 一致；实测 8 个煤层瓦斯压力值均在 0.26～0.45 MPa 之间，测定方法正确，测定结果可靠，与九矿井田煤层原始瓦斯压力预测－330 m 以浅小于 0.48 MPa 一致。

4.3　2106 工作面突出危险性预测

由于 2016 工作面周边均为多年采空区，内部存在多条煤巷和顶底板岩巷，影响瓦斯解析和排放以及煤层瓦斯压力和含量，因此，本文应用九矿井田瓦斯赋存特征、工作面实测瓦斯压力和含量值结合瓦斯地质分析两种方法预测 2106 工作面突出危险性。

4.3.1　应用九矿井田瓦斯赋存特征预测

九矿井田南部单元为二$_1$ 煤生产区，为下降区域。该单元煤层埋藏较深，区域地层主要走向为 NE10°～30°，倾角为 10°～30°，煤层总趋势为单斜构造，以断裂为主，伴有宽缓的褶曲。

瓦斯地质单元内实测的瓦斯含量和瓦斯压力梯度分别为 3.62 m^3/t · hm、0.355 MPa/hm。2016 煤柱工作面煤层标高普遍范围为－220～－260 m，确定工作面煤层原始瓦斯含量和瓦斯压力分别为 2.86 m^3/t、0.295 MPa。根据《防治煤与瓦斯突出规定》等技术标准规范，预测 2016 工作面为无突出危险区。

4.3.2　瓦斯参数结合瓦斯地质分析预测

实测 2016 煤柱工作面煤层瓦斯含量最大值为 4.25 m^3/t，瓦斯压力最大值为 0.45 MPa，均小于《防治煤与瓦斯突出规定》等标准规范规定的临界值，符合九矿井田与 2106 工作面瓦斯赋存特征。综合分析 2106 工作面的瓦斯地质情况，采掘工程及对瓦斯赋存影响情况，预测 2106 工作面为无突出危险区。

4 结论

(1) 根据单项指标法以及瓦斯参数结合瓦斯地质分析法，预测了二$_1$ 煤层无突出危险性，预测 2106 煤柱工作面属于无突出危险区域。

(2) 2016 煤柱工作面属于九矿南部井田单元，2016 工作面周边有多处邻近采空区，工作面中间有条本煤层巷道和顶底板巷道，改变了煤层瓦斯赋存状态，使大部分煤层卸压，瓦斯压力降低，解吸并释放了大量瓦斯。

(3) 2016 煤柱工作面实测最大煤层瓦斯含量为 4.25 m^3/t，最大瓦斯压力为 0.33 MPa，符合 2106 煤柱工作面瓦斯赋存特征，应用瓦斯参数结合瓦斯地质分析方法，预测九矿 2106 煤柱工作面为无突出危险区。

参考文献

[1] 潘少杰. 新安煤田瓦斯赋存规律与突出区域预测指标研究[D]. 焦作：河南理工大学，2010.

[2] 邓华易，冯康武. 岔角滩煤矿 C19 煤层瓦斯赋存规律研究[J]. 江西煤炭科技，2016(1)：84-86.

[3] 常振兴，陈丽娜. 深井煤层瓦斯赋存影响因素及赋存规律研究[J]. 煤炭技术，2017，36(9)：136-138.

[4] 袁亮，薛生，谢军. 瓦斯含量法预测煤与瓦斯突出的研究与应用[J]. 煤炭科学技术，2011，39(3)：47-51.

[5] 陈鲜展，袁亮，薛生，等. 瓦斯含量法在煤与瓦斯突出能量分析中的应用[J]. 中国安全科学学报，2017，27(10)：93-98.

[6] 胡千庭，邹银辉，文光才，等. 瓦斯含量法预测突出危险新技术[J]. 煤炭学报，2007(3)：276-280.

[7] 许满贵，高帅帅，曹艳军，等. 基于灰色理论-多元回归分析的瓦斯含量预测[J]. 煤矿安全，2018，49(9)：211-214.

[8] DENNIS J B. Review of coal and gas outburst in Australian underground coal mines[J]. International Journal of Mining Science and Technology，2019，29(6)：815-824.

[9] 赵健光. 贵州青龙矿薄煤层瓦斯突出危险性分析[D]. 乌鲁木齐：新疆大学，2021.

[10] 汤友谊，陈江峰，彭立世. 无线电波坑道透视构造煤的研究[J]. 煤炭学报，2002(3)：254-258.

[11] 王瑞青. 阳煤五矿突出预测指标 K_1 的敏感性及临界值研究[J]. 煤炭科技，2019，40(2)：64-67.

作者简介：孔祥翔(1969—)，1990 年毕业于焦作煤炭工业学校通风与安全专业，1999 年毕业焦作矿院采矿工程专业，现任鹤壁煤电股份公司第九煤矿总工程师，在《中国煤层气》《煤炭科技与环保》等期刊上发表过多篇论文。

瓦斯异常区域瓦斯综合抽采技术研究与应用

赵庆刚,郑孝全,任维民
(山东万祥矿业有限公司潘西煤矿,山东济南,271107)

摘　要:6197 工作面处于瓦斯涌出异常区域,下隅角(回风隅角)瓦斯浓度经常处于报警临界值,上隅角及工作面上部架尾处受周期来压影响,存有瓦斯超限隐患。通过分析工作面瓦斯源、瓦斯涌出规律,采用本煤层扇形布置钻孔预抽瓦斯、高位钻孔抽采采空区瓦斯和回风隅角埋管、插管抽放等综合治理瓦斯措施,取得了较好的防治瓦斯效果,避免了瓦斯超限事故,确保了工作面的安全生产。

关键词:瓦斯异常区;瓦斯综合抽采;治理研究

潘西矿历年瓦斯鉴定均为低瓦斯矿井,但是后六采区被省局定位瓦斯异常区,6197 综采面位于后六采区。根据 6197 上下两巷掘进期间锚杆眼瓦斯浓度检测数据,地质条件发生变化,接近 F_1 断层前、后 200 m 范围内瓦斯涌出量较大,锚杆眼气体浓度达到 80%,掘进工作面供风量为 360 m^3/min,综掘机割煤时回风流瓦斯浓度达到 0.50%左右,掘进工作面瓦斯涌出量最高达到 1.8 m^3/min;远离 F_1 断层 350 m 时,瓦斯浓度逐步降低,锚杆眼气体浓度达到 30%～40%,趋于正常值,巷道回风流中的瓦斯浓度为 0.10%～0.05%,瓦斯涌出异常区段长度为 500 m。预测工作面推采瓦斯涌出异常区段期间,单靠风排瓦斯不能保证工作面的正常生产,如采取措施不当极易造成工作面回风隅角或工作面回风流瓦斯超限瓦斯,影响工作面正常推采,甚至发生瓦斯事故。

1　工作面瓦斯治理方案

6197 综采面位于后六采区,走向长度为 2 200 m,煤层厚度为 0.6～3.2 m,平均厚度为 2.5 m,含夹矸一层,厚度为 0.1～0.7 m,平均厚度为 0.3 m,为复杂结构煤层,煤层倾角为 18°～29°,平均倾角为 26°。工作面采用走向长壁后退式采煤方法,采用 ZQY4000/16/36 支架,全部垮落法管理顶板。采用下行通风,工作面计划风量为 1 092 m^3/min,实际配风为 1 300 m^3/min。随着工作面推采,工作面距离瓦斯涌出异常区段 480 m 起,按工作面每月推采 80 m 计算,预计 6 个月推采瓦斯涌出异常区段。根据提前制定的瓦斯综合治理方案,提前施工瓦斯抽采钻孔,利用瓦斯抽放系统对采空区及本煤层进行瓦斯抽采。

2 工作面瓦斯源、涌出规律分析

2.1 瓦斯来源

工作面瓦斯涌出主要来源于煤壁、工作面割煤、落煤和采空区瓦斯涌出。上述瓦斯涌出量多少取决于煤层的瓦斯含量及瓦斯存在状态。煤壁由被采煤层瓦斯源源不断补给，同时受原生裂隙和采场矿山压力造成的裂隙以及采煤工艺所控制，因而瓦斯涌出浓度波动性很大；采空区瓦斯主要来源于邻近煤层、围岩以及遗留在采空区内浮煤所释放的瓦斯。采用"U"形通风采煤工作面下行通风时，风流进入工作面后大致分为两部分，大部分沿工作面流动，小部分进入采空区，在采空区内部沿一定的流线方向流动，在工作面后半部分进入采空区的风流逐渐汇入工作面。如果工作面后方存在与邻近煤层采空区或同一煤层未隔离的巷道联通，即采空区有漏风通道，则通过此漏风通道将向采空区风流漏入瓦斯，汇入采空区风流中，进而流向工作面。可见，进入采空区风流通过采空区后将带出大量瓦斯，逐渐返回工作面。

2.2 瓦斯涌出规律分析

(1) 采煤工作面上、下隅角风流速度很低，局部间歇性处于涡流状态，下隅角(采用下行通风)汇聚的大量高浓度瓦斯难以进入到主风流中，从而使高浓度瓦斯在回风隅角附近循环运动而聚集在涡流区，形成了回风隅角的瓦斯超限。如果工作面回风隅角出现滞后回柱，除回风隅角存在的涡流区外，靠近切顶排处会出现微风区，回风隅角又是采空区漏风必经之道，采空区漏出的瓦斯在此处积聚，更容易形成回风隅角的瓦斯超限。另外，相对于新鲜空气来说，采空区内含瓦斯空气密度较小，必然使采空区内高浓度瓦斯向上运移。工作面采用下行通风虽然可以防止上隅角的瓦斯超限，但当通风系统、气压发生变化较大或采空区基本顶来压时，采空区内高浓度的瓦斯就会向工作面上隅角运移，可能造成工作面上隅角瓦斯超限。

(2) "U"形通风方式的采煤工作面采用下行风时，沿走向靠近采空区内部和靠近煤壁侧瓦斯浓度较高，沿倾向采煤面上半部分向老塘进风为主，瓦斯浓度相对较低，采煤面下半部分向工作面汇风为主，采空区内部分瓦斯被带出，瓦斯浓度相对较高。

3 瓦斯抽采技术

3.1 本煤层抽采瓦斯

工作面上巷下帮瓦斯涌出异常区段每间隔 20 m 施工一个钻场，钻场尺寸为长 4 m，宽 3.5 m，高 2.5 m，每个钻场内布置 7 个钻孔，采用扇形布置，覆盖至工作面的中、上部。钻场及钻孔布置见图 1 所示。

采用 SGZ—ⅢA 型钻机，配用 YBK2—180M—4 电动机，功率为 18.5 kW，选用 ϕ50 mm 麻花钻杆，ϕ75 mm 钻头钻进，钻孔均按倾角 26°施工，孔深 90～100 m，钻孔参数见表 1。钻孔封孔前先用压风或压水将孔口煤、岩渣清理干净，然后放入比钻孔短 0.50～1.0 m、直径 ϕ50 mm 的 PVC 管 1 根。在距 PVC 管孔口端 20 m 剩余部分加工成筛管，防止塌孔影响抽放效

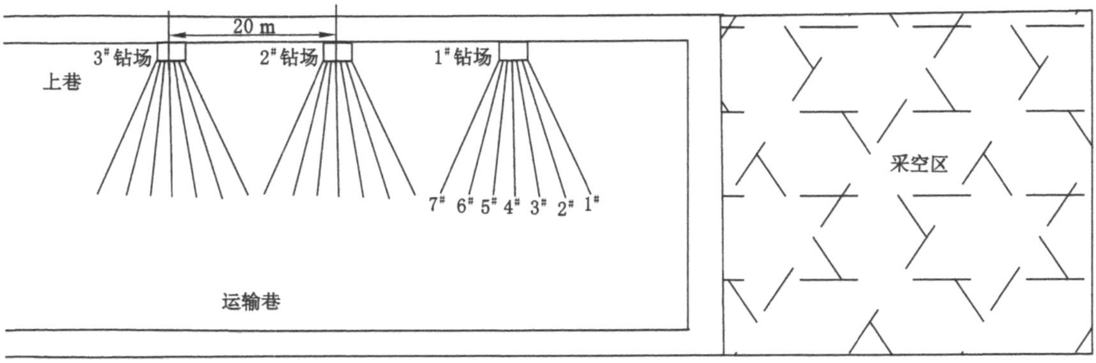

图 1　6197 工作面钻场及钻孔布置

果。用水泥浆进行封孔，封孔长度为 15 m，钻孔外露 150 mm，与瓦斯抽排管路连接。钻孔封孔示意图见图 2 所示。

表 1　6197 工作面钻孔参数表

钻孔号	方位角/(°)	倾角/(°)	孔深/m	孔径/mm	备注
1#	左偏 5	26	93	ϕ75	钻孔均按 26°施工，如遇地质条件发生变化，根据现场实际情况施工
2#	左偏 4	26	92	ϕ75	
3#	左偏 2	26	91	ϕ75	
4#	左偏 1	26	90	ϕ75	
5#	左偏 1	26	90	ϕ75	
6#	左偏 2	26	91	ϕ75	
7#	左偏 4	26	92	ϕ75	

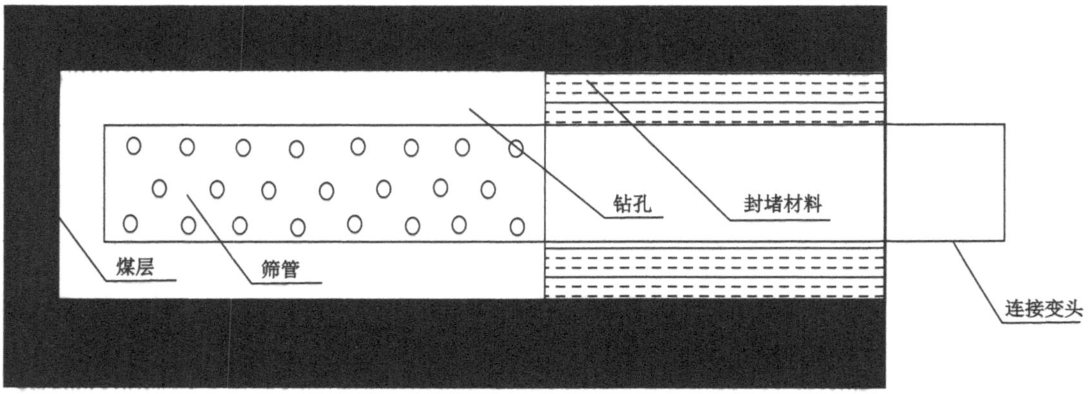

图 2　6197 工作面钻孔封孔示意图

3.2 高位钻孔抽采瓦斯

在工作面上巷下帮施工高位钻场，高位钻场尺寸为长 4 m，宽 3.5 m，高 2.5 m，钻场间距设计为 50～60 m。可利用本煤层瓦斯钻场作为高位钻孔钻场，在高位钻场内向工作面采空区方向施工高位钻孔，每个钻场内布置 6 个钻孔，采用扇形布置，覆盖至工作面的中上部。钻孔开孔位置位于钻场底板以上 1.5 m 处，钻孔间距为 0.6 m，终孔位置均位于工作面顶板以上 15～18 m 之间，第一组钻孔终孔位置超过瓦斯异常带 20 m，每组钻孔与前一组钻孔压茬距离为 20～30 m。

高位钻孔采用 ϕ108 mm 钻头开孔钻进 15 m 后下套管，用泥浆泵压入水泥沙浆固定作为孔口管，即为封孔长度为 15 m，然后用 ϕ89 mm 钻头至终孔。高位钻孔参数见表 2，高位钻场、钻孔布置图见图 3 所示。

表 2　6197 工作面高位钻孔参数表

钻孔号	方位角/(°)	倾角/(°)	孔深/m	孔径/mm	备注
1#	293	6°10′(仰角)	100.5	φ89	开孔位置位于钻机窝底板以上 1.5 m 处，钻孔间隔 0.6 m；终孔位置 1# 钻孔距巷道下帮 2 m，2# 孔距 1# 孔 5 m，其余均为间隔 5 m
2#	296	4°47′(仰角)	100.5	φ89	
3#	298	3°25′(仰角)	100.6	φ89	
4#	300	2°4′(仰角)	100.9	φ89	
5#	303	0°43′(仰角)	101.5	φ89	
6#	306	0°6′(俯角)	102.6	φ89	

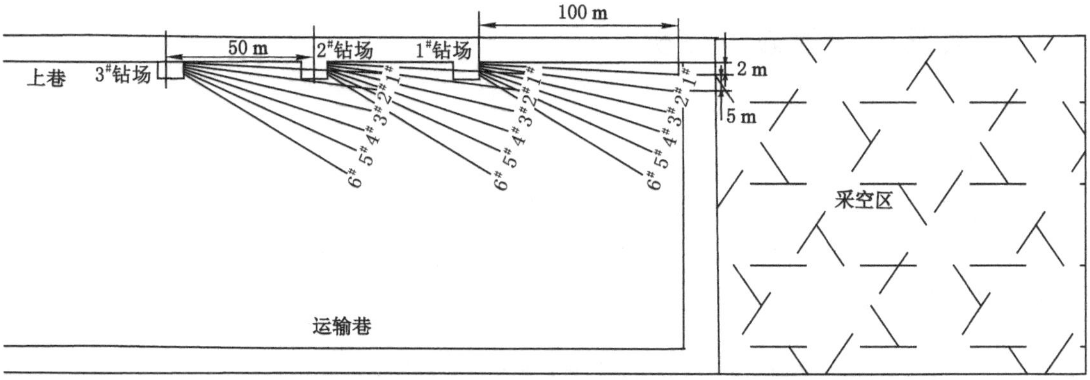

图 3　6197 工作面高位钻场、钻孔布置图

3.3 采空区埋管、回风隅角插管抽采瓦斯

在工作面专用疏水巷每间隔 50 m 左右布置一个联络巷，工作面采过联络巷前，采用木垛加强联络巷支护，通过封闭距工作面下出口最近的另一联络巷里段疏水巷，将瓦斯抽采管路预埋在封闭的疏水巷密闭以里 3 m 处，并靠顶板固定牢固，与主瓦斯抽放管路连接，采用负压抽放，使采空区的瓦斯向管口流动。在工作面回风隅角切顶线处沿着支架和巷道帮壁用装满矸

石的编织袋封堵漏风源(装矸石的编织袋以装半袋为宜),矸石袋墙高度为 1.8～2.0 m,使矸石袋墙距顶板始终保持 0.3 m,便于放置瓦斯集收装置,确保接帮不留空隙,连接严密。然后采用 ϕ108 mm 软管将瓦斯抽采主管路引至工作面回风隅角,前端连接瓦斯集收装置,使采空区涌出的高浓度瓦斯通过瓦斯集收装置被瓦斯抽放系统排至矿井总回风巷。随着工作面推进,抽采管保持在工作面切顶线以里,根据回风隅角瓦斯气体变化情况,可以通过移动集收装置,使高浓度瓦斯及时抽走。采空区埋管、回风隅角插管抽放瓦斯示意图见图 4 所示。

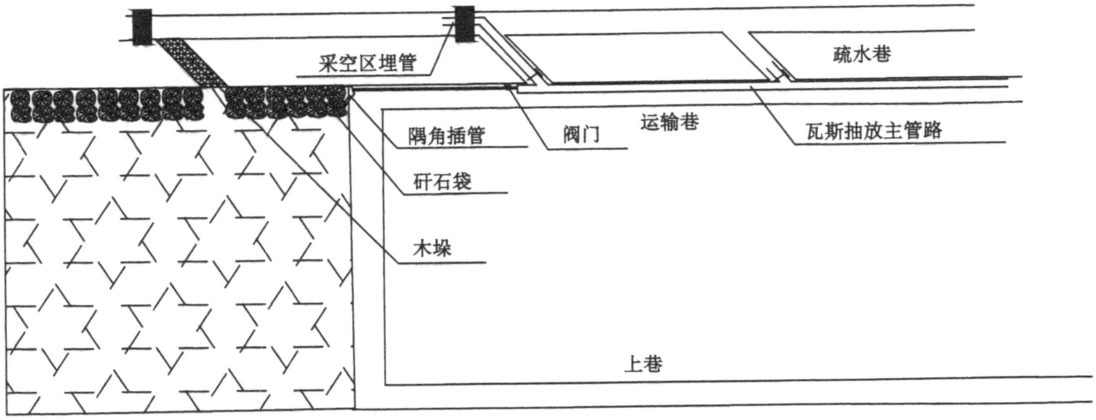

图 4　6197 工作面采空区埋管、回风隅角插管抽放瓦斯示意图

通过对顶板垮落步距、综采工作面推进速度、打钻速度、高位瓦斯抽采钻孔出现在顶板岩石裂隙带的时间等数据,确定瓦斯抽采高位钻孔搭接距离、抽采距离等。

4　综采面瓦斯治理效果分析

4.1　高位钻孔抽采采空区瓦斯

为了确保瓦斯抽采钻孔能够有效抽放高浓度瓦斯气体,瓦斯抽采钻场与钻孔空间位置两者之间的合理配置十分关键。高位钻孔进入采空区长度及相对应瓦斯浓度见表 3,2# 钻场高位钻孔进入采空区距离与瓦斯浓度曲线图见图 5。

表 3　6197 工作面高位钻孔进入采空区长度与抽采瓦斯浓度表

采空区长度/m	2# 钻场瓦斯浓度%						采空区距离/m	2# 钻场瓦斯浓度%					
	1#	2#	3#	4#	5#	6#		1#	2#	3#	4#	5#	6#
14	8	10	12	8	5	2	48	72	70	71	51	35	31
16	10	16	19	10	4	6	50	75	73	69	62	32	36
18	16	28	31	12	6	7	52	70	58	67	57	34	37
20	19	32	22	16	8	10	54	74	63	64	55	28	37
22	28	45	26	22	11	13	56	70	59	62	58	26	26
24	67	66	34	28	14	15	58	72	52	55	40	20	28

表3(续)

采空区长度/m	2#钻场瓦斯浓度%						采空区距离/m	2#钻场瓦斯浓度%					
	1#	2#	3#	4#	5#	6#		1#	2#	3#	4#	5#	6#
27	86.4	84	52	32	26	18.9	60	68	50	48	38	18	21
30	85.8	79	68	36	32	28	62	60	47	44	32	16	18
32	83	80	76	48	35	32	64	52	32	28	28	10	16
35	82	77	85	52	42	36	66	32	26	20	21	8	13
37	80	79	83	58	45	32	68	20	21	16	17	11	10
39	81	78	86	54	46	32	69	14	18	12	10	8	9
41	79	83	79	48	45	30	71	12	14	10	8	7	6
44	77	75	73	50	38	33	74	10	8	6	5	4	5

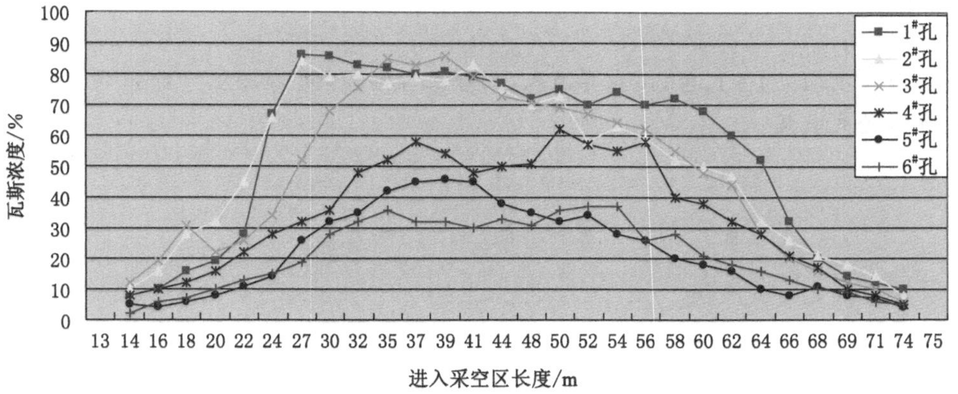

图5　6197工作面2#钻场高位钻孔进入采空区长度与抽采瓦斯浓度曲线图

根据2#钻场6个高位钻孔抽采瓦斯浓度数据分析，高位钻孔进入采空区20 m时，高位钻孔抽采瓦斯浓度在15%左右，抽采瓦斯浓度相对较低，抽采效果不明显，主要原因是钻孔抽采半径影响范围未达到采动裂隙带，部分新鲜风通过裂隙进入高位钻孔。随着工作面推采，抽采瓦斯浓度呈上升趋势，高位钻孔进入采空区30 m左右时，钻孔抽采半径影响范围达到采动裂隙带，瓦斯运移通道多，渗透性好，钻孔瓦斯抽放浓度升高，达到60%～80%，抽采压力为29 kPa，流量为480 m^3/h；高位钻孔进入采空区60 m左右，抽采瓦斯浓度开始下降；高位钻孔进入采空区70 m左右，抽采瓦斯浓度达到10%，主要原因是高位钻孔进入采空区70 m左右，钻孔距顶板冒落带较近，裂隙相对较大，通过裂隙进入高位钻孔的新风较多，导致高位钻孔瓦斯抽采浓度降低；另外，越靠近工作面上部采空区高位钻孔瓦斯浓度越高，主要是由于瓦斯密度比空气轻，具有上浮作用。当通风系统、气压发生变化较大或采空区基本顶来压时，采空区内高浓度瓦斯就会沿工作面采空区上部向工作面方向运移，造成抽采瓦斯浓度较高。

4.2　工作面综合抽采效果分析

工作面计划风量为1 092 m^3/min，实际风量为1 300 m^3/min。工作面未进行抽放前，回风流瓦斯浓度为 0.40%，下隅角瓦斯浓度为 0.72%，瓦斯绝对涌出量为 5.2 m^3/min，通过实施高位钻场抽采、本煤层瓦斯抽放、采空区埋管、回风隅角插管等瓦斯综合抽采后，工作面风量基本未变化，回风流瓦斯浓度降至 0.09%，下隅角瓦斯浓度降至 0.30%，瓦斯绝对涌出量降至 1.17 m^3/min，瓦斯绝对涌出量降低了 4.03 m^3/min，降低了 77.5%，上下隅角及回风流的瓦斯浓度明显降低，确保工作面的安全推采。

5 结论

通过高位钻孔抽放数据分析，找出符合矿井实际的钻场布置位置和高位抽采钻孔的角度、高度、平距及相邻高位钻孔重合距离等参数，采用本煤层钻孔、采空区埋管、回风隅角插管等综合瓦斯抽采措施，降低了工作面、上下隅角瓦斯浓度和工作面风排瓦斯量，工作面推采瓦斯异常区段取得了较好的瓦斯治理效果，为相似条件综采工作面瓦斯治理提供了借鉴经验，确保工作面正常生产。

作者简介：赵庆刚(1974—)，男，山东齐河人，助理工程师，1994 年毕业于徐州煤炭建筑工程学校，发表学术论文数篇。

聚能爆破定向卸压一体化技术研究

郭　聪，郭　浩，周　游

（河南神火煤电股份有限公司新庄煤矿，河南永城，476600）

摘　要：为了有效治理采掘过程中所面临的瓦斯问题，我国一直奉行着“区域防突措施先行，局部防突措施补充”的原则。虽然区域防突措施能从整体上降低煤层的突出危险性，但采掘扰动仍然会在采掘工作面前方产生高应力集中现象。近年来，深井、低透煤层的瓦斯与高地应力耦合灾害愈加突出，成为制约矿井安全的重大风险和难以解决的棘手问题，甚至部分矿井因未有效解决该问题而造成煤与瓦斯突出事故。将松动爆破和聚能管结合起来，对聚能爆破定向卸压技术进行了积极探索和实施。聚能管的聚能作用较好，爆破后裂隙发育，形成定向裂缝，煤体透气性增强，有效解决煤体应力集中现象。

关键词：聚能爆破；煤与瓦斯；定向卸压

为了有效治理采掘过程中所面临的瓦斯问题，我国一直奉行着“区域防突措施先行，局部防突措施补充”的原则。虽然区域防突措施能从整体上降低煤层的突出危险性，但采掘扰动仍然会在采面前方产生高应力集中现象。近年来，深井、低透煤层的瓦斯与高地应力耦合灾害愈加突出，成为制约矿井安全的重大风险和难以解决的棘手问题，甚至部分矿井因未有效解决该问题而造成煤与瓦斯突出事故。

定向切缝卸压松动爆破技术是在一定卸压煤体防护下，在工作面前方煤体中引爆定向卸压切缝炮眼，使得煤体产生定向松动爆破。在含瓦斯煤体中进行定向松动爆破的目的是增加煤体的裂隙长度和范围，以提高煤体的透气性。爆破后炮眼周围煤体的破裂与松动形成卸压圈，使煤体原始集中应力带及高压瓦斯带移向煤体深部；同时有利于消除由于煤质软硬不均及地质构造而引起的应力集中，降低煤体瓦斯压力梯度和应力梯度。但由于封孔难度大，存在哑炮的风险，限制了该工艺的进一步推广。把松动定向切缝爆破和煤体注水的优点结合起来，形成聚能爆注定向卸压技术，不但改善了煤体透气性系数，而且大大降低掘进产尘量。

1　研究思路

根据聚能管对炸药爆炸所形成的冲击波有聚能作用，对煤体进行聚能爆破可提前释放煤层应力，并且可以人为改变聚能槽的方向，达到定向卸压的作用。将松动爆破和聚能管结合起来，对聚能爆破定向卸压技术进行了积极探索和实施。聚能管的聚能作用较好，爆破后裂隙发育,形成定向裂缝,煤体透气性增强,有效解决煤体应力集中现象。通过理论建模,分析煤体关键力学参数,对煤岩体力学性能测评,研究采场内的卸压机理。在新庄矿 36021 工作面开展聚能爆破定向卸压技术的现场试验,确定爆破半径和消突效果。

2 工作面概况

2.1 36021 工作面概况

36021 工作面位于新庄煤矿 36 采区,该工作面北接 36011 工作面,东为三煤集中轨道巷、三煤集中胶带巷,南临 22021、22031、22041、22051、22061 工作面采空区,西接矿井西部边界。工作面对应地表情况为耕地、村庄、厂房等。根据设计预计巷道标高−480～−525 mm,该区域煤层平均厚度为 2.1 m,平均倾角为 3°。

2.1.1 地面相对位置及邻近采区开采情况

地面与工作面标高、地面与井下详细情况如表 1 所示。

表 1 井上下对照关系表

煤层名称	三$_2$煤	工作面名称	36021 工作面
地面标高/m	+31.08	工作面标高/m	−480～−525
地面的相对位置建筑物、小井及其他	村庄、厂房已搬迁,耕地、道路、鱼池塌陷后复垦		
井下相对位置对掘进巷道的影响	36021 工作面位于新庄煤矿中西部,北接 36011 工作面,东为三煤集中轨道巷、三煤集中胶带巷,南临 22021、22031、22041、22051、22061 工作面采空区,西接矿井西部边界		

2.1.2 地质概况

(1) 煤层赋存特征

工作面范围内总体上煤层赋存稳定,结构较简单,不含夹矸,全区可采,但有可能受断层、地压等因素影响煤层局部有增厚变薄及缺失现象,煤厚在 1.8～2.2 m 之间,平均为 2.1 m(表 2)。煤层顶底板情况如表 3 所示。

表 2 煤层特征表

指标	参数	备注
煤层厚度/m	1.8～2.2	平均 2.1
煤层倾斜(最大～最小)/(°)	0～6	3
煤层硬度 f	0.5～1.3	
煤层层理(发育程度)	发育	
煤层节理(发育程度)	发育	

表 3　煤层顶底板情况表

顶底板名称	煤岩名称	层厚/m	岩性描述
基本顶	砂质泥岩	3.63	灰黑-深灰色，厚层团块状，含植物化石和铁质结核，下部渐变为粉砂岩
	泥岩	2.67	深灰-灰黑色，含植物化石碎片和菱铁质结核，节理较发育
	三$_3$煤	0.20	黑色，块状，似金属光泽，属半亮型煤，少含黄铁矿
	泥岩	3.35	深灰-灰黑色，含植物化石碎片和菱铁质结核，节理较发育
直接顶	粉砂岩	3.43	深灰-灰色，块状，含植物化石碎片，底部具平行层理，具裂隙，岩芯较破碎
掘进层位	三$_2$煤	2.1	黑色，似金属光泽，煤岩类型属半亮型，上部和下部以粉粒状煤为主，夹有块状煤，中部以块煤为主
直接底	泥岩	3.35	深灰色，上部含砂质及煤屑，底部可见黄铁矿结核
	砂质泥岩	1.64	深灰色，含植物化石碎片，具平行层理，层面含碳质
老底	细粒砂岩	2.32	浅灰色，泥硅质胶结，具波状层理，层面含碳质，具裂隙，内有黄铁矿

(2) 瓦斯概况

36021 工作面煤层实测瓦斯含量为 2.47～5.03 m^3/t，瓦斯压力为 0.01～0.13 MPa，最大瓦斯压力值为 0.13 MPa，小于《防治煤与瓦斯突出细则》规定的瓦斯压力(0.74 MPa)和瓦斯含量(8 m^3/t)的区域预测指标临界值，也小于《河南省煤矿防治煤与瓦斯突出十项措施》规定的瓦斯压力(0.6 MPa)和瓦斯含量(6 m^3/t)的区域预测指标临界值。在施工钻孔过程中未发生过喷孔、顶钻等突出预兆。经综合分析，预测 36021 工作面区域无煤与瓦斯突出危险性。施工期间应加强瓦斯治理工作，防止瓦斯涌出等异常现象发生。

(3) 地质构造

36021 工作面掘进区域内地质构造复杂程度中等，根据该工作面已掘巷道及临近三$_2$煤 36011 工作面掘进期间地质资料和三$_3$煤 42011 工作面、42031 工作面掘进及回采地质资料进行分析，对 36021 工作面掘进有影响的断层具体参数如表 4 所示。

表 4　对 36021 工作面掘进有影响的断层特征

构造名称	倾 向/(°)	倾角/(°)	断层性质	落 差/m	对掘进影响程度	备注
f_1	0	56	正断层	2.5	较小	
f_6	15	52	正断层	7.8	较大	
f_7	195	30	正断层	3.0	较大	
F_1	115	45	正断层	1.5	较小	22021 切眼揭露
F_1	320	35	正断层	2.0	较小	22051 风巷揭露
F_2	310	35	正断层	2.0	较小	22051 切眼揭露
F_1	220	46	正断层	1.4	较小	22061 切眼揭露

(4) 水文地质

36021 掘进工作面区域水文地质类型中等,影响工作面掘进的含水层主要为顶板砂岩裂隙含水层,且工作面西部受三$_3$煤 36031 工作面采空区影响。三$_3$煤 36031 采空区于 2016 年七月回采完毕,回采期间最大涌水量约为 20 m^3/h,采面西低东高,水均能够自流,不存在积水区,在巷道掘进至老空区期间需坚持探明采空区岩柱及积水情况,严防事故的发生;36021 对拉工作面中南部为 22051 积水区,积水面积为 9 279 m^2,积水量为 3 006 m^3,积水区底板最低标高为－508 m,积水标高为－508～－497 m,该处积水区对 36021 工作面的掘进影响较大,应提前对该积水区进行探放水,确保掘进期间的安全。根据临近巷道掘进及回采情况分析,巷道在掘进过程中可能会出现局部顶板淋水现象。若出现断层,在断层、裂隙等发育地段淋水量将变大,掘进过程中严格坚持“有疑必探,先探后掘”的防治水原则。预计工作面掘进过程中正常涌水量约为 20 m^3/h,最大涌水量约为 40 m^3/h。

2.1.3　通风系统

36021 切眼采用独立通风系统,通风方式为使用局部通风机压入式通风,局部通风机安装在原 36 采区轨道巷内,风机吸风口朝向新鲜风流,保证风机前后 10 m 范围内巷道支护完好,无淋水、积水、淤泥和杂物。

通风路线:南副井→副井底运输石门→三煤集中轨道巷→原 35、36 采区车场→原 36 采区轨道巷→局部通风机→36021 风巷→36021 切眼南段工作面→36021 风巷→36 采区专用回风巷→36 采区回风联络巷→36 采区回风斜巷→集中回风巷(南翼集中回风巷中)→南风井→地面。局部通风机压入式通风,供风最长距离约为 1 200 m。

3　聚能爆破定向卸压技术研究

为解决掘进工作面超前卸压、瓦斯防治、煤体固化、粉尘防治等技术难题,特在新庄煤矿 36021 工作面切眼进行聚能爆破定向卸压技术项目攻关。该技术将聚能定向和松动爆破结合起来,通过对煤体进行定向切缝卸压松动爆破,可提前释放煤层应力,改变煤体内应力分布情况,有效地消除了突出危险性,同时为安全、高效掘进奠定了基础。

3.1　聚能爆破定向卸压技术原理

近年来,深井、低透煤层的瓦斯与高地应力耦合灾害愈加突出,成为制约矿井安全的重大风险和难以解决的棘手问题,甚至部分矿井因未有效解决该问题而造成煤与瓦斯突出事故。定向切缝卸压松动爆破技术是在一定的卸压煤体防护下,在工作面前方煤体中引爆定向卸压切缝炮眼,使得煤体产生定向松动爆破。

在含瓦斯煤体中进行定向松动爆破的目的是增加煤体的裂隙长度和范围,以提高煤体的透气性。爆破后炮眼周围煤体的破裂与松动形成卸压圈,使煤体原始集中应力带及高压瓦斯带移向煤体深部;同时有利于消除由于煤质软硬不均及地质构造而引起的应力集中,降低煤体瓦斯压力梯度和应力梯度。煤层注水是将一定压力的水通过钻孔注入煤体内,使其渗入煤体内部,破坏煤体内部原有煤与瓦斯两相体系的平衡,形成煤、瓦斯、水三相体系,体系内各个介质相互作用,使煤的物理、化学性质及热力学性质发生变化,从而降低其突出危险性的一种防治煤与瓦斯突出的措施。

把聚能技术和松动爆破的优点结合起来，形成聚能爆破定向卸压技术，不但改善了煤体透气性系数，而且大大降低煤体应力集中现象。

3.2 聚能爆破定向卸压钻孔间距确定方法

巷道开挖后，围岩受力状态由原来三向受力变成了近似两向受力，造成岩石应力较大幅度的上升。如果围岩中集中的应力值小于下降后的岩石强度，围岩处于弹塑性状态，围岩自行稳定；如果相反，围岩将发生破坏。这种破坏从周边逐渐向深部扩展，直至达到新的三向应力平衡状态为止，此时围岩中出现了一个破裂带，把这个由于应力作用产生的破裂带称为围岩松动圈，如图 1 所示。

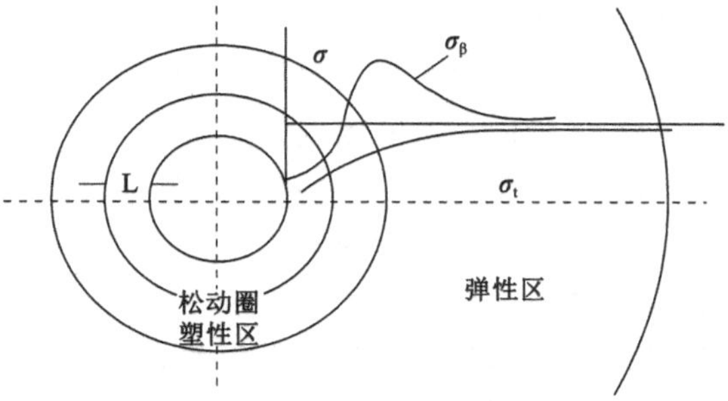

图 1　理论分析松动圈示意图

根据围岩松动圈支护理论，在支护设计优化前需进行围岩松动圈范围的测试。围岩松动圈是巷道开挖后地应力超过围岩强度的结果，因此巷道支护理论之一的松动圈理论认为，支护的作用就是限制围岩松动圈中碎胀力所造成的有害变形。掌握巷道松动圈范围的大小及受采动影响的变化规律，对于选择恰当的巷道支护方式与参数，确定合理的工作面超前支护范围等具有重要意义。

实践表明，围岩松动圈越大，碎胀变形就越大，巷道支护就越难。当围岩条件不变时，围岩应力越大，松动圈也越大，松动圈的大小与常用的被动支护关系不明显。而锚杆支护属于主动支护，其对围岩的松动圈有明显的关系。巷道围岩松动圈分类及支护建议如表 5 所示。

表 5　巷道围岩松动圈分类及支护意见

围岩类别		分类名称	松动圈/cm	支护机理与方法	备注
小松动圈	Ⅰ	稳定围岩	0～40	喷射混凝土支护	围岩整体性好，不易风化的可不支护
中松动圈	Ⅱ	较稳定围岩	40～100	锚杆悬吊理论 喷层局部支护	可用刚性支架
	Ⅲ	一般围岩	100～150	锚杆悬吊理论 喷层局部支护	刚性支架， 局部破坏

表5(续)

围岩类别		分类名称	松动圈/cm	支护机理与方法	备注
大松动圈	Ⅳ	一般不稳定围岩	150～200	锚杆组合拱理论, 喷层、金属网局部支护	刚性支架, 大面积破坏
	Ⅴ	不稳定围岩	200～300	锚杆组合拱理论, 喷层、金属网局部支护	围岩变形有稳定期
	Ⅵ	极不稳定围岩	＞300	二次支护理论	围岩变形在一般支护 条件下无稳定期

巷道围岩松动圈的测试技术很多,并随着岩土工程和科学技术的不断进步而发展,其中主要包括声波测试法、多点位移计测试法、地质雷达测试法、地震波测试法、电阻率测试法和渗透测试法等,下面将分别加以介绍,并选取合适的测试方法。

声波法是测试围岩松动圈范围最常用的一种方法,且测试仪器携带方便。20 世纪 70 年代末,长春煤炭研究所开发的“超声波围岩裂隙探测仪”,使声波法得到广泛的使用,成为一种简便实用的围岩松动圈的测试方法。

声波的波速与裂隙发育情况、介质密度、声阻抗等因素有关,与裂隙发育、声阻抗成反比,与密度成正比。因此,围岩完整性好,测得的声波波速就高,围岩存在裂缝时测得的波速就低。测出距巷道围岩表面不同深度的岩体波速值,从而可以绘出深度和波速的曲线,然后由该地的地质资料可推断出该巷道的围岩松动圈范围。

超声波测试一般采用单孔测试法和双孔测试法。所谓单孔测试方法,即在断面上首先确定监测点,然后在监测点位置钻孔,再将圆管状声波探头置入钻孔,为了使探头和孔壁有良好的声耦合,需要事先把孔内注满水,孔口装有堵水器,逐点测试,直到各点测试完毕。实测中常常采用一发双收的装置。

发射探头 F 在钻孔中发射声波,在孔壁周围产生滑行波沿着钻孔壁传播,在一发双收的测试中(图 2),当首波传播到接收探头 J_1 时,将声波转换成电能,使控制器翻转,计数门开启,计数器开始计数。当滑行波继续传播到接收探头 J_2 时,控制器翻转回来,将计数门关闭,计数器停止计数,显示出声波在 J_1 与 J_2 间岩体中传播的时间读数 t,用下式计算声波波速:

$$v=l/t \tag{1}$$

式中,l 为两接收探头之间的距离;t 为时间读数。

声波方法测试松动圈的主要优点是测试技术成熟可靠、原理简单、仪器便宜,可以重复使用。根据文献可知,双孔测试法(图 3)因钻孔工作量大,对围岩损害程度高,且发声探头和接收探头达到同步移动较为困难。单孔测试法(图 4)相对比较容易操作,可容易得到随围岩深度变化的大量测试值,如果在同一测孔定期测试,经过一段时间的测试可以得到围岩破裂情况随时间变化的规律,但也有以下 3 个缺点:① 对于煤巷或软岩巷道,成孔比较困难,测试过程中容易出现塌孔现象;② 探头和岩石之间需要水耦合,所以在测试时,孔中应该充满水,如果测孔中的裂隙较发育,孔中水流失严重,则需要接水管不断输水,而水压不稳定会对测试结果产生影响;③ 对巷道顶部的测孔,很难有效封堵水。所以,声波法宜在围岩完整性较好、裂隙较少发育或开挖时间较短的巷道中测试松动圈的厚度。

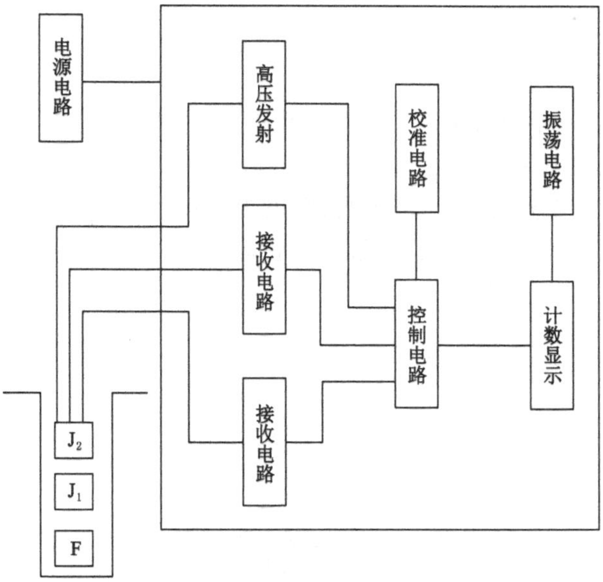

图 2　一发双收声测法测试原理图

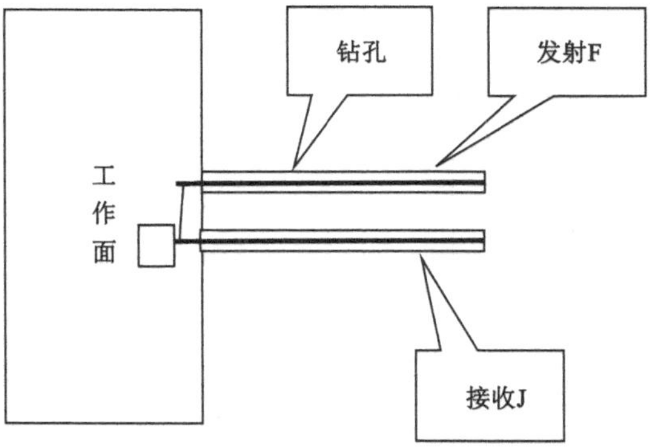

图 3　双孔法

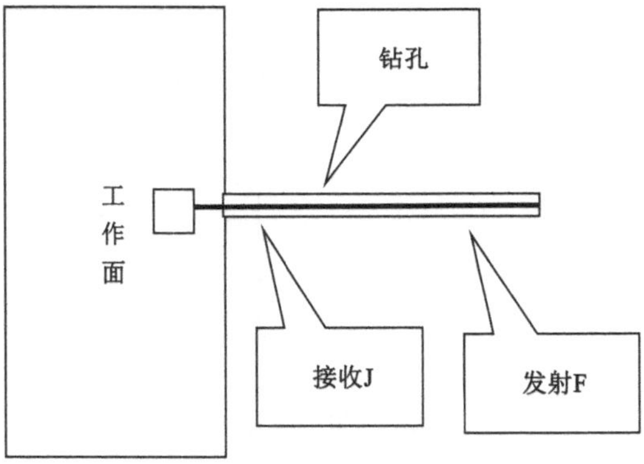

图 4　单孔法

在新庄煤矿，因其煤层属于坚硬煤层，成孔比较简单，不易塌孔，且煤层力学性质稳定，试验在掘进头开展，支护强度低，煤体完整性好，试验选取单孔法。

4　确定聚能爆破定向卸压影响半径

在新庄煤矿 36021 切眼掘进工作面实施实验。为了避免不同钻孔施工区域瓦斯含量、煤层地质条件等的不均匀性，尽量采取同时施工炮孔和测试孔的方案，测定爆破前后同一钻孔的破碎区范围变化，虽然可能对爆破效果产生影响，但是可以避免因瓦斯含量不均匀性及原有松动圈影响测试效果，保守测算出爆破影响半径。试验材料包括松动圈测试仪、水管、拉环、聚能管、炸药、封孔装置炮泥。

4.1 施工步骤

4.1.1 施工爆破孔和测试孔

在掘进工作面同一水平位置上施工爆破孔和测试孔(图 5、图 6)。爆破孔 1 和测试孔 2 间距 2 m,其余各测试孔与前一测试孔间隔 0.5 m,如图 7 所示。为消除测试孔爆破对冲击波的影响,爆破孔施工略深于测试孔,P 为爆破孔,深度为 9 m,K1－K6 为测试孔,孔 1 深 3 m,各测试孔深度间距 1 m。爆破装药时尽量深入孔底,力求保证测试孔有 1 m 左右的原煤测试空间。

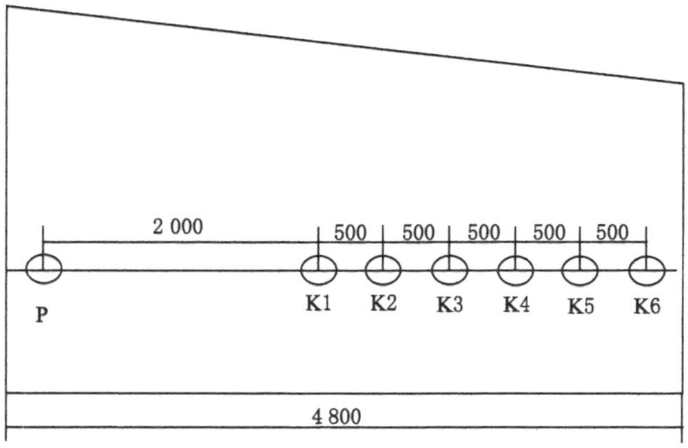

图 5　掘进工作面爆破影响半径测定钻孔布置图

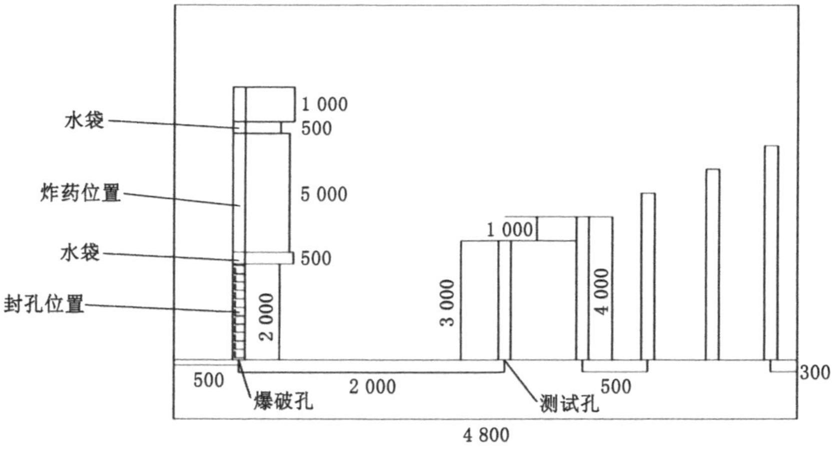

图 6　掘进工作面爆破影响半径测定钻孔布置俯视图

4.1.2 封孔

爆破孔施工后及时将安装好的聚能管装入爆破孔,保持聚能管的闭合处与钻孔水平位置一致,并进行封孔。测试孔无须封孔。每个钻孔的倾斜角度水平向下 5°,在测试时设备需与水耦合。

4.2 数据统计及分析

爆破前,使用松动圈测试仪在每个测试孔进行测试数据。测试完成之后,开始爆破,爆破后使用松动圈测试仪进行测试。每个测试孔在爆破前后各测试10组数据,通过对比爆破前后数据的变化,可以看出钻孔松动圈的改变,从而确定爆破的影响半径。

通过对比爆破前后测试孔的松动圈数据变化情况,确定新庄煤矿三$_2$煤聚能爆破定向卸压影响半径为2.5 m。对研究确定的技术工艺和参数在采掘工作面进行试验和效果检验,研究目标实现了对现有掘进头卸压钻孔工程量减少60%以上;采取聚能爆破措施之后,增加了有效掘进时间20%以上;采取聚能爆破措施之后煤体稳定性增加,掘进面粉尘降低了20%以上。

6 结论

在新庄煤矿采掘工作面进行聚能爆破定向卸压技术研究,解决了采掘工作面超前卸压、瓦斯防治、煤体固化、粉尘防治等技术难题,有效地消除掘进工作面的突出危险性,改善了掘进工作面作业环境,同时为安全、高效掘进奠定基础。

参考文献

[1] 张晓鹏.鹤煤六矿煤巷掘进松动爆破有效半径研究[J].煤矿现代化,2023,32(1):54-58.

[2] 郝晋辉.双柳煤矿综采工作面过断层中深孔松动爆破技术研究[J].能源与节能,2023(1):87-91.

[3] 王义平.松动爆破在综掘煤巷快速过断层的应用[J].山东煤炭科技,2022,40(1):53-54.

[4] 苏世安.新时期聚能管辅助深孔松动爆破技术[J].化工管理,2021(35):179-180.

[5] 王鹏.煤矿开采中松动爆破的应用[J].能源与节能,2021(5):217-218.

[6] 刘殿平.聚能管辅助深孔松动爆破技术研究[J].中国煤炭工业,2021(3):66-67.

[7] 张于祥.深孔松动爆破技术在"两高一低"突出煤层工作面中的应用[J].能源与环保,2020,42(2):25-28.

[8] 王国华.利用松动爆破消除工作面前方应力集中的实践[J].能源技术与管理,2019,44(5):64-66.

[9] 吕泽.深井、低透煤层爆注一体化技术研究与应用[J].能源与环保,2019,41(7):39-44.

[10] 郑吉玉.低透气性煤层松动爆破增透效应研究[J].爆破,2018,35(2):37-40.

[11] 郑迅.深孔松动爆破治理瓦斯技术应用研究[J].内蒙古煤炭经济,2018(4):113.

[12] 李辉.深孔松动爆破卸压增透技术研究[J].能源与环保,2017(3):137-142.

[13] 张燕斌.深孔松动爆破在阳煤新景矿的应用研究[J].能源技术与管理,2015,40(4):79-81.

［14］ 高李王.煤巷掘进中深孔松动控制爆破防突技术研究[J].技术与市场,2014,21(10):57.

［15］ 蒲剑龙.松动爆破在突出煤层巷道掘进中的实践与应用[J].内蒙古煤炭经济,2013(5):98-99.

［16］ 郭校飞.爆破卸压在高河矿高应力巷道的研究应用[J].煤炭技术,2019,38(11):40-43.

［17］ 司海涛.埋深超千米工作面松动爆破卸压消突技术实践[J].中州煤炭,2015(3):23-25.

［18］ 吕志强.钻屑法检验深孔爆破卸压技术效果[J].煤炭技术,2014,33(12):32-34.

［19］ 原道杰.松软煤层顶板定向聚能预裂爆破卸压增透技术[J].中州煤炭,2014(5):30-32.

［20］ 张永刚.集中应力区掘进深孔和爆破卸压方案[J].山东煤炭科技,2013(3):195-196.

［21］ 汪国华.松动爆破卸压技术在煤炭开采中的应用[J].采矿技术,2012,12(3):101-102.

［22］ 李建新.深孔松动控制爆破卸压增透理论与实践[J].煤矿安全,2010,41(11):52-54.

作者简介:郭聪(1984—),男,河南永城人,河南神火煤电股份有限公司新庄煤矿通防科副科长、矿山工程师,2010 年 6 月毕业于河南理工大学安全工程专业,学士学位,主要从事防治煤矿瓦斯研究。

郭浩(1989—),男,吉林省吉林市人,河南神火煤电股份有限公司新庄煤矿通防科主任工程师、矿山工程师,2012 年 6 月毕业于中国矿业大学采矿工程专业,学士学位,主要从事矿山开采及防治煤矿瓦斯研究。

周游(1988—),男,河南信阳人,河南神火煤电股份有限公司新庄煤矿通防科副科长、矿山工程师,2011 年 6 月毕业于河南工程学院安全工程专业,学士学位,主要从事矿山开采及防治煤矿瓦斯研究。

W形工作面瓦斯涌出分布特征及主要影响因素

孟丽兵[1],贾宏哲[2]
(1.山西高平科兴南阳煤业有限公司,山西高平,048400;
2.河南理工大学安全科学与工程学院,河南焦作,454000)

摘　要:工作面瓦斯涌出是矿井安全生产的重要威胁之一,为了研究W形通风工作面瓦斯涌出分布特征及主要影响因素,对W形通风系统的优缺点进行了简要评价,采用现场实测法,研究了W形工作面及中隅角瓦斯浓度分布特征,从采动影响、推进速度、产量三个方面阐述了对工作面瓦斯涌出量的影响。结果表明:W形工作面瓦斯浓度沿倾向方向先增大后减小,中隅角区域内瓦斯浓度增长梯度变化较大,以回风顺槽所在轴线近似呈对称分布;走向方向上瓦斯浓度近似呈"V"形分布,采空区侧瓦斯浓度略高于煤壁侧,中隅角瓦斯浓度自采空区一侧逐渐降低;生产班瓦斯浓度总体上高于检修班,工作面推进速度与瓦斯涌出量呈正相关,但时间上存在滞后性,一段时间内的平均煤炭产量与瓦斯涌出量成正比关系。

关键词:W形通风系统;瓦斯涌出;分布特征;综采放顶煤;影响因素

瓦斯是煤矿开采过程中最大的安全生产威胁之一,随着煤矿开采深度和产量的增加,瓦斯涌出量也随之增加[1-3]。因此,针对工作面瓦斯涌出特点的研究是防止瓦斯事故发生的重要前提[4]。目前,常用的研究工作面瓦斯涌出及分布规律的方法有现场测定法和数值模拟法[5-7],丁洋[8]基于反距离插值法所得瓦斯浓度数据构建出高强度开采支架下空间瓦斯涌出影响区分界线理论模型,得到了工作面瓦斯浓度分布规律;朱南南[9]采用数值模拟的方法对采煤工作面及采空区稳态下的瓦斯运移特征进行了研究;董海波[10]采用最小二乘的二项式拟合进行双立方外插法对工作面瓦斯分布场进行了重建;杜春宁[11]基于现场实测数据利用立方插值算法实现了工作面瓦斯分布的可视化。

此外,工作面瓦斯涌出特征受到自然因素及开采条件的影响。国内一些学者通过煤层瓦斯含量、埋藏深度、大气压力、回采方法、推进速度、产量及配风量等因素对工作面瓦斯涌出特征的影响进行了研究[12-16],取得了较为丰硕的成果。但上述研究多集中于U形工作面,对于W形工作面的瓦斯涌出特征及其影响因素研究还有待深入。

本文以南阳煤矿3203工作面为研究对象,对W形通风系统进行简要评价,并利用现场测定法对W形工作面瓦斯涌出特征进行分析,并进一步研究采动影响、推进速度及产量对工作面瓦斯涌出的影响,为矿井瓦斯治理工作提供依据。

1 工作面瓦斯地质条件

南阳煤矿位于山西省高平市野川镇境内，现开采二叠系山西组 3 号煤层，煤层平均厚度为 5.38 m。井田位于沁水块坳的东缘，晋获褶皱带的西侧，区内地层构造方向与区域构造线基本一致，总体呈一单斜构造，地层走向近南北，倾向西，地层平缓，倾角为 3°～10°。3203 综放工作面东部存在 DX13 陷落柱，陷落柱面积为 2 855.83 m^2。3203 工作面位于二采区中部，南北两侧均为采空区，西侧为未开采区域，东侧为二采区巷道保安煤柱，工作面走向长度为 1 905 m，倾向长度为 270 m。工作面回采方式为综采放顶煤，采煤机割煤高度为 3 m，放顶煤高度为 2.38 m，采放比为 1∶0.79，采用全部垮落法管理顶板，通风方式选用“上下顺槽进风，中间顺槽回风”的正 W 形通风系统，两侧进风顺槽配风量均为 1 500 m^3/min，工作面总配风量为 3 000 m^3/min。2021 年南阳煤业瓦斯相对涌出量为 6.80 m^3/t，瓦斯绝对涌出量为 23.32 m^3/min，依据相邻工作面 3206 综放工作面回采期间瓦斯涌出量情况，预计 3203 综放工作面回采时绝对瓦斯涌出量为 17～18 m^3/min，相对瓦斯涌出量为 5～6 m^3/t。

2 工作面 W 形通风系统

2.1 综放工作面 W 形通风系统

W 形通风系统主要有“一进两回、两进一回”两种方式，对于“一进两回”式通风系统，进风顺槽风速较高，不利于防尘及行人安全，而两侧回风巷道风速又较低，容易在工作面两端隅角区域造成瓦斯积聚，影响工作面安全生产[17-19]。因此，3203 综放工作面采用两进一回“W”形通风方式，即工作面布置有 3203 皮带顺槽、3203 轨道顺槽以及 3203 回风顺槽；皮带顺槽和轨道顺槽为进风巷，工作面回风流通过回风顺槽进入二采区回风巷，最终实现工作面“W”形通风。

2.2 W 形通风系统评价

正 W 形通风系统，即采用上下两顺槽进风，中间顺槽回风，其相较于传统的 U 形通风系统具有如下优点：

(1) W 形通风系统相当于将一个工作面划分成两个独立的通风单元，减少了风流在工作面的运移距离，使工作面两端压差变小，实现了风流的高效利用。

(2) 新鲜风流经两侧进风巷道直接冲洗工作面两端隅角区域，两侧瓦斯及粉尘经风流稀释后共同汇入回风顺槽，解决了工作面上隅角瓦斯超限问题。

(3) W 形通风系统有效降低了向采空区的漏风量，使得采空区内有毒有害气体无法随风流涌向工作面，同时也有效预防了采空区内遗煤自然发火，兼顾了生产安全与防灭火需要。

与此同时，W 形工作面也有其自身缺陷，受工作面风流路径影响，在工作面中隅角正对回风顺槽三角形区域内，如图 1 所示，风流在此处汇聚，风速降低造成瓦斯排放不畅，容易发生瓦斯积聚。其次，回风顺槽附近煤体应力分布较复杂，端头支护难度较大。

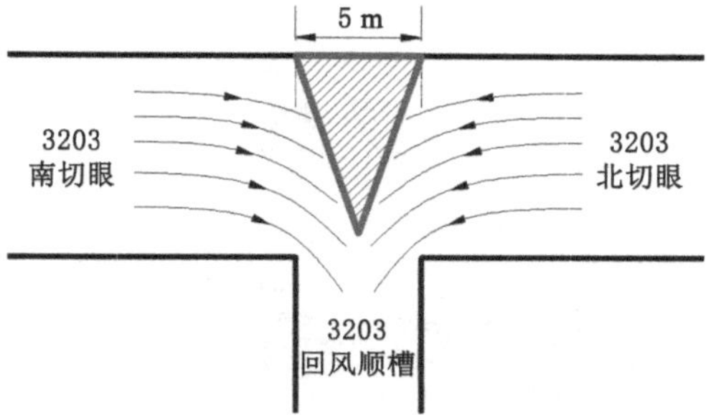

图 1　3203W 形工作面中隅角位置图

3　工作面瓦斯涌出分布特征

为了解 3203 综放工作面瓦斯涌出特征，在距胶带顺槽 120 m、135 m、137.5 m、140 m、155 m 处布置 A、B、C、D、E 共 5 个测量断面，每个测量断面布置 4 个测点，测点布置如图 2 所示，由专业人员携带瓦斯检测仪对每个测点的瓦斯浓度进行日常监测。

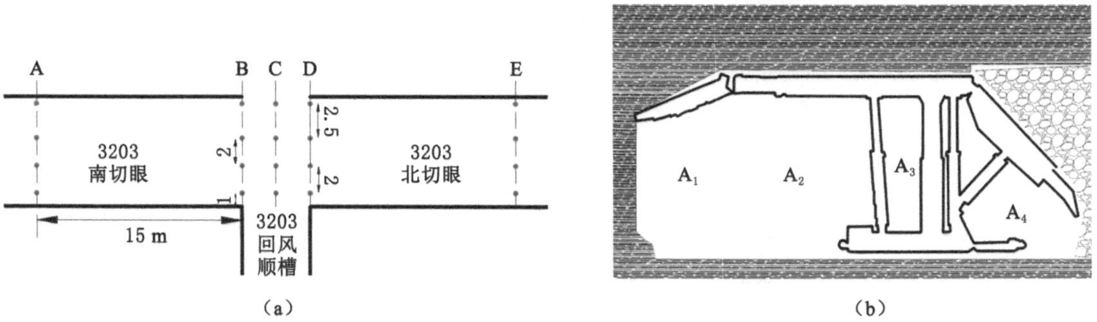

图 2　3203 综放工作面测点布置图

3.1　工作面瓦斯浓度分布特征

采集 3203 综放工作面自 2023 年 2 月 15 日至 4 月 10 日期间的各测点瓦斯浓度(CH_4 体积分数)，以 4 月 7 日生产班的瓦斯浓度数据绘制工作面瓦斯浓度分布云图，如图 3 所示。

由图 3 可知，瓦斯浓度沿工作面倾向方向先增大后减小，以 3203 回风顺槽所在轴线近似呈对称分布，瓦斯浓度最大值为 1.01%，最小值为 0.18%，原因是风流进入工作面后，来自采空区的遗煤瓦斯涌出、生产活动的落煤瓦斯涌出及工作面暴露煤壁的瓦斯涌出在负压的作用下不断汇聚到风流中，使得瓦斯浓度逐渐升高；沿工作面走向方向上，结合图 4 可知，除 C 断面外，瓦斯浓度呈现先减小后增大的趋势，在靠近采空区一侧的瓦斯浓度略高于煤壁一侧，这是由于采空区遗煤及煤壁落煤是工作面瓦斯涌出的主要来源，并且气流在巷道中受到四周煤壁的摩擦作用，使得巷道中心位置处的气流处于层流状态，风速较大，而四周位置处的气流处于紊流状态，风速较小。此外，工作面风流还会受到支架的阻碍作用，使得风流在支架立柱至

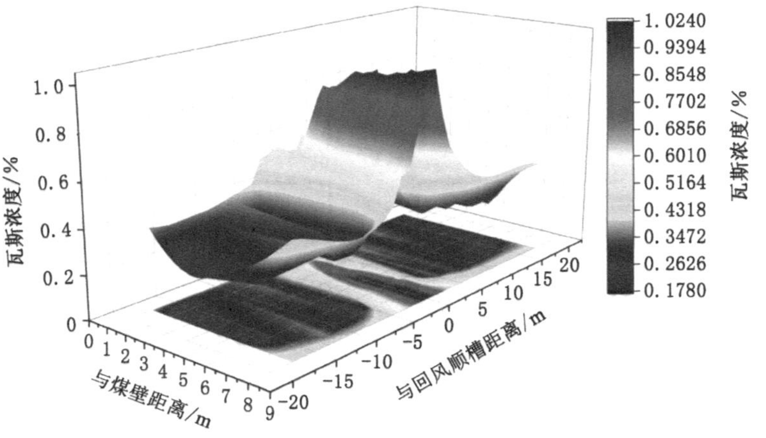

图 3　4 月 7 日生产班瓦斯浓度分布云图

后尾梁区域内风速进一步减小，瓦斯浓度逐渐升高。

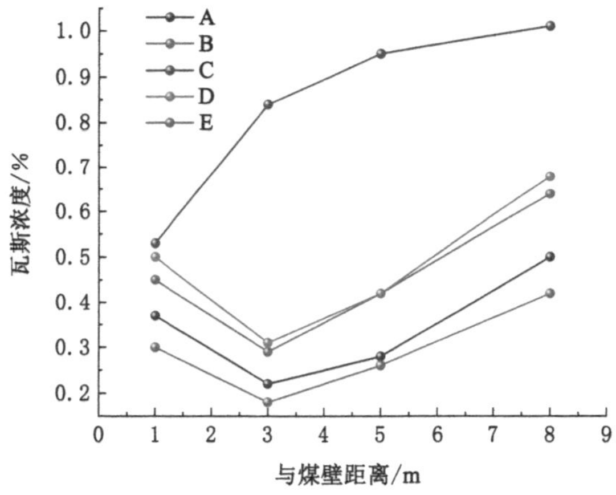

图 4　沿工作面走向瓦斯浓度变化图

综合上述因素，沿工作面走向方向上的瓦斯浓度分布表现为：人行道处浓度值最低，并向两侧逐渐攀升，支架处次之，支架后尾梁处浓度值相较煤壁处偏大，整体呈“V”形分布。

3.2　W 形工作面中隅角瓦斯浓度分布特征

选取 4 月 7 日生产班工作面中部各测点数据绘制中隅角瓦斯浓度分布图，如图 5 所示。

由图 5 可以看出，沿工作面倾向方向上，中隅角瓦斯浓度呈现先增大后减小的趋势，在距回风顺槽 3～1 m 处，瓦斯浓度增长梯度变化较大，由 0.08%/m 上升到 0.28%/m；沿工作面走向方向上，以 C 断面为例，中隅角瓦斯浓度自支架后部至回风顺槽呈逐渐下降趋势，且下降速率逐渐增大。整体上，中隅角瓦斯浓度较高区域分布在图 1 所示三角形范围内。

这是由于该区域位于工作面、采空区、回风顺槽交汇处，在回风顺槽负压的牵引作用下，两侧工作面风流及采空区漏风流均携带大量瓦斯共同涌入该区域，造成该区域风流紊乱，风速下

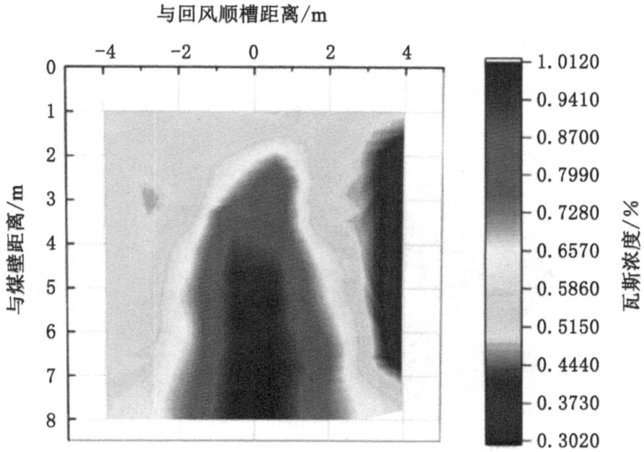

图 5　工作面中隅角瓦斯浓度分布云图

降，瓦斯浓度随之升高。

4　工作面瓦斯涌出影响因素

工作面瓦斯涌出量受到自然因素和开采因素双重影响，诸如煤层瓦斯含量、通风方式、采动影响、配风量、推进速度、产量等因素都会对其产生不同程度的影响。针对 3203 综放工作面 W 形通风系统，结合实测数据，本文重点分析采动影响、推进速度及产量三方面因素与工作面瓦斯涌出的关系。

4.1　瓦斯涌出量与采动影响的关系

选取 3 月 2 日检修班工作面各测点瓦斯浓度绘制成如图 6 所示的瓦斯浓度云图。

对比图 3 与图 6 可以看出，无论是生产班还是检修班，沿工作面走向及倾向上的瓦斯浓度分布特征大致相同，生产班最高瓦斯浓度为 1.01%，最低浓度为 0.18%，中隅角瓦斯浓度增长梯度由 0.08 %/m 上升至 0.28 %/m；检修班最高瓦斯浓度为 0.73%，最低瓦斯浓度为 0.21%，中隅角瓦斯浓度增长梯度由 0.015 %/m 上升至 0.175 %/m。可见，生产班的瓦斯浓度最大值及中隅角瓦斯浓度增长梯度均远高于检修班，造成这种现象的原因是生产班不断破碎煤体，使落煤瓦斯涌出量和暴露煤壁瓦斯涌出量逐渐增长；同时，顶板受到采掘活动影响处于兴奋状态，这也导致采空区及破碎区煤体瓦斯涌出量加剧。

4.2　瓦斯涌出量与工作面推进速度的关系

对 2023 年 2 月 15 日至 4 月 10 日间的工作面推进速度、风排瓦斯量及高位钻孔抽采量(自 3 月 2 日开始接抽)进行统计，如图 7 所示。

由图 7 可知，工作面瓦斯涌出量的大小与工作面推进速度基本呈正相关。在 2 月 15 日至 3 月 4 日初采阶段，工作面瓦斯涌出量随推进速度的变化波动性比较明显，但在时空上存在一定的滞后性。在之后的时间里，工作面推进速度逐渐稳定，瓦斯涌出量波动范围大幅度减小，

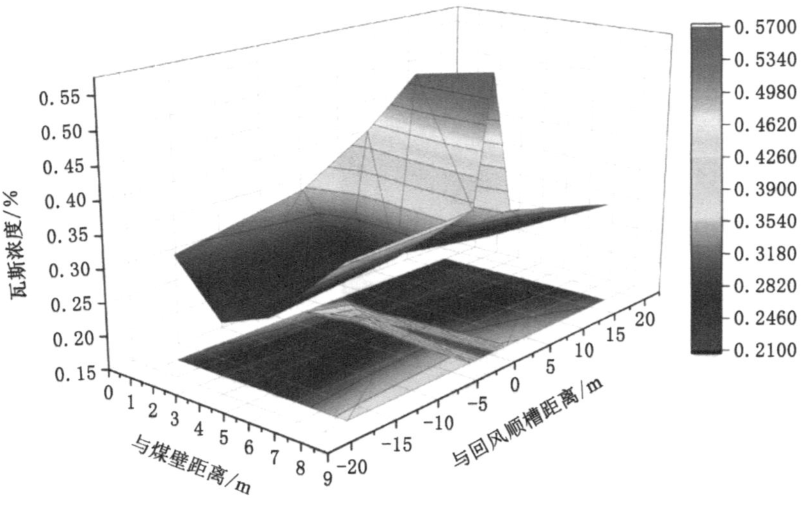

图 6　3 月 2 日检修班瓦斯浓度分布云图

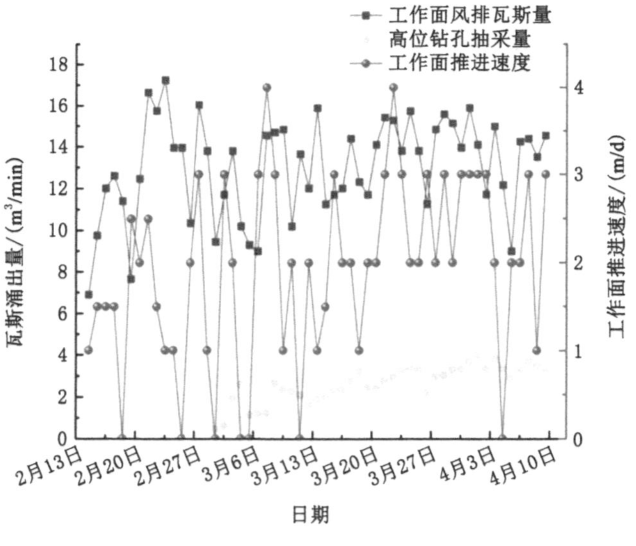

图 7　工作面推进速度与瓦斯涌出量关系图

因此,确定合理的工作面推进速度对于控制工作面瓦斯涌出具有重要意义。

4.3　瓦斯涌出量与工作面产量的关系

选取 2023 年 2 月 15 日至 4 月 10 日间工作面产量及瓦斯涌出量(风排瓦斯、高位钻孔)绘图,如图 8 所示。

由图 8 可以看出,工作面瓦斯涌出量与工作面产量之间大致成正比关系。应当指出,这里的正比关系指的是一段时间内的平均瓦斯涌出量及稳定产量,而日产量对工作面瓦斯涌出量的影响较小。例如,在 2 月 15 日至 3 月 4 日工作面初采期间,工作面平均瓦斯涌出量为 12.69

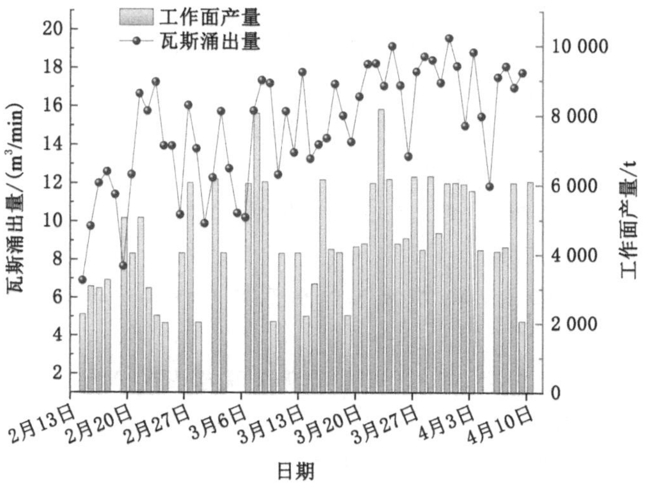

图 8　工作面产量与瓦斯涌出量关系图

m^3/min，平均产量为 3 075 t；在 3 月 22 日至 4 月 3 日稳定开采期间，工作面平均瓦斯涌出量为 17.55 m^3/min，平均产量为 5 726 t，符合正比关系。这是由于产量的加大，使得单位时间内的破碎煤量增多，新鲜暴露的煤壁面积增大，导致落煤瓦斯涌出与暴露煤壁瓦斯涌出量增多；同时，工作面产量的增大加剧顶板的下沉，迫使采空区内瓦斯大量涌入工作面。

5　结论

(1) W 形工作面相较于传统的 U 形工作面，从根本上解决了上隅角瓦斯积聚问题；进回风两端压差小，减少了采空区漏风量；缺点是容易在回风顺槽正对区域内形成瓦斯积聚，回风顺槽端头处支护难度较大 。

(2) 工作面瓦斯浓度沿倾向方向先增大后减小，以回风顺槽所在轴线近似呈对称分布；在工作面走向方向上，瓦斯浓度近似呈“V”形分布，人行道处瓦斯浓度最低，支架后尾梁处瓦斯浓度略高于煤壁侧，说明采空区瓦斯涌出高于落煤及煤壁瓦斯涌出。

(3) 中隅角瓦斯浓度沿倾向方向上变化幅度较大，在走向方向上自采空区一侧瓦斯浓度逐渐降低；受风流路径影响，在回风顺槽正对工作面三角形区域内瓦斯浓度相对较高。

(4) 生产班与检修班相比，工作面瓦斯浓度分布特征具有相似性，生产班瓦斯浓度整体上高于检修班；工作面推进速度与瓦斯涌出量呈正相关，但在时空上存在一定的滞后性；煤炭产量对瓦斯涌出量影响较大，一段时期内的平均产量与瓦斯涌出量呈正比关系。

参考文献

[1]　陈开岩，张占国，林柏泉，等. 综放工作面抽放条件下瓦斯涌出及分布特征[J]. 采矿与安全工程学报，2009，26(4)：418-422.

[2]　王兆丰，郭林聪，苏伟伟，等. 基于瓦斯日报表的回采面瓦斯涌出来源定量分析[J].

河南理工大学学报(自然科学版),2015,34(3):311-315.

[3] 杨宏民,于士芹,梁龙辉,等.低瓦斯煤层高强度开采矿井瓦斯涌出特征及分源治理[J].中国安全生产科学技术,2018,14(5):109-115.

[4] 龚选平,陈龙,陈善文,等.高强度开采低瓦斯煤层时瓦斯涌出的时空分布特征及关键影响因素[J].矿业安全与环保,2020,47(4):17-23.

[5] 吴玉国,邬剑明,王俊峰,等.双U型通风系统综放开采采空区瓦斯分布规律[J].煤炭学报,2011,36(10):1704-1708.

[6] 郑吉玉,韩春雷,徐辉,等.综放工作面瓦斯来源及分布规律研究[J].煤炭技术,2015,34(3):126-129.

[7] 范满长,杨胜强,王国臣,等.综采面瓦斯来源与浓度分布单元法测定及分析[J].煤炭科学技术,2004(3):23-27.

[8] 丁洋,宜艳,林海飞,等.高强开采综放工作面瓦斯浓度空间分布规律研究[J].采矿与安全工程学报,2022,39(1):206-214.

[9] 朱南南,舒龙勇,范喜生,等.采煤工作面及采空区瓦斯运移的数学模型及数值模拟研究[J].安全与环境学报,2021,21(1):210-216.

[10] 董海波,童敏明,张丽苹,等.基于实测数据的工作面瓦斯分布场重建[J].采矿与安全工程学报,2012,29(1):144-149.

[11] 杜春宁,李杰,宁德义,等.综放工作面瓦斯分布实测数据可视化研究[J].煤矿安全,2019,50(11):10-13.

[12] 范涛,刘彦青,桑聪,等.综放工作面配风量对采空区遗煤瓦斯涌出的影响研究[J].煤炭工程,2018,50(11):58-62.

[13] 孟宪锐,张文超,贺永强.高瓦斯综放面瓦斯涌出特征研究[J].采矿与安全工程学报,2006(4):419-422.

[14] 赵长春,屈庆栋,许家林,等.超长综放面瓦斯涌出特征及其影响因素[J].采矿与安全工程学报,2007(3):335-339.

[15] 潘吉成,聂海洋.高产高效综采工作面瓦斯涌出影响因素分析及其对策[J].中国煤炭,2022,48(S1):68-75.

[16] 司俊鸿,刘结高,陈开岩,等.综采面瓦斯绝对涌出量主要影响因素分析[J].煤矿安全,2009,40(5):96-99.

[17] 余小广.工作面瓦斯涌出量与W型通风系统的研究及应用[J].能源技术与管理,2013,38(2):31-33.

[18] 庞拾亿.W型通风工作面采空区瓦斯运移规律及防治技术研究[D].西安:西安科技大学,2019.

[19] 吴旭明.W型采煤工作面回风隅角瓦斯超限治理技术[J].采矿技术,2010,10(S1):63-65.

作者简介:孟丽兵(1976—),男,山西高平人,现任山西高平科兴南阳煤业有限公司通风助理,高级工程师,2010年毕业于太原理工大学采矿工程专业,学士学位,研究方向为瓦斯灾害防治。

高位定向钻孔合理抽采长度研究与应用

孔祥翔[1]，邓文博[2]
（1. 鹤壁煤电股份公司第九煤矿，河南鹤壁，458031；
2. 河南理工大学安全科学与工程学院，河南焦作，454000）

摘　要：确定高位定向钻孔合理抽采长度有利于保证瓦斯抽采效果，提高钻孔利用率，节约工程成本。本文以党家河矿井高位定向钻孔抽采为研究背景，通过理论分析定向钻孔抽采瓦斯机理，分析了钻孔施工工效、施工安全、抽采效果等方面存在的问题，结合工程应用，确定党家河矿井最佳钻孔设计长度为350～400 m，合理抽采长度即有效钻孔长度约为280 m，钻孔有效长度比约为80%。研究结论为相似条件高位定向钻孔抽采瓦斯提供参考。

关键词：定向钻孔抽采；合理抽采长度；裂隙带抽采；钻孔层位

瓦斯作为煤矿“第一杀手”，时刻影响着煤矿的安全生产。为防止采空区及采煤工作面瓦斯超限引起的火灾、爆炸等一系列瓦斯灾害事故发生，高位钻孔采空区瓦斯抽采技术得到普遍认可与推广。高位钻孔是目前治理采空区瓦斯的有效途径，因其能很好地解决采空区瓦斯积聚及下隅角瓦斯超限的问题而被广泛应用[1-7]。陈磊等[8]对比了采空区埋管与高位钻孔瓦斯抽采技术，证明了高位钻孔瓦斯抽采技术的优越性及施工成本低廉的特点。吴世跃等[9]研究了大孔径高位钻孔瓦斯抽采技术并得出了瓦斯抽采效果最佳的层位，使钻场瓦斯抽采纯量高达11.6 m^3/min。刘云峰等[10]研究发现，高位钻孔可取代顶板巷治理采空区瓦斯，并可作为治理采空区火灾的喷浆通道。陈磊等[11]分别从施工成本、后期维护、作业地点和抽采效果等方面对高位钻孔抽采和采空区埋管抽采工艺进行了对比，并认为高位钻孔抽采瓦斯在各个方面均具有极大的优势。孙利海[12]利用高位钻孔代替高抽巷有效解决了新集矿上隅角瓦斯超限的问题。笔者发现高位钻孔长度对其抽采效果具有较大影响，钻孔长度过大不利于施工时钻孔精度的把控，易出现塌孔或钻孔轨迹与设计轨迹偏差大，长钻孔抽采瓦斯时对抽采负压也可能会提出更高的要求；如果钻孔长度过小，钻孔有效利用率会大大降低，严重增加了经济成本和时间成本。因此，高位钻孔合理的抽采长度不但可以保证瓦斯高效抽采还能使生产投入最小化。下面笔者以党家河煤矿为背景重点研究高位钻孔合理抽采长度。

1　高位定向钻孔瓦斯抽采技术介绍

高位定向钻孔瓦斯抽采技术是指利用定向钻机在煤层顶板裂隙带某层位中按照设计要求

施工定向钻孔,再连接瓦斯抽采设备通过负压作用抽采采空区瓦斯的技术。该项技术包括设计、施工和抽采三个步骤。钻孔设计是指在分别确定待施工高位钻孔与煤层顶板高度,与巷帮水平距离后,通过几何图形关系计算出钻孔开孔方位角和仰角,按照钻机配套钻杆可弯曲角度调整、修正施工参数以保证完全符合设计要求;定向钻机由主机、操作台、泵站、防爆电脑、回转器、给进装置、夹持器、液压系统、流量计、定向钻头、螺杆马达、通缆钻杆、履带车体和稳固装置等部分组成,泵站提供高压水流经通缆钻杆送至定向钻头,带动钻头按照预先设计参数从钻场向采空区方向破岩钻进。钻进结束后对高位钻孔封孔,将高位钻孔连接到瓦斯抽采管路,在抽采负压的作用下,煤层顶板裂隙带内聚集的瓦斯被集中抽采,有效减少采空区瓦斯涌出量,防止工作面和下隅角瓦斯浓度超限。

2 高位定向钻孔合理抽采长度研究

2.1 钻孔结构

高位钻孔按照其结构可分为封孔段、爬升段和主孔段。封孔段为高位定向钻孔初始阶段,一般径直长度为 30 m,在施工时要求不改变钻进角度,确保钻孔呈没有弧度的圆柱状;爬升段是连接封孔段和主孔段的过渡段,在设计时呈圆弧状,利用弧长和钻杆长度相等求出开孔参数,施工时按照设计参数调整螺杆马达角度向预定层位钻进,直至进入设计层位;主孔段为在煤层顶板裂隙带设计层位内稳定有效抽采采空区瓦斯的关键孔段,是整个钻孔中最重要的部分。高位定向钻孔的剖面示意图和平面示意图如图 1 所示。

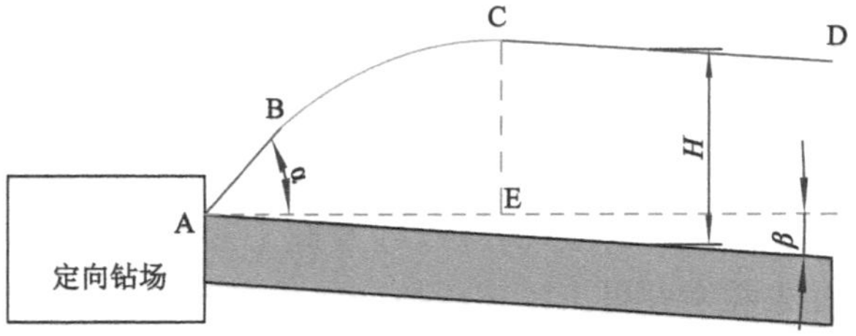

(a) 钻孔剖面图

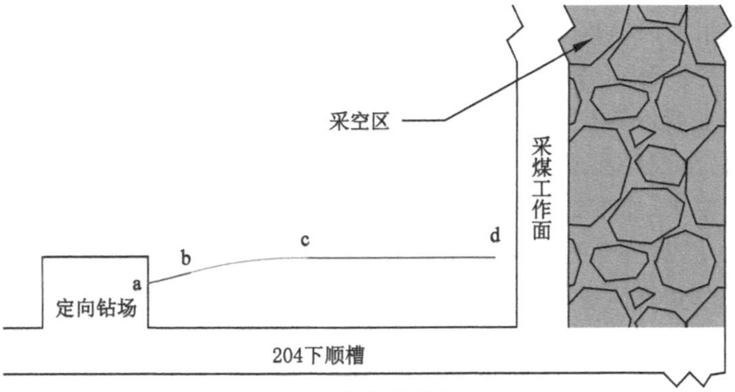

(b) 钻孔平面图

图 1 高位钻孔剖面和平面示意图

图 1(a)中,AB 孔段为封孔段,BC 孔段为爬升段,CD 孔段为裂隙带主孔阶段。钻孔开孔处到进入主孔段截至,钻孔始终处在向煤层顶板裂隙带爬升状态,爬升的垂直高度一般可达十几米。随着工作面回采,该部分钻孔所处层位逐渐远离高浓度瓦斯聚集区域,因此,当采煤工作面推进到高位钻孔主孔段与转弯段交界点 C 正下方时,高位钻孔瓦斯抽采效果逐渐下降,直至不能满足采空区瓦斯抽采的需要,表明此时该钻场钻孔抽采瓦斯能力不足,或者不能作为抽采主力继续抽采。说明此时高位定向钻孔有效抽采长度已使用完毕,剩余的钻孔长度为非有效长度。此处,将高位钻孔有效抽采瓦斯长度与钻孔整体长度之比定义为高位钻孔有效长度比。

2.2 钻孔合理抽采长度分析

从工程经济合理性分析,并非高位钻孔有效长度比越大越好,因为提高钻孔有效长度比最直接的办法是提高钻孔总长度,提高钻孔总体长度即增加主孔段长度,以此增大高位钻孔有效长度比。但是,钻进理论技术与钻孔施工实践表明,施工长钻孔除受钻机性能直接控制、钻孔施工与回采时间关系外,还受钻孔施工安全可靠性、钻进工效等因素控制。合理的抽采长度既能保证钻孔施工安全高效,又能保证瓦斯抽采效果,还能使高位钻孔有效长度比处于一个合理的数值。因此,综合考虑,必定存在钻孔合理抽采长度。根据以往参数钻孔施工试验,虽然施工钻孔采用的钻机性能优越,理论上钻进深度可达 800～1 000 m,但是,钻孔深度大于 400 m 后显示钻进施工安全可靠性降低,钻孔深度大于 500 m 后显示钻进工效降低,由于螺杆马达和配套钻杆自身重力的影响,钻进孔深越大钻进角度越难把控,同时面临断杆和塌孔风险。因此,在设计高位定向钻孔时长度不宜超过 500 m。

本文选择陕西富县党家河煤矿 204 工作面作为研究对象。党家河煤层地质条件较为简单,主采 2 号煤层平均煤厚 1.8 m,煤层近水平发育。煤层底板多为泥岩或砂质泥岩,煤层伪顶多为泥岩,直接顶为细粒砂岩、粉砂岩。煤层上部岩层基本为细砂岩和粉砂岩互层,强度相对较小而泊松比较大,为相对较软岩层。

根据工作面顶板岩性选取合适的“三带”高度经验公式,如表 1 所示。根据表 1 中采空区“三带”高度经验公式计算得出裂隙带高度 $H_l=13\sim21$ m,经参数钻孔试验确定适宜布置钻孔层位在煤层上方垂距 12.6～17.0 m。

表 1　采空区“三带”高度经验公式

覆岩硬度	冒落带高度经验公式/m	裂隙带高度经验公式/m
坚硬	$H_m=\dfrac{100\sum M}{2.1\sum M+16}\pm2.5$	$H_l=\dfrac{100\sum M}{1.2\sum M+2}\pm8.9$
中硬	$H_m=\dfrac{100\sum M}{6.2\sum M+10}\pm2.5$	$H_l=\dfrac{100\sum M}{3.1\sum M+6}\pm6.5$
软弱	$H_m=\dfrac{100\sum M}{3.2\sum M+32}\pm1.5$	$H_l=\dfrac{100\sum M}{3.1\sum M+5}\pm4$
极软	$H_m=\dfrac{100\sum M}{7\sum M+63}\pm1.2$	$H_l=\dfrac{100\sum M}{5\sum M+8}\pm3$

在204下顺槽Ⅱ#定向钻场北侧449.8 m出开辟Ⅲ#定向钻场，钻场内设计6个高位定向钻孔，设计参数如表2所示。表2显示，由于各钻孔设计的平距和垂高均不同，导致孔段AC的水平投影长度不同，可能造成高位定向钻孔有效抽采长度不同。

研究钻孔合理抽采长度是为了既能保证瓦斯抽采效果又能保证经济投入利益最大化，同时确定高位钻孔有效长度比，为后续高位定向钻孔设计长度提供数据参考。

表2 Ⅲ#钻场高位钻孔设计基本参数

孔号	垂高 H/m	平距/m	孔段AC长度/m	设计孔深/m
1	12.6	8	123	402
2	15.5	13	120	402
3	16	18	114	402
4	16.5	23	114	402
5	17	28	117	402

煤层开采后煤层顶板出现大量不同尺寸的裂隙，在裂隙带内存在某一层位作为宏观裂隙和微观裂隙的过渡层，下方为宏观裂隙、上方为微观裂隙，决定了采空区瓦斯以不同的方式流向高位钻孔，即瓦斯分别在强扩散性和膜式滤纯作用下流向高位定向钻孔[13]。因此，在瓦斯抽采过程中，煤层顶板裂隙发育起到决定性作用，当工作面回采到爬升孔段正下方时，高位定向钻孔瓦斯抽采效果能否保证、还能保证多少距离的主要因素在于爬升孔段处裂隙发育情况。

因此，可以得出以下两点判断：① 如果工作面回采到C点正下方时，顶板裂隙发育不理想，则此时高位定向钻孔瓦斯抽采效果不佳，剩余钻孔不能满足瓦斯抽采的要求，可定义为非有效钻孔。根据表2显示，非有效钻孔长度为114～123 m。② 如果工作面回采到C点正下方时，顶板裂隙充分发育，裂隙间连通性良好，针对党家河煤矿而言在煤层顶板上方12.6～17 m间可以保证高位钻孔瓦斯抽采效果。通过204工作面实测抽采数据分析，在裂隙充分发育连通情况下非有效钻孔长度可减小到80 m左右，则钻孔有效利用长度增加了大概40 m。此时，高位定向钻孔有效长度比为80.1%。分析结论的正确性需要根据瓦斯抽采的效果进一步评判。

3 工程应用

3.1 试验钻孔设计及施工

笔者选择党家河煤矿204工作面Ⅲ#钻场北302 m处的Ⅳ#钻场进行验证。钻场内设计5个高位定向钻孔，设计参数如表3所示。Ⅳ#钻场高位定向钻孔设计剖面示意图如图2所示。

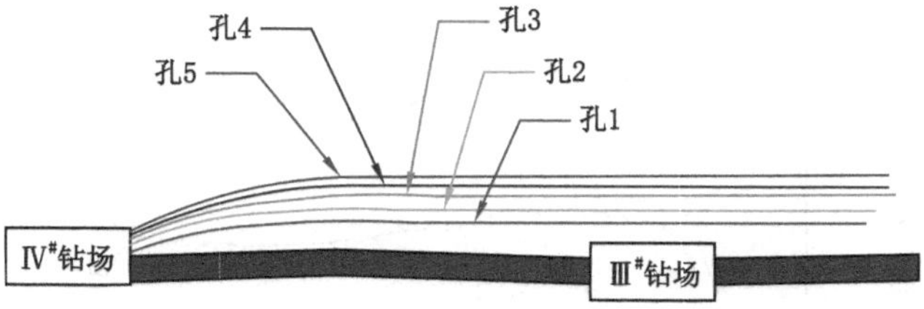

图 2　高位定向钻孔设计剖面示意图

表 3　Ⅳ# 钻场高位钻孔设计基本参数

孔号	垂高 H/m	平距/m	设计孔深/m
1	12.6	3	402
2	15.5	8	402
3	16	13	402
4	16.5	18	402
5	17	23	402

党家河煤矿使用 ZDY15000LD 型大功率定向钻机进行现场施工，根据电脑接收实钻数据绘制钻孔实钻轨迹，Ⅳ# 钻场钻孔实钻轨迹如图 3、图 4 所示。从图 3 可以看出，在进尺 350 m 后 2#、3#、4# 和 5# 钻孔平面图出现明显的波动；同样从图 4 中也可以看出，在进尺 350 m 后 2#、3#、4# 和 5# 钻孔剖面图出现明显波动。综合图 3 和图 4 判断，在进尺 350 m 后，2#、3#、4# 和 5# 钻孔在空间上偏离设计轨迹明显。

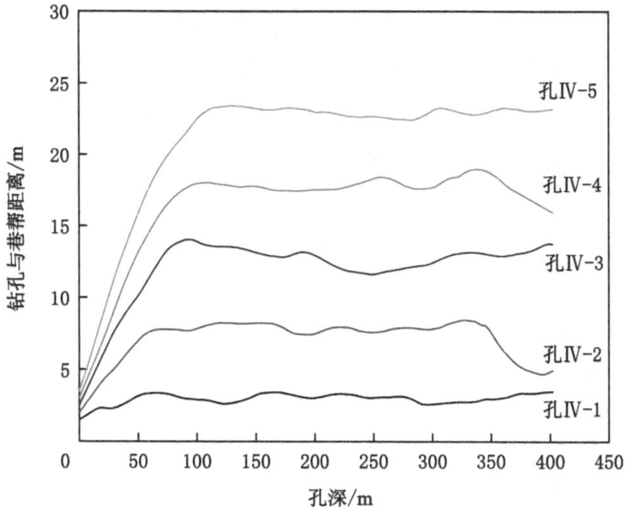

图 3　Ⅳ# 钻场钻孔轨迹实测平面图

3.2　钻孔抽采瓦斯效果分析

为分析高位定向钻孔合理抽采长度，统计了 204 工作面Ⅳ# 钻场整个工作面回采期间瓦

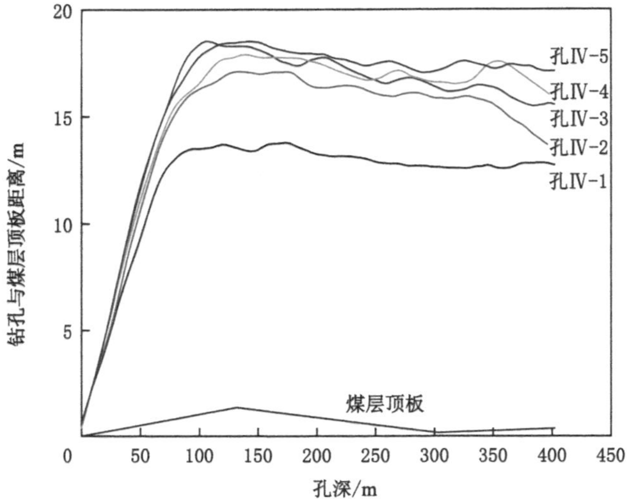

图 4　Ⅳ# 钻场钻孔轨迹实测剖面图

斯抽采数据，如图 5 所示。图 5 显示，一般情况下Ⅳ# 钻场抽采瓦斯纯量为 5.5～7.5 m^3/min，抽采瓦斯纯量最大值为 8.95 m^3/min(6 月 18 日)。以 7 月 30 日为分界Ⅳ# 钻场抽采瓦斯混量可分为前后两个阶段，前期抽采瓦斯混量为 10～20 m^3/min，后期抽采瓦斯混量为 25～32 m^3/min，前期、后期抽采瓦斯浓度平均值分别为 43%、22.8%；其中，6 月 17 日、6 月 18 日抽采瓦斯浓度分别为 44.8%、49.4%。虽然Ⅳ# 钻场总抽采瓦斯浓度、瓦斯混量呈现前后两个阶段，但抽采瓦斯纯量基本稳定，整体波动性小于单孔波动性，表示抽采效果比较稳定。随着采煤工作面推进，在 8 月 10 日后各钻孔瓦斯抽采纯量逐渐降低，整个钻场抽采瓦斯纯量线性降低，并在 74 m 后下降明显，已不能有效防治工作面瓦斯，只能启用下一个抽采钻场。生产实践表明，Ⅳ# 钻场抽采瓦斯效果较好，满足了 204 工作面防治瓦斯的目标要求。生产期间，204

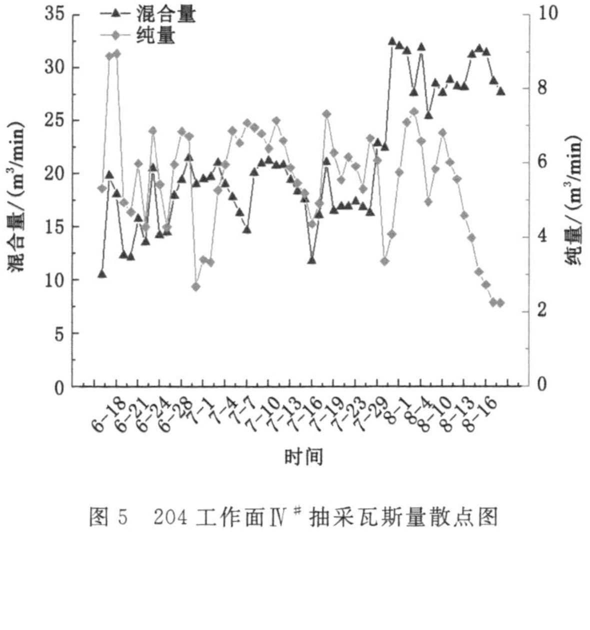

图 5　204 工作面Ⅳ# 抽采瓦斯量散点图

工作面的风排瓦斯量一般为 7.5 m^3/min，抽采瓦斯量占抽排瓦斯总量的 42.3%～50%，抽采瓦斯量最大时抽采瓦斯量占抽排瓦斯总量的 54.4%，工作面回风瓦斯浓度保持在 0.5%，回风隅角的瓦斯浓度小于 0.5%。

综上所述，钻孔在 74～360 m 间瓦斯抽采效果较好，在 74 m 后瓦斯抽采效果不佳，基本不能满足采空区瓦斯抽采的需要。360～402 m 间钻孔瓦斯抽采效果普通，可能是因为钻孔轨迹在 350 m 后与设计层位偏差较大造成的。综合考虑钻孔轨迹偏差和瓦斯抽采效果，认为钻孔合理设计长度不宜超过 400 m，350 m 为最佳设计长度，钻孔非有效长度大约在 70 m。

4 结论

(1) 根据理论分析定向钻孔抽采瓦斯机理，分析了钻孔施工工效、施工安全、抽采效果等方面可能存在的问题，确定了高位定向钻孔抽采瓦斯存在合理的抽采长度。结合工程应用，确定党家河矿井最佳钻孔设计长度为 350～400 m。

(2) 根据现场应用，从满足工作面防治瓦斯要求分析，高位钻孔非有效长度大约为 70 m，按照 350 m 设计长度而言，其高位定向钻孔有效抽采长度为 280 m，有效长度比为 80%。

参考文献

[1] 程远平，俞启香．中国煤矿区域性瓦斯治理技术的发展[J]．采矿与安全工程学报，2007(4)：383-390.

[2] 郭新红，任仲久．多煤层条件下高位钻孔瓦斯抽采层位优选研究[J]．煤矿安全，2021，52(6)：194-198.

[3] 李春元，张勇，李佳，等．采空区瓦斯宏观流动通道的高位钻孔抽采技术[J]．采矿与安全工程学报，2017，34(2)：391-397.

[4] 孙荣军，李泉新，方俊，等．采空区瓦斯抽采高位钻孔施工技术及发展趋势[J]．煤炭科学技术，2017，45(1)：94-99.

[5] 付帅，吕平洋，王嘉鉴，等．近距离松软煤层群高位钻孔瓦斯抽采技术研究[J]．煤炭科学技术，2016，44(11)：78-81.

[6] 赵晶，皮希宇，王栓林，等．高瓦斯薄煤层采煤工作面高位钻孔瓦斯抽采技术[J]．煤炭科学技术，2015，43(11)：78-82.

[7] 蔡文鹏，刘健，孙东生，等．顶板走向高位钻孔瓦斯抽采技术的研究及应用[J]．中国安全生产科学技术，2013，9(12)：35-38.

[8] 陈磊，袁和勇，薛韦一，等．高位钻孔与采空区埋管瓦斯抽放技术对比研究[J]．中国安全生产科学技术，2013，9(10)：98-102.

[9] 吴世跃，刘洋，李进鹏．基于覆岩移动规律的大孔径扇形高位钻孔瓦斯抽采技术[J]．煤矿安全，2013，44(7)：63-65.

[10] 刘云峰，张巨峰，谢亚东，等．高位钻孔采空区瓦斯抽采与洒浆防灭火技术实践[J]．煤炭科学技术，2013，41(4)：53-56.

[11] 陈磊，袁和勇，薛韦一，等．高位钻孔与采空区埋管瓦斯抽放技术对比研究[J]．中国

安全生产科学技术,2013,9(10):98-102.

[12] 孙利海.高位定向钻孔工艺在新集矿区的应用研究[J].煤炭技术,2021,40(12):145-148.

[13] 张明杰,邓文博,谭志宏,等.煤层顶板裂隙带空间网状结构滤纯甲烷研究[J/OL].煤炭科学技术:1-11[2023-05-19].DOI:10.13199/j.cnki.cst.2022-1147.

作者简介:孔祥翔(1969—),1990年毕业于焦作煤炭工业学校通风与安全专业,1999年毕业焦作矿院采矿工程专业,现任鹤壁煤电股份公司第九煤矿总工程师,在《中国煤层气》《煤炭科技与环保》等期刊发表过多篇论文。

保护层开采卸压瓦斯抽采方式探索及应用

肖光华，王永红
（湖南资江煤业集团有限公司，湖南娄底，417000）

摘　要：针对施茶亭井 2# 煤层工作面开采过程中下伏被保护层 3#、5# 煤层卸压瓦斯大量涌入 2# 煤保护层工作面，造成工作面上隅角及回风巷瓦斯偏高、超限问题，矿井根据煤岩层地质特征，开展了卸压瓦斯抽采方式研究，探索出“2# 煤保护层工作面机、风巷同时布置抽采钻场，施工机巷穿层钻孔和风巷截流钻孔，全覆盖”抽采模式，在 3727 工作面进行了抽采试验。结果表明：试验前 3727 工作面每日二班回采，风巷回风流瓦斯浓度为 0.7%～0.9%，试验时三班回采，回风流瓦斯浓度为 0.3%～0.4%，杜绝了回风巷及上隅角瓦斯超限现象，实现了保护层工作面的安全高效开采和瓦斯发电利用。

关键词：保护层；卸压瓦斯；抽采方式；穿层钻孔

开采保护层是煤与瓦斯突出矿井安全、可靠、经济的区域防突措施。但是，保护层开采过程中极易发生被保护层及邻近层卸压瓦斯大量涌入保护层工作面，造成保护层工作面上隅角及回风巷瓦斯偏高或超限现象，因此《防治煤与瓦斯突出细则》规定：“开采保护层时，应当做到连续和规模开采，同时抽采被保护层和邻近层的瓦斯”[1]。目前，国内突出矿井大多采用底板巷穿层钻孔或回风巷高位钻孔等方式抽采卸压瓦斯，部分煤矿因煤岩层赋存条件及岩石性质不适宜施工底板抽采巷和高位钻孔，因此，探索适应这类矿井地质条件的安全、经济、高效抽采卸压瓦斯方式就成为这类矿井必须面对的课题。以湖南资江煤业集团有限公司施茶亭井为例，因底板岩层内存在复杂的 6#、7# 突出煤层，在断层、褶曲等地质变化带或煤层变厚带，极易误穿煤层引发突出，给底板抽采巷掘进施工安全带来了严重威胁。此外，底板抽采巷一般沿煤岩层走向布置，与 6#、7# 煤层呈线性平行关系，如掘进过程中迎头探测到与 6#、7# 煤层间距小于 5 m，则必须采取区域防突措施。这些措施工程量巨大，极大增加了瓦斯治理的难度。

矿井开采历史上曾经发生过多次底板大巷施工过程中误穿 6#、7# 煤层引发突出的现象，因此，该矿无论从安全角度还是经济角度，均不适合施工底板抽采巷。因 2# 煤层顶板上覆岩体裂隙带的岩层为石英砂岩，致密、坚硬、易碎，回风巷高位钻孔钻进困难且易卡钻、丢钻，成孔率非常低，部分完成的高位钻孔因回采时顶板垮落，靠回风巷段容易与垮落带导通直抽空气，造成钻孔报废。经过多年试验，高位钻孔抽采方式不适应施茶亭井地质条件。施茶亭井经过多年探索和反复实践，对于保护层开采时卸压瓦斯抽采方式，主要采取在 2# 煤机巷布置穿层钻孔高负压抽采和回风巷采空区埋管高负压抽采及上隅角低负压插管抽采等综合抽采方式。由于 2# 煤机巷穿层钻孔只能控制工作面倾向 1/2 左右范围，上段未覆盖区域大量卸压瓦斯涌向了工作面上部采空区,仍造成上隅角及回风流瓦斯偏高或超限现象,因此,如何实现全覆盖抽采,确保 2# 煤工作面上隅角及回风流瓦斯不超限是矿井亟须解决的问题。

1 矿井及试验区基本情况

1.1 矿井基本情况

湖南资江煤业集团有限公司施茶亭井始建于 1958 年,核定生产能力为 45 万 t/a。采用斜井-平硐综合开拓,走向长壁后退式采煤方法,综合机械化采煤工艺。有主斜井、副平硐、五号及七号风井共四个井筒,划分为 +75 m、−30 m、−200 m、−320 m 四个水平开采。其中第一、二水平已开采完毕,现生产水平为 −200 m 和 −320 m 水平,生产采区为 307 采区、403 采区,准备采区为 405 采区。

矿井采用分区式通风。现有两个风井运行,其中 5# 风井安装 FBCDZ—№22/2×160 kW 型轴流式风机 2 台,排风量为 3 500 m^3/min;7# 风井安装 4—72—№20B 型离心式风机 2 台,配套电机功率 132 kW,排风量为 1 800 m^3/min,矿井总回风量为 5 300 m^3/min。

矿井建有高、低负压抽采系统,各安装两套 2BE1—405、2BE—303—0 型水环式真空泵 2 台(一运一备),高负压泵额定流量为 125 m^3/min,电机功率为 185 kW;低负压泵额定流量为 62 m^3/min,电机功率为 90 kW。

矿井建有瓦斯发电厂房,安装 2 台 500 GF1—3P WWD 型 500 kW 瓦斯发电机组。

矿井开采涟邵煤田测水组煤层。井田呈一单斜构造,地层走向 NE60°~85°SW,倾角一般为 12°~25°,构造简单。含煤地层为石炭系下石炭统测水组下段,共含煤 7 层,从上往下依次命名为 1#、2#、…、7# 煤,其中 2#、3# 煤层为主要可采煤层,4#、5# 煤层为局部可采煤层,4# 煤层只在原资江区段可采,1#、6#、7# 煤层全区不可采。2# 煤厚度为 0~1.45 m,平均为 0.75 m;3# 煤厚度为 0.49~4.24 m,平均为 1.90 m;4# 煤厚度为 0~3.01 m,平均为 1.29 m;5# 煤厚度为 0~1.97 m,平均为 0.69 m;6#、7# 煤厚度为 0~0.7 m,平均为 0.15 m。2# 煤直接顶为细砂岩,基本顶为石英砂岩,直接底为砂质泥岩。2# 煤与 3# 煤层间距为 4.46~23.3 m,平均为 15 m;3# 煤底板为细砂岩,3# 煤层与 5# 煤层间距为 0.71~7.38 m,平均为 2.8 m;5# 煤底板为细砂岩或砂页岩,5# 煤层与 6# 煤层间距为 1.77~24.16 m,平均为 7 m。

该矿为煤与瓦斯突出矿井,3#、4#、5#、6#、7# 煤层均为突出煤层,尤以 4#、5# 煤层突出最为严重。2# 煤为非突出煤层,可作为保护层开采。2018 年与安徽淮南《平安煤炭开采工程技术研究院有限责任公司》合作研究开采保护层的保护效果,在 3726 工作面进行了实际考察,结果表明:"2# 煤开采后,3# 煤透气性增大 1 812 倍,煤层最大膨胀变形率为 12‰;5# 煤透气性增大 664 倍,煤层最大膨胀变形率为 9.71‰,均大于《防治煤与瓦斯突出细则》规定的 3‰,保护层开采保护效果显著"。煤层瓦斯基本参数如表 1 所示。

表 1 煤层瓦斯基本参数

煤层	坚固性系数 f	瓦斯含量 X/(m^3/t)	瓦斯压力 p/MPa	瓦斯放散初速度 Δp/mmHg
2#	1.03	6.57	0.48	51
3#	1.24	12.49	0.94	35

表1(续)

煤层	坚固性系数 f	瓦斯含量 $X/(m^3/t)$	瓦斯压力 p/MPa	瓦斯放散初速度 Δp/mmHg
5#	0.38	17.2	1.0	52

自1975年5月7日在+115 m水平105中间石门首次发生强度为1 200 t煤与瓦斯突出以来，历年共发生煤与瓦斯突出285次，最大的一次发生在2000年8月27日早班，303—153石门揭煤，全井撤人，放震动炮，突出煤量4 000 t，瓦斯量10.4万m^3。

1.2 试验区基本情况

试验区3727工作面位于矿井37采区第三区段(−123～−159 m)西翼2#煤保护层工作面。工作面走向长度为310 m，倾向长度为145 m，煤层赋存较稳定，平均倾角为15°，煤厚为0.8 m，顶板为细砂岩，伪底含2层0.1～0.2 m煤线与炭质泥岩互层，采高1.6～1.8 m，综合机械化回采工艺，选用MG2×70/330—BWD型交流电牵引采煤机，滚筒截深600 mm；配SGZ—630/2×110刮板输送机，安装ZY2000/09/20型掩护式支架115架。工作面机、风巷矩形断面，净宽2.8 m，净高2.2 m，锚杆加锚网加钢带支护。“U”形通风，风量为750 m^3/min。试验前已采取：① 工作面机巷内沿走向每隔30 m施工1个深度不大于6 m的抽采钻场，每个钻场施工25个抽采钻孔，采用高负压抽采；② 在回风巷采空区内预埋一路ϕ100 mm铁管，每隔15 m安装一根“立式花管”，并围设木垛保护，采用高负压抽采，“花管”随采随设；③ 在工作面上隅角码砌沙袋堵墙，使用低负压插管抽采、随采随退等抽采方式。该工作面自2020年11月投产，至2021年4月底，工作面已回采125 m。回采期间，工作面上隅角及回风流瓦斯浓度始终处于高位状态，维持在0.7%～0.9%，割煤时甚至短时超过1%，引起预警保护断电，不得不采取“早中班回采，晚班停采”的循环作业方式，规定每小班只允许切割一刀，通过放慢工作面开采速度、延缓卸压瓦斯向采空区释放的措施来确保瓦斯不超限，工作面月推进度仅25 m左右，严重制约了工作面安全高效开采和被保护层工作面正常接续。2021年5月，公司组织采矿、通风、瓦斯防治等专业技术人员召开了多次专题研讨会，对3727工作面瓦斯来源进行了深入分析，提出对3727工作面瓦斯涌出分源探测，根据测定结果来改进抽采钻孔设计，增大抽采覆盖范围的技术路线。

2 试验区卸压瓦斯涌出状况测定

为查明下伏被保护层卸压瓦斯向保护层工作面采场涌出的分布规律，利用光学瓦斯检定仪，沿3727工作面倾向每隔10架支架对工作面内瓦斯浓度进行了测定，测定结果见表2。

表2 保护层工作面瓦斯浓度测定表

观测位置	浓度/%	观测位置	浓度/%
115架	0.65	65架	0.42
105架	0.6	55架	0.25
95架	0.58	45架	0.15

表2(续)

观测位置	浓度/%	观测位置	浓度/%
85 架	0.55	35 架以下	0.10
75 架	0.50		

表 2 表明,工作面瓦斯浓度沿工作面倾向呈现由下往上逐步增大且工作面中下段瓦斯浓度呈急剧下降的趋势。

设计沿 3727 工作面倾向每隔 15 架支架对工作面第 115～40 架底板下瓦斯涌出状况进行探测,探明被保护层卸压瓦斯向保护层工作面的涌出状况。采用 ZQS—40 风煤钻加接 ϕ42 mm 专用麻花钻杆垂直煤层底板(泥岩)打钻,钻孔每进 0.5 m,测定一次钻孔内的瓦斯浓度。测定结果见 3。

表 3 保护层底板钻孔瓦斯浓度测定表

位置			第 115 架	第 100 架	第 85 架	第 70 架	第 55 架	第 40 架
钻孔深度/m	0.5	孔内瓦斯浓度%	0.8	0.6	1.0	0.5	0.4	0.3
	1.0		2.8	2.6	2.6	2.0	1.5	1.0
	1.5		8.0	6.5	3.5	2.5	3.5	3.0
	2.0		10.	8.0	6.8	7.0	5.0	3.2
	2.5		25.	18.	16.	15.	7.2	4.0
	3.0		40.	36.	25.	23.	8.0	5.0

表 3 表明,工作面采动后,大量被保护层及邻近层卸压瓦斯通过裂隙向保护层工作面底板富集并上涌,按工作面倾向从下往上呈逐步增加的趋势。工作面倾向中下部底板下的瓦斯浓度明显低于上部,主要原因是机巷穿层钻孔抽采的结果。

3 3727 工作面机、风巷综合抽采钻孔设计

依据 2# 煤工作面采场瓦斯浓度及底板下不同深度瓦斯浓度的测定结果、分布状态分析结果,改进机巷抽采钻孔,由原来每个钻场设计 25 个抽采孔,改为在上部增加一排(5 个)钻孔,每个钻场按 30 个抽采孔设计;另增加在风巷布置抽采钻场,实施底板截流抽采。

3.1 机巷穿层抽采钻孔设计

3727 工作面机巷内沿工作面走向每隔 30 m 在巷道上帮布置一个净宽 3 m、净高 2 m、长度为 6 m 抽采钻场,每个钻场施工 30 个抽采钻孔,钻孔沿 5# 煤底板层面间距为 10 m,钻孔控制范围为下伏 3# 煤层、5# 煤层机巷下帮轮廓线至少大于 15 m 区域,抽采钻孔封孔长度不少于 5 m,钻孔穿透 5# 煤层底板 0.5 m 止,最上排钻孔如下部煤层坡度平缓可不穿透 5# 煤。机巷穿层抽采钻孔设计参数见表 4,机巷穿层抽采钻孔设计图见图 1 所示。

表 4　机巷穿层抽采钻孔设计参数表

孔号	方位/(°)	偏角/(°)	倾角/(°)	开孔位置		预计钻孔长度/m	孔号	方位/(°)	偏角/(°)	倾角/(°)	开孔位置		预计钻孔长度/m
				距中心/m	距底线/m						距中心/m	距底线/m	
1	193	0.0	3	0.0	1.04	95.7	16	204	11.3	−5	0.6	0.41	59.2
2	193	0.0	1	0.0	0.83	83.0	17	207	14.0	−9	0.6	0.21	47.4
3	193	0.0	−1	0.0	0.62	70.5	18	211	18.2	−17	0.6	0.00	36.2
4	193	0.0	−5	0.0	0.41	58.1	19	189	−3.5	3	−0.3	1.04	95.8
5	193	0.0	−10	0.0	0.21	46.0	20	189	−4.0	1	−0.3	0.83	83.2
6	193	0.0	−18	0.0	0.00	34.4	21	188	−4.7	−1	−0.3	0.62	70.7
7	197	3.5	3	0.3	1.04	95.8	22	187	−5.7	−5	−0.3	0.41	58.4
8	197	4.0	1	0.3	0.83	83.2	23	186	−7.1	−10	−0.3	0.21	46.3
9	198	4.7	−1	0.3	0.62	70.7	24	184	−9.3	−18	−0.3	0.00	34.9
10	199	5.7	−5	0.3	0.41	58.4	25	186	−7.0	3	−0.6	1.04	96.4
11	200	7.1	−10	0.3	0.21	46.3	26	185	−8.0	1	−0.6	0.83	83.8
12	202	9.3	−18	0.3	0.00	34.9	27	184	−9.4	−1	−0.6	0.62	71.4
13	200	7.0	3	0.6	1.04	96.4	28	182	−11.3	−5	−0.6	0.41	59.2
14	201	8.0	1	0.6	0.83	83.8	29	179	−14.0	−9	−0.6	0.21	47.4
15	202	9.4	−1	0.6	0.62	71.4	30	175	−18.2	−17	−0.6	0.00	36.2
合计钻孔个数/个						30	合计钻孔进尺/m						1 657.4

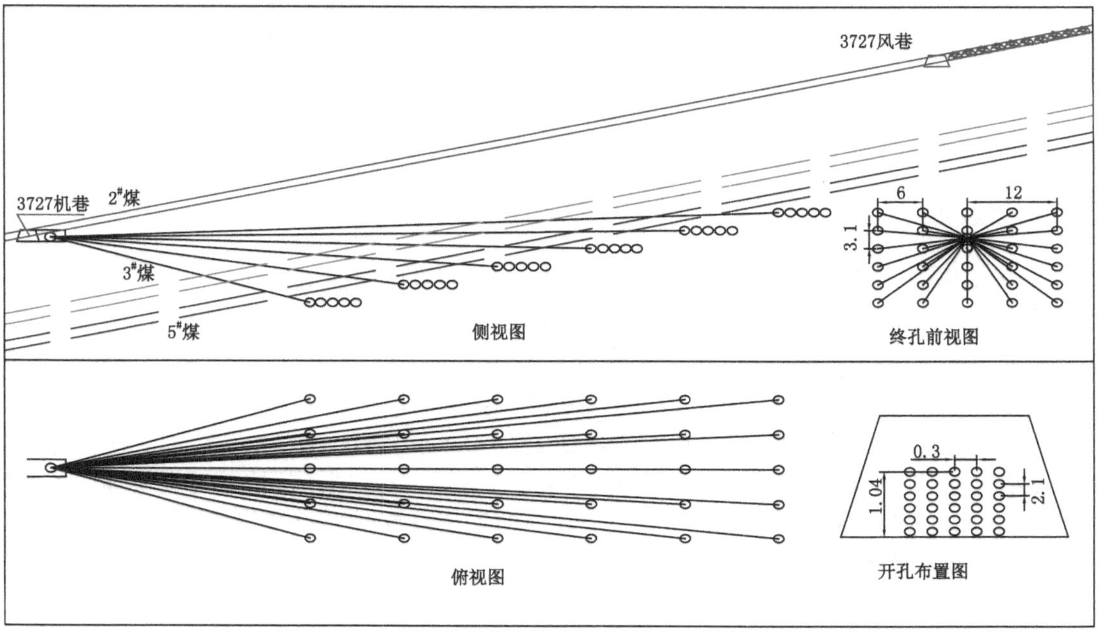

图 1　3727 工作面机巷抽采钻孔设计图

3.2 风巷底板截流抽采钻孔设计

根据底板瓦斯浓度测定结果及瓦斯分布状况，2# 煤 3727 工作面采动后，下伏 3#、5# 煤层产生了大量的卸压瓦斯，并富集在保护层工作面近距离的底板内，这是造成工作面上隅角及回风巷瓦斯浓度持续处于高位状态的主要原因，因此，必须对 3727 工作面中上部底板下富集的卸压瓦斯实施截流抽采。

3727 工作面风巷内每隔 40 m 从巷道下帮施工一个抽采钻场，向采空区方向施工 10 个(或 12 个)长度约 45 m 的下向底板截流抽采钻孔(钻孔可不穿透下伏 3#、5# 煤层)。风巷底板截流抽采钻孔设计参数如表 5 所示，风巷底板截流抽采钻孔设计图如图 2 所示。

3727 工作面机、风巷综合抽采钻孔布置平、剖面示意图见图 3、图 4 所示。

表 5　3727 风巷截流抽采钻孔设计参数

孔号	方位/(°)	偏角/(°)	倾角/(°)	开孔位置		预计孔深/m
				距中线/m	距底板/m	
1	278	−5	−3	−1.18	0.78	40.3
2	283	0	−5	−0.91	0.75	40.1
3	288	5	−6	−0.64	0.72	40.4
4	294	11	−8	−0.36	0.69	41.1
5	299	16	−9	−0.09	0.66	42.1
6	304	21	−10	+0.19	0.63	43.5
7	308	25	−11	+0.46	0.60	45.2
8	312	29	−12	+0.73	0.57	47.2
9	316	33	−13	+1.01	0.54	49.4
10	320	37	−14	+1.28	0.51	51.2
合计						441.2

3.3 现场应用

3727 工作面机、风巷抽采设计在现场应用后取得了明显的抽采瓦斯效果，保护层工作面回风巷风流中瓦斯浓度控制在 0.3%～0.4%，上隅角瓦斯浓度控制在 0.6%左右，杜绝了回风巷及上隅角瓦斯超限现象。工作面作业方式由“两采一停”改为正常“三班回采”，试验前月推进度不足 25 m，试验后月推进度达 45 m，效率提高了 80%以上。回采期间，3727 机巷抽采支管瓦斯浓度稳定在 35%左右，标态瓦斯纯量稳定在 3.2 m^3/min 左右；3727 风巷抽采支管瓦斯浓度稳定在 45%左右，标态瓦斯纯量稳定在 3.5 m^3/min 左右，月抽采瓦斯纯量 25.9 万 m^3，月发电量 45 万 kW・h，实现了保护层工作面的安全高效开采和煤与瓦斯共采目标，取得了较好的安全经济效益。

4　结语

(1) 本文通过对保护层工作面及底板下瓦斯浓度实际测定，探明了卸压瓦斯的富集状态，

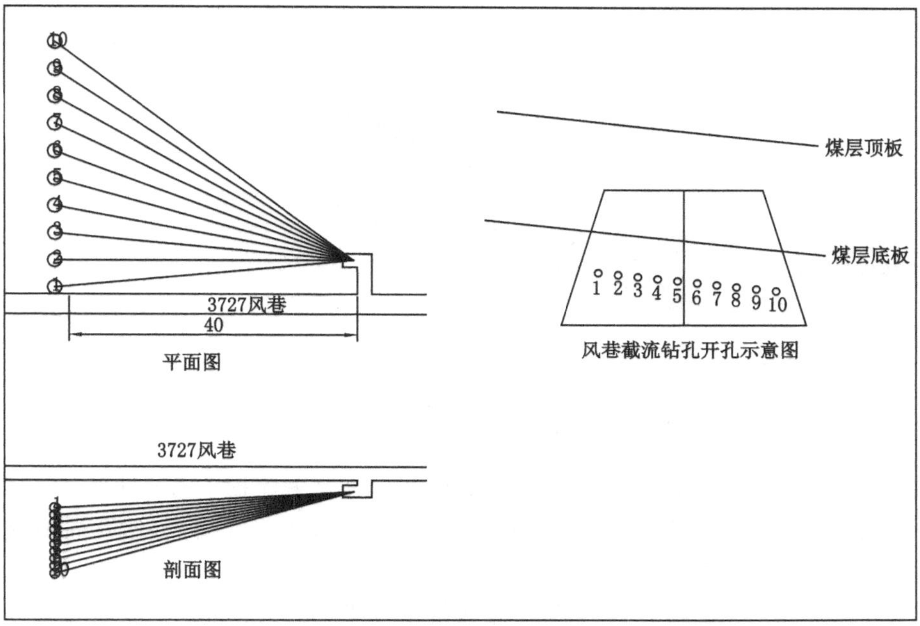

图 2　风巷底板截流抽采钻孔设计图

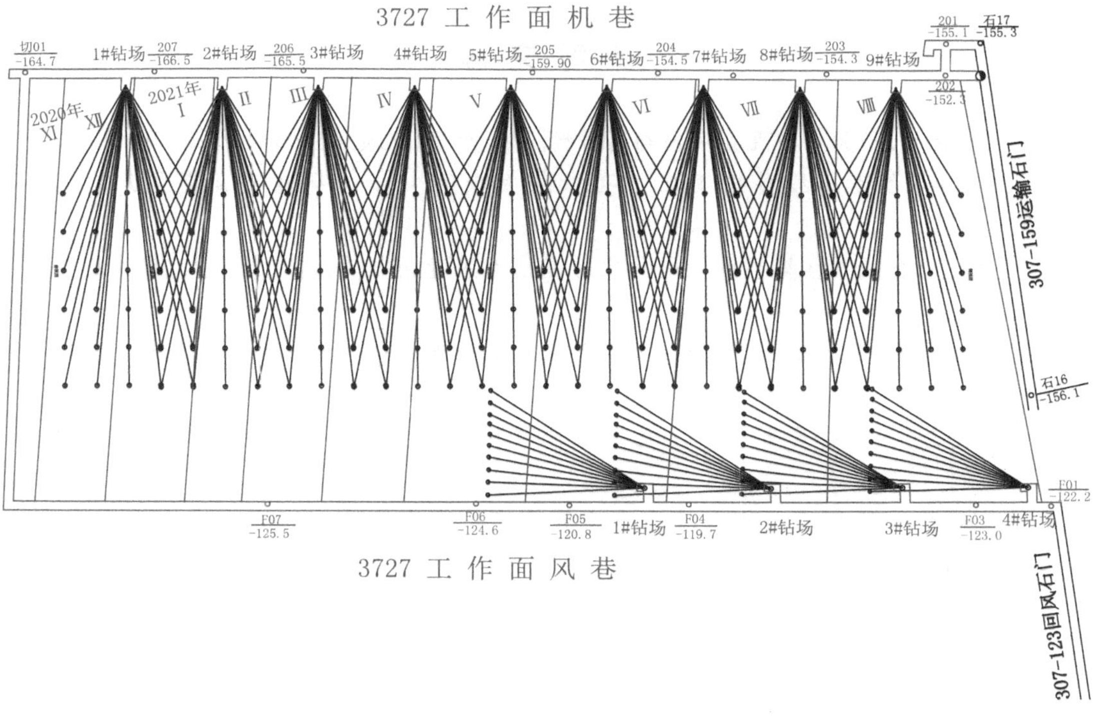

图 3　机、风巷综合抽采钻孔布置平面图

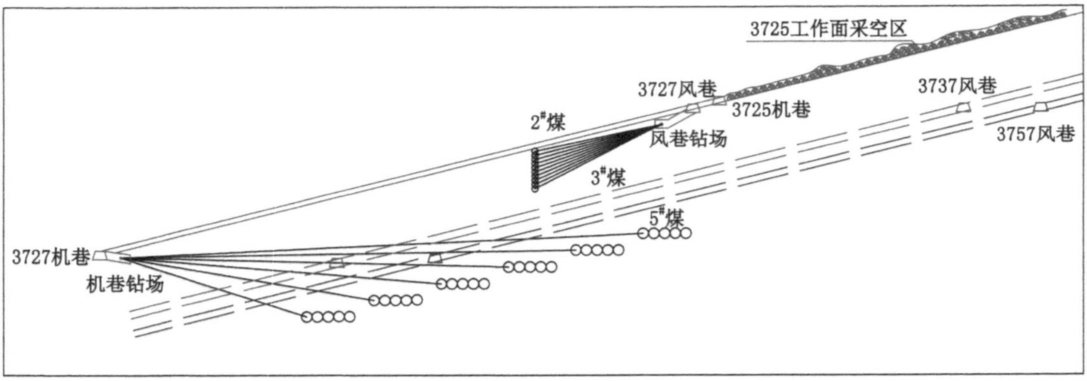

图 4　机、风巷综合抽采钻孔布置剖面图

并据此提出了在保护层工作面风巷施工底板抽采钻孔，实施截流抽采的合理性。

(2) 创新风巷底板截流抽采钻孔的应用，实现了钻孔抽采半径由点(钻孔周围)控制向面(整个保护层工作面底板)控制转换，显著增加了抽采效果。

(3) 采用保护层工作面机、风巷布置小钻场抽采方式比施工底板抽采巷具有明显优势，既可防止误穿煤层，引发突出事故，又可节省三分之二抽采巷道工程(约 200 m)，抽采钻孔平均长度减少三分之一。两项合计，每个工作面保护层开采可节约瓦斯治理资金 180 万元以上，经济效益显著。

参考文献

[1] 孙东玲. 防治煤与瓦斯突出细则解读[M]. 北京：煤炭工业出版社，2019：102-105.

[2] 袁亮. 创新工程科技理念，实现煤与瓦斯共[R]. 全国煤矿瓦斯防治培训班课件，2016.

[3] 袁亮. 低透气性煤层群无煤柱煤与瓦斯共采理论与实践[M]. 北京：煤炭工业出版社，2008.

[4] 申晋豪，李润求，王刚. 上保护层开采卸压瓦斯抽采问题分析[J]. 科技创新与应用，2019(3)：60-64.

[5] 张虎仕. 保护层开采卸压瓦斯治理技术应用实践[J]. 能源与节能，2016(10)：172-175.

[6] 陈延可，戴广龙，汪大全. 上保护层开采卸压瓦斯治理技术研究[J]. 煤炭科学技术，2013，41(3)：77-80.

[7] 张旺生. 保护层瓦斯抽采技术浅析[J]. 矿业科学技术，2011，39(5)：143-144.

[8] 程远平，周德永，俞启香，等. 保护层卸压瓦斯抽采及涌出规律研究[J]. 采矿与安全工程学报，2006，23(1)：12-18.

作者简介：肖光华(1965—)，湖南冷水江人，毕业于湖南煤炭工业学校，采矿工程师，现任湖南资江煤业集团有限公司总工程师，主要从事瓦斯治理等方面的研究工作。

新庄煤矿打钻工程提质提效技术研究

郭　浩，郭　聪
（河南神火煤电股份有限公司新庄煤矿，河南永城，476600）

摘　要：为切实提高新庄煤矿打钻质量及效率，保证安全生产，从工艺及设计、设备及配件、劳动组织及工资待遇、现场管理等方面研究了打钻工程提质提效技术措施，钻进工效环比得到明显提高，定向钻孔效率提高了14.03%，穿层钻孔效率提高了34.53%，顺层钻孔效率提高了14.72%，确保了钻孔工程安全优质高效施工。

关键词：打钻工程；提质提效；技术措施

随着瓦斯灾害治理难度的增加，施工环境逐渐恶化，井下钻孔施工面临着"机械化换人、自动化减人"需要日益迫切，国家矿山安全监察局河南局、河南省工业和信息化厅关于印发《关于深化全省煤矿"一优三减"及"四化"建设的指导意见》通知中提出"提高工作效率，减少生产辅助作业人员"以及"积极推进煤矿自动化建设"等要求，新庄煤矿在瓦斯灾害治理方面亟须"转观念、提效率、上台阶"，提出"以优化钻孔设计提高钻孔质量、以提高装备水平提升钻进速度、以科学生产组织提高打钻效率，以增加达标煤量保生产接替、以瓦斯治理效果保安全发展"（三提两保）的打钻理念，以"提高钻进效率、提升钻进安全性、降低工人劳动强度"为目的，通过优化钻孔施工流程与生产环节管控，实现各工序高效衔接，突破钻孔施工瓶颈，确保钻孔工程安全优质高效施工。

1　研究内容

新庄煤矿主采二$_2$煤层和三$_2$煤层，均为突出煤层，主要采用定向及穿层钻孔预抽煤层瓦斯区域防突措施。为切实提高新庄煤矿打钻效率，保证安全生产，现从工艺设计、设备配件、劳动组织及工资待遇、整体规划等方面就打钻施工如何提质提效开展研究。

主要从以下几个方面展开研究：

（1）打钻提质提效技术措施组织机构。

（2）打钻效率原状。

（3）打钻施工环节分析。

（4）打钻提质提效技术措施。

2 影响钻孔施工原因分析

根据新庄煤矿历年钻孔施工台效统计结果,穿层钻孔钻机台效为 35 个/月、1 500 m/月;定向钻孔钻机台效为 750 m/月,工效较低,主要影响因素分析如下。

2.1 穿层钻孔施工环节分析

以平均孔深 50 m、底抽巷岩石硬度系数 f 值为 6~8 的穿层钻孔为例进行分析。正常条件下,可实现平均单台钻机每天施工一个钻孔,打钻环节统计及主要影响统计如下:

(1) 八点班 8:00~13:00 为钻机检修,老化钻机占用检修时间较多,校验甲烷传感器(高低浓度分别校验,七天一次)、集中出渣(三天一次集中出渣)时间,13:00~16:00 移钻机、稳钻、安装防喷装置。

(2) 四点班 16:00~24:00 为正常钻进时间,单台钻机每个小班平均钻进一个孔,但现有钻头、钻杆质量差,时常发生断钻,影响打钻效率。

(3) 零点班 0:00~8:00 为冲孔时间,单台钻机每个小班平均钻进冲孔一个孔。现有冲孔方式为:先低压钻进,钻孔结束后需拔出钻杆,更换冲孔钻头,重新续钻至孔底进行高压扩冲,不能实现钻扩一体化,影响打钻效率。

(5) 由于劳动定员问题,无法实现现场交接班,平均每班影响时间 30~60 min。

2.2 定向钻孔施工环节分析

以投影钻孔总孔深 420 m 左右定向钻孔为例。正常条件下,单孔施工时间为 40 d,打钻环节统计及主要影响统计如下:

(1) 每天 8:00~13:00 为钻机检修,老化钻机占用检修时间较多,校验甲烷传感器(高低浓度分别校验,七天一次)、集中出渣(三天一次集中出渣)时间。

(2) 每天 13:00~24:00 为正常钻进时间。

(3) 煤层钻进期间需要更换三棱钻杆,最多一次更换 350 m 以上,严重影响施工时间。

(4) 由于劳动定员问题,无法实现现场交接班,平均每班影响时间 30~60 min。

3 打钻提质提效技术研究

3.1 工艺及设计

针对定向钻孔、穿层钻孔及规划设计上存在的影响钻孔施工及瓦斯抽采效率的问题,将从工程设计、钻孔设计、供水、供电、排水、排渣、运输、抽采、计量、视频、监控等各方面逐项进行改进。

针对定向钻孔孔深超过 400 m(平距)时,施工难度大、单孔用时长,采取的提质提效技术措施:加强底抽巷和工作面设计,生产科与通防科结合,充分考虑底抽巷和工作面层位关系,根据现有规划及设计,定向防突措施钻孔最大深度不超过 350 m。通过减少长钻长度,提高了施工效率,平均施工一个钻孔可减少 10~20 d 施工时间。

针对穿层钻孔孔深超过 90 m 钻孔存在偏移、不见煤、塌孔、扩孔不出煤、串孔等现象，采取提质提效技术措施如下：

(1) 已经形成底抽巷，如果工作面具备调整设计的条件，生产科配合通防科，对工作面设计进行调整；如果工作面不具备调整条件，孔深超 90 m(含穿煤长度)的穿层钻孔采用定向钻机施工。

(2) 今后进行底抽巷和工作面设计时，生产科与通防科结合，充分考虑底抽巷和工作面层位关系，从源头上避免穿层钻孔单孔深大于 70 m(含穿煤长度)，减少超长钻孔。

(3) 掩护回采、掩护掘进钻孔分开施工，列与列之间要拉开间距，减少相互串孔影响现象。

(4) 优化钻孔施工顺序，每列钻孔首先施工 3～4 个大角度钻孔，精确掌握煤层赋存，及时调整钻孔设计；增加对钻孔补孔率的奖罚激励措施，减少钻孔补孔。

(5) 全程扩孔，减少因煤体塌孔堵封孔管现象，造成抽放效果差。

(6) 对于小倾角的钻孔，施工过程中要求采取保直措施，防止出现无效钻孔现象，钻孔施工结束后要进行测斜比对。

(7) 考察、探索新的钻孔保直措施，改进钻机夹持器，购置新型扶正器。

针对底抽巷规划设计不合理，各大系统布局存在问题较多，严重影响施工效率，采取提质提效技术措施如下：

(1) 底抽巷设计时，统筹考虑工程设计、钻孔设计、供水、供电、排水、排渣、运输、抽采、计量、视频、监控等各大系统；严格控制底抽巷成型及施工质量，及时注浆封堵裂隙。

(2) 现有 28041 底抽巷、28091 西翼底抽巷，组织各生产科室现场重新进行论证优化。需要增加的工程，立即安排队伍、列入计划进行整改。

(3) 对于正在掘进的底抽巷，组织各生产科室重新进行设计规划，对于供水、供电、排水、排渣、运输、抽采、计量、视频、监控等系统与巷道掘进同时施工、同时完工。

针对由于巷道来压底鼓，根据巷道底板标定开孔高度误差较大，采取提质提效技术措施：所有底抽巷掘进期间，施工单位对巷道腰线做永久性标记；瓦斯抽采钻孔开孔高度均以巷道腰线为基准，预计单孔可减少稳钻时间约 30 min。

3.2 设备及配件方面

(1) 提升装备水平，在新设备的使用上要加大投入，要敢于试用新设备，需要投入的必须投入。

(2) 定向钻机以现有厂家为主，继续坚持配件代储，尽可能增加代储清单内容；普通钻机要改变低价中标的招标模式，买一些性价比高、质量好的钻机，普钻钻机关键配件实现代储。

(3) 小角度、大孔深钻孔尽量设计用定向钻机施工。

(4) 钻杆、钻头、螺杆马达等钻具要选购质量好的厂家进行购置；同时，根据不同煤岩赋存及地质条件，购置不同类型的钻具，并实现代储。

(5) 采购小型液压钻机，用于掘进工作面迎头钻孔施工。

3.3 劳动组织及工资待遇方面

(1) 工资待遇优先向灾害治理工程进行倾斜，至少与采掘区队持平；由劳资科负责对钻探区队工资单价划块，合理分配工资。

(2) 激励措施引导

① 钻探系列工资划块管理,钻探区队正职工资系数可以提高,完成任务较好的工资向上浮动。

② 矿井要制定激励措施,对施工组织、任务完成好的进行奖励。

③ 从矿井、公司层面对钻手、封孔工等技术性工种加大奖励力度,设置单独奖励。

(3) 钻探区队正职要高度重视招工工作,加大招工力度,增加人员和钻机,区队正职工资要与开机率进行挂钩。

(4) 钻探区队要制定切合工作实际的方案,积极培养钻机手,对优秀钻机手奖励奖励。

(5) 钻探区队杂活要合理计划,要改变现有思路,为钻探区队施工创造好的施工条件,保障钻探区队的施工作业。

3.4 现场管理方面

针对穿层钻孔及定向钻孔出渣量大,三天集中出一次渣,需恢复胶带,停运钻机,平均每月影响打钻时间至少 8 个小班,并且文明卫生无法保障等问题,采取提质提效技术措施如下:

(1) 尽可能加大底抽巷断面,做好底抽巷整体规划。在满足检修空间的前提下,胶带尽量靠帮,避免拆胶带打钻。在满足安全使用且无重大隐患前提下,适当降低底抽巷胶带标准化要求。

(2) 打钻队在底抽巷集中出渣期间,要提前向调度室汇报。调度室要保证钻探队出渣期间采区胶带正常运转,不得影响打钻队集中出渣需要。

(3) 考察污泥泵、小型压滤机、翻渣机等新型出渣设备;考察适合打钻使用的非底运式小型胶带;短距离巷道,尽量使用溜子出渣。争取做到胶带不停运,钻渣随打随出。

针对掘进巷道钻机设备及附属材料配件的管理问题,采取的提质提效技术措施:钻探队与掘进区队相结合,在钻孔施工地点附近就近设立料场,用于存放钻探设备和材料配件,任何单位和个人不得私自乱动料场内的钻探设备和材料。

4 效果分析

通过从工艺及设计、设备及配件、劳动组织及工资待遇、现场管理等方面研究并落实了打钻工程提质提效技术措施,新庄煤矿钻探工程质量与功效都得到了提高。选取 2021 年 12 月与 2022 年 12 月打钻情况进行统计分析,结果如下:定向钻孔效率由 793.14 m/台提高到 904.40 m/台,提高了 14.03%;穿层钻孔效率由 1 543.75 m/台提高到 2 076.75 m/台,提高了 34.53%;顺层钻孔效率由 2 266.75 m/台提高到 2 600.50 m/台,提高了 14.72%(表 1)。

表 1　2021 年 12 月与 2022 年 12 月钻机台效情况统计表

钻孔类型	钻机数/台 2021/2022	月钻孔数 2021/2022	月进尺/m 2021/2022	钻机台效	
				孔/台 2021/2022	m/台 2021/2022
定向	7/10	7/16	5 552/9 044	1/1.6	793.14/904.4
穿层	4/4	142/157	6 175/8 307	35.50/39.25	1 543.75/2 076.75
顺层	4/4	117/132	9 067/10 402	29.25/33	2 266.75/2 600.5

5 结论

新庄煤矿从影响钻孔施工原因分析入手，在工艺及设计、设备及配件、劳动组织及工资待遇、现场管理等方面通过优化钻孔施工流程与生产环节管控，实现了各工序高效衔接，突破了钻孔施工瓶颈，确保了钻孔工程安全优质高效施工。

参考文献

[1] 秦建伟.煤矿瓦斯钻场打钻管理系统的应用[J].矿业装备，2019(2)：94-95.

[2] 张录平."三真四化"专业化打钻队伍建设[J].能源与环保，2017，39(12)：267-271.

[3] 陈留洋.煤矿钻杆"丢失"原因及预防措施[J].河南科技，2017(3)：85-86.

[4] 郇伟卫，杨琪琛.一种煤矿钻机防水溅快接水辫[J].煤矿安全，2016，47(10)：115-117.

[5] 邢建国.煤炭企业瓦斯治理精细化管理体系创新与实践[J].煤矿安全，2016，47(9)：247-250.

[6] 刘鹏印.瓦斯抽采钻孔施工常见事故预防与处置[J].内蒙古煤炭经济，2016(11)：91.

[7] 王家传.三软煤层深孔打钻装备技术研究[J].科技展望，2016，26(8)：162.

[8] 金辉.煤矿压风打钻工艺浅谈[J].内蒙古煤炭经济，2016(1)：125-126.

[9] 张伟明.井下打钻事故的处理分析[J].城市地理，2015(22)：96.

[10] 李广清.打钻与瓦斯抽采精细化管理在突出矿井中的应用[J].煤炭与化工，2015，38(4)：145-147.

[11] 程云才.急倾斜松软突出煤层打钻技术[J].煤矿现代化，2014(6)：25-26.

[12] 高新刚.打钻与瓦斯抽采精细化管理在赤峪煤矿的应用[J].煤炭与化工，2014，37(6)：106-108.

[13] 雷荻.防突安全措施和钻孔优化设计在永辉矿中的应用[J].科技创新与应用，2014(9)：56.

[14] 段修文.浅议井下打钻事故的处理[J].山东煤炭科技，2013(5)：82.

[15] 严安强.在巷道中进行打钻抽采瓦斯的安全措施[J].中小企业管理与科技(下旬刊)，2013(7)：200.

[16] 张福旺.煤矿专业化打钻队伍管理体制改革实践与思考[J].中国煤炭工业，2013(1)：62-63.

[17] 周敏.鹤煤六矿突出松软煤层施工钻孔成孔技术[J].科技创新导报，2011(27)：126.

[18] 杨建明.突出煤层打钻常见问题的处理方法探讨[J].科技信，2010(35)：1194.

[19] 马玉良.煤与瓦斯突出矿井施工钻孔安全技术实践[J].科技信息，2010(33)：794.

[20] 秦来昌.松软突出煤层钻进技术[J].中州煤炭，2010(9)：120-121.

[21] 李士军.松软破碎低透气性煤层打钻方法探讨[J].河北煤炭，2010(1)：3-4.

[22] 李爱民.突出煤层打钻常见问题的处理[J].煤炭科技,2009(2):68-69.

作者简介:郭浩(1989—),男,吉林省吉林市人,河南神火煤电股份有限公司新庄煤矿通防科主任工程师、矿山工程师,2012 年 6 月毕业于中国矿业大学采矿工程专业,学士学位,主要从事防治煤矿瓦斯研究。

郭聪(1984—),男,河南永城人,河南神火煤电股份有限公司新庄煤矿通防科副科长、矿山工程师,2010 年 6 月毕业于河南理工大学安全工程专业,学士学位,主要从事防治煤矿瓦斯研究。

突出煤层循环可控水力松动煤体装备及技术研究

郭　浩
（河南神火煤电股份有限公司新庄煤矿，河南永城，476600）

摘　要：煤层及围岩的透气性低导致煤层瓦斯抽采困难，钻孔施工周期长，严重影响矿井的正常生产和接替，必须提高煤层渗透率以达到预抽煤层瓦斯的良好效果。通过试验研究低透气性煤层应用循环可控水力松动煤体装备和技术，可以增加煤层裂隙，有效提高煤层透气性，扩大单孔煤层瓦斯抽采范围，大幅提高瓦斯抽采量和抽采效果。

关键词：突出煤层；循环可控；水力松动煤体

煤层增透是提高瓦斯抽采效率的关键技术，是实现煤矿安全生产的关键技术措施。目前实现煤层增透的方法多种多样，某些地区已经采用底抽巷钻孔用以实现瓦斯抽采并保障安全开采的有效进行。在此基础上为提高瓦斯抽采效率，突出煤层开掘底板岩巷施工穿层钻孔并实施水力松动措施，大量冲煤已经成为解决瓦斯问题的主要途径，是区域防突的重要技术措施。但是，水力压裂过程中容易发生注水封孔器从岩孔中脱落造成安全隐患，抽采浓度难以提高且衰减快、瓦斯抽采效率低等问题，严重影响了矿井瓦斯治理的效果。为此，新庄矿和河南理工大学合作开展了突出煤层循环可控水力松动煤体装备及技术研究。

1　技术思路及研究内容

1.1　技术思路

新庄煤矿主采二$_2$煤层和三$_2$煤层，均为突出煤层，主要采用穿层钻孔预抽煤层瓦斯区域防突措施。因煤层透气性差，存在着抽采浓度难以提高且衰减快、瓦斯抽采效率低等问题，严重影响了矿井瓦斯治理的效果。传统的煤层水力压裂一般是一次压裂，存在后生裂隙闭合后瓦斯浓度衰减、抽采效率降低的弊端。因此，研究计划开展穿层钻孔注水和抽采多次循环交替的增透，提高煤层瓦斯的抽采效率，即对煤层注水压压裂，然后利用可复用封孔器及封孔材料封孔联孔瓦斯抽采，随着抽采进行煤层压裂裂隙闭合后，拔出封孔器再次对煤层进行水力压裂后再次封孔抽采，依次达到提高抽采效率消除煤层突出隐患的目的。

1.2　研究内容

针对上述增透抽采中存在的问题，主要从以下几个方面展开研究：

(1) 突出煤层穿层钻孔多次注水循环松动与抽采理论及技术研究。

(2) 穿层钻孔注水封孔器防滑落技术及装备研究。

(3) 穿层钻孔可复用封孔装备及材料研究。

(4) 突出煤层穿层钻孔瓦斯抽采可复用封孔器材等关键技术开展研究等。

经过上述研究实现穿层钻孔循环注水,循环抽采,封孔装置重复利用,实现一孔多用、提高瓦斯抽采效率、节省成本、减员增效的目的,实现矿井安全生产。

2 装备及技术研究

2.1 穿层钻孔施工技术要求

根据抽采地点和煤层与顶底板条件,在底抽巷道设计施工穿层钻孔,提出具体的技术要求。以某一钻孔为例,钻孔倾角为 9°,一次穿岩 15 m,见煤层 2.5 m 后二次穿岩 5 m,保证钻孔穿越煤层(图 1)。穿层钻孔完成后,利用钻孔窥视仪等仪器对钻孔内部裂隙分布状态进行有效观察记录,对穿层钻孔经过煤层底板区域岩石采样,移交岩石力学实验室进行力学分析,为后期制定岩石钻孔定点扩孔机具提供参考数据。

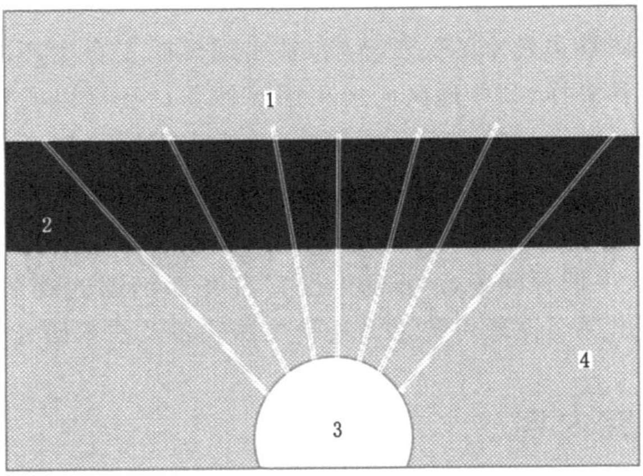

1—穿层钻孔;2—煤层;3—底板岩巷(底抽巷);4—岩层。

图 1 穿层钻孔施工示意图

2.2 选择合适的穿层钻孔扩孔岩石段

由于在施工穿层钻孔岩石段过程中,钻杆和钻孔壁反复摩擦形成光滑孔壁(图 2),高压注水封孔器难以和孔壁形成足够摩擦力克服高压注水过程中高压水对封孔器的冲击力,注水封孔器很容易在高压水作用下冲出钻孔,课题组研究决定在穿层钻孔岩石段合适位置扩孔,为高压注水封孔器形成一个刻槽位置,用于阻止注水封孔器,保证注水压裂时注水封孔器保持足够大的注水压力(图 3)。

由于扩孔段距离应略长于注水封孔器胶囊(1 200 mm)长度(1 400 mm),为下一步抽采封孔器预留出足够的封孔空间扩孔段,选取在钻孔煤岩交界处下方 2 m 处的距离进行扩孔。

课题组专门设计了岩石段任意位置扩孔的扩孔器具，主要包括双壁芯杆式三棱钻杆和孔内任意位置机械扩孔装置以及液力推进装置。其中，钻杆为双层结构，内置传动芯杆，杆体材质为45 Mn_2，接头材质为42CrMoA，接头硬度为32～36 HRC，杆体表面淬火。接头处进行密封处理，耐高压≥30 MPa。内部芯杆传动，芯杆材质为合金结构钢。钻杆多根连接后，芯杆能够正常传动。传动行程≥70 mm。

岩石孔内任意位置机械扩孔装置为双刀翼闭合结构，刀翼全部打开后扩孔直径可达350 mm，内置限位块、活塞杆、导向带、调节丝堵、Y形圈、齿杆、回位簧、骨架油封，刀翼位置焊接块装硬质合金，能够满足切割 f 值在4以下煤层扩孔使用。刀体进行淬火处理，硬度为28～32 HRC，刀翼在顶杆驱动时能够实现自动张开，在岩孔任意位置进行扩孔作业，为保证注水封孔与钻孔形成足够的摩擦力，扩孔钻头的扩孔范围为94 mm扩到113 mm。

液力推进装置为钻杆及扩孔器提供开闭和动力，安装于钻机后侧，设有进油通道、出油通道，密封压力≥30 MPa。

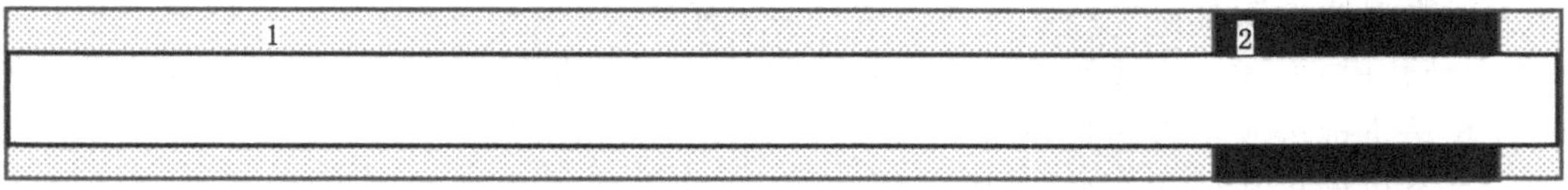

图2　施工穿层钻孔示意图

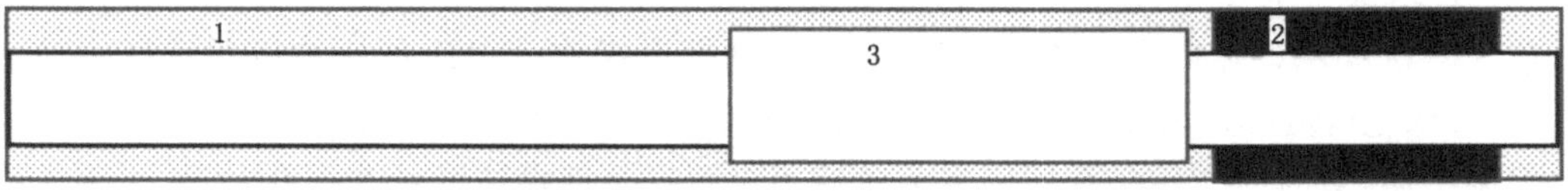

1—钻孔岩孔段；2—钻孔穿煤段；3—钻孔扩孔段。

图3　穿层钻孔岩石段扩孔示意图

2.3　液压推杆式钻孔任意位置扩孔装备

2.3.1　系统构成

本套系统由煤矿用履带式全液压坑道钻机ZDY4200L、三棱刻槽推杆式钻杆 ϕ73 mm×1 m、金刚石PDC钻头 ϕ94 mm、机械扩孔器 ϕ94～113 mm等组成。

2.3.2　技术指标

基于沿空巷道卸压孔施工方法的具体要求：首先施工完成 ϕ94 mm钻孔，钻孔施工完成之后退出钻杆，换上专用双壁钻杆及扩孔器，在煤岩交接处下方2 m左右位置扩孔，扩孔长度采用自动变径扩孔钻具，以正转反切削方式进行钻具的回撤式扩孔造穴，一次性打钻形成内粗外细阶梯孔。完成扩孔造穴目标长度，自动变径扩孔钻具刀翼自动复位至开孔直径，钻具回撤，钻孔作业完成，详见表1。

表1　专用双壁钻杆及扩孔器技术指标

序号	项目	设计指标	备注
1	开孔直径	ϕ94 mm	金刚石PDC钻头

表1(续)

序号	项目	设计指标	备注
2	钻孔深度	10～200 m	
3	排渣形式	通风或水力排渣	
4	钻杆类型	三棱刻槽钻杆	人工装卸
5	扩孔直径	ϕ113 mm	煤岩自动刀翼
6	地质条件	岩孔	$f\leqslant 4$
7	钻孔角度	不设限	

2.3.3 扩孔方法

(1) 扩孔工艺

首先根据工程设计，稳定钻机，调整开孔位置和目标角度，做好安装首根钻杆、常规扩孔钻头、除尘装置或防突装置。依次连接煤岩高效组合钻头、离心式螺旋排渣器、机械式扩孔器并推进至预钻孔内，连接专用芯杆式地质螺旋钻杆，进行正常的钻进施工。达到预定扩孔造穴位置时，停止钻机推进并正常回转，在钻机操作台缓慢开启造穴控制手柄，观察推进器指示器打开情况，直至机械扩孔器完全打开，进行钻杆回撤扩孔作业。推进器指示器(指针)显示机械扩孔器完全打开后，逐渐提高钻机转速，使离心式螺旋排渣器自动打开，提高扩孔排渣效率。

(2) 技术操作主要事项

造穴时认真观察孔口出煤渣量，配合调整钻进推进操作。出渣量或钻机系统压力较大时(≥8 MPa)应空转排渣，防止卡钻、吸钻事故的发生。当孔内扩孔造穴达到预定目标时，关闭造穴控制手柄，短时间空转扩孔器刀翼复位后再进行钻具回撤或继续非扩孔钻进。

遇有机械扩孔器不能完全复位情形时，可进行钻具空转，并采取临时性注水或通风措施，使刀翼仓的阻塞煤渣脱离，使机械扩孔器刀翼顺利复位闭合。

2.3.4 扩孔造穴

钻杆用小水尾送至造穴目标距离后，钻杆尾部换上液力推进器，同时接入水管，控制水压大于 3 MPa 以上，方便冲洗煤渣与反渣。

达到目标位置后先不打开扩孔器，只用冲洗水进行洗孔，防止孔内煤渣堆积造成压钻。

冲洗孔内煤渣反水正常后，将动力头上方调速手柄调至控制钻机转速 140 r/min 左右，然后调滑台推进手轮，控制推进速度放至微动推进状态。

钻机处于旋转状态，先开启冲洗水，然后缓慢推动造穴手柄，特别注意观察推进器推进状态，可清晰观察到外露芯杆的移动位置，当完全打开后推动推机手柄控制钻机缓慢前进进行造穴，冲洗水反渣正常，推进至一定行程后根据反渣状态可反复拉钻进钻，进行煤渣冲洗。

完成一定距离冲洗后关闭扩孔器时，必须先将手柄换到回撤位置，确保扩孔器首先关闭。然后再关闭冲洗水，停钻。

2.4 水力松动煤体

选择合适孔径规格的注水封孔器，直接向钻孔内插入注水封孔器，输送高压注水封孔器到达扩孔段，由注浆泵向注水封孔器囊袋中注水，使高压注水封孔器与扩孔段岩石孔壁充分接触承压膨胀，注水压力达到 30 MPa 时停止注水。然后，在注水封孔器注水口接上冲煤高压注水管，开启注水泵向煤层注水松动煤体向管内注 30 MPa 的高压水，进行煤层水力压裂，压裂标准以相邻钻孔有水泄露或压裂时间达到 2 个小时，煤层水力压裂完成，如图 4、图 5 所示。

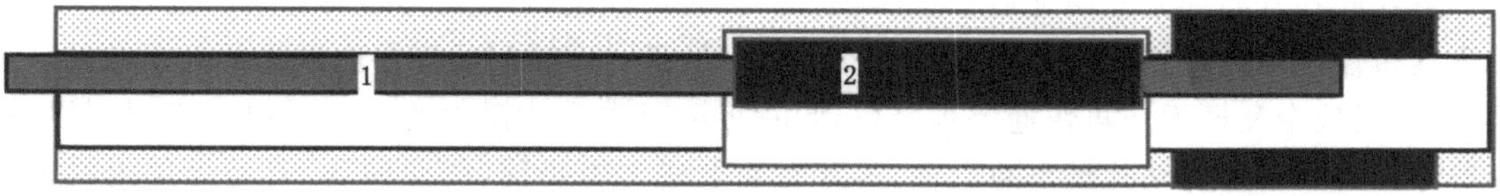

1—注水管；2—扩孔段封孔器。

图 4　注水封孔器插入岩石孔扩孔段膨胀前示意图

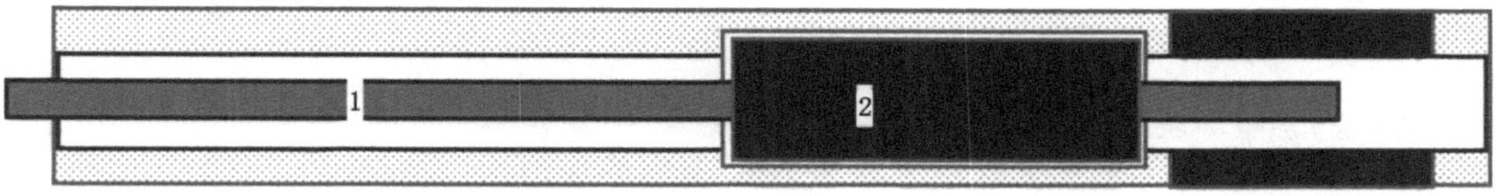

1—注水管；2—扩孔段封孔器。

图 5　注水封孔器插入岩石孔扩孔段注水膨胀后示意图

2.5　封孔及联网带抽

水力松动煤体之后煤体得到充分松动，应力重新分布，煤层内的瓦斯充分解析、释放。此时，将高压注水封孔器拔出钻孔，待钻孔内水排放完毕之后，在直接向钻孔内插入研发的可回收可复用封孔器的同时，在注浆泵中按 10 kg 材料加 70 kg 水的配合比（注意先加水后加材料），进行 5 min 左右的搅拌。待搅拌完成后，首先向两个囊袋内注浆，当注浆量达到 9 L 或者注浆压力达到 0.6 MPa（以先达到者为准）时停止注浆，之后向两个胎囊中间段进行注浆，在注浆量达到 35 L 或压力为 0.6 MPa 时停止注浆。注浆完成后清洗并规制注浆泵及注浆管，联孔进行瓦斯抽采，如图 6 及图 7 所示。

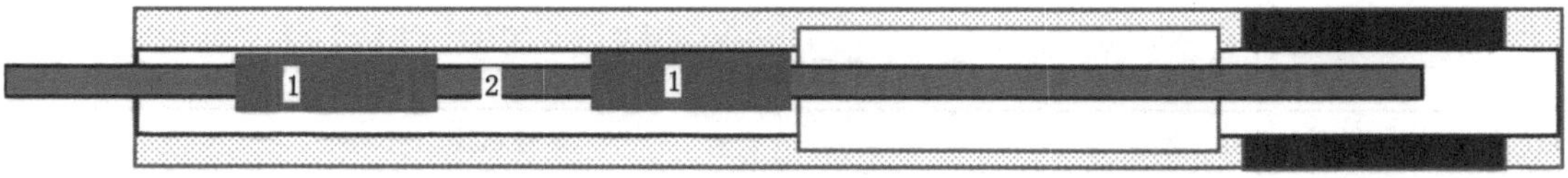

1—囊袋；2—囊袋中间段。

图 6　可复用封孔器插入钻孔适当位置封孔前示意图

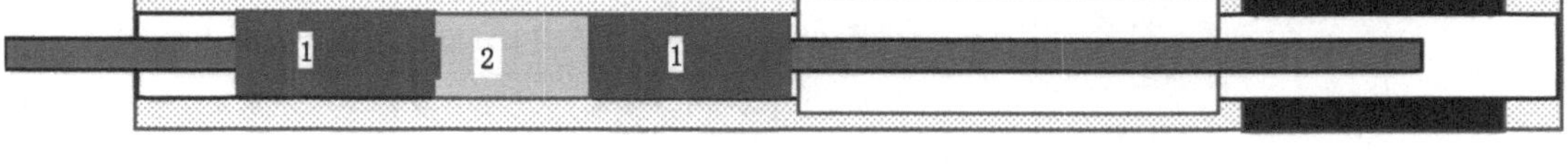

1—囊袋；2—囊袋中间段。

图 7　可复用封孔器插入钻孔适当位置封孔后示意图

2.6 数据收集分析

封孔联孔开始抽采瓦斯之后，每三天进行一次，周期为两个月的抽采瓦斯浓度检测(瓦斯浓度衰减慢说明效果好，衰减快说明效果不好)。抽采一定时间后煤层内解吸的瓦斯被抽采出钻孔，煤层残余瓦斯无法再快速解吸释放，此时将可回收封孔器内的封孔材料排出(材料可用容器回收再利用)，从钻孔拔出封孔器，重新开始上述实施步骤，如此循环，直至煤层内的瓦斯得到充分解吸抽采，煤层瓦斯抽采率合格，区域验证达标。

3 现场应用

3.1 煤(岩)层赋存状况

试验地点选在新庄煤矿 28041 工作面，资料显示 28041 工作面煤岩层比较稳定，二$_2$ 煤层赋存稳定，结构简单，不含夹矸，全区可采，煤厚 1.5～3.0 m，平均为 2.8 m，详见表 2 和表 3。

表 2　新庄煤矿 28041 工作面煤层特征情况表

指标	参数
煤层厚度(最小～最大/平均)/m	1.5～3.0/2.8
煤层倾角(最小～最大/平均)/(°)	2～6/4
煤层硬度 f	1～3
煤层层理(发育程度)	简单
煤层节理(发育程度)	简单
煤层的自燃倾向性	Ⅲ类不易自燃
煤尘爆炸性	无煤尘爆炸性
地温	本区域为无热害区
地压	地压显现不明显

表 3　煤层顶底板情况表

顶底板名称	岩石名称	厚度/m	岩性描述
顶板	砂质泥岩	16.74	深灰色-灰色，含少量白云母碎片，平坦状断口，马蹄状断口，含植物化石，具方解石细脉，滑面发育，夹粉砂岩薄层
	粉砂岩	6.53	灰色，以石英、长石为主，含少量小片白云母，钙泥质胶结，含少量植物化石，夹砂质泥岩薄层
	中粒砂岩	10.36	浅灰色，成分以石英、长石为主，钙质胶结，次圆状，分选性中等，含少量菱铁矿鲕粒及暗色矿物，偶见小片白云母，具脉状层理，层面含碳质，夹泥岩薄层
	砂质泥岩	4.24	深灰色，块状结构，具细小裂隙面，见方解石薄膜，含少量黄铁矿结核，含大量植物化石，滑面发育
	细粒砂岩	0.50	深灰色，成分以石英、长石为主，层面含碳质及少量白云母碎片，钙质胶结，垂直裂隙发育，具波状层理
	砂质泥岩	3.42	深灰色，块状结构，具细小裂隙面，见方解石薄膜，含少量黄铁矿结核，含大量植物化石，滑面发育

表3(续)

顶底板名称	岩石名称	厚度/m	岩性描述
煤层	二$_2$煤层	2.80	黑色,光亮-半光亮型,块状,粉粒状结构,金刚光泽
底板	砂质泥岩	3.90	深灰色,平坦状断口,含大量植物根部化石,滑面发育,含少量方解石细脉
	细粒砂岩	9.68	深灰色,成分以石英、长石为主,含少量星点状云母,硅质胶结,垂直裂隙发育,具脉状层理,夹砂质泥岩薄层
	砂质泥岩	5.48	深灰色,夹粉砂岩条带,水平层理,含大量植物化石碎片
	中粒砂岩	2.49	浅灰色,成分以石英为主,长石云母次之,次圆状,分选性中等,钙质胶结,层面含炭质,含大量泥质包体及少量黄铁矿结核
	细粒砂岩	10.66	深灰色,成分以石英长石为主,钙质胶结,层面含炭质,夹中粒砂岩及大量黑色泥质条带,具脉状层理

3.2 瓦斯地质概况

新庄煤矿三$_2$、二$_2$煤层破坏类型属于Ⅱ-Ⅲ类破坏煤,煤体坚固性系数为0.40～0.84,瓦斯放散初速度为19.5～21.7 mmHg,透气性系数为0.815 $m^2/(MPa^2 \cdot d)$。矿井在生产过程中实测煤层瓦斯参数,28041工作面煤层瓦斯压力为0.05～0.5 MPa,煤层瓦斯含量3.12～7.02 m^3/t,详见表4。

表4 28041工作面瓦斯基本参数表

煤层	破坏类型	瓦斯放散初速度 Δp/mmHg	坚固性系数 f	瓦斯压力 p/MPa	煤层透气性数 /[$m^2/(MPa^2 \cdot d)$]	瓦斯含量 $W/(m^3/t)$
二$_2$煤层	Ⅱ-Ⅲ	19.5～21.7	0.40～0.84	0.05～0.5	0.815	3.12～7.02

3.3 地质构造

根据资料显示,该区域内地质构造中等,三维地震显示工作面发育JXF_{2245}、JXF_{2246}、JXF_{2218}、JXF_{2213}、DF_{56}正断层。其中,DF_{56}断层对工作面的正常掘进影响较大,掘进期间可能揭露落差小于3 m的伴生小断层。

3.4 抽采瓦斯情况

根据研究工作计划和现场实际情况,2022年在28041底抽巷进行了1次打孔、冲孔、刻槽、压裂、封孔实验,8～19日进行1组(11孔)可循环注浆封孔实验;经后期实测抽采瓦斯浓度,实验组钻孔平均浓度相比传统工艺大大提高,初抽浓度高达70%～99%;3个月后浓度仍在40%以上,取得了良好的抽采瓦斯效果。

4 研究成果分析

对煤层注水压裂,然后利用可复用封孔器及封孔材料封孔,进行联孔瓦斯抽采。随着抽采的进行，煤层压裂与扩展裂隙再次闭合时拔出封孔器再次对煤层进行水力压裂后再次封孔抽采，达到了提高抽采效率、消除煤层突出隐患的目的，做到了穿层钻孔循环注水，循环抽采，封孔装置重复利用，实现一孔多用、提高瓦斯抽采效率、节省成本、减员增效的目的，助力矿井安全生产。

4.1 经济效益

2022 年在 28041 底抽巷进行了 1 次打孔、冲孔、刻槽、压裂、封孔实验，进行了 1 组(11 孔)可循环注浆封孔实验；经后期实测抽采瓦斯浓度，实验组钻孔平均浓度相比传统工艺大大提高，初抽浓度高达 70%～99%，3 个月后浓度仍在 40%以上，经计算工作面可提前 3 个月抽采达标，节省了评价时间。

4.2 安全效益

针对突出煤层穿层钻孔高压注水封孔器防脱落技术和穿层钻孔瓦斯抽采可复用封孔器材等关键技术开展研究，做到穿层钻孔循环注水，循环抽采，封孔装置重复利用，实现一孔多用、提前达标、减员增效的目的，助力矿井安全生产。

参考文献

[1] 李延河.高瓦斯突出煤层底抽巷穿层钻孔动压瓦斯二次抽采技术及应用[J].煤矿安全,2022,53(10):191-196.

[2] 何鹏飞.水力修复及增透技术在三软突出煤层的应用[J].内蒙古煤炭经济,2022(18):118-120.

[3] 郝从猛.突出煤层水力冲孔卸压消突合理出煤率考察研究[J].华北科技学院学报,2022,19(4):60-64.

[4] 牛肖肖.突出煤层瓦斯综合治理技术研究[J].煤炭与化工,2022,45(4):105-107.

[5] 姚尚文.深部高瓦斯低透突出煤层水力化增透技术模拟分析及试验研究[J].安徽建筑大学学报,2021,29(6):8-14.

[6] 杜金磊.低透气突出煤层水力割缝协同卸压增透技术[J].工矿自动化,2021,47(7):98-105.

[7] 任仲久.水力冲孔技术在低透气性突出煤层瓦斯抽采中的应用[J].煤炭工程,2019,51(3):65-70.

[8] 边相君.松软突出煤层瓦斯抽采钻孔施工技术及发展趋势[J].能源与节能,2020(12):53-54.

[9] 史合锋.突出煤层卸压增透后封孔技术研究与应用[J].能源与环保,2020,42(10):21-24.

[10] 秦荣.突出煤层高压水力压裂钻孔抽采半径及影响范围研究[J].煤炭与化工,2020,43(9):117-120.

[11] 李生舟.深部突出煤层超高压水射流割缝工艺参数研究与应用[J].矿业安全与环保,2020,47(4):57-61.

［12］ 杜海刚.低渗突出煤层瓦斯赋存规律及孔隙特征研究[J].中国煤炭,2020,46(7):58-64.

［13］ 关瑞斌.冲孔卸压抽采技术在突出煤层瓦斯治理中的应用[J].河南科技,2020(19):61-63.

［14］ 郭俊强.严重突出煤层穿层钻孔“钻冲筛运”一体化瓦斯治理技术研究与应用[J].能源与环保,2020,42(5):31-35.

［15］ 刘晓帆.低透气性突出煤层瓦斯灾害治理技术的对策研究[J].内蒙古煤炭经济,2020(4):156-157.

［16］ 王海兵.碎软低透突出煤层瓦斯综合治理技术与应用[J].中国石油和化工标准与质量,2019,39(18):191-192.

［17］ 李普.松软突出煤层深孔钻进制约影响因素及工艺优化[J].煤炭技术,2019,38(9):59-61.

［18］ 孟小红.水力压裂技术在成庄煤矿低透气性突出煤层的应用及效果[J].矿业安全与环保,2019,46(4):95-97.

［19］ 赵承方.基于现场试验的水力冲孔在低透性突出煤层的卸压增透效果研究[J].煤炭与化工,2019,42(7):108-111.

［20］ 李慧.低渗透突出煤破坏过程中瓦斯运移规律研究[J].煤矿安全,2019,50(7):1-4.

［21］ 孟德玉.新元煤矿水力冲孔增透技术试验研究[J].煤炭科技,2019,40(2):55-60.

［22］ 段守德.水力冲孔布孔参数对高瓦斯突出煤层卸压效果的影响[J].中国矿业,2018,27(12):124-127.

作者简介:郭浩(1989—),男,吉林省吉林市人,河南神火煤电股份有限公司新庄煤矿通防科主任工程师、矿山工程师,2012 年 6 月毕业于中国矿业大学采矿工程专业,学士学位,主要从事防治煤矿瓦斯研究。

前和煤矿顺层钻孔有效抽采半径测定

李宝刚[1],徐士如[2],郜陶陶[1]
(1.山西高平科兴前和煤业有限公司,山西高平,048400;
2.河南理工大学,河南焦作,454003)

摘　要:为高效经济地抽采前和煤矿3#煤层瓦斯,必须根据有效抽采半径合理布置抽采钻孔。本文通过对比瓦斯含量法、示踪气体法、瓦斯储量法和数值模拟法的优缺点,确定了基于瓦斯含量法测定钻孔有效抽采半径,并结合COMSOL对有效抽采半径进行了模拟,结果表明两种方法的结果基本吻合。采用瓦斯储量法测定的结果:预抽60 d,有效抽采半径为2.58 m;预抽90 d,有效抽采半径为2.84 m;预抽180 d,有效抽采半径为3.68 m。

关键词:瓦斯抽采;有效抽采半径;数值模拟;瓦斯含量法

能源是人类社会赖以生存和发展的重要物质基础,我国能源资源总量虽然比较丰富,但人均拥有量较低,且赋存分布不均衡,开发难度较大[1]。据统计,在我国已探明的能源储量中,煤炭占94%、石油占5.4%、天然气占0.6%,具有富煤、贫油、少气的特点。2019年,煤炭在我国一次能源消费构成中占57.7%,2020年占55.3%左右,2021年占比56%。中国工程院院士康红普提出,新时代的能源体系,要求煤炭进一步发挥"稳定器""压舱石"作用,因此,消费量虽然进入平台期,但在相当长时期内,煤炭仍将保持相当强的竞争优势。"十四五"期间,煤炭仍将占到我国一次能源消费的一半以上。预计到2025年,煤炭消费量在41亿t左右,占比约为52%。因此,在今后相当长的一段时期内,煤炭是我国主要能源这一状况不会发生根本性变化。

目前,我国煤炭产业的安全问题虽然得到了很大程度的改善,但形势仍不容乐观,煤矿事故的发生起数以及人员伤亡人数仍大幅高于发达国家[2]。2011～2020年共发生突出事故93起、死亡645人。突出死亡人数占煤矿事故总死亡人数比例却呈现波动式上涨,从2001年的3.44%逐渐增加至2020年的6.58%,并于2019年达到峰值12.34%。进一步对比突出死亡人数及其占比不难发现,两条曲线近似呈现"X"形分布,即随着突出死亡人数的逐年递减,突出死亡人数占比却呈现相反的变化规律。这表明,尽管煤矿安全形势逐年好转,突出事故也得到有效控制,但突出事故在煤矿事故中仍然处于相对较高水平且愈加突显[3,4]。

在传统情况下,可采用通风手段去降低巷道中的瓦斯浓度,实现安全生产。但事实上,我国很多高瓦斯矿在生产中都非常容易发生瓦斯突出。所以仅靠一种通风方式来保证生产安全是具有局限性的,因此需要采取多种手段来全面解决瓦斯问题[5]。实践证明,预抽煤层瓦斯也是解决煤矿突出的一种十分有效的方法,而其中瓦斯抽采钻孔的合理布置及抽采时间又是预抽煤层瓦斯的关键，这将直接影响煤层瓦斯抽采的效果，进而影响整个矿井的安全生产[6]。钻孔间距太小，则会出现“串孔”现象，降低瓦斯抽采效率，浪费大量的人力、物力，钻孔间距太大，则会在两抽采钻孔之间形成抽采盲区，无法彻底消除煤层的突出危险性[7]。另外，抽采有效半径也是对煤层瓦斯抽采效果进行评价的必要依据，抽采时间过长，造成物力的浪费，抽采时间过短，达不到消突的目的。因此，确定钻孔瓦斯抽采有效半径对于提高瓦斯抽采效率、保证煤矿安全生产具有重要的现实意义。

1 工程概况

前和煤业位于高平市西南 9 km，矿井设计生产能力为 120 万 t/a，矿井采区共含稳定可采煤层 3 层（3#、9#、15#煤层），本次测定的是 3#煤层的 3106 工作面，该工作面煤层平均厚度为 5.63 m，一般含 0～1 层泥岩及碳质泥岩夹矸，偶尔含 2 层夹矸，结构简单，煤层顶、底板多为粉砂岩、砂岩、泥岩、粉砂质泥岩。根据《煤矿瓦斯抽采工程设计标准》（GB 50471—2018）因其工作面瓦斯涌出量大于 5 m^3/min，必须建立地面永久瓦斯抽采系统进行抽采。

2 钻孔有效抽采半径的概念

2.1 钻孔有效抽采半径的定义

瓦斯抽采半径一般分为瓦斯抽采影响半径和瓦斯抽采有效半径[8]。抽采影响半径主要衡量钻孔抽采能影响的最大范围，其等于瓦斯压力下降 10%以上的观测钻孔与抽采钻孔之间的距离。抽采有效影响半径主要是衡量在抽采钻孔影响下达到消突或者满足《煤矿瓦斯抽采达标暂行规定》（2011）的有效距离。即在钻孔有效抽采范围内同时满足煤层瓦斯受到了抽采的影响，也实现了煤层瓦斯抽采达标的标准。钻孔有效抽采半径主要与煤层原始瓦斯含量、瓦斯压力、通气性系数、抽采负压、抽采时间等因素有关。

2.2 抽采达标指标的确定

按照《煤矿瓦斯抽采达标暂行规定》（2011）规定，预抽瓦斯效果当满足如下标准：

对瓦斯涌出量主要来自开采层的采煤工作面，评价范围内煤的可解吸瓦斯量需满足表 1 规定。

表 1 采煤工作面回采前煤的可解吸瓦斯量应达到的指标

工作面日常量/t	可解吸瓦斯量/(m^3/t)
≤1 000	≤8
1 001～2 500	≤7
2 501～4 000	≤6
4 001～6 000	≤5.5

表1(续)

工作面日常量/t	可解吸瓦斯量/(m^3/t)
6 001～8 000	≤5
8 001～10 000	≤4.5
>10 000	≤4.5

根据采掘规划，前和煤矿产量为120万t/a，年工作日330 d，单个工作日产量约为3 636 t，并且3106工作面实测瓦斯含量为4.46 m^3/t，则仅需要其瓦斯压力抽采下降10%即为抽采达标。

3 抽采有效半径研究现状

目前，我国确定钻孔有效抽采半径的方法可分为现场实测法和数值模拟法，现场实测法包括现场瓦斯含量测定法、示踪气体发和瓦斯储量法[9]。

3.1 钻孔抽采半径测定方法

3.1.1 现场瓦斯含量测定法

在给定的抽采条件(抽采孔孔径、抽采负压、封孔工艺等)下，取样测定不同时间(t_i)、距抽采钻孔不同距离(r)的煤层瓦斯含量(w_i)，根据得到的测定数据(w_i，t_i，r)回归分析抽采钻孔周边煤体瓦斯含量与抽采时间、距抽采钻孔距离的统计关系$w_i = f(t_i, r)$，进而根据预抽达标指标来确定预抽钻孔有效抽采半径。

现场瓦斯含量测定法[10]具有直观、容易掌握的优点，但存在两个致命的缺点：一是预抽钻孔周边需要施工大量的瓦斯含量测定钻孔，即便及时对瓦斯含量测孔进行全程封堵，仍会影响预抽钻孔的抽采效果；二是需要现场取样测定瓦斯含量的工程量大，现场考察时间长，测定周期一般需要半年以上。

3.1.2 示踪气体法

示踪气体法[11,12]是将示踪气体在预先打好的释放钻孔中释放，这种气体在煤层内流动和扩散，与煤层中气体均匀混合，在混合后运用地面抽采系统将煤层内气体抽出，进行取样分析气体成分，根据不同钻孔的示踪气体的浓度来判断所测煤层的瓦斯抽采半径。

3.1.3 瓦斯储量法

钻孔瓦斯抽采半径主要与煤层瓦斯含量、透气性系数、抽采钻孔直径及负压、抽采目的及时间等因素有关。瓦斯储量法[13,14]是在煤层瓦斯含量测定基础上，根据抽采时间，测定出钻孔瓦斯抽采能力，通过三者之间的关系计算分析，确定出钻孔的有效抽采半径。

3.1.4 数值模拟法

数值模拟法[15-17]是根据煤层原始瓦斯参数和瓦斯流量测定结果，在达西定律的基础上，结合瓦斯渗流方程、孔隙率与渗透率变化方程，使用COMSOL Multiphysics模拟软件，采用不同的计算方程来构建耦合方程，计算煤层抽排钻孔的有效抽采半径。

3.2 测定方法的选择

抽采半径测定方法优缺点分析见表 2。

表 2 测定方法优缺点分析表

测定方法	优缺点
现场瓦斯含量测定法	直观可靠,易于实现,但现场考察时间长,测定周期一般需要半年以上
示踪气体法	比较直观可靠,但只能确定钻孔的影响范围,不能确定其有效范围
瓦斯储量法	周期短,易于实现,可以根据不同的抽采目标测定出相应的抽采半径,但是存在一定的误差
数值模拟法	快捷简便,计算周期短,精度满足要求,但其结论对模型的准确性有很大的要求

依据上述测定方法的优缺点以及根据前和煤矿 3# 煤层的实际情况,采用现场瓦斯含量测定法和实验室数值模拟相结合的方法来测定 3# 煤层的有效抽采半径。

4 钻孔有效抽采半径的测定

4.1 现场瓦斯含量测定

4.1.1 试验地点

根据前和煤矿 3# 煤层具体情况,选定 3106 工作面作为试验地点,在其回风顺槽选一无构造煤层且赋存稳定区域施工 1 个考察孔,正常封孔后并入抽采管路抽采,具体位置见图 1。

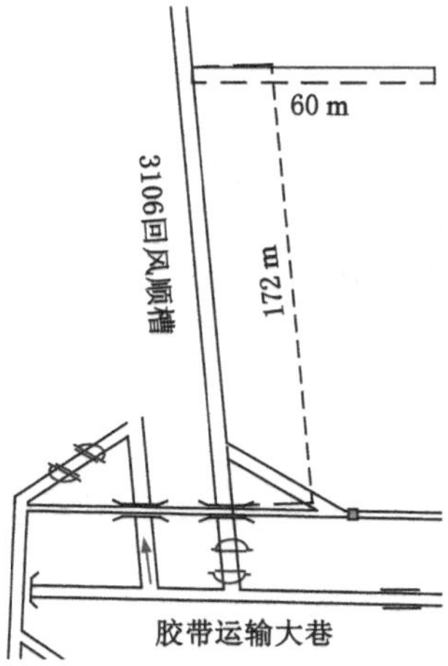

图 1 测定有效抽采半径

4.1.2 测试步骤

① 在 3106 回风顺槽 172 m 处垂直煤壁朝向 3106 工作面施工一个顺煤层预抽瓦斯钻孔,钻孔布置参数如表 3 所示,在钻孔施工至 20 m 时,采用孔口接粉方式采取煤样用于测煤层原始瓦斯含量。

表 3　钻孔施工参数

测试地点	钻孔直径/mm	开孔高度/m	倾角/(°)	钻孔孔深/m	封孔长度/m
3106 回风顺槽	94	1.5	3.5	60	8

② 钻孔施工完后，采用两堵一注囊袋式封孔，封孔长度为 8 m。

③ 预抽时间到达 10 d、20 d、30 d 时，使用风动钻机分别在距离抽采孔 1 m、1.5 m 及 2 m 的位置施工两个 ϕ42 mm 的取样钻孔，采取孔口接粉的方式收集孔深 20 m 段的煤样，进行现场解吸测定后，送往实验室测定残余瓦斯含量，并对取样钻孔进行全段水泥浆封孔。各测试钻孔测得的瓦斯含量如表 4 所示。

表 4　不同抽采时间下预抽钻孔周边煤体瓦斯含量测定结果

抽采时间/d	编号	距离抽采孔距离/m	瓦斯含量/(m^3/t)
0	预抽钻孔	0	4.46
10	1	1	4.28
	2	1	4.16
20	1	1.5	4.14
	2	1.5	4.08
30	1	2	4.24
	2	2	3.98

4.2　数值模拟法测定

利用 COMSOL 软件数值模拟单个钻孔在不同时间对应的有效抽采半径，模拟钻孔周围各位置点对应煤层残存瓦斯压力随抽采时间变化关系。

4.2.1　煤体孔隙率与渗透率渗流控制方程

在瓦斯抽采过程中，煤体孔隙率会随着瓦斯压力和煤体变形发生变化[20]，其计算公式为：

$$\varphi = 1 - \frac{\left(1 - \frac{\Delta p}{k_s}\right)(1 - \varphi_0)}{1 + \varepsilon_v} \tag{1}$$

式中，Δp 为抽采过程中瓦斯压力变化量；k_s 为煤骨架体积模量，MPa；φ_0 为煤体初始孔隙率，%；ε_v 为煤基体体积应变。

通过 Kozeny-Carman[18] 方程可得到动态瓦斯渗透率变化方程：

$$k = \frac{k_0}{1 + \varepsilon} \cdot \left[1 + \frac{\varepsilon_v + \Delta p(1 - q)/k_s}{\varphi_0}\right]^3 \tag{2}$$

式中，k 为煤体渗透率，m^2。

4.2.2　几何模型

为简化模型计算，采用二维模型进行模拟计算，如图 2 所示。重点分析了煤层原始瓦斯压力、抽采负压、抽采时间等对瓦斯抽采的影响，因此模型中仅建立一个抽采钻孔，分析抽采后钻孔周边瓦斯参数动态变化。其中，长钻孔周边煤层瓦斯为重点分析区域，网格划分较密，如

图 3 所示。

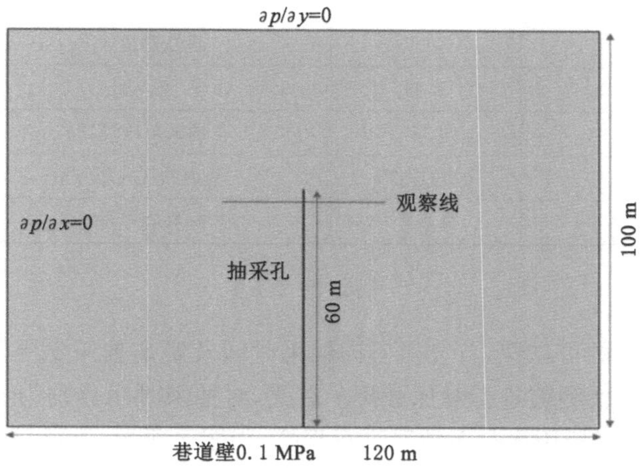

图 2　几何模型

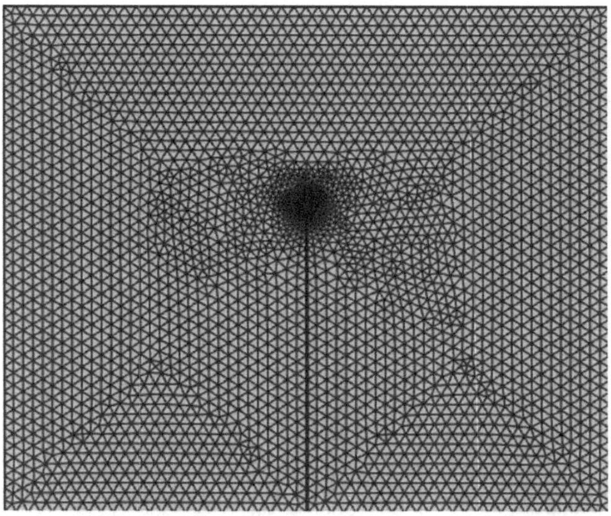

图 3　网格划分

4.2.3　模型参数

根据煤矿及矿区相同煤层实测瓦斯参数、煤岩力学参数及其他物理参数，确定模型参数如表 5 所示。根据煤层实测，原始绝对瓦斯压力为 0.2 MPa，原始瓦斯含量为 4.46 m^3/t。

表 5　3# 煤层瓦斯基础参数

吸附常数 $a/(m^3/t)$	37.835	原始绝对瓦斯压力/MPa	0.2
吸附常数 b/MPa^{-1}	0.897 2	渗透性系数/(m/s)	0.023
水分/%	0.812 5	气体普适系数/(J/mol·K)	8.314
灰分/%	10.805	克林伯格系数/MPa	0.35

表5(续)

吸附常数 a/(m^3/t)	37.835	原始绝对瓦斯压力/MPa	0.2
挥发分/%	7.665	弹性模量/GPa	3
初始孔隙率/%	3.39	泊松比	0.38
视密度/(t/m^3)	1.425	抽采负压/MPa	0.026
大气压/MPa	0.101 325	动力黏度/(Pa·s)	1.08 e^{-5}
原始瓦斯含量/(m^3/t)	4.60	钻孔直径/mm	94

4.2.4 模拟结果验证

为了验证模拟结果的可靠性,首先对不同抽采时间及距离抽采钻孔不同间距的测试钻孔瓦斯含量模拟值与现场实测值进行对比分析。首先,对抽采时间分别为 10 d、60 d、180 d、360 d 的预抽钻孔周边煤体瓦斯压力分布情况进行模拟,如图 4 所示。可以看出,随着抽采时间的增加,钻孔周边瓦斯压力不断降低,抽采影响范围不断增大。

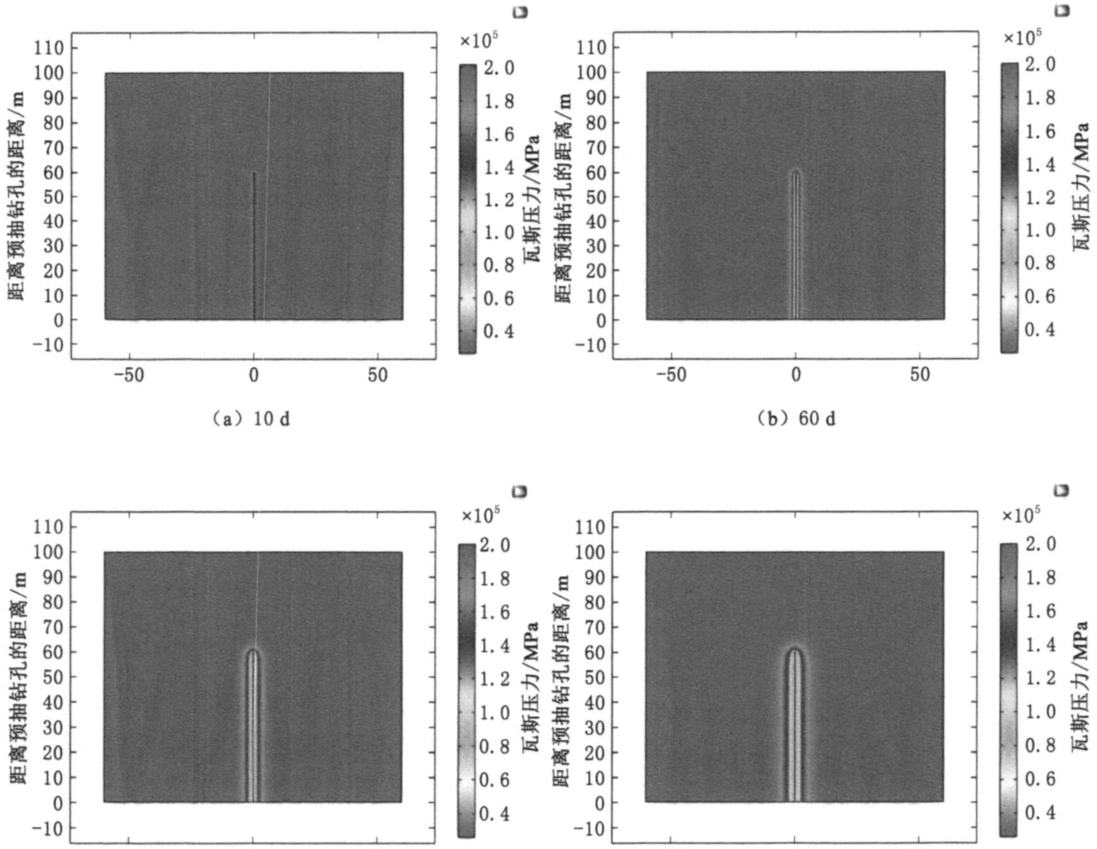

图 4 不同抽采时间钻孔周边瓦斯压力分布图

用表 5 所示参数对建立的模型进行赋值与模拟,模拟得到的钻孔观察线如图 5 所示。

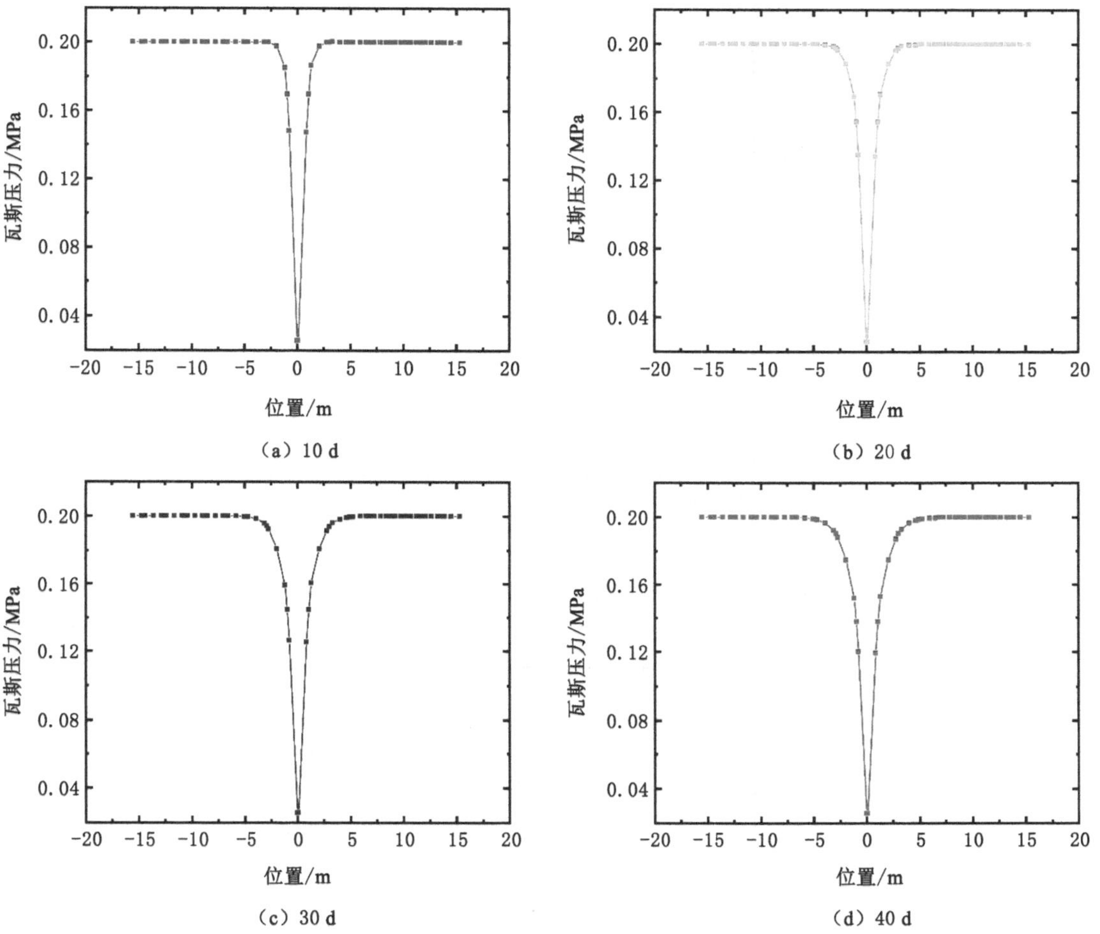

图 5　不同抽采时间预抽钻孔周边煤体瓦斯压力分布图

根据模拟运行所得数据进行拟合，分别得出抽采时间下距抽采孔不同距离的煤体压力变化曲线。由图 5 可以看出：

① 经过 10 d 预抽，以预抽钻孔为圆心、1.42 m 为半径的圆形区域内的煤体瓦斯压力下降了 10%，符合钻孔有效抽采达标标准。

② 经过 20 d 预抽，以预抽钻孔为圆心、1.84 m 为半径的圆形区域内的煤体瓦斯压力下降了 10%，符合钻孔有效抽采达标标准。

③ 经过 30 d 预抽，以预抽钻孔为圆心、1.88 m 为半径的圆形区域内的煤体瓦斯压力下降了 10%，符合钻孔有效抽采达标标准。

然后将表 4 实测数据和模拟所得结果进行绘图，如图 6 所示。从图 6 可以看出，模拟瓦斯压力和实测瓦斯压力相差不远，说明瓦斯抽采模型及其模拟结果是可行的。

然后，利用 COMSOL 软件数值模拟单个钻孔从 10～360 d 对应的有效抽采半径，模拟钻孔周围各位置点对应煤层残存瓦斯压力随抽采时间变化关系，见图 7 所示。

根据临界值分别确定不同抽采时间对应的有效抽采半径，可分别得到抽采时间为 40 d 时，钻孔有效抽采半径为 2.28 m；抽采时间为 60 d 时，钻孔有效抽采半径为 2.58 m；抽采时间

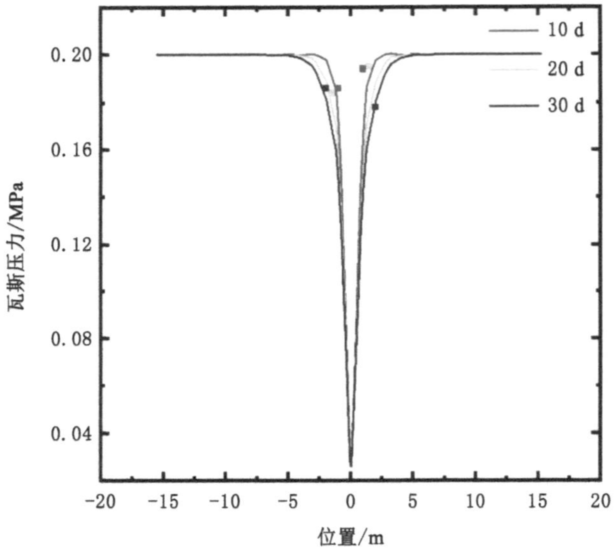

图 6　预抽钻孔周边煤体瓦斯压力实测值与模拟值对比图

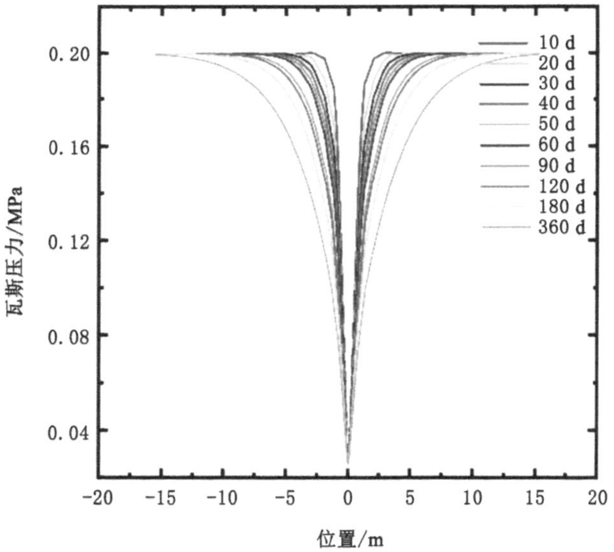

图 7　不同抽采时间预抽钻孔周边煤体瓦斯压力分布图

为 90 d 时，钻孔有效抽采半径为 2.84 m；抽采时间为 120 d 时，钻孔有效抽采半径为 3.22 m；抽采时间为 180 d 时，钻孔有效抽采半径为 3.68 m；抽采时间为 360 d 时，钻孔有效抽采半径为 4.02 m。

以瓦斯压力抽采下降 10%为达标阈值，在图 7 中提取不同抽采时间下预抽钻孔有效抽采半径，绘制得到的钻孔有效抽采半径与抽采时间的散点关系曲线，如图 8 所示。

对图 8 中的数据进行拟合，得到钻孔有效抽采半径(R_e)与抽采时间(t)之间具有如下统计关系：

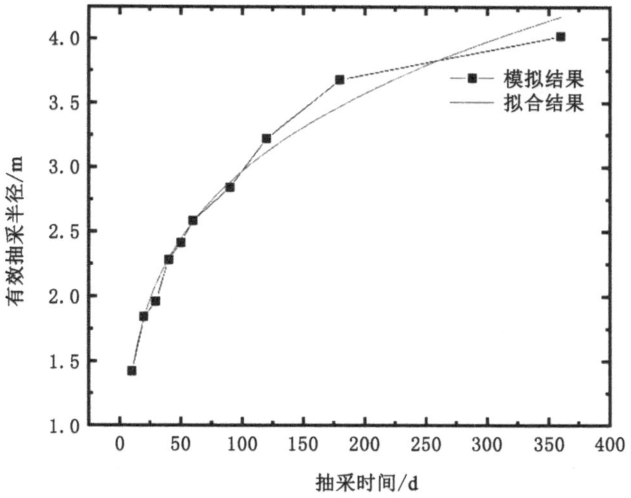

图 8　钻孔有效抽采影响半径和抽采时间的关系图

$$R_e = \sqrt[0.249\,5]{t - 4.256\,1} - 0.156\,6 \quad (3)$$

5　结论与展望

(1) 通过比对 4 种方法的优势和缺点，再根据前和煤矿 3# 工作面的实际情况，采用现场瓦斯含量法结合实验室数值模拟相结合的方法来测定 3# 煤层的有效抽采半径。

(2) 通过利用 COMSOL 数值模拟得出前和煤矿 3# 煤层在 26kPa 的抽采负压下，钻孔有效抽采半径和抽采时间的回归关系式为 $R_e = \sqrt[0.249\,5]{t - 4.256\,1} - 0.156\,6$。

(3) 通过结合数值模拟法和瓦斯含量法测定有效抽采半径，可以得出前和煤矿 3# 煤层的有效抽采半径为：预抽 60 d，有效抽采半径为 2.58 m；预抽 90 d，有效抽采半径为 2.84 m；预抽 180 d，有效抽采半径为 3.68 m；预抽 360 d，有效抽采半径为 4.02 m。

参 考 文 献

[1]　王晓蕾，王晶，姬治岗，等. 中国煤矿资源勘察及开采过程中的物探技术现状及发展趋势[J]. 科学技术与工程，2021，21(4)：1237-1248.

[2]　田坤云，张瑞林，崔学锋. 微生物治理煤矿瓦斯的现状和问题[J]. 煤炭技术，2016，35(6)：135-137.

[3]　于不凡. 煤矿瓦斯灾害防治及利用技术手册[M]. 北京：煤炭工业出版社，2000.

[4]　王豪，宋官林. 2016—2020 年中国煤矿安全事故统计与现状分析研究[J]. 能源与节能，2023(3)：170-173.

[5]　霍亮亮. 高瓦斯煤层群初期开采瓦斯抽采方法研究[D]. 邯郸：河北工程大学，2014.

[6]　乔伟，王凯，程波. 顺层长钻孔瓦斯抽采工艺技术应用研究[J]. 矿业安全与环保，

2021,48(6):93-98.

[7] 郝富昌,刘明举,孙丽娟.瓦斯抽采半径确定方法的比较及存在问题研究[J].煤炭科学技术,2012,40(12):55-58.

[8] 郭瑞瑞,郭爱伟.顺层钻孔瓦斯有效抽采半径测定方法研究[J].中国煤炭,2023,49(2):52-57.

[9] 覃佐亚,徐东方,陈滔.煤层瓦斯有效抽采半径测定方法试验与研究[J].能源技术与管理,2022,47(4):35-37.

[10] 钱恒峰.基于瓦斯含量法的顺层钻孔抽采影响半径研究[J].山东煤炭科技,2021,39(10):99-101.

[11] 李秀山,葛新玉.运用示踪气体测量卸压煤层瓦斯抽采半径[J].黑龙江科技信息,2011(33):64-65.

[12] 刘江,王秋水,李德鸿.用示踪气体法评价和优选吸气罩[J].中国卫生工程学,2004(4):40-42.

[13] 范存恒.瓦斯储量法确定瓦斯抽采半径方法研究[J].山西冶金,2019,42(6):63-65.

[14] 舒龙勇,霍中刚,张浪,等.煤矿井下煤层瓦斯抽采半径直接测定方法:瓦斯储量法的建立与应用[J].煤炭科学技术,2018,46(8):8-15.

[15] 王兆丰,周少华,李志强.瓦斯抽采钻孔有效抽采半径的数值计算方法[J].煤炭工程,2011(6):82-84.

[16] 郝天轩,陈朋飞.数值模拟法分析顺层抽采钻孔有效抽采半径影响因素[J].中州煤炭,2015(12):11-13.

[17] 杨前意,石必明,张雷林.五轮山顺层钻孔抽采半径的数值研究[J].煤炭技术,2018,37(9):215-217.

[18] 任黎明.120502 工作面瓦斯抽采参数测定及布孔优化试验研究[D].淮南:安徽理工大学,2020.

作者简介:李宝刚(1991—),男,河南沁阳人,前和煤业通风科科长,注册安全工程师,2017 年 1 月毕业于河南理工大学采矿工程专业。

单一中软突出煤层定向精准治理瓦斯技术研究

卢志杰，郭　浩，郭　聪，周　游
（河南神火煤电股份有限公司新庄煤矿，河南永城，476600）

摘　要：以河南新庄煤矿区域瓦斯治理为研究对象，基于现有的地质、瓦斯等方面的信息，采用定向底板梳状钻孔区域瓦斯抽采技术，形成了“定向钻孔四步精准法”治理瓦斯技术体系，解决了单一中软突出煤层定向精准瓦斯治理的关键技术难题。

关键词：突出煤层；治理瓦斯；定向精准

近年来，我国煤矿逐渐转入深部开采，瓦斯问题更显突出。瓦斯抽采是煤矿瓦斯的治本之策，但随着煤矿开采强度和开采深度的增加，尤其是中软煤层，常存在工程量大、工期长且瓦斯抽采钻孔长度短、有效范围小、抽采率低下等问题，导致矿井采掘接替紧张、安全投入成本增加等一系列问题，严重影响了煤矿的安全高效生产。

新庄煤矿为煤与瓦斯突出矿井，主采二$_2$煤层和三$_2$煤层。二$_2$煤层平均厚度为2.8 m，三$_2$煤层平均厚度为1.8 m，煤层平均间距为90 m。在采用定向钻孔进行区域瓦斯预抽的探索时，经常遇到打钻过程塌孔、进尺缓慢、实钻轨迹严重偏离设计轨迹等问题，不仅降低了工程施工进度，还严重影响了煤层瓦斯的治理效果。

基于此，有必要对定向钻孔预抽瓦斯进行深入考察，研究解决定向钻孔塌孔机制、钻孔轨迹、区域瓦斯抽采效果评价等制约单一中软突出煤层定向精准治理瓦斯的技术瓶颈。

1　中软突出煤层钻孔围岩失稳破坏影响因素

为解决在打钻过程中钻孔塌孔、钻进过程中经常遇到进尺缓慢的问题，建立了考虑岩石软化特性的弹塑性力学模型，从理论方面研究钻孔围岩应力分布、位移变化、卸压区范围和孔裂隙演化等规律；分析了中软煤岩体钻孔塌孔的机理，考虑钻孔围岩应变对煤体强度、瓦斯压力和吸附膨胀应力的影响变化规律；根据钻孔围岩力学分析和数值模拟研究综合分析了影响钻孔稳定性的影响因素，如有效应力、瓦斯效应、钻孔液、地质构造、钻孔轨迹等。

（1）根据定向长钻孔的弹塑性形变特性建立力学模型，通过理论分析和公式推导得出孔壁围岩塑性半径的影响条件主要为围岩强度、原岩地应力、侧压系数和钻孔半径等因素。

（2）推导出该力学模型下钻孔围岩弹塑性解，并对钻孔稳定性判定进行了探讨；提出软化综合系数N作为钻孔失稳破坏的指标，表征孔壁软化程度，确定的煤岩体存在临界值，钻孔围岩达到临界值时，即出现破裂区，进而失稳破坏。

(3) 根据摩尔-库仑强度理论和德鲁克-普拉格强度理论分析定向长钻孔的坍塌破坏条件。

(4) 当侧压系数小于1时,最大主应力与最小主应力的差值分布呈马鞍形,且长轴沿水平方向,差值最大出现在两侧,即两侧最容易发生剪切破坏;当侧压系数大于1时,主应力差值呈马鞍形分布,长轴沿竖直方向。随着侧压系数的增大,主应力差值在顶部的影响范围逐渐增大,在两侧的影响范围逐渐减小,且主应力差最大值在顶部和底部,即钻孔顶顶部和底部最容易发生剪切破坏。

综合分析了钻孔围岩稳定性的影响因素,包括地质构造、瓦斯渗流、埋深、钻孔轨迹、煤体内聚力和钻孔半径等。煤体内聚力越大,坍塌压力越小,水平钻孔坍塌危险性越小。孔壁初始坍塌压力随着煤体原始瓦斯压力的增长呈现出近似线性的关系,煤层初始瓦斯压力越大,孔壁最大坍塌压力也越大,钻孔坍塌失效危险也越大。煤层初始瓦斯压力是影响孔壁最大坍塌压力变化的主要因素。

2 定向钻机钻孔精准成孔及轨迹偏移规律

针对在定向长钻孔过程中实钻轨迹严重偏离设计轨迹的问题,研究了岩石的各向异性、软硬互层等地质因素以及钻具结构、钻进方法、钻具自重等技术因素在钻进过程中对钻孔轨迹的影响;建立数学模型,研究定向钻进过程中钻孔周围岩层的位移矢量分布特征、塑性区分布情况、应变云图和位移云图,定性分析钻孔轨迹偏移的影响机理;分析定向长钻孔轨迹的影响因素,研究定向长钻孔造斜段和水平段轨迹偏移规律,优化定向钻孔精确钻进方案。

(1) 分析后得出影响钻孔轨迹的因素由强到弱依次为软硬互层、钻进方法、钻具自重、岩石的各向异性、钻进规程参数、钻具结构、设备安装。主要对岩石各向异性和软硬互层两种影响因素进行分析,岩石的各向异性系数越大,则钻孔的弯曲趋势就越强;定向钻进时,钻孔的遇层角存在着一个临界值,钻孔遇层角的值大于此临界值时,钻孔就会表现为顶层进;当小于此临界值时,钻孔的轨迹将会沿着硬岩的层面顺层滑下。

(2) 利用定向钻孔的基本参数确定了定向钻孔轨迹上测点坐标的计算方法,然后考虑各计算方法的精确度、煤矿井下的实际需要及后期容易通过软件计算的综合因素,最终得出平均角法是煤矿井下最合适的定向钻孔轨迹坐标计算方法。

(3) 在造斜段定向长钻孔以锐角穿越软硬互层时,容易出现难控制孔段,即钻孔轨迹严重偏离设计轨迹的孔段。建立数值模型分析了定向钻进过程中,钻孔周围岩层的位移矢量分布特征、应变云图和位移云图,进一步说明了在相同的钻进参数下,当钻孔以锐角从硬岩穿越软岩层面时,若此时降倾角,就会受到上方硬岩孔壁的限制,阻止钻具的偏移,最终导致钻孔轨迹的偏移。

3 定向长钻孔抽采瓦斯关键参数及智能评价

对成孔和轨迹影响因素研究的基础上,建立了中软煤层定向精准瓦斯治理标准化工艺标准体系,在此基础上对定向长钻孔抽采瓦斯关键技术开展深入研究,确定合理定向钻孔各分支孔的布置间距及有效抽采时间,对主孔抽采负压沿程压损变化规律及影响因素开展理论研究。同时开展了定向钻孔瓦斯抽采效果单元智能评价系统,以实现对抽采现状及达标的准确评判。

(1) 通过抽采半径的数值模拟研究得到新庄煤矿二$_2$煤层在不同抽采时间下对应不同钻

孔间距，抽采时间越长，抽采影响的范围越大，抽采 30 d 的影响半径为 5 m，抽采 45 d 的影响半径为 7.5 m，抽采 60 d 的影响半径为 10 m。

(2) 通过对定向长钻孔抽采负压分布规律的研究，影响钻孔内负压分布的主要因素为煤层透气性系数、钻孔直径、孔口负压、钻孔的长度、孔壁摩擦系数、煤层瓦斯压力及抽采时间等因素。

(3) 建立了瓦斯抽采效果分元达标智能评价系统，该评价系统以工作面煤层瓦斯基础参数、实时瓦斯抽采计量数据为依据，动态计算煤层残余瓦斯含量、可解吸瓦斯量、瓦斯抽采率等指标，预判抽采达标时间，对评价单元的抽采效果进行智能达标预判。

4 中软煤层定向长钻孔治理瓦斯关键参数设计

基于中软煤体塌孔机理和各因素对钻孔变形的影响程度，结合定向钻机在新庄煤矿的应用现状和煤矿井下施工条件，对 28 采区瓦斯治理所采取的定向长钻孔的布置层位、布置方式以及定向群钻孔布置间距等进行优化设计，确定最优化的适合类似煤层的瓦斯抽采治理的工艺参数。

4.1 定向钻孔的优化布置原则

为有效治理掘进工作面瓦斯，避免煤与瓦斯突出危险的发生，提高巷道掘进速度，新庄煤矿将定向钻机用于抽采掘进工作面围压瓦斯。由于二$_2$ 煤层为中软煤层，在本煤层钻孔极容易坍塌，因此根据对钻孔稳定性的理论分析和数值模拟研究，结合新庄煤矿掘进工作面特征提出以下定向长钻孔的布置原则：

(1) 钻孔前评价煤层现状，将定向钻机布置在未受扰动的原始煤层区域中作业，降低钻孔遇到局部煤体破碎区的概率。

(2) 将定向钻孔主孔布置在距煤层一定距离的强度较高的顶(底)板岩层中，增强钻孔稳定性。

(3) 定向钻孔保持仰角施工，及时排渣排浆，减削水的弱化作用。

(4) 定向钻孔设计轨迹尽量简单、平滑，减弱钻孔围岩应力集中的影响，增强钻孔承受能力。

(5) 底板主孔隔一定距离向上开分支，分支孔尽量在煤层中延伸，增大抽采卸压范围。

(6) 施工短距离本煤层超前预抽补充孔，这是由于定向钻孔布置过程中存在抽采盲区。

4.2 定向长钻孔层位及布置形式设计

4.2.1 钻孔布置层位

新庄煤矿主要可采煤层二$_2$ 煤赋存于山西组中下部，上距 K_4 铝质泥岩 35.0 m、三$_2$ 煤层 90.0 m，下距二$_1$ 煤层底板砂岩 35.0 m、K_3 石灰岩 47.0 m。煤层直接顶板大部为厚层中粒砂岩，其余为砂质泥岩及泥岩；直接底板为砂质泥岩、粉砂岩，煤层综合柱状图如图 1 所示，煤层层位全区稳定，对比可靠。综上所述，结合新庄煤矿二$_2$ 煤层的地质特征，定向钻孔主孔布置在距煤层一定距离的强度较高的顶(底)板岩层中，增强钻孔稳定性。

4.2.2 钻孔布置方式

根据钻孔主设计方位与预掘巷道的空间位置关系，提出“纵向”和“横向”两种瓦斯抽采钻

岩石名称	厚度/m	柱状图	岩性描述
二$_2$煤	2.8		黑色，光亮-半光良型，块状，粉粒状结构，金刚光泽
砂质泥岩	3.9		深灰色，平坦状断口，含大量植物根部化石，滑面发育，含少量方解石细脉
细粒砂岩	9.68		深灰色，成分以石英、长石为主，含少量晶点状云母，垂直裂隙发育，具脉状层理，夹砂质泥岩薄层
砂质泥岩	5.48		深灰色，平坦状断口，含大量植物根部化石，滑面发育，含少量方解石细脉

图1　28采区二$_2$煤层综合柱状图

孔布置方式。

(1) 纵向布置方式

当钻孔主设计方位与欲掘巷道在空间呈垂直关系时，将这种布置方式称为定向长钻孔纵向布置方式，如图2所示。利用千米钻机长距离钻孔和拐弯钻孔的特点，向邻近接替工作面施工顶板或底板主钻孔，覆盖2～3个接替工作面，以期可实现区域性煤层瓦斯预抽，每隔一段距离向下或向上施工分支孔，沟通煤层以增大卸压范围、提高抽采效果。

(2) 横向布置方式

当钻孔主设计方位与欲掘巷道在空间上平行时，将这种布置方式称为定向长钻孔横向布置方式，如图3所示。由于主钻孔布置在顶板或底板，前方抽采区域出现盲区，需要施工一定距离的本煤层超前预抽补充孔。

(3) “横”向布置方式的优势

当掘进工作面煤层较软且瓦斯涌出量大时，建议采用横向顶板钻孔布置方式对单条掘进巷道集中抽采。通过合理的布孔方式，可以达到“一孔多用”的效果，即当邻近工作面尚未开采时，钻孔主要对掘进巷道围岩区域瓦斯进行抽采。当邻近工作面开采时，靠近回风顺槽的钻孔可以通过采动裂隙对上隅角区域瓦斯进行截留，有效遏制高浓度瓦斯富集，从而保证安全生产。但是顶板下向梳状钻孔，存在下向孔排水排渣困难的问题，容易出现堵孔问题，无法有效实现从顶板施工定向钻孔预抽煤层瓦斯，而底板横向长钻孔的布置方式则避免了这一缺陷，有效抽采的时间相对较长。

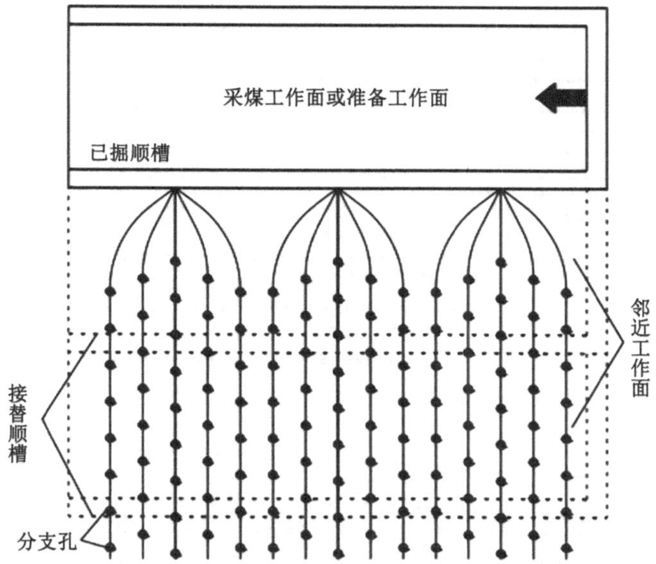

(a) 定向长钻孔“纵向”布置水平投影示意图

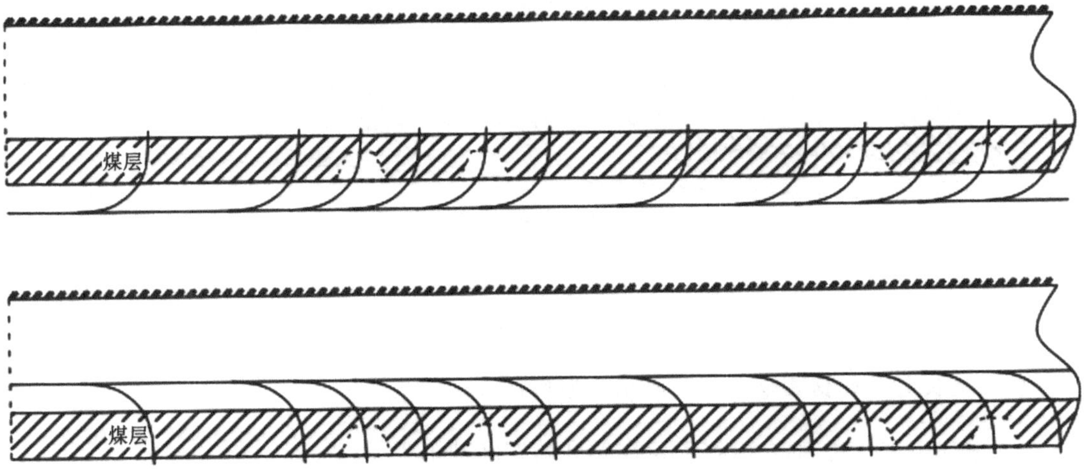

(b) 定向长钻孔“纵向”布置剖面示意图

图 2　定向长钻孔“纵向”布置方式

(4) 定向钻孔布置方式

根据 28 采区巷道布置特点，新庄煤矿 28 采区采用垂直于煤巷方向的缓倾斜定向长钻孔，使钻孔始终保持上行状态，有利于施工期间排水排渣，杜绝了抽采期间主孔积水影响抽采效果的现象。同时，定向长钻孔垂直于煤巷方向可通过调整钻孔间距，降低构造对钻孔施工的影响，减少了定向钻孔施工难度，从而提高了定向长钻孔施工效率。

28 采区 28041 底抽巷距煤层距离 15～20 m，处于砂质泥岩中。定向钻孔若要进入煤层，需要穿过厚 3.9 m 的砂质泥岩层。垂直于煤巷施工，可以缩短钻孔在该岩层中的钻进长度，极大降低了施工难度。同时，缓倾斜上行钻孔，可以有效地杜绝了钻孔积水，提高了瓦斯抽采效率。

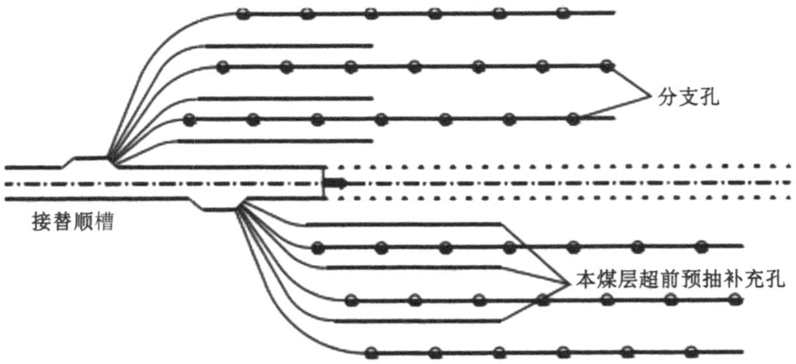

(a) 定向长钻孔“横向”布置水平投影示意图

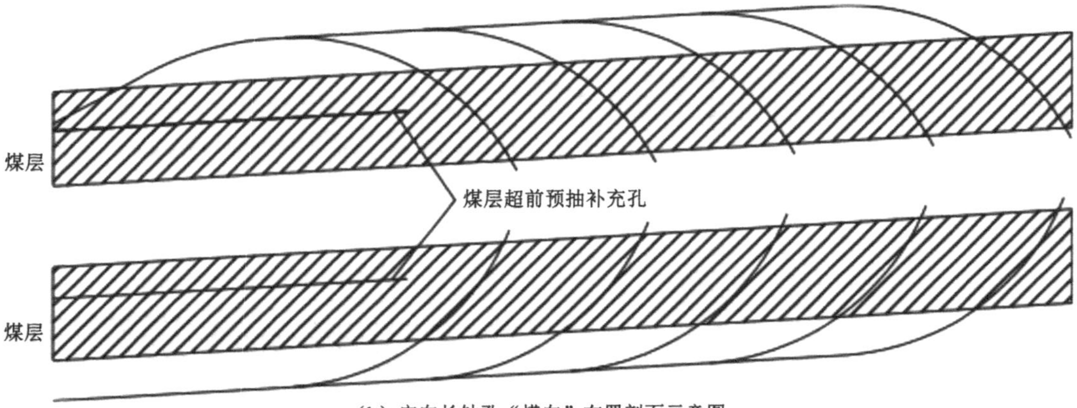

(b) 定向长钻孔“横向”布置剖面示意图

图 3 定向长钻孔“横向”布置方式

4.3 底板梳状定向长钻孔分支钻孔间距及影响因素

在这里利用流量法测定 28 采区定向钻孔的实际抽采半径。

4.3.1 定向钻孔施工及瓦斯抽采数据分析

(1) 定向钻孔施工情况

选择 28041 底抽巷施工 1 号定向钻孔,具体施工情况如表 1 所示。

表 1 28041 底抽巷 1 号定向钻孔施工情况

孔号	施工时间	分支孔编号	起始位置/m	钻尺/m	煤孔段长/m	总钻尺/m	孔内情况
1	1 月 11 日 0 点班～1 月 24 日 0 点班	1-1	0	153	20	378	133 m 见煤
		1-2	96	102	20		在 96 m 处开分支,177 m 见煤,197 m 见岩,孔深 198 m
		1-3	150	60	20		在 150 m 开分支,189 m 见煤,209 m 见岩,孔深 210 m
		1-4	168	63	35		在 168 m 处开分支,196 m 见煤,孔深 231 m

（2）钻孔成果图

28041 底抽巷 1 号定向钻孔成果如图 4 所示。

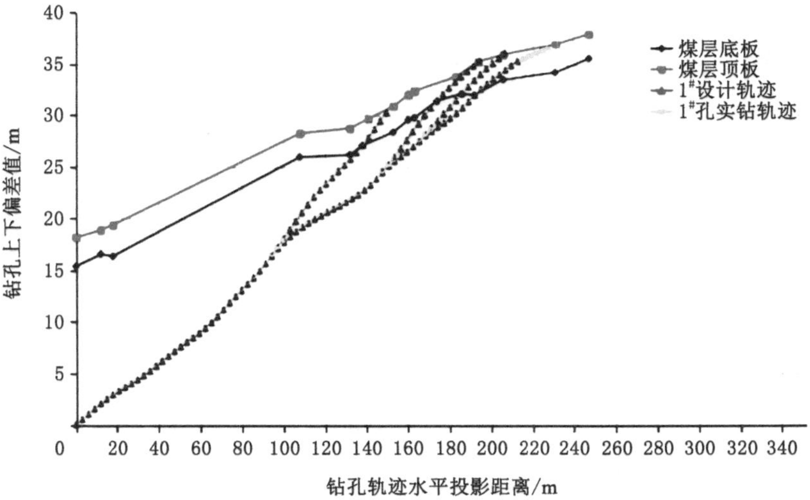

图 4　28041 底抽巷 1 号定向钻孔成果图

（3）钻孔封孔情况

28041 底抽巷 1 号定向钻孔封孔情况如表 2 所示。

表 2　28041 底抽巷 1 号定向钻孔封孔情况

孔号	封孔深度/m	注浆压力/MPa	封孔时间	初抽浓度/%	初抽时间	封孔工艺
1	90	1.2	2 月 9 日 8 时	37.3	2 月 12 日	40 mm 钢管外壁注浆

（4）钻孔瓦斯抽采情况

测定 28041 底抽巷的 1 号定向钻孔瓦斯抽采参数，记录单孔的抽采浓度、抽采流量等抽采数据，将钻孔连续抽采 3 个多月的抽采数据进行整理分析，并剔除一些异常数据点后，形成的钻孔瓦斯抽采参数测定结果，见表 3。

表 3　28041 底抽巷 1 号定向钻孔瓦斯抽采测定结果

日期	抽采时间/d	浓度/%	混合流量 /(m^3/min)	纯流量 /(m^3/min)	日抽采纯量 /(m^3/d)
2020/2/13	2	28.8	0.711	0.204 8	294.912
2020/2/27	16	33.6	0.452	0.151 9	218.736
2020/3/6	24	27	0.431	0.116 4	167.616
2020/3/9	27	16.6	0.665	0.110 4	158.976
2020/3/13	31	21.3	0.272	0.057 9	83.376
2020/3/21	39	32.7	0.285	0.093 2	134.208
2020/3/22	40	28.5	0.284	0.080 9	116.496

表3(续)

日期	抽采时间/d	浓度/%	混合流量/(m^3/min)	纯流量/(m^3/min)	日抽采纯量/(m^3/d)
2020/3/31	49	15.2	0.776	0.118	169.92
2020/4/5	54	11.9	0.298	0.035 5	51.12
2020/4/23	72	6.5	0.380	0.024 7	35.568
2020/4/26	75	6.8	0.732	0.048 9	70.416
2020/4/29	78	7.7	0.477	0.036 7	52.848
2020/5/2	81	9.1	0.283	0.025 8	37.152
2020/5/8	87	8.6	0.568	0.048 8	70.272
2020/5/14	93	9.7	0.226	0.021 9	31.536
2020/5/25	104	10.1	0.143	0.014 4	20.736
2020/5/29	108	11.7	0.156	0.018 3	26.352
2020/6/3	113	13.6	0.069	0.009 4	13.536

4.3.2 定向钻孔抽采影响因素分析

(1) 钻孔负压对钻孔抽采量的影响

利用钻孔抽采煤层瓦斯，抽采钻孔内需存在一定的负压，钻孔负压是引导瓦斯克服煤层孔隙通道的阻力流向抽采管道。此外，钻孔负压与煤层孔隙形成的压力梯度可以在一定范围内加快煤层内吸附瓦斯解吸速度。

对钻孔抽采必须确保足够负压，特别是定向钻机，由于其初始流量一般较大，抽采负压稳定可以及时将孔内瓦斯抽走。通过上述钻孔抽采负压与抽采流量的关系的分析可得，定向钻孔抽采负压应至少 20 kPa 为宜。

(2) 钻孔瓦斯浓度、负压及流量的关系

在瓦斯抽采工程中钻孔抽采状态有三个指标表征，即抽采钻孔瓦斯浓度、负压和流量。前面已经提到抽采浓度一定时负压与流量关系，对不同深度钻孔，负压变化时对钻孔瓦斯流量有影响，同一钻孔抽采负压增大，瓦斯抽采量增大，不同钻孔抽采负压大的瓦斯抽采量也大(扣除钻孔长度影响)。可以看出，当负压基本保持不变时，纯瓦斯流量与钻孔瓦斯浓度之间变化呈正比关系。

从上述的分析可知，抽采钻孔瓦斯浓度与负压、流量之间存在密切关系，任何一个量的改变可引起其他量变化。

因此，在瓦斯抽采管理中，应对抽采钻孔瓦斯浓度与负压、流量进行监测，并根据实际情况对其进行调控，使抽采钻孔的抽采状态达到最佳，确保抽采效果。

(3) 抽采钻孔直径对瓦斯抽采率的影响

目前，新庄煤矿瓦斯抽采钻孔直径为 96 mm 和 120 mm。随着抽采钻孔直径的增大，钻孔瓦斯衰减系数随之减小。

在钻孔有效抽采时间内，当抽采时间相同时，钻孔直径越小，抽采率越小，反之亦然。对不同的钻孔直径而言，要在一定时间里达到相同的抽采率，直径大的钻孔所需时间短，直径小的钻孔所需时间长。

从上述的分析可以得出，大孔径抽采钻孔能起到强化抽采的作用，但钻孔直径越大，施工难度较大，特别是在煤质较软的煤层中施工，成孔率较低，总体效果还不如小直径钻孔，因此在使用大直径钻孔时还要考虑施工的难易程度。

(4) 钻孔长度对抽采瓦斯量的影响

钻孔瓦斯抽采量大小主要由煤层原始瓦斯含量和残存瓦斯含量共同决定，但单位时间内钻孔瓦斯抽采量主要受煤层透气性影响，在煤层瓦斯含量一定和煤体其他特性相同的条件下，煤层透气性越大，钻孔瓦斯流量越大，反之越小。对抽采钻孔而言，钻孔瓦斯流量表现为所有暴露孔壁瓦斯涌出量的累积，钻孔长度越长，单位时间内抽采的瓦斯量就越多。另外，随着钻孔长度的增加，钻孔流量衰减系数在减小，有利于抽采。

综上，本文研究了瓦斯治理工艺参数优化布置，确定了定向钻孔的优化布置原则，根据 28 采区地质及巷道布置特点，确定采用定向长钻孔“横向”布置的方式，定向长钻孔主孔布置于煤层底板，垂直于煤巷方向缓倾斜。开展了底板梳状定向长钻孔分支钻孔间距及影响因素研究，从现场测试结果可以看出，连续抽采 30 d，二$_2$ 煤层定向钻孔终孔间距为 14 m；连续抽采 60 d，二$_2$ 煤层定向钻孔终孔间距为 20 m；连续抽采 120 d，二$_2$ 煤层定向钻孔终孔间距为 25 m；连续抽采 180 d，二$_2$ 煤层定向钻孔终孔间距为 33 m。

6　研究成果

本文以河南新庄煤矿为试验研究对象，基于现有的地质、瓦斯等方面的信息，综合应用数值模拟和工程实践方法，进行“定向钻孔四步精准法”治理瓦斯技术体系研究，并在新庄煤矿现场进行定向梳状钻孔瓦斯抽采技术的实践应用，形成“定向钻孔四步精准法”治理瓦斯技术体系，解决“单一中软突出煤层定向精准瓦斯治理”关键技术难题，并在新庄煤矿 28 采区进行现场应用，缩短瓦斯抽采施工工程量和抽采时间，提高了区域瓦斯治理效率，确保了煤矿的高效开采。

从新庄煤矿二$_2$ 煤层 28 采区定向钻孔区域瓦斯治理效果来看，单个钻孔施工用时平均为 26 d，瓦斯治理效果明显，单孔瓦斯抽放浓度均在 20%以上，部分钻孔甚至达到 100%。与传统的“底抽巷＋穿层钻孔”区域瓦斯治理措施相比，减少底抽巷及其措施巷工程量约 6 000 m，节约瓦斯治理费用约 11 300 万元，该项技术的成功实施使 28 采区的 28041 工作面提前 1 年具备回采条件，28061 工作面提前 2 年具备回采条件。

参考文献

[1]　韩衍，魏民涛. 单一松软突出煤层瓦斯治理实践[J]. 矿业安全与环保，2014，41(5)：76-78.

[2]　李义. 汾西双柳煤矿单一突出煤层瓦斯治理实践[J]. 能源技术与管理，2019，44(6)：32-33.

[3]　李超. 浅谈单一突出煤层底板巷道位置选择[J]. 陕西煤炭，2018，37(2)：103-104.

[4]　闫本正. 单一突出煤层防突技术研究现状与评价[J]. 能源与环保，2018，40(1)：9-14.

[5] 陈亚利.玉溪煤矿单一突出煤层瓦斯防治技术[J].煤,2015,24(10):40-42.

[6] 吴燕飞.单一突出煤层瓦斯抽采效果研究[J].现代矿业,2012,27(11):138-140.

[7] 卫修君.平顶山矿区单一突出煤层瓦斯抽采新技术[J].煤炭科学技术,2012,40(12):42-47.

[8] 蒲家全.三汇一矿开采无保护单一突出煤层综合防突技术[J].矿业安全与环保,2012,39(S1):61-64.

[9] 张友谊.单一突出煤层底板抽放巷优化布置方案研究[J].煤炭科学技术,2012,40(4):71-74.

[10] 刘杰.单一突出煤层瓦斯治理辅助设计系统[J].煤矿安全,2011,42(2):67-70.

[11] 侯少杰.单一松软强突出煤层瓦斯抽采技术[J].煤矿安全,2010,41(2):25-27.

[12] 赵中玲.强突出碎软煤层定向长钻孔区域瓦斯治理技术研究[J].煤炭与化工,2021,44(5):104-107.

[13] 李小健.定向钻机在松软突出煤层钻进中的应用研究[J].矿业装备,2021(2):214-215.

[14] 边相君.松软突出煤层瓦斯抽采钻孔施工技术及发展趋势[J].能源与节能,2020(12):53-54.

[15] 郑杰.松软突出煤层瓦斯钻孔施工防喷孔技术研究[J].江西化工,2020(3):326-328.

[16] 李普.松软突出煤层深孔钻进制约影响因素及工艺优化[J].煤炭技术,2019,38(9):59-61.

[17] 向东辉.松软突出煤层钻进制约影响因素及其工艺分析[J].能源技术与管理,2019,44(3):36-37.

[18] 蒋志刚.松软突出煤层合理钻杆研制及应用[J].能源与环保,2019,41(4):135-138.

[19] 张红.定向钻机在赵庄煤矿松软突出煤层钻进中的应用实践[J].中州煤炭,2015,41(3):118-120.

[20] 张帆.定向复合钻进预抽煤层中部瓦斯的以孔代巷技术研究[J].煤,2023,32(2):33-36.

[21] 申宇鹏.突出煤层长距离定向钻孔瓦斯区域消突技术研究[J].山西化工,2022,42(8):96-97.

[22] 梁道富.长距离定向钻孔大区域瓦斯治理技术及应用[J].煤炭技术,2020,39(6):93-96.

作者简介:卢志杰(1982—),男,硕士,工程师,2015 年 12 月毕业于河南理工大学矿业工程专业,现任河南神火煤电股份有限公司新庄煤矿总工程师,主要从事煤矿开采技术、灾害治理和“一通三防”研究。

突出矿井采煤工作面底抽巷反向通风及大流量抽采区域立体化瓦斯治理新技术

李东风，冉松河
（河南神火煤电股份有限公司，河南永城，476600）

摘　要：本文在分析目前煤矿瓦斯治理存在问题的基础上，提出了突出矿井采煤工作面底抽巷反向通风及大流量抽采区域立体化瓦斯治理新技术，分别阐述了突出矿井采煤工作面底抽巷全风压通风模式下快速瓦斯治理新模式和井上、下瓦斯抽采系统分源抽采区域立体化瓦斯治理新技术的原理和应用情况。实践表明：该技术应用后，采煤工作面采空区高浓度瓦斯在通风压差和抽采负压的作用下不断向采空区深部涌入，通过底抽巷穿层钻孔和岩石底板裂隙进入底抽巷和抽采管路，排入采区回风巷，控制了顶板冒落区的高浓度瓦斯涌入采煤工作面风流的瓦斯涌出量，抑制工作面生产期间瓦斯超限问题，大大提高了采煤工作面推进速度和工作面单月平均产量，节约了人力、物力、财力，改善了矿井作业环境。

关键词：瓦斯治理；负压差；区域立体化；反向通风；大流量抽采

瓦斯灾害始终是威胁煤矿安全生产的重大灾害，随着开采深度的增加，瓦斯含量越来越大，回采期间的瓦斯涌出量也随之增大，实现突出矿井采煤工作面上隅角区域瓦斯治理，达到本质安全的程度，成了煤矿瓦斯防治的一项难题。采煤工作面在回采期间，受采动影响使得邻近层和工作面向采空区的瓦斯涌出量增加，采空区内切顶线以里空间积聚了大量的高浓度瓦斯。当工作面回撤支架向前移动时，漏风往往会将采空区大量高浓度瓦斯涌入生产巷道和工作面上隅角，造成上隅角和回风流中瓦斯浓度超限，给安全生产带来了严重的威胁。采用后退式采空区预埋管抽采、高位钻孔抽采和增加采煤工作面配风量等措施，可以降低上隅角和回风巷瓦斯浓度，但会导致抽出的瓦斯浓度较低，瓦斯抽采效果不理想，上隅角采空区切顶线以里仍积聚着大量高浓度瓦斯，直接威胁矿井安全生产。因此，亟须因矿制宜，研究与矿井条件相匹配的上隅角瓦斯治理方法。

目前，国内外治理上隅角瓦斯超限问题的主要方法有埋管抽采、高抽巷（高位钻孔）抽采、上隅角处设置局部通风机、设置挡风帘、优化通风系统和安装风、水引射器等[1-11]。陈殿赋[12]提出了在联络巷埋管对采空区进行抽采，通过调整抽采量、吊挂倾斜风障和在回风巷安设增压板闭等一系列措施来改变上隅角瓦斯流场。程建圣采用顶板走向分层高位钻孔瓦斯治理技术，有效地解决了上隅角瓦斯超限问题。王克武[13]通过采用加大风量法、风机抽采法、正压稀释法、总排负压抽采法和改进总排负压抽采等方法，对上隅角瓦斯进行抽采，取得了良好的治理效果。高宏[14]通过大直径钻孔替代沿空留巷Y形通风,有效降低了工作面上隅角超限并解决了采空区瓦斯治理的难题。李德参[15]提出高抽巷和斜切钻孔联合抽采上隅角瓦斯技术,将高抽巷和回风巷贯通,通过高抽巷提供抽采负压,有效阻止采空区瓦斯涌入工作面上隅角。徐玉胜[20]通过U形通风大采高采场瓦斯治理模型分析,采用顶板中高位裂隙带内大直径定向钻孔与大直径穿透钻孔相结合的抽采方式,大幅提高了瓦斯抽采流量,避免了瓦斯超限。以上方法在一定程度上有效治理了上隅角瓦斯,但实际应用中仍然均具有一定的局限性。因此,笔者以河南神火薛湖煤矿为研究对象,提出底抽巷反向通风配合区域立体化大流量抽采瓦斯治理技术的方法,旨在解决上隅角瓦斯超限问题。

1 矿井上隅角瓦斯治理概况

薛湖煤矿现开采标高在－780 m以深,属于单一开采煤层,矿井最大瓦斯含量为15 m^3/t,采煤工作面全部为煤与瓦斯突出工作面,瓦斯涌出量在1～9 m^3/min,具有不均衡性,且采空区瓦斯涌出量比例大,上隅角和回风流容易发生瓦斯超限现象,制约着工作面的安全生产和高产高效。因此,研究突出矿井采煤工作面底抽巷反向通风及大流量抽采区域立体化瓦斯治理新技术对于采煤工作面回采过程中降低回风流中的绝对瓦斯涌出量,保证工作面安全回采具有革命性的意义。应用反向通风大流量立体区域瓦斯抽采新技术后,提高了采空区的瓦斯抽采量,使工作面切顶线以里采空区的瓦斯随底抽巷与工作面的风流反向经穿层钻孔向采空区以深转移,通过高负压、大流量瓦斯泵抽采到地面,进行瓦斯发电利用,配合高位钻孔和上隅角大流量区域立体化抽采实现了本质安全化,工作面日产煤炭3 000 t以上,上隅角和回风流瓦斯浓度控制在0.3%以下,工作面回风巷绝对瓦斯涌出量控制在1～4.5 m^3/min,实现了采煤工作面连续回采,不会因为瓦斯问题而影响采煤生产。现工作面已经连续安全回采煤炭110万t,同时在29020采煤工作面推广使用。

2 底抽巷反向通风降低上隅角瓦斯技术原理

一般在高瓦斯低透气性突出煤层开采前,都会布置底抽巷来实现穿层钻孔预抽煤巷条带瓦斯及大面积工作面区域预抽。随着工作面回采的推进,在采煤工作面与底抽巷之间形成大量裂隙互相沟通,此时上隅角瓦斯治理时可以利用底抽巷上方的原有抽采钻孔及新生裂隙来实现。笔者结合煤矿实际,通过将底抽巷反向通风,在采空区边界设置辅助专用回风巷,此时在底抽巷负压通风的效果下,采空区的瓦斯会“倒抽”进入底抽巷,改变采空区的瓦斯流场,从而有效解决上隅角的瓦斯治理难题。

为研究在不同风量条件下,底抽巷反风对上隅角及采空区瓦斯分布的影响规律,文中从无底抽巷、有底抽巷两种瓦斯治理方式进行模拟,利用Fluent软件,建立数值模拟解算模型。依据薛湖煤矿实际条件,模拟采空区走向长度为500 m,倾向长度为225 m,煤层厚度为2.5 m,风量为600 m^3/min,在两种条件下的采空区瓦斯分布规律。模拟结果如图1、图2所示。

无底抽巷条件下,采空区瓦斯大量富集于采空区前中部,上隅角瓦斯聚集明显,存在上隅角瓦斯超限情况。

布置底抽巷后,采空区瓦斯呈现明显的后移趋势,采空区前部和中部不再存在瓦斯聚集现

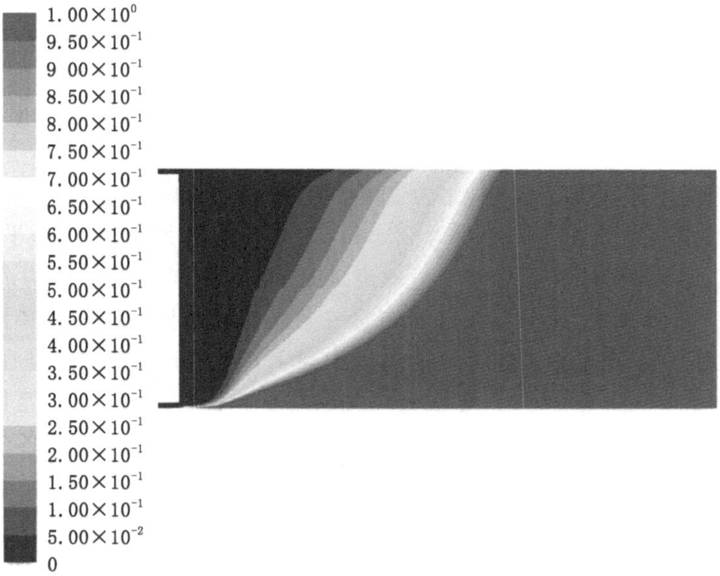

图 1　采空区瓦斯分布规律(无底抽巷)

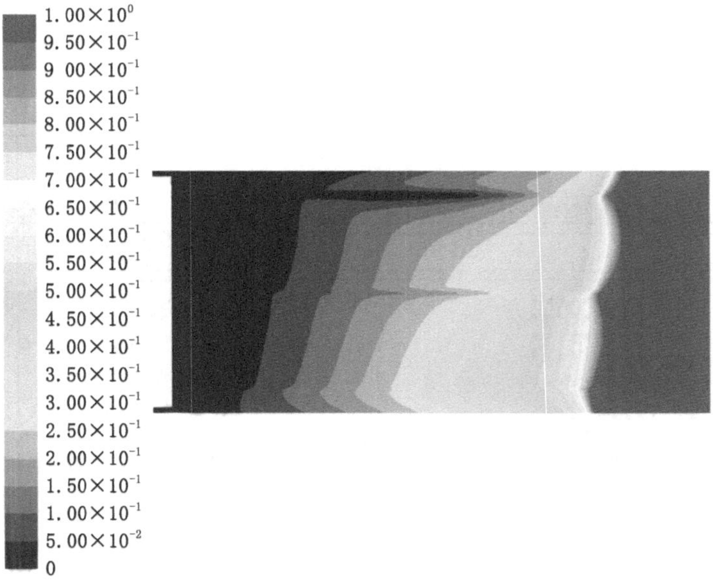

图 2　采空区瓦斯分布规律(有底抽巷)

象,上隅角瓦斯得到有效治理,工作面上隅角的整体安全性大幅提高。

3 瓦斯治理技术方案

3.1 采煤工作面概况

29020工作面南到东翼轨道大巷，北为29040工作面，东邻29采区胶带下山，西至29采区边界。29020工作面设计倾斜长度约为225 m，走向长度约为1 294 m，平均煤厚约为2.5 m，煤层赋存稳定，结构简单，煤层总体上呈一走向近东西、倾向北的单斜构造，倾角约为12°。工作面采用“3+2”布置方式，即采煤工作面布置三条底抽巷掩护两条煤巷和回采区域，底抽巷与煤层的垂直距离12～15 m。工作面瓦斯储量约为1 740万m^3，煤层瓦斯压力为0.16～1.9 MPa，瓦斯含量为6.2～15 m^3/t，二$_2$煤层破坏类型属于Ⅲ～Ⅳ类煤，煤层坚固性系数为0.22～0.40，煤层的瓦斯放散初速度为12.95～14。风、机巷底抽巷车场各安装有一台130 m^3/min的移动瓦斯抽采泵，用于工作面回采后底抽巷采空区域内穿层钻孔的瓦斯抽采。

钻孔施工使用ZDY-4000L或其他大功率钻机，采用直径94 mm及以上钻头，钻孔列间距不大于6 m，钻孔施工完毕后进行水力增透，每个钻孔水力增透煤量不得小于0.7 t/m，确保满足最小有效抽采半径的要求(抽采30 d，有效抽采半径达到3.34 m)，底抽巷及钻孔布置如图3、图4所示。

工作面采用后退式走向长壁采煤法，全风压“U”形通风，机巷进风、风巷回风，回风风流方向与工作面推进方向一致，直接进入29采区回风巷；三条底抽巷均为进风巷，由于进风风压大，三条底抽巷车场均设有控制风门，风量均在400～600 m^3/min之间，风流方向与工作面推进方向相反，直接进入29采区辅助回风巷，通风系统如图5所示。

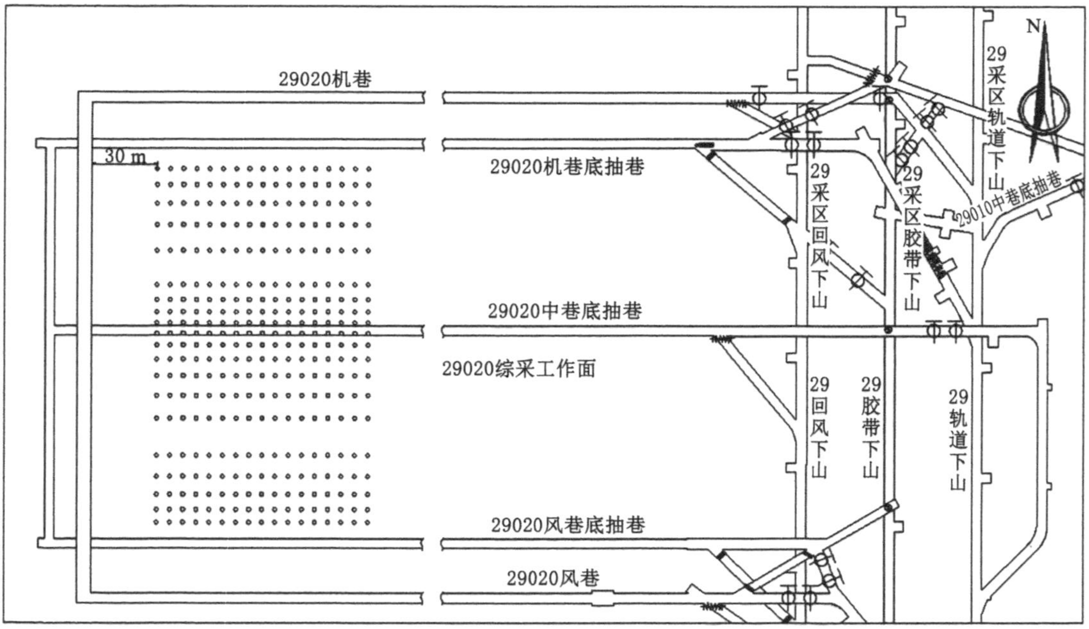

图3 29020工作面穿层钻孔布置平面图

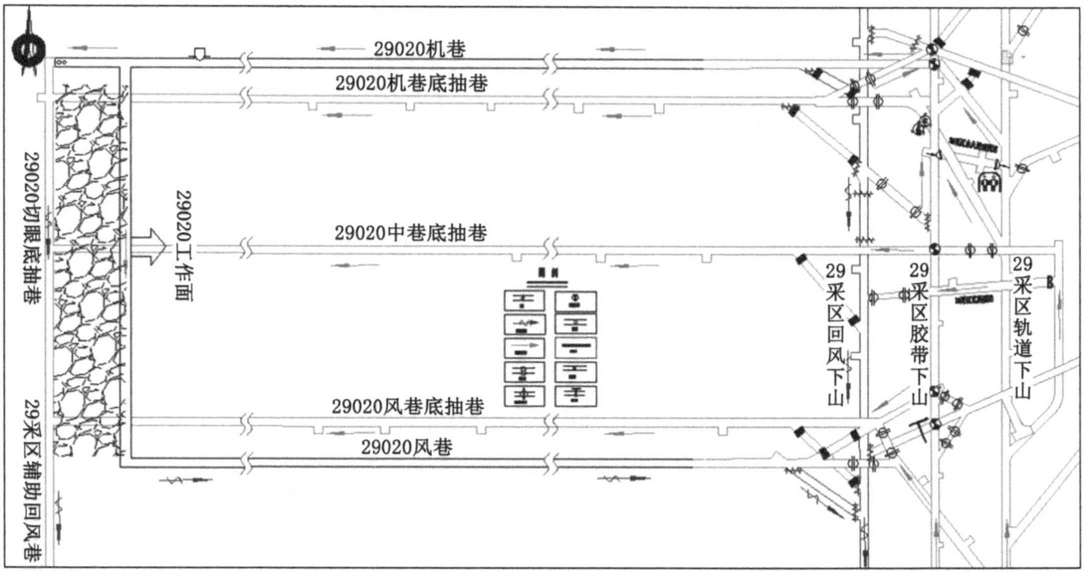

图 4　29020 工作面穿层钻孔布置剖面图

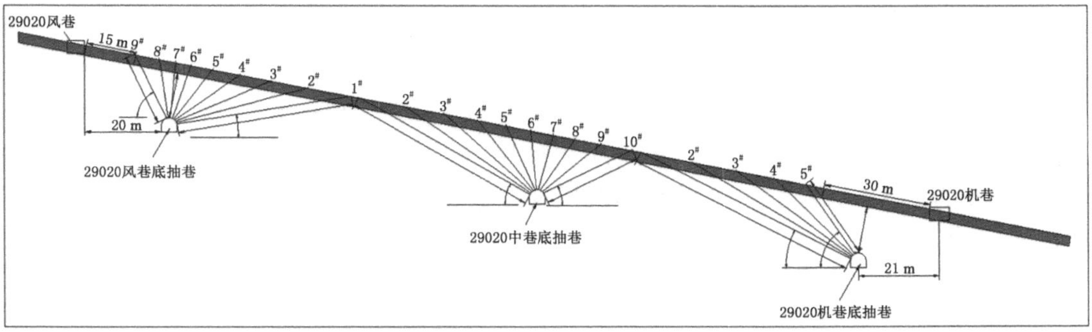

图 5　29020 工作面通风系统图

由于三条底抽巷距离中央风井距离近，阻力小，风流畅通，底抽巷的风流流经路线比采煤工作面风流路线短 1 800 m，工作面回采后采空区的高浓度瓦斯通过底抽巷内的穿层钻孔和裂隙，在负压差的作用下进入到底抽巷随风流排入 29 采区辅助回风巷，再到中央风井。工作面回采后的采空区范围内瓦斯，利用风、机巷的移动瓦斯抽采泵在采空区后方对穿层钻孔进行抽采。在抽采和底抽巷风压差的影响下，采煤工作面支架后方的大量瓦斯向采空区深部涌入，通过底抽巷抽采管路和随风流排入采区回风巷，极大地降低了采空区瓦斯向工作面采煤空间涌出的数量。

工作面开采初期，当工作面开采推进后，根据采动岩层移动关键层理论，在工作面上方采动岩层中存在一个决定采场上覆岩层矿山压力变形破坏的关键层，当关键层破断后，位于采空区中部的采动裂隙将趋于压实，而在采空区四周则出现一个联通的采动裂隙发育区，也叫采动裂隙“O”形圈，并随着工作面的推进而移动，在这个采动影响裂隙发育区中形成了“瓦斯库”，由于瓦斯具有升浮移动和渗流特性，来自大面积的卸压瓦斯沿裂隙通道不断地渗流到这个裂隙充分发育的区域内，只要将高位抽采钻孔打到这个采场的采动裂隙区域内，就可以使钻孔有较长的抽采时间、抽采范围和抽采量。

因此，为防止支架后方高处采空区瓦斯随采动影响涌入回采空间，在工作面风巷每 15 m 施工一组高位钻孔，每组高位钻孔设计 12 个，选用 ϕ113 mm 钻头施工，ϕ100 mm 钢丝软管封孔抽采。采用"一堵一注"方式封孔，封孔深度大于 5 m，有合适材料后，封孔深度 15 m，一组钻孔用一根 ϕ150 mm 钢丝软管与主管路连接。12 个直径 133 mm 的高位抽采钻孔，利用地面瓦斯抽采泵进行高负压抽采。经分析，高位钻孔层位布置在采煤工作面顶板 20～25 m、内错工作面回风巷 20～30 m 的顶板裂隙带效果最佳，抽采主管路流量稳定在 37～50 m^3/min，主管路浓度在 27%～70%，单孔瓦斯浓度达到 40%以上，最高达 90%，单孔流量在 2～5 m^3/min，每天的抽采纯量达到 1.44 万 m^3。用东风井系统泵高负压、大流量抽采，抽采出的瓦斯直接用来发电，每天的发电量在 3 万～5 万度。

3.2 瓦斯治理效果分析

29020 工作面底抽巷采用反向通风及大流量抽采区域立体化瓦斯治理技术后，29 采区辅助回风巷瓦斯浓度稳定在 0.35%，底抽巷每天的风排瓦斯量达到 1.108 万 m^3；底抽巷抽采纯量在 10 m^3/min，每天抽采瓦斯 0.28 万 m^3；高位钻孔抽采纯量稳定在 10 m^3/min 左右，每天抽采瓦斯 1.4 万 m^3。经统计，2 个月共抽采瓦斯 166.8 万 m^3。治理后，取消了上隅角抽采，生产期间上隅角瓦斯浓度在 0.08%～0.2%，回风流的瓦斯浓度稳定在 0.08%～0.3%，绝对瓦斯涌出量在 1.6～4 m^3/min，确保了工作面安全回采。

采煤工作面底抽巷反向通风大流量抽采区域立体化瓦斯治理技术，在薛湖煤矿 2306 采煤工作面已安全回采煤炭 110 万 t。工作面自 2020 年 12 月份投产至工作面回采结束，工作面上隅角瓦斯浓度稳定在 0.3%～0.6%之间，配风量为 1 350～1 600 m^3/min，回风流瓦斯浓度在 0.2%～0.4%之间，无瓦斯超限现象。

4 效益分析

(1) 突出矿井采煤工作面底抽巷反向通风及大流量抽采区域立体化瓦斯治理新技术的应用，使采煤工作面采空区高浓度瓦斯在负压差和抽采的作用下不断向采空区深部涌入，通过底抽巷穿层钻孔和岩石底板裂隙进入底抽巷和抽采管路，排入采区回风巷，控制了顶板冒落区的高浓度瓦斯涌入采煤工作面风流的瓦斯涌出量，抑制工作面生产期间瓦斯超限问题，提高了采煤工作面推进速度，工作面单月平均产量由原来的 5 万 t 增长到 9 万 t，原煤产量提高了 4 万 t/月，能够保证工作面连续生产，单面保证矿井产量。

(2) 消除了瓦斯威胁，解放了生产力。反向通风及大流量抽采区域立体化瓦斯治理技术应用后，采煤工作面采空区高浓度瓦斯通过底抽巷、穿层钻孔、高位钻孔排出或抽出，2306 工作面自投产至终采整个过程从未发生瓦斯超限现象，工作面上隅角瓦斯浓度始终在 0.6%以下，工作面回风流中瓦斯浓度最高为 0.4%；29020 工作面上隅角瓦斯浓度始终在 0.3%以下，且取消了上隅角抽采，工作面生产期间回风流中瓦斯浓度最高为 0.3%，正常生产期间工作面回风巷甲烷浓度稳定在 0.18%左右，同比未采用突出矿井采煤工作面底抽巷反向通风及大流量抽采区域立体化瓦斯治理新技术措施的采煤工作面瓦斯绝对涌出量降低了 50%，接近低瓦斯矿井的采煤工作面，效果非常明显，在突出矿井采煤工作面瓦斯防治方面是一次技术性革命。

(3) 采用突出矿井采煤工作面底抽巷反向通风及大流量抽采区域立体化瓦斯治理新技术后，底抽巷的风排瓦斯量和抽采量与原来单纯使用上隅角抽采治理瓦斯抽出量提高了57%，大幅减少了采空区瓦斯向工作面的涌出量。

(4) 底抽巷利用全风压通风排放瓦斯，取消了底抽巷分段封闭所需的密闭材料，减少了局部通风机运行资金的投入，减少抽采瓦斯泵(160 kW)运行资金的投入以及相关封闭材料的消耗，另加人员工资等，全年节省费用约300万元。

(5) 该技术的最大社会效益是通过收集裂隙通道“O”形裂隙圈内瓦斯，通过底抽巷与采空区存在的负压差通过裂隙带排放瓦斯，通过高位钻孔抽采支架后方裂隙带高浓度瓦斯，形成一个立体化瓦斯抽采网络，减少了采空区瓦斯涌出源，从而可减少瓦斯隐患和各种瓦斯事故，杜绝由于采空区瓦斯涌出所酿成的重大事故发生。走向高位钻孔主要用于边采边抽，解决生产工作面瓦斯涌出量较大问题，主要用于抽采采空区瓦斯和抽采煤层受采动影响工作面硬帮释放的瓦斯。采空区瓦斯涌出主要是工作面开采后由于煤层开采破坏了岩体压力平衡状态，上下部负荷引起煤岩体移动向采空区方向膨胀，从而导致错动而产生各种方向裂隙，这些裂隙与采空区沟通，形成了向采空区排放瓦斯通道。在空间上高浓度瓦斯聚集在裂隙带中，走向高位钻孔落点是顶板的裂隙带，而瓦斯特性造成瓦斯涌向顶板的裂隙带。高位钻孔抽采就是利用抽采负压改变采空区裂隙带的瓦斯流向，使之进入抽采系统，以减少瓦斯向工作面上隅角涌出，利用这一原理进行边采边抽治理生产工作面瓦斯。

5 结论

(1) 突出矿井采煤工作面底抽巷反向通风及大流量抽采区域立体化瓦斯治理新技术是一项综合性的瓦斯防治新技术，抽出的瓦斯可以直接进行发电，每月的发电量在150万度左右；节约了由于底抽巷分段封闭所产生的风机运行、密闭巷道所需要的相关材料费用，降低了矿井吨煤成本，并且可以有效减少采空区向生产采掘空间泄露瓦斯，减少瓦斯隐患和各种瓦斯事故。

(2) 29020工作面底抽巷反向通风及大流量抽采区域立体化瓦斯治理技术在薛湖煤矿进行了推广应用，效果明显，对突出矿井具有底(顶)抽巷掩护的采煤工作面瓦斯治理具有较强的借鉴指导意义，具有较高的推广价值。

(3) 在矿井采煤工作面通风方式中，特别是煤与瓦斯突出矿井，极易造成工作面隅角及回风流瓦斯超限。采煤工作面回风流及采空区的瓦斯管理一直是采煤工作面的重点和难点，该技术方案的实施，较好地解决了回风流及采空区瓦斯超限问题，消除了回风流及采空区瓦斯超限的隐患，减少了矿井瓦斯对采煤工作面的影响，提高了矿井及采煤工作面的本质安全程度；同时，该方案明显地提高了工作面的回采速度，产生了较高的经济效益和社会效益。该综合治理技术安全高效，操作简单，具有广泛的推广应用价值。

参考文献

[1] 王增全.高瓦斯工作面立体瓦斯抽采技术[J].煤炭科学技术,2013,10(5):86-89.

[2] 魏宏超,杨慧琳,王洪涛,等.大直径顶板定向钻孔在亭南煤矿上隅角瓦斯治理中的应用[J].煤炭工程,2017,49(4):64-67.

[3] 王志亮,陈善文,上官昌培,等.孔庄矿7354工作面上隅角瓦斯治理模式研究[J].中国煤炭,2012,11(3):107-109.

[4] 邢纪伟,郐剑明.低瓦斯矿井上隅角瓦斯超限原因分析及治理技术[J].煤炭技术,2016,8(1):188-190.

[5] 吴兵,雷柏伟,华明国,等.采煤工作面上隅角瓦斯拖管抽采技术参数研究[J].采矿与安全工程学报,2014,5(2):315-321.

[6] 潘荣锟,刘伟,李怀珍,等.浅埋近距离煤层群工作面上隅角贫氧致因及综防技术[J].煤炭科学技术,2021,49(2):102-108.

[7] 李斌,杨英兵.基于均压通风技术的浅埋深超大面积采空区综采工作面低氧防治[J].煤矿安全,2017,48(S1):94-98.

[8] 秦清河,张立辉.补连塔煤矿22307工作面均压通风安全技术及应急处置措施[J].煤矿安全,2017,48(S1):69-71.

[9] 张志勤.综采工作面上隅角顶板及瓦斯治理研究[J].山西冶金,2022,45(2):373-374.

[10] 杨秀军.U形通风工作面上隅角埋管最佳埋深及负压模拟研究[J].煤炭技术,2020,39(7):110-113.

[11] 赵灿,张浪,刘彦青.偏Y型通风下采空区瓦斯涌出规律及超限治理研究[J].煤炭科学技术,2019,47(4):127-133.

[12] 陈殿赋,鲁义.工作面上隅角瓦斯综合治理技术的研究及应用[J].煤炭科学技术,2013,41(10):57-59.

[13] 王克武,孙福玉,姜伟东.低瓦斯矿井工作面上隅角瓦斯超限治理技术[J].煤炭科学技术,2012,40(5):49-51.

[14] 高宏,杨宏伟.超大直径钻孔采空区瓦斯抽采技术研究[J].煤炭科学技术,2019,47(2):77-81.

[15] 李德参,何有巨.高抽巷和斜切钻孔联合抽采上隅角瓦斯技术[J].煤炭科学技术,2018,46(S2):122-125.

[16] 徐玉胜,李春元,张勇,等.大采高采场瓦斯治理模型分析及通风系统优化研究[J].煤炭科学技术,2019,47(3):142-149.

作者简介:李东风(1975—),男,汉族,河南永城人,神火集团高级工程师,本科学历,曾任薛湖煤矿防突副总,现为大磨岭矿防突副矿长。

高瓦斯矿井 W 形通风综放面瓦斯治理技术分析

田晋峰[1]，张旭刚[2]

（1. 山西兰花科技创业股份有限公司大阳煤矿分公司，山西晋城，048400；

2. 山西兰花科技创业股份有限公司，山西晋城，048400）

摘　要：针对大阳煤矿首次采用 W 形通风综放面的瓦斯治理问题，通过对工作面瓦斯涌出规律进行分析，采用轨道进风和胶带进风风压控制、小高位抽采、挡风设施导风等方式结合，有效地控制了 W 形通风综放面中部混合风流区域瓦斯。生产实践表明：工作面中部混合风流区域瓦斯受风压、采空区瓦斯涌出等多重因素影响，通过采用“均、导、抽、超、封”的综合治理方法，能够有效控制工作面中部混合风流区域瓦斯浓度，应用效果明显。

关键词：W 形通风方式；瓦斯治理；小高位钻孔

山西兰花科技创业股份有限公司大阳煤矿为高瓦斯矿井，3# 煤层厚度为 3.79～7.19 m，平均厚度为 6.09 m，煤层自燃倾向性等级为Ⅲ级，属于不易自燃煤层，煤尘无爆炸性，煤层原始瓦斯含量为 7.02 m^3/t，瓦斯压力为 0.21 MPa，煤层透气性系数为 0.914 5 $m^2/(MPa^2 \cdot d)$，煤层顶板岩层为泥岩和粉砂岩，底板岩层为泥岩和砂质泥岩。3307 工作面采用综合机械化放顶煤开采，通风方式为 W 形通风，由于煤层瓦斯含量较大，工作面长度达到 220 m，需要结合工作面通风特点进行瓦斯治理。

3307 工作面轨道进风顺槽风量为 1 265 m^3/min，风速为 1.17 m/s；胶带进风顺槽风量为 1 325 m^3/min，风速为 0.46 m/s。工作面 78# 支架间瓦斯浓度为 0.5%左右。综放工作面回风顺槽内瓦斯浓度为 0.4%左右，风排瓦斯涌出量约 10 m^3/min。

1　瓦斯涌出规律分析

1.1　工作面通风特征

大阳煤矿 3307 工作面采用 W 形通风，这种通风方法轨道进风顺槽、胶带进风顺槽均为进风，工作面中部回风顺槽为回风巷。该种通风方法具有风量充足、工作面作业环境好等优点。

3307 工作面风流路线如下：

新鲜风流：地面→主斜井、副斜井、运人斜井、北进风立井→＋750 m 水平胶带大巷、＋750 m 水平轨道大巷→三采区胶带巷、三采区轨道巷→3307 轨道进风顺槽、3307 胶带进风顺槽→

工作面两端头→工作面中部。

乏风：3307 工作面→3307 回风顺槽→三采区回风巷→西回风井 1# 联络巷→西回风立井→地面。

1.2 工作面瓦斯涌出特征

W 形通风条件下，胶带进风顺槽与轨道进风顺槽均为进风巷道，工作面除中部混合风流区域外，均有新鲜风流经过，能够稀释大部分采空区涌出的瓦斯。中部混合风流区域因其独特的位置，使经过它的风流部分以涡流形式存在，导致采空区与工作面衔接处的瓦斯涌出后得不到及时的风流稀释，使得该区域瓦斯浓度偏高(图 1)。

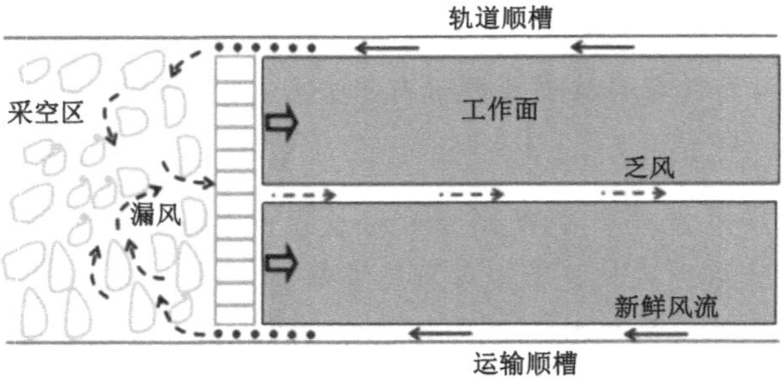

图 1 W 形通风工作面瓦斯涌出规律

2 瓦斯抽采方法及抽采效果

2.1 顺层钻孔预抽本煤层瓦斯

在工作面回风顺槽、胶带进风顺槽内施工顺煤层走向钻孔，钻孔与顺槽呈 90°布置，每隔 3 m 布置 1 个钻孔，封孔方式采用“两堵一注”注浆封孔，封孔后连接到高负压抽采管路。

2.2 高位定向钻孔抽采采空区瓦斯

3307 工作面采用综采放顶煤开采工艺，缺乏顶板冒落带和裂隙带高度实测数据，主要参考钻孔柱状图、工作面顶板岩性来确定，初步判断冒落带高度为 10.58～14.98 m，裂隙带高度范围为 40.03～51.23 m。

根据理论分析及现场实践可知，采空区顶板裂隙带瓦斯抽采的最佳层位为裂隙带下部靠近冒落带区域，或者为采高的 4～6 倍。综合考虑工作面推进速度、采高、顶板岩性等因素，考虑布孔层位为 1 号孔距煤层顶板 30～36 m、2 号孔距煤层顶板 36～40 m、3 号孔距煤层顶板 41～45 m。

在 3307 工作面回风顺槽左帮及右帮分别布置 5 个钻场，钻场间距 250～300 m，每个定向钻场设计 3 个钻孔，均位于回风顺槽上部，钻孔垂距分别距煤层顶板 33 m、36 m、39 m，钻孔深度为 300～350 m，钻孔直径为 120 mm。定向钻孔布置如图 2 示。

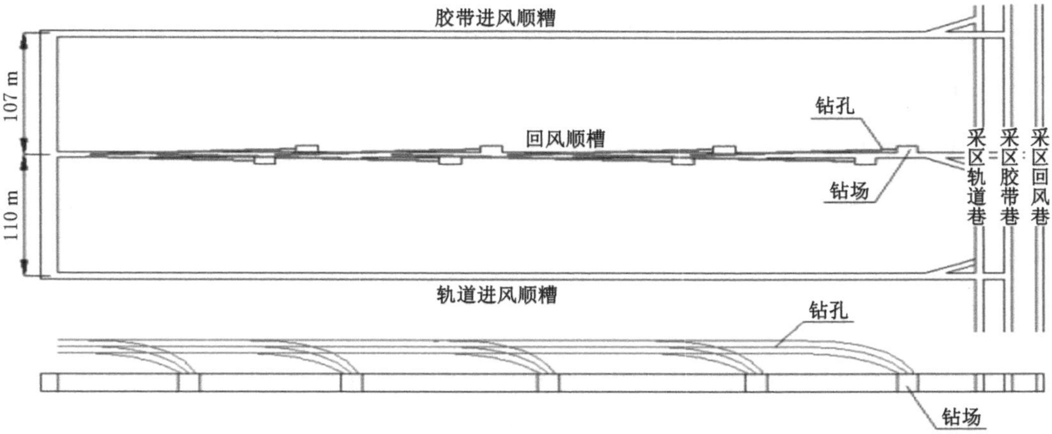

图 2　3307 工作面回风顺槽定向钻孔布置示意图

2.3　工作面瓦斯抽采效果

回采期间，3307 工作面瓦斯抽采总量达到 6.4 m^3/min，瓦斯抽采率为 38.32%。本煤层预抽瓦斯量为 1 m^3/min，高位定向钻孔瓦斯抽采量为 4.5 m^3/min，小高位钻孔平均瓦斯抽采量为 0.4 m^3/min，采空区瓦斯抽采量为 0.5 m^3/min。3307 工作面配风量为 2 590 m^3/min，最大风排瓦斯量为 10.3 m^3/min，回风巷最大瓦斯浓度仅为 0.4%。

3　采取的其他辅助瓦斯治理措施

3.1　通风管理措施

(1) 利用均压措施减少工作面漏风，优化风量配备，使工作面风量、瓦斯排放能力及抽采能力相协调。

(2) 加强两进风隅角顶板管理，及时退锚、断网，确保顶板及时垮落，有效减少进风隅角向采空区漏风，降低采空区瓦斯向工作面涌出。

(3) 加强工作面中部回风口通风断面管理，对巷道底鼓地段及时挑底清理，支架初撑力符合要求，顶部要紧贴巷道顶板，支架处后溜不得有浮煤(矸)，确保工作面中部回风区域风流畅通。

(4) 采用导风障引导风流，解决工作面中部混合风流区域内局部区域的瓦斯。

3.2　抽采管理措施

(1) 确保 3307 回风顺槽抽采系统运行正常，每天对抽采管路进行巡查。

(2) 加强 3307 回风顺槽抽采情况检查，当检查发现抽采浓度、流量、负压下降时，及时进行原因分析，采取措施。

(3) 优化 3307 回风顺槽顶板小高位钻孔，通过顶板裂隙作为通道来抽放工作面裂隙带及采空区冒落带内的瓦斯。每排至少布置 3 个钻孔，每排钻孔之间压茬 5 m，抽采采空区瓦斯涌出。

(4) 在3307综放工作面中部支架后利用低负压抽采系统进行插管抽放,根据情况及时调整抽采位置。

3.3 瓦斯检查管理措施

每班安排一名瓦斯检查工,负责工作面瓦斯检查,当发现区域内瓦斯异常时,要分析原因,采取措施。

3.4 进风隅角的封堵

W形通风工作面的两个进风隅角是工作面的主要漏风通道,漏风进入采空区后,会将采空区瓦斯带入采煤工作面,需要采用封堵墙(用煤袋充填、挡风筒布等)来隔绝采空区,减少采空区漏风。

4 结论

3307综放工作面中部混合风流区域容易超限,通过采用"均(轨道进风顺槽和胶带进风顺槽均压)、抽(定向钻孔+小高位钻孔抽采)、封(两进风隅角封堵)、超(中部混合风流区域支架超前两侧支架)、导(中部混合风流区域设导风帘)"的综合瓦斯治理措施,有效地控制了中部混合风流区域瓦斯浓度,取得了显著的瓦斯治理效果。

芦沟煤矿“三软”低透气性厚煤层水力冲孔增透措施研究与应用

滑俊杰，王建伟，张安生
（郑煤集团工程技术研究院，河南郑州，450042）

摘　要：为了提高芦沟煤矿“三软”低透气性厚煤层瓦斯抽采效果，以矿井 32141 工作面为研究对象，研究了水力冲孔增透措施对“三软”煤层瓦斯抽采效果的影响；通过 FLAC3D 数值模拟分析了普通水力冲孔和多点水力冲孔对抽采效果影响。现场试验结果表明，多点水力冲孔增透措施的钻孔瓦斯抽采效果更加显著，增强了矿井瓦斯防治能力。

关键词：“三软”低透气煤层；多点水力冲孔；FLAC3D 数值模拟

瓦斯防治工作的重点是对煤层进行瓦斯抽采，在开采之前对煤层瓦斯进行抽采，消除其突出危险性，减少瓦斯异常涌出，已经成为矿井普遍采用的瓦斯治理方法[1]。

芦沟煤矿主采的二$_1$煤层，属于典型的“三软”不稳定厚煤层，煤层较软且厚度大，透气性低，具有抽采困难、抽采效果差的特点，难以达到理想的抽采目标，致使煤层开采过程中还会出现瓦斯异常涌出、突出预测指标超标甚至发生煤与瓦斯突出事故等，安全隐患客观上难以完全消除。

为了提高“三软”煤层透气性，本文采用 FLAC3D 软件对水力冲孔增透进行数值模拟，根据模拟结果实施水力冲孔措施[2-5]，通过提高松软煤层透气性来增强瓦斯抽采效果，对提升矿井瓦斯防治能力具有重要意义。

1　矿井概况

芦沟矿主采二$_1$煤层赋存于山西组下部，埋藏深度为 30～700 m，埋藏标高为＋210～－600 m；上距砂锅窑砂岩平均为 65.02 m，下距 L_9 石灰岩平均为 7.24 m。煤层厚度变化大，厚度为 0～19.35 m，平均为 6.18 m，以厚煤层为主，煤层倾角为 3°～7°，平均在 4°左右。

2　存在的问题

芦沟矿目前应用的增透卸压措施是水力冲孔措施，卸煤量为 0.5 t/m，穿层钻孔冲孔煤体有效抽采半径为 5.68 m。由于芦沟矿现在开采煤层为“三软”低透气厚煤层，煤层松软，在水力冲孔过程中，很容易出现塌孔、堵孔现象。为了解决这个问题，提出了多点水力冲孔增透工艺。运用 FLAC3D 软件建立“三软”煤层水力冲孔的数值分析模型，对水力冲孔和多点水力冲孔增透卸压技术破煤过程进行模拟分析，优化水力冲孔增透措施工艺参数，对卸煤量和有效抽采半径进行重新考察，建立更适合芦沟矿煤层的冲孔工艺，提高瓦斯抽采效果[6-10]。

3 水力冲孔增透 FLAC3D 数值模拟

3.1 模型的建立

首先从工程实际出发建立数值模型，尺寸为 10 m×20 m×10 m 的立方体，即 X、Y 和 Z 向分别为 10 m、20 m 和 10 m。Y 方向与钻孔轴向方向平行，表示倾向；X 方向与冲孔延深方向一致，表示走向；Z 轴为垂直方向，表示煤岩埋深。模型尺寸建立后便进行网格划分，为节约计算时间，最外侧煤体网格稀疏，为保障计算精度，内部网格较密集，共有 252 160 个单元体和 259 049 个节点。模型如图 1 所示。

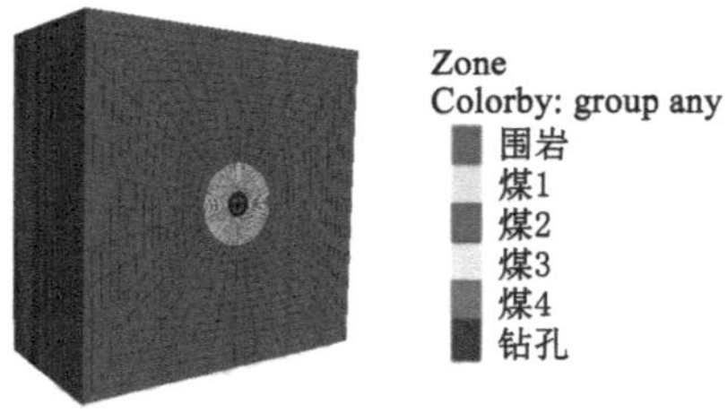

图 1 煤层与钻孔计算模型

接着需要对数值模型进行参数赋值。因为试验煤层平均厚度为 6.18m，为厚煤层，且模型高度为 10 m，整个模型分为三层，即顶板、煤、底板，模型的底面和前后左右四个面固定，上部设置为自由边界，数值模型采用摩尔-库伦模型本构模型。

FALC3D 软件模拟设置初始条件来模拟这种原始状态，垂直应力 σ_z 与埋深 h 的关系为：$\sigma_z=\gamma H$，其中 γ 为上覆岩石平均密度。水平主应力与垂直应力的关系为 $\delta_x=\delta_y=\lambda\delta_z$，$\lambda$ 为侧压系数(0.69)。二$_1$ 煤层埋深为 650 m，上覆岩石平均重度为 22.9 kN/m^3，可计算出垂直应力和两个水平应力分别为 14.89 MPa、10.27 MPa 和 10.27 MPa。图 2 为初始化地应力云图。

3.2 水力冲孔工艺模拟分析

芦沟矿现在应用的增透卸压技术是普通的水力冲孔技术，在水力冲孔过程中容易出现塌孔、堵孔、现象。为了解决这个问题，提出了一种多点水力冲孔增透工艺，改变了空穴的形状，形成倒葫芦形状的空穴，如图 3 所示。为了对比其孔穴的稳定性，以及增透效果，在图 1 建立的模型的基础上进行模拟多点协同水力冲孔增透工艺与普通水力冲孔技术的增透卸压机理，对比了冲孔后周边煤体的应变云图和塑性区变化图。

分析图 4、图 5 可知，采用多点水力冲孔施工后，产生的较大应变区域比普通水力冲孔产

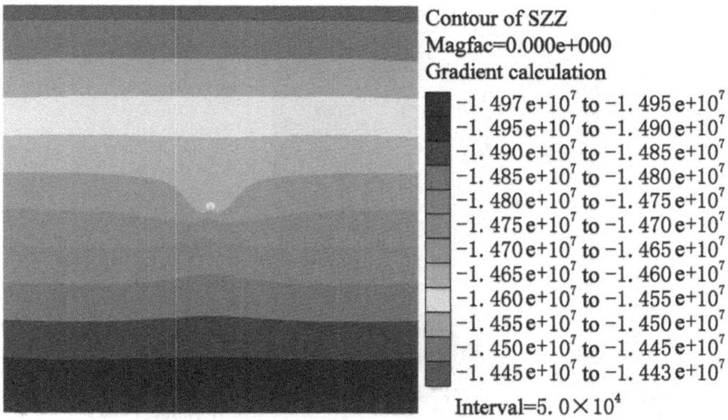

图 2　应力初始化云图

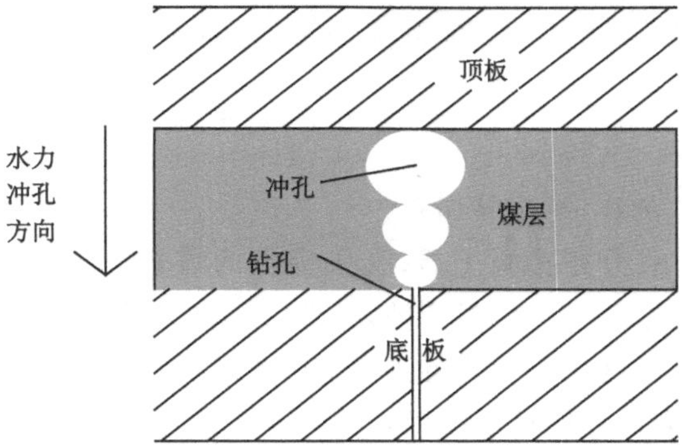

图 3　多点水力冲孔的孔穴形状图

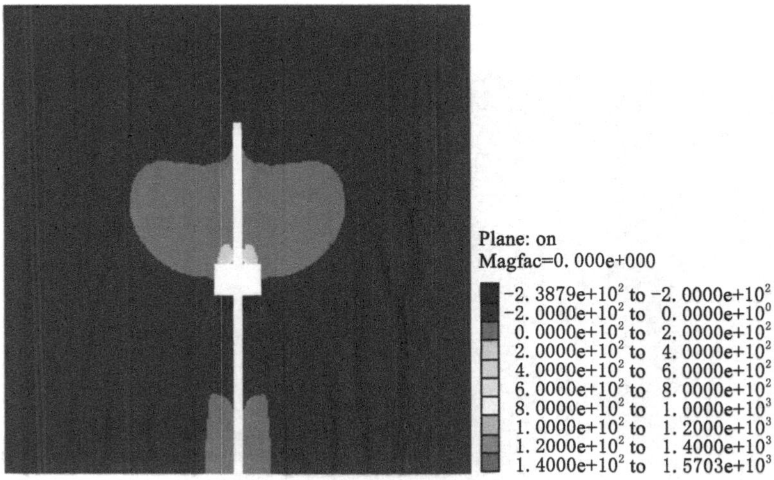

图 4　水力冲孔应变云图

生的较大应变区域要小得多,其应变值也有所降低。所以,采用多点水力冲孔后产生的孔穴的

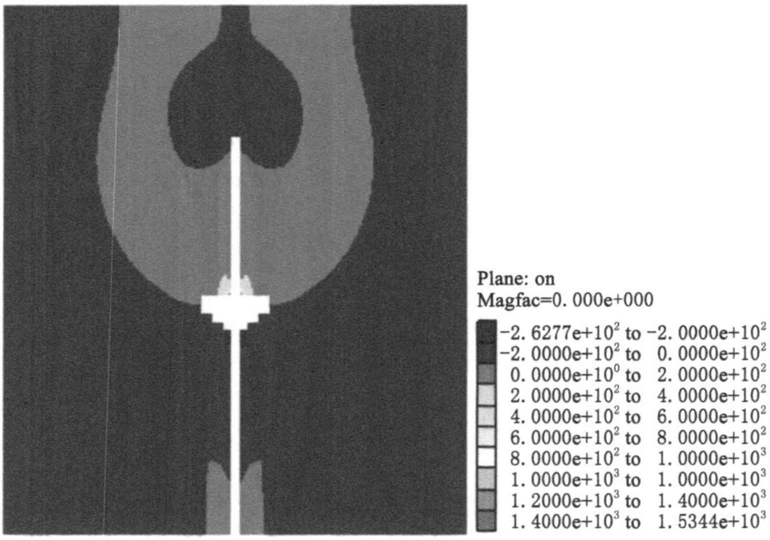

图 5　多点水力冲孔应变云图

稳定性要比普通水力冲孔的高,更不易塌孔。

分析图 6、图 7 可知,水力冲孔施工后,孔穴周围的煤岩应力平衡状态被打破,受剪切破坏,煤岩的完整性直接被破坏,产生大量裂隙,这些裂隙相互连通,致裂区域变大,煤岩透气性大大增加。普通水力冲孔钻孔周围煤岩的破碎区域范围半径为 5 m,即认为普通水力冲孔的影响半径为 5 m;多点水力冲孔钻孔周围煤岩的破碎区域范围半径为 6.5 m,即认为多点水力冲孔的影响半径为 6.5 m。对比破碎区域范围可知,采用多点水力冲孔工艺明显要比采用普通水力冲孔的大。

通过对比分析普通水力冲孔和多点水力冲孔产生的孔穴周围煤岩的应变云图和多点水力冲孔周围煤体塑性区域图可知,多点水力冲孔施工工艺产生的孔穴稳定性比较高,不容易产生

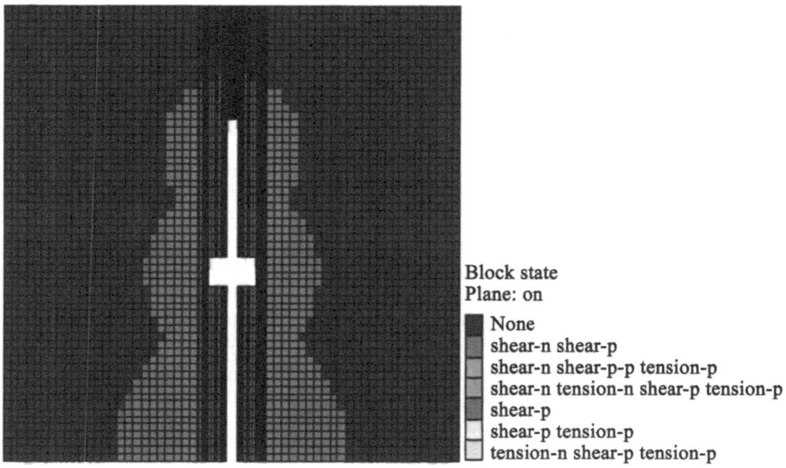

图 6　水力冲孔周围煤体塑性区域图

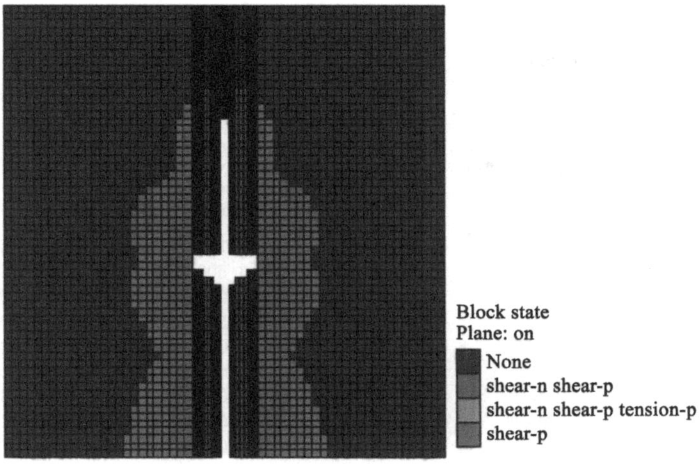

图 7　多点水力冲孔周围煤体塑性区域图

塌孔的现象且其孔穴的影响范围也大大增加。

3.3　水力冲孔卸煤量模拟分析

运用 FLAC3D 软件模拟不同卸煤量的多孔水力冲孔方案。为了方便模拟，对多点水力冲孔产生的孔穴进行简化，之后得到一个从上到下直径逐渐变小的若干紧靠在一起的圆柱形组成。

分别模拟了卸煤量为 0.37 t/m、0.74 t/m、1.11 t/m 三种方案，冲孔的模拟水压力为 15 MPa。

分析图 8、图 9、图 10 可知，水力冲孔后，由于钻孔周围区域的应力集中，钻孔两端应力逐渐释放，其中尾部的应力释放的效果要远大于钻孔头部，应力释放区域逐渐扩大。应力集中和应力释放范围均随着卸煤量增大而增大，尤其当卸煤量达到 1.11 t/m 时，水力冲孔周围区域

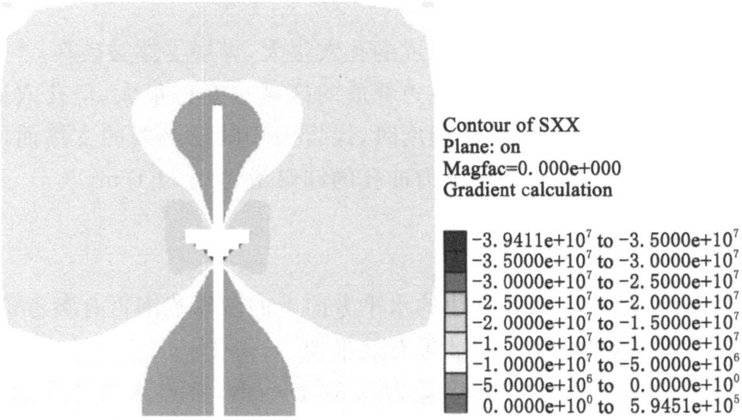

图 8　卸煤量为 0.37 t/m 的倾向方向应力云图

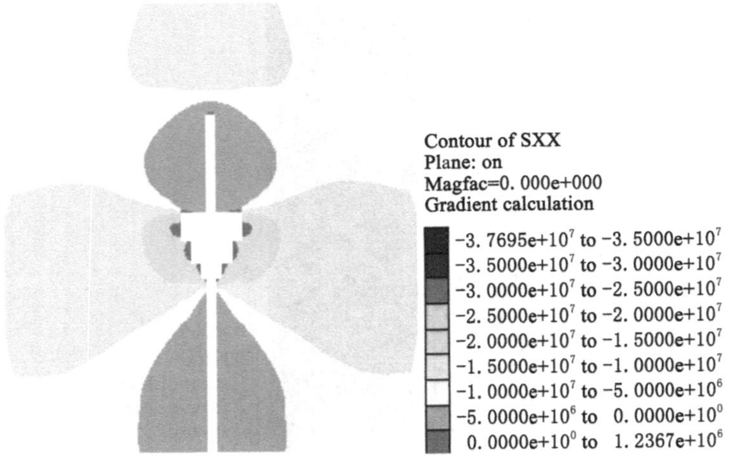

图 9　卸煤量为 0.74 t/m 倾向方向的应力云图

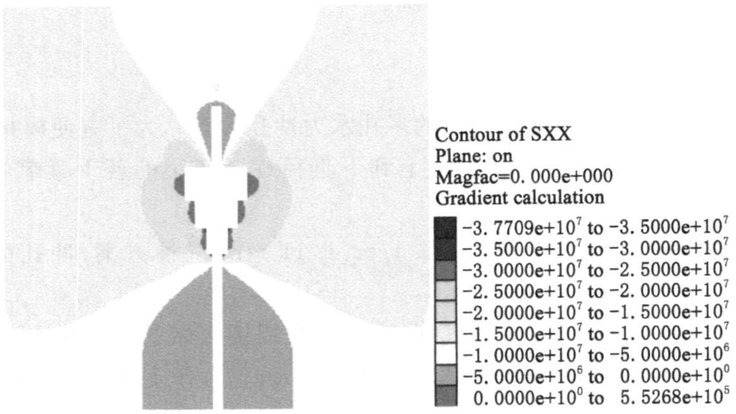

图 10　卸煤量 1.11 t/m 倾向方向应力云图

的应力集中严重，这是因为卸煤量太大，形成的孔穴很大，煤层支撑被破坏。

经过对比得出，随着卸煤量的增加，应力释放的区域也变得很大，但孔穴周围的应力集中区域也逐渐变大。当卸煤量增加到一定程度时，煤岩由于缺乏必要的支撑而出现应力集中现象。从卸压的角度看，适合芦沟矿多点水力冲孔的卸煤量为 0.74 t/m。

3.4　水力冲孔影响半径模拟分析

从瓦斯抽采的角度，垂直于钻孔轴线的水平方向上的破坏范围更有参考价值，可以根据此塑性区域的范围确定孔穴影响半径，即抽采有效半径。

分析图 11、图 12、图 13 可知，当卸煤量为 0.37 t/m 时，多点水力冲孔的影响半径为 5.5 m；当卸煤量为 0.74 t/m 时，多点水力冲孔影响半径为 6.5 m；当卸煤量为 1.11 t/m 时，多点水力冲孔影响半径为 7.3 m。

通过对比分析不同卸煤量方案下多点水力冲孔产生的孔穴周围煤岩的应力云图和多点水

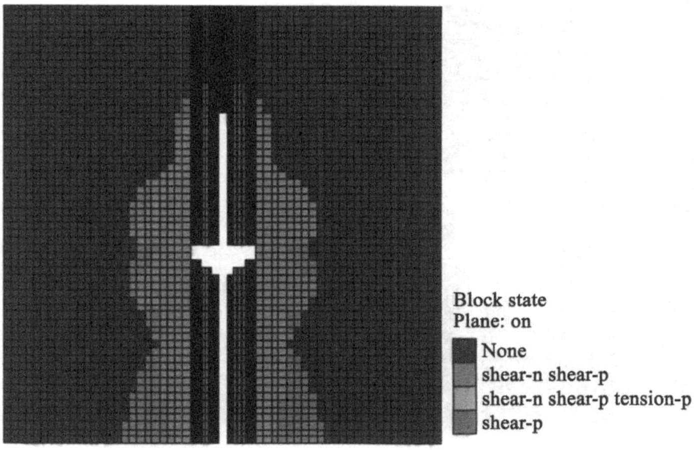

图 11　卸煤量为 0.37 t/m 煤体塑性区域图

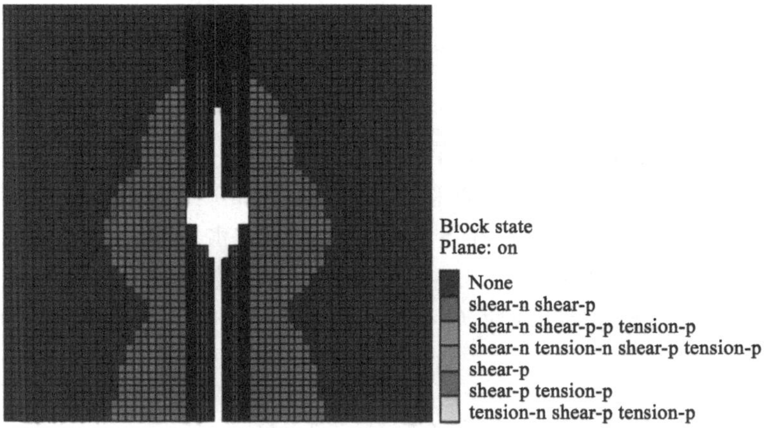

图 12　卸煤量为 0.74 t/m 煤体塑性区域图

力冲孔周围煤体塑性区域图可知，随着卸煤量的增加，水力冲孔的影响半径逐渐增加，但其增长速率逐渐减小。从抽采效果的角度看，芦沟矿在卸煤量为 0.74 t/m 的多点水力冲孔的冲孔影响半径为 6.5 m。

4　现场应用

4.1　试验工作面概况

32141 工作面位于 32 运输下山以西，北部为 32121 工作面采空区，南部为魏寨断层及其支断层保护煤柱。该面井下标高为－325～－265 m，地面标高为＋215～＋240 m。工作面沿煤层走向布置，平均倾斜长度为 120 m，平均可采走向长 580 m，煤层厚度为 3.0～22.0 m，平均为 10.0 m，煤层倾角为 4°～16°，平均为 13°，煤层结构简单，受轴部向斜构造影响，煤层顶底

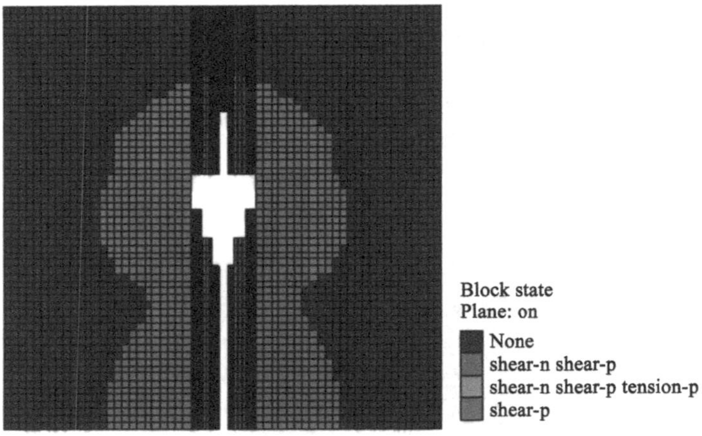

图 13　卸煤量为 1.11 t/m 煤体塑性区域图

板局部有起伏性变化,属稳定型煤层。工作面原始瓦斯含量值为 4.68～9.33 m^3/t,原始瓦斯压力值为 0.10～0.34 MPa。

4.2　试验方案

为了验证数值计算的合理性,依据数值模拟结果,在 32141 底抽巷进行现场应用试验,选用卸煤量为 0.74 t/m 的多点水力冲孔抽采工艺。为了验证多点水力冲孔的实际增透效果,初步设计 1 个多点水力冲孔工艺试验钻孔 S 以及一个普通的水力冲孔 D 作为对照。为正式施工设计的最优卸煤量提供参考依据,水力冲孔试验孔具体参数见表 1,试验钻孔剖面见图 14。

冲孔结束后,对钻孔及时封孔联抽,钻孔联抽后每天安排测量人员观测抽采数据,对钻孔的抽采数据及时汇总。

表 1　工艺试验钻孔参数

序号	位置	倾角/(°)	方位/(°)	钻孔长度/m	穿煤长度/m	孔径/mm	卸煤量/(t/m)
S	里 2 测点向西 8 m 左帮	26	180	41	15	113	0.74
D	里 2 测点向西 8 m 左帮	63	180	26	12	113	0.46

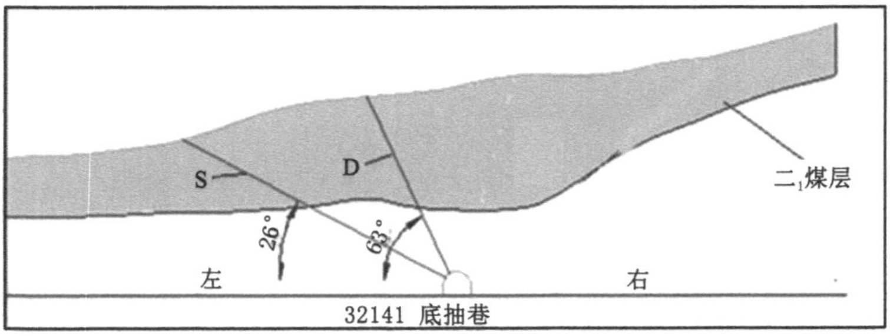

图 14　水力冲孔试验钻孔布置剖面图

为了进一步确定多点水力冲孔的卸压增透效果，采用压降法对水力冲孔的有效抽采半径进行考察。首先分别在试验孔设计位置两边施工 6 组测压孔，封孔并安装瓦斯压力表，观测其 5 d 内的原始瓦斯压力变化。然后在试验孔 S 和 D 孔设计位置进行水力冲孔，冲孔结束后对钻孔及时封孔联抽，抽采时间暂定为 30 d，每天观察测压孔的瓦斯压力。具体布置图如图 15 所示。

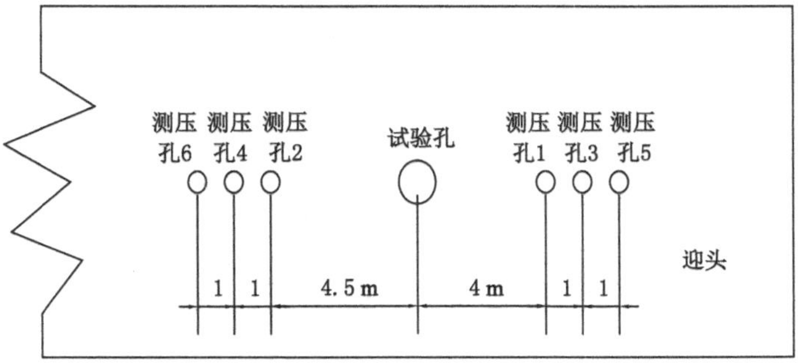

图 15　测压孔布置示意图

钻孔抽采瓦斯从安全角度主要基于两个目的：一是消除突出危险性，二是降低通风巷道回风流瓦斯浓度。

根据郑煤集团企业的技术规定以及本次测试解决的主要问题，有效抽采半径界定标准如下：

(1) 煤层残余瓦斯压力小于 0.6 MPa，或者残余瓦斯含量小于 0.555 t/m。

(2) 采用瓦斯压力相对变化率判定钻孔抽采范围，以瓦斯压力下降 51%定义为有效半径(表 2)。

5　应用效果考察

5.1　抽采效果分析

穿层钻孔多点水力冲孔施工完成后，接入矿井已有的预抽管路进行瓦斯抽采，收集 30 d 瓦斯抽采数据进行对比分析，测试结果见图 16 所示。

从图 16 可知，随着抽采时间的不断增加，抽采的瓦斯浓度呈波动下降的趋势，最终趋于平缓。不同冲孔工艺对抽采瓦斯浓度的影响也有很大的差别。D 对照钻孔抽采过程中浓度最高为 20.45%，最低为 1%，平均浓度为 6.8%；S 试验孔抽采过程中瓦斯浓度最高为 64.2%，最低为 8.2%，平均浓度为 26.76%。与普通水力冲孔相比，多点水力冲孔的增透效果非常明显，其抽采瓦斯浓度是普通钻孔的 4 倍，其增透效果大大增强。

5.2　水力冲孔有效半径分析

根据各测压孔瓦斯压力随抽采时间变化情况，进行数据分析整理，绘制钻孔压力变化曲线图。抽采影响半径以抽采有效半径瓦斯压力下降 51%为依据(原始瓦斯压力 49%为有效线)，试验孔 S 周围测压孔瓦斯压力变化如图 17～图 22 所示，对照孔 D 周围测压孔瓦斯压力变化

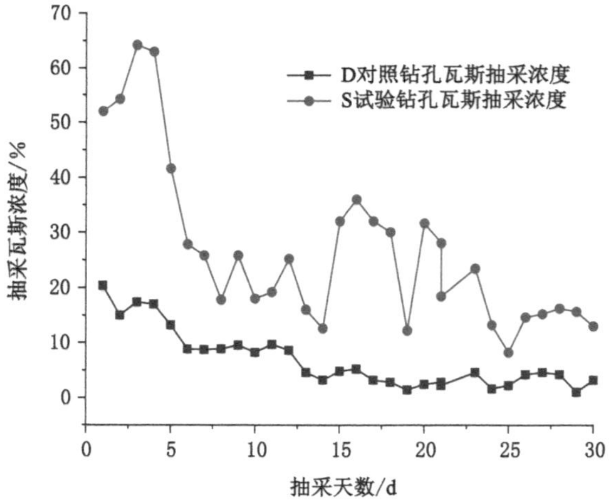

图 16　抽采瓦斯浓度对比

如图 23～图 28 所示。

表 2　各测压孔原始瓦斯压力及下降 51%的瓦斯压力

测压孔编号	S1	S2	S3	S4	S5	S6
原始瓦斯压力/MPa	0.25	0.24	0.29	0.32	0.28	0.31
下降 51%瓦斯压力/MPa	0.112 5	0.117 6	0.142 1	0.156 8	0.137 2	0.151 9
测压孔编号	D1	D2	D3	D4	D5	D6
原始瓦斯压力/MPa	0.26	0.28	0.29	0.32	0.30	0.29
下降 51%瓦斯压力/MPa	0.127 4	0.137 2	0.142 1	0.158 6	0.147 0	0.142 1

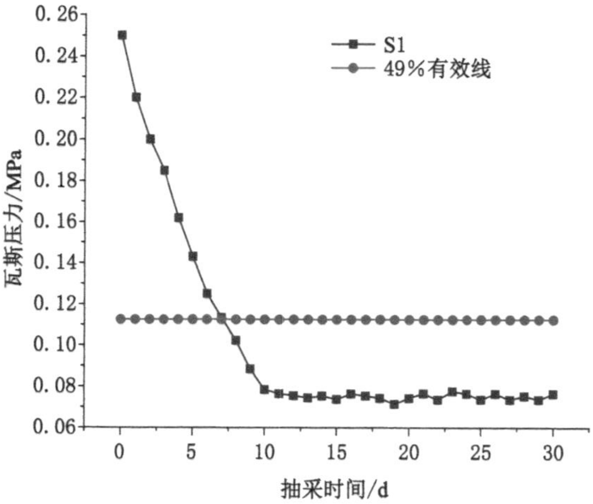

图 17　距离试验孔 4 m 处 S1 孔瓦斯压力变化图

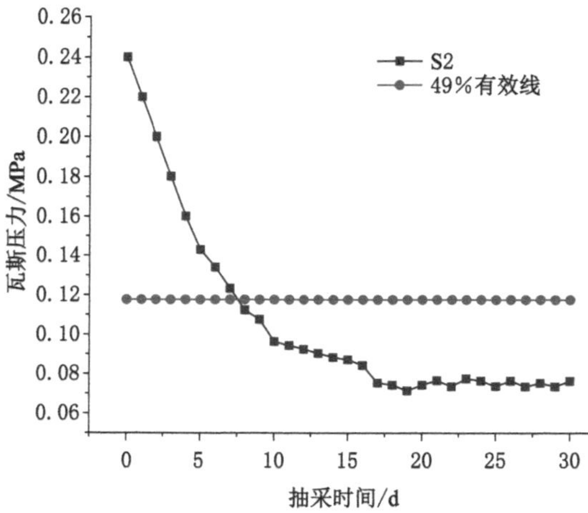

图 18　距离试验孔 4.5 m 处 S2 孔瓦斯压力变化图

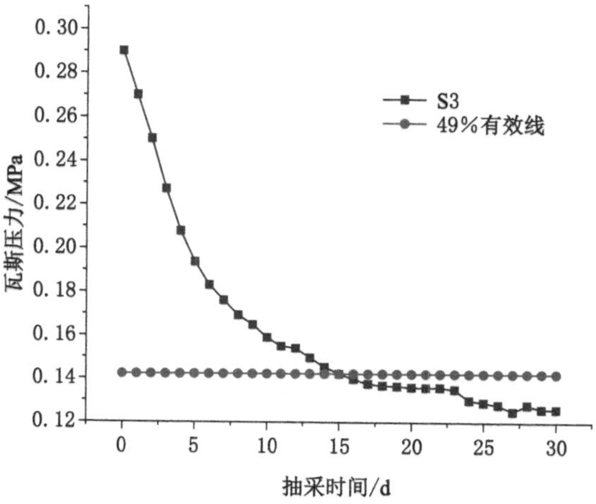

图 19　距离试验孔 5 m 处 S3 孔瓦斯压力变化图

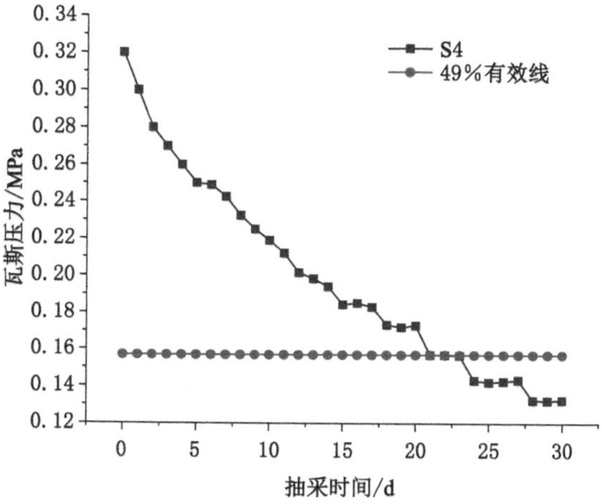

图 20　距离试验孔 5.5 m 处 S4 孔瓦斯压力变化图

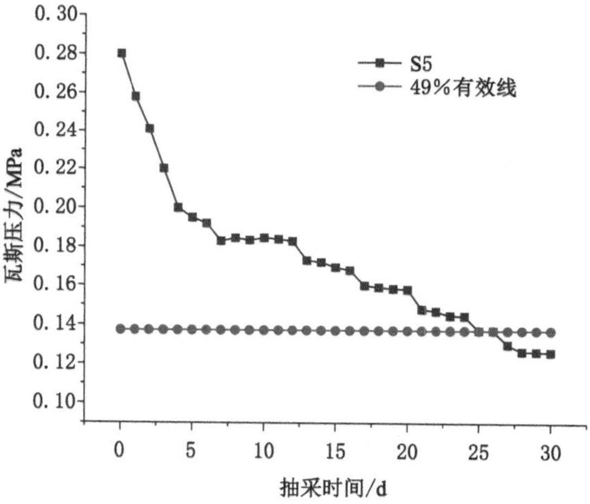

图 21　距离试验孔 6 m 处 S5 孔瓦斯压力变化图

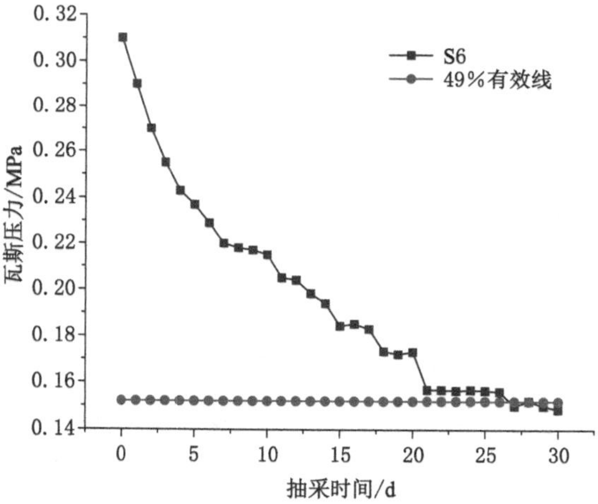

图 22　距离试验孔 6.5 m 处 S6 孔瓦斯压力变化图

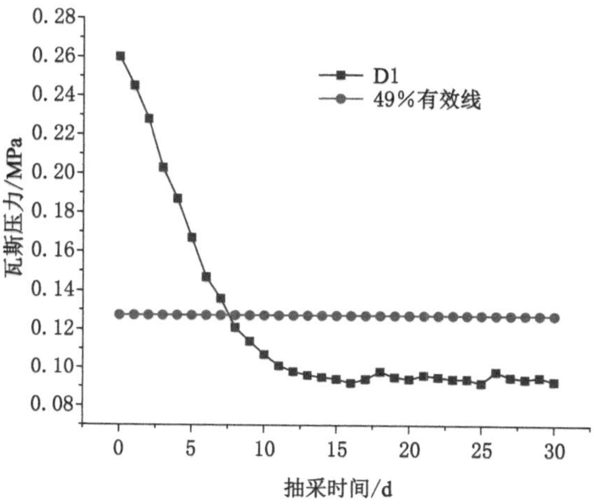

图 23　距离对照孔 4 m 处 D1 孔瓦斯压力变化图

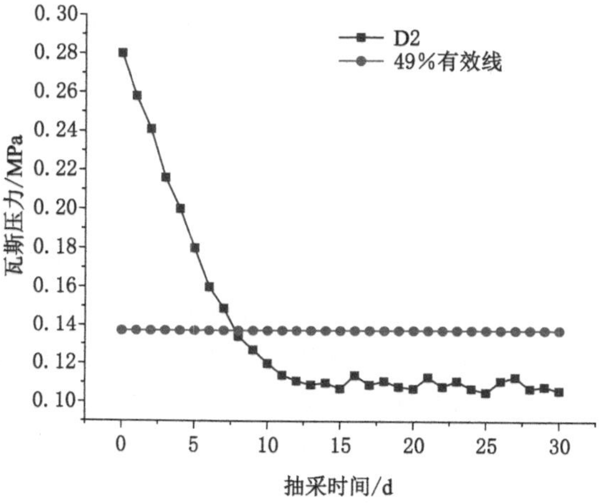

图 24　距离试验孔 4.5 m 处 D2 孔瓦斯压力变化图

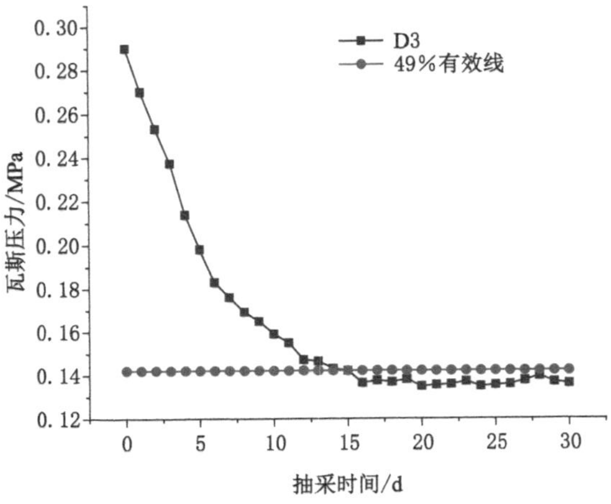

图 25　距离试验孔 5 m 处 D3 孔瓦斯压力变化图

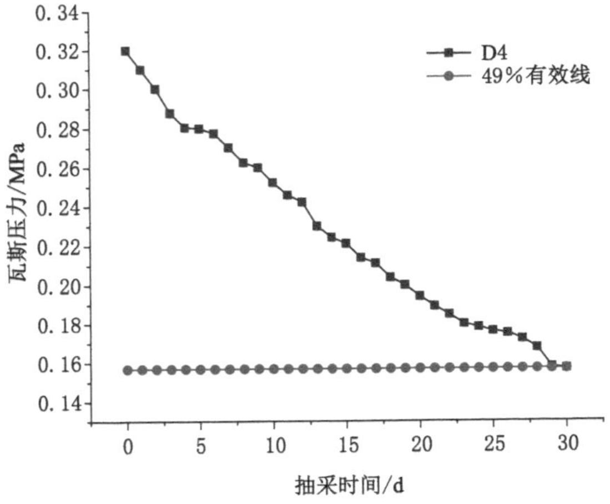

图 26　距离试验孔 5.5 m 处 D4 孔瓦斯压力变化图

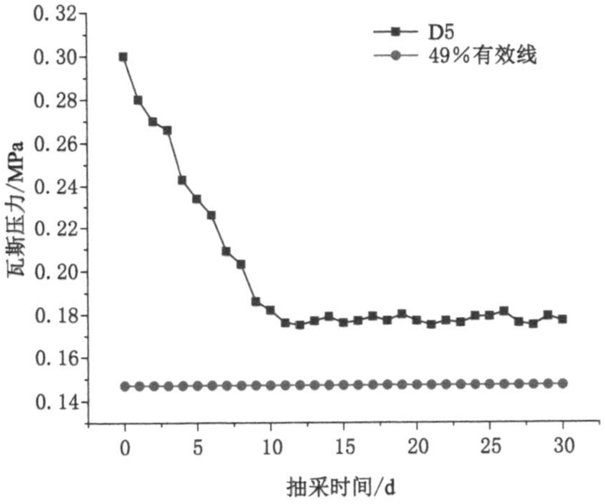

图 27　距离试验孔 6 m 处 D5 孔瓦斯压力变化图

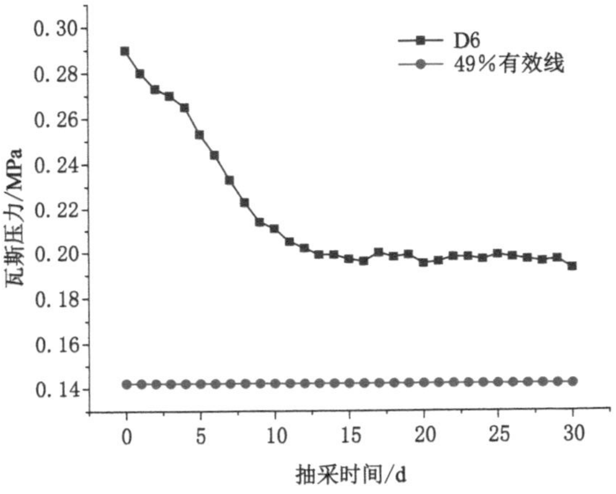

图 28　距离试验孔 6 m 处 D6 孔瓦斯压力变化图

由上图可知，在进行水力冲孔后，随着抽采时间的增加，钻孔周围测压孔瓦斯压力均有不同程度的下降，总体呈下降趋势，最后趋于平缓。经分析对照孔 D 抽采 30 d 时，距离试验孔 4 m、4.5 m、5 m 和 5.5 m 的测压孔瓦斯压力降到 49%，而距离试验孔 6 m 以及 6.5 m 处的测压孔瓦斯压力均未降到 49%以下，说明抽采 30 d 的有效半径为 5.5 m。试验孔 S 抽采 15 d 时，距离试验孔 5 m 的测压孔瓦斯压力降到 49%，即抽采 15 d 的有效半径为 5 m；试验孔 S 抽采 21 d 时，距离试验孔 5.5 m 的测压孔瓦斯压力降到 49%，即抽采 21 d 的有效半径为 5.5 m。试验孔 S 抽采 27 d 时，距离试验孔 6.5 m 的测压孔瓦斯压力降到 49%，即抽采 27 d 的有效半径为 6.5 m。抽采 30 d 的时间内，普通水力冲孔的有效抽采半径为 5.5 m，而多点水力冲孔的有效抽采半径为 6.5 m，使用改进后的水力冲孔技术使得有效抽采半径的范围增加了 20%。通过观察瓦斯压力变化趋势来看，相同有效半径下，与普通水力冲孔相比，多点水力冲孔的瓦斯预抽时长缩减 30%以上。

6 结论

(1) 多点水力冲孔增透卸压技术应用，大大提高了三软煤层透气性，促进瓦斯解吸和排放，尤其是当卸煤量为 0.74 t/m 时，与原水力冲孔影响半径相比至少提高了 20%。

(2) 多点水力冲孔增透后，增透效果是原水力冲孔的 4 倍，且单孔抽采浓度在有效期内达到 20%以上，增透效果显著。

(3) 矿井采用多点水力冲孔工艺后，瓦斯预抽时长缩减 30%以上，大大缩短了抽采时间，增强了矿井瓦斯防治能力。

参考文献

[1] 于不凡，王佑安. 煤矿瓦斯灾害防治及利用手册[M]. 北京：煤炭工业出版社，2000：5-120.

[2] 魏建平，李波，刘明举，等. 水力冲孔消突有效影响半径测定及钻孔参数优化[J]. 煤炭科学技术，2010，38(5)：39-42.

[3] 任培良，刘彦伟，魏建平，等. 水力冲孔防突技术在潘一矿的应用[J]. 煤炭科学技术，2009，37(1)：88-91.

[4] 刘明举，孔留安，郝富昌，等. 水力冲孔技术在严重突出煤层中的应用[J]. 煤炭学报，2005，30(4)：451-454.

[5] 晋康华，刘明举，毛振彬，等. 水力冲孔快速消突技术研的研究与应用[J]. 煤炭工程，2010，29(3)：50-52.

[6] 秦法秋. 突出煤层穿层抽放钻孔增透技术实践[J]. 煤炭工程，2008(2)：42-44.

[7] 杨运峰，王念红. 义安矿水力冲孔卸压增透技术分析[J]. 煤炭科学技术，2010，38(7)：48-51.

[8] 张安生，周红星，马旭东. 大平煤矿水力冲孔增透技术试验研究[J]. 中州煤炭，2007(3)：8-13.

[9] 陈军，曾春贵，童文文. 水力冲孔增透技术研究与应用[J]. 矿业科学技术，2011，39(2)：105-110.

[10] 朱红青，顾北方，靳晓华，等. 水力冲孔影响范围数值模拟研究与应用[J]. 煤炭技术，2014，33(7)：65-67.

作者简介：滑俊杰(1985—)，男，硕士，河南开封人，郑煤集团工程技术研究院科员，工程师，2011 年 7 月毕业于河南理工大学安全工程专业，主要从事瓦斯防治、瓦斯抽采方面研究工作。

免封孔测压技术在新庄煤矿的现场应用

周　游[1],朱瑞瑞[2],张亚菲[2],徐士如[2]
(1.河南神火煤电股份有限公司新庄煤矿,河南商丘,476000;
2.河南理工大学安全科学与工程学院,河南焦作,454000)

摘　要:针对新庄煤矿采取增透预抽措施后的煤层很难测出煤层瓦斯压力大小的问题,免封孔测压技术基于"状态复原"原理,以期通过漏失瓦斯量补偿、煤心体积复原及储层温度模拟三个步骤实现对井下预定测压地点煤层瓦斯压力的精准、快速测定。本研究以新庄煤矿28041回风巷底抽巷对28061工作面四个取样点进行免封孔测压和煤层瓦斯压力反演法对比研究。研究结果表明:对28061工作面四个取样点,免封孔测压的结果分别是0.45 MPa、0.39 MPa、0.38 MPa和0.36 MPa;间接法测压的结果分别是0.46 MPa、0.41 MPa、0.42 MPa和0.37 MPa。免封孔测压法与间接测压法相比,误差相对较小。取样完成后,免封孔测压工作可在一天内完成,大大缩短了测压工作的周期。免封孔测压为矿井煤层瓦斯压力特别是采取增透预抽措施后的煤层残余瓦斯压力测定提供了一条快速、可靠的新途径。

关键词:增透预抽;免封孔测压;状态复原;间接测压法

煤层瓦斯压力是瓦斯涌出和突出的动力,也是作为煤层瓦斯含量大小以及瓦斯突出现象潜能大小的基本参数[1-5]。目前,国内外现行的煤层瓦斯压力测定方法为直接测压法[6-9]和间接测压法[10-12]。直接测定法需要在煤巷或岩巷中打钻孔,然后使用封孔材料和测压仪来测量煤层中的瓦斯压力[13-15]。而间接法则是基于煤层瓦斯的流动规律、煤层透气性系数、瓦斯解吸规律以及煤层瓦斯含量曲线等参数,通过在测压位置附近测量煤层中的瓦斯涌出量或采掘中的涌出量等数据进行计算,从而推测出煤层中需要测压的瓦斯压力值。

河南神火煤电股份有限公司新庄煤矿隶属于河南神火集团,地处于豫、皖两省之间的河南省永城市东部,行政区划属于苗桥、茴村两乡。该煤矿所处地层倾向基本为NNW-NNE向,倾角平缓,浅部角度一般在6°～10°之间,而向深部变缓为4°～6°,但局部因构造变形等原因,倾角可达15°。整个井田的构造形态总体呈向近北倾斜的单斜造,局部也发育了一些次级的小波状起伏。同时,在井田内,褶皱构造不是发育,而以断层为主,其中中南部正、逆断层均有表现,主要方向为NE-NNW向,少数为NNE向;而北部则以正断层为主,基本为NNE-NE向。断层的差/长比较小,一般小于1/50,这也是本煤矿断层的重要特点。根据井下揭露及二维、三维地震勘探,该煤矿的小构造比较发育,主要方向为NNW向及NNE-NE向,构造复杂程度为中等[16]。

根据《河南神火煤电股份有限公司新庄煤矿矿井地质报告》，28061 工作面煤层位于瓦斯带。预计 28061 工作面在掘进、回采期间绝对瓦斯涌出量为 1.0～1.8 m^3/min，工作面在地质构造附近可能会出现煤岩层层序混乱、瓦斯赋存异常、地应力变化等现象，施工期间应加强此类特殊区域的瓦斯治理工作。28061 工作面区段采用定向长钻孔预抽工作面区段煤层瓦斯区域防突措施。在 28041 回风巷底抽巷向 28061 工作面施工定向钻孔，覆盖 28061 工作面整个回采区域及其两侧回采巷道轮廓线外至少 15 m。在 28041 回风巷底抽巷共设计 51 个定向钻孔，钻孔开孔位置距底板 1.5～1.8 m。

新庄煤矿煤层预抽瓦斯后，煤层内部已经形成连通的裂隙网，造成测压钻孔与某些区域瓦斯预抽钻孔连通，很难测出煤层残余瓦斯压力的大小。此时，区域效果检验测得的压力不是残余瓦斯含量对应的残余瓦斯压力，而是煤层内部瓦斯流动阻力甚至是抽采负压。因此，现有的“打钻-封孔-测压”的方法不适用于采取瓦斯抽采措施后的煤层的煤层瓦斯压力测定，这给矿井煤与瓦斯突出防治措施效果检验工作带来了极大的不便[17,18]。河南煤监局专题会议纪要[2018]6 号要求：区域防突措施效果必须采用瓦斯含量和瓦斯压力“双指标检验”，严禁只采用其中一个指标。基于此，河南理工大学王兆丰研究员提出一种基于“状态复原”原理的免封孔煤层瓦斯压力测定技术，以期通过漏失瓦斯量补偿、煤芯体积复原及储层温度模拟三个步骤实现对井下预定测压地点煤层瓦斯压力的精准、快速测定，可为矿井煤层瓦斯压力及区域消突措施效果检验时残余瓦斯压力的准确获取提供一种可靠、快速的新途径[19,20]。

1　试验系统及试验方法

免封孔瓦斯压力测定装置原理如图 1 所示。该装备主要有 7 个系统组成：抽真空系统、解吸测定系统、常压定量补气系统、煤芯体积复原系统、储层环境瓦斯压力恢复系统、死体积标定系统及数据采集分析系统。抽真空系统用于对实验前煤样罐及相关管路抽真空；解吸测定系统用于对实验中吸附平衡煤样的解吸测定；常压定量补气系统用于对测压煤样取样过程中漏失瓦斯量的补偿；煤芯体积复原系统用于对煤芯体积复原至储层条件体积状态；储层环境瓦斯压力恢复系统用于使测压煤样在与煤体储层条件一致的温度环境下压力恢复；死体积标定系统用于对煤样罐死体积标定；数据采集系统用于对整个实验过程中实验数据同步监测与记录。

2　免封孔测压试验结果

采用免封孔煤层瓦斯压力测定仪，在 28041 回风巷底抽巷对 28061 工作面第一评价单元中的钻孔共计 4 个取样点所采煤样进行了煤层瓦斯压力测试(表 1)。本研究对测试过程进行漏失瓦斯量补偿、煤芯体积复原和储层温度环境下的压力恢复，并将各取样点煤样的瓦斯压力恢复曲线绘制在图 2 中。

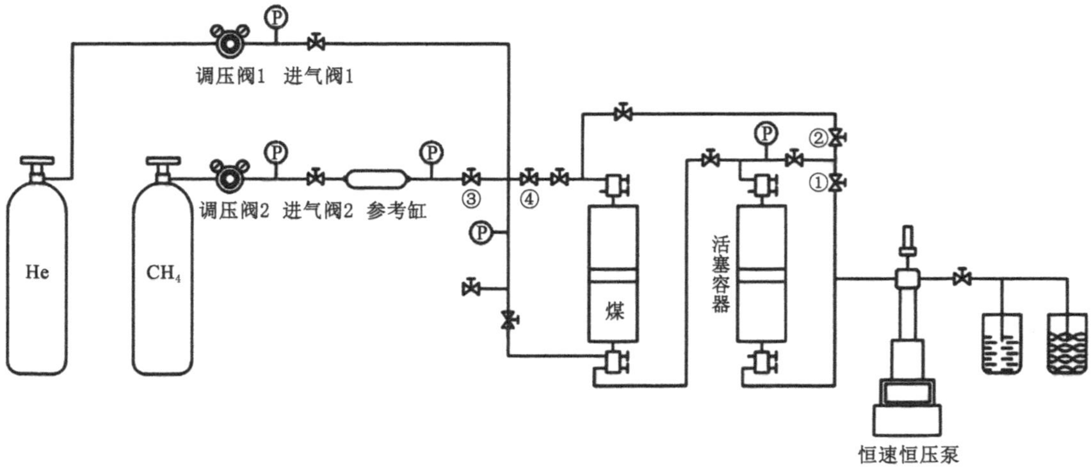

图 1 免封孔煤层瓦斯压力测定仪原理图

表 1 基于钻孔取样煤层瓦斯压力测试结果

编号	取样位置	煤样质量/g	瓦斯补偿量/cm^3	死空间增量/cm^3	瓦斯压力(表压)/MPa
1	J12-3	354.2	3.75	230.36	0.45
2	J13-2	370.6	7.41	224.8	0.39
3	J15-3	370.1	7.84	215.18	0.38
4	J16-1	354.4	3.75	226.55	0.36

从图 2 可以看出,免封孔测压图主要分为四个部分:① 解吸结束至定量补偿瓦斯前的残余瓦斯压力恢复阶段;② 实验室常压环境瓦斯定量补偿过程和煤芯体积复原前瓦斯吸附阶段;③ 向煤样罐液压室定量注液煤芯体积复原阶段;④ 瓦斯补偿和体积复原后测压试样在恒温水浴(煤层温度)环境中压力恢复阶段。这 4 个阶段共计耗时 16 h 左右,即测压试样压力恢复工作一般在一天之内即可完成,大大缩短了煤层瓦斯压力的测定周期。

2.1 煤层瓦斯压力反演

煤层瓦斯压力间接测定法是指通过分析煤层和瓦斯的关系,结合实际地质情况,利用一定的数学模型和计算方法来估算煤层瓦斯压力的方法。间接测定法不需要钻孔到煤层进行实际测量,降低了瓦斯事故和煤层突出事故的风险。

本研究根据《煤矿瓦斯抽采基本指标》(AQ 1026—2006),在已知瓦斯含量、煤样吸附常数、工业分析等相关参数的情况下,采用下式计算煤层瓦斯压力:

$$W=\frac{abP}{1+bP}\cdot\frac{100-A_{ad}-M_{ad}}{100}\cdot\frac{1}{1+0.31M_{ad}}+\frac{10\phi P}{ARD} \tag{1}$$

式中 W——煤层瓦斯含量,m^3/t;

a——吸附常数,试验温度下煤的极限吸附量,m^3/t;

b——吸附常数,MPa^{-1};

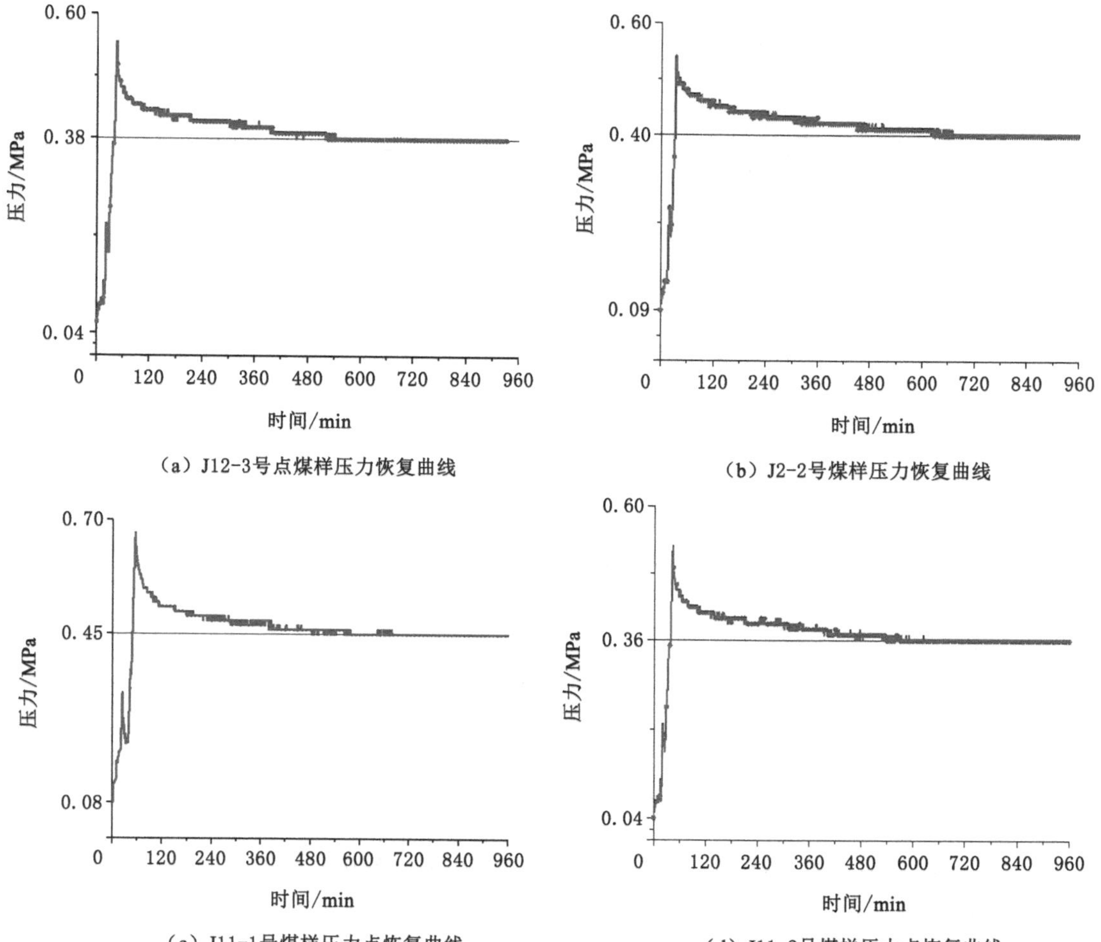

（a）J12-3号点煤样压力恢复曲线　（b）J2-2号煤样压力恢复曲线

（c）J11-1号煤样压力点恢复曲线　（d）J11-2号煤样压力点恢复曲线

图 2　28061 工作面第一评价单元测压煤样瓦斯压力恢复曲线

P——煤层绝对瓦斯压力，MPa；

A_{ad}——煤的灰分，%；

M_{ad}——煤的水分，%；

ϕ——煤的孔隙率，无量纲；

ARD——煤的视相对密度，t/m^3。

按照《煤的工业分析方法》(GB 212—2008)测试，测试结果如表 2 所示。新庄煤矿 20861 工作面第一评价单元煤层孔隙率测定结果如表 3 所示。对新庄煤矿 28061 工作面第一评价单元煤层 4 个测试孔点所采集的煤样进行瓦斯吸附常数测定，测定结果如表 4 所示。

表 2　工业分析测试结果

编号	取样孔点	灰分 A_{ad}/%	水分 M_{ad}/%	挥发分 V_{daf}/%
1	J12-3	10.31	1.13	10.64
2	J13-2	9.85	1.05	8.76

表2(续)

编号	取样孔点	灰分 A_{ad}/%	水分 M_{ad}/%	挥发分 V_{daf}/%
3	J15-3	24.53	1.11	8.56
4	J16-1	13.82	0.99	8.86

表 3　28061 工作面第一评价单元煤层孔隙率测定结果

编号	取样孔点	ARD/(t/m³)	TRD/(t/m³)	ϕ/%
1	J12-3	1.41	1.48	4.73
2	J13-2	1.43	1.51	5.30
3	J15-3	1.38	1.46	5.48
4	J16-1	1.39	1.47	5.44

表 4　煤的瓦斯吸附常数测定结果

煤样编号	取样孔点	a/(m³/t)	b/MPa^{-1}
1	J12-3	32.498 0	0.840 0
2	J13-2	30.467 2	0.843 0
3	J15-3	30.352 7	0.982 3
4	J16-1	30.463 2	1.001 0

根据测定的瓦斯含量、吸附常数和孔隙率等参数，采用 Maple 数值计算软件反演煤层瓦斯压力，反演结果如表 5 所示。

表 5　28061 工作面第一评价单元测点煤层瓦斯压力反演结果表

编号	测定位置	实测瓦斯含量/(m³/t)	绝对瓦斯压力/MPa	相对瓦斯压力(表压力)/MPa
1	J12-3	5.61	0.46	0.36
2	J13-2	5.37	0.41	0.31
3	J15-3	4.92	0.42	0.32
4	J16-1	5.53	0.37	0.27

2.2　免封孔测压和间接法测压对比分析

28061 工作面作为典型的采取增透预抽措施后的煤层，对四个样点(J12-3、J13-2、J15-3、J16-1)进行测压的结果分别是 0.45 MPa、0.39 MPa、0.38 MPa 和 0.36 MPa(表 6)。这表明在该煤层的条件下，增透预抽措施有效降低了煤层的应力水平，从而减小了煤层的压实程度，使得煤层的含气量增加，压力下降。同时，对该四个样点进行间接法测压的结果分别是 0.46 MPa、0.41 MPa、0.42 MPa 和 0.37 MPa，与免封孔测压法相比较，结果略高，但误差相对较小，说明免封孔测压的准确性较高。

表 6　免封孔测压和间接法测压的结果

编号	测定位置	瓦斯含量/(m^3/t)	免封孔测瓦斯压力/MPa	间接法测瓦斯压力/MPa	误差/%
1	J12-3	5.61	0.45	0.46	2.17
2	J13-2	5.37	0.39	0.41	4.88
3	J15-3	4.92	0.38	0.42	9.52
4	J16-1	5.53	0.36	0.37	2.70

以上实验说明，基于“状态复原”原理的免封孔煤层瓦斯压力测定技术是可行的，完全可以作为矿井煤层瓦斯压力测定的一种方法；其关键技术主要包括漏失瓦斯量补偿、煤芯体积复原和储层条件温度模拟三部分，而储层温度条件模拟很容易实现(恒温水浴)。因此，若能保证取样过程漏失瓦斯量推算准确和煤芯体积复原至储层状态，即可快速、准确地得到测压地点的瓦斯压力大小。

在煤矿安全管理中，瓦斯压力的准确测量非常关键。本研究中对于该典型煤层的四个测点，测压结果的误差在 10%之内，属于较小的误差范围。不过，还需要进一步分析误差的来源和对煤矿安全的影响。首先，免封孔测压误差的来源可能包括测量环境的不稳定性、操作人员的技能水平等。为了减小误差，需要选择保持测量环境的稳定性，同时对操作人员进行培训和考核。其次，间接测压误差的来源可能包括瓦斯抽放量的不确定性、煤层孔隙率的变化等。为了减小误差，需要对煤层孔隙率和瓦斯抽放量进行准确测量，并结合地质构造和瓦斯运移规律等因素进行综合分析。最后，需要注意误差对煤矿安全的影响。如果测量误差较大，可能会导致对瓦斯突出风险的判断不准确，从而影响煤矿的生产安全。因此，在煤矿生产中，需要定期对测压仪器进行校准和维护，确保测量结果的准确性和可靠性。

3　结论

(1) 采用“基于钻孔取样测定煤层瓦斯压力的新方法及装备”对新庄煤矿 28061 工作面第一评价单元 11 个钻孔 4 个样点(J12-3、J13-2、J15-3、J16-1)的测压结果分别是 0.45 MPa、0.39 MPa、0.38 MPa 和 0.36 MPa。

(2) 通过对新庄煤矿 28061 工作面第一评价单元 11 个钻孔 4 个样点(J12-3、J13-2、J15-3、J16-1)利用朗缪儿方程对新庄煤矿 28061 工作面第一评价单元煤层压力进行了反演，反演结果分别为 0.46 MPa、0.41 MPa、0.42 MPa 和 0.37 MPa。

(3) 免封孔测压结果与间接法测压结果相比，两者误差不大，在 10%之内，说明免封孔测压的准确性较高。

(4) 取样完成后，免封孔测压工作可在一天内完成，且测定准确性较高，大大缩短了煤层瓦斯压力的周期；为煤层瓦斯压力的测定，特别是实施过增透预抽的煤层的压力测定工作提供了极大的便利。

参 考 文 献

[1]　金兵.构造煤瓦斯解吸特征及对煤与瓦斯突出的影响[J].煤矿安全，2019，50(4)：

10-13.

[2] 程远平,雷杨.构造煤和煤与瓦斯突出关系的研究[J].煤炭学报,2021,46(1):180-198.

[3] 祝金锋,宁超.构造煤与瓦斯突出关系分析探讨[R],2007.

[4] 高保彬,王祖洸,李化敏,等.瓦斯压力对煤样冲击倾向性的影响试验研究[J].煤炭学报,2018,43(S1):140-148.

[5] 杨宏民,杨峰峰,安丰华,等.煤层瓦斯压力测定的合理封孔注浆压力研究[J].中国安全生产科学技术,2015,11(5):13-17.

[6] 兰泽全,曲荣飞,陈学习,等.直接法测定煤层瓦斯压力现状及分析[J].煤矿安全,2009,40(4):74-78.

[7] 赵嵘,齐黎明.井下直接法测定煤层瓦斯压力研究现状及分析[J].煤炭技术,2017,36(3):202-203.

[8] 王文才,王永坤,周连春,等.直接法测定煤层瓦斯压力[J].现代矿业,2012(4):2.

[9] 赵嵘,齐黎明.井下直接法测定煤层瓦斯压力研究现状及分析[J].煤炭技术,2017,36(3):202-203.

[10] 田进,谢宏.间接法测定煤层瓦斯压力的影响因素分析[J].煤炭技术,2018,37(6):206-207.

[11] 周世宁.测定煤层瓦斯压力的新方法[J].煤矿安全,1983(9):5-8.

[12] 曲荣飞,兰泽全.间接法测算煤层瓦斯压力现状[J].煤矿安全,2009,40(8):4.

[13] 蔡伟斌,刘强."两堵一注"下行测压钻孔封孔方式研究[J].能源技术与管理,2021,46(3):63-64.

[14] 杨宏伟,高宏."煤-岩-煤"弧形钻孔测压技术研究[J].煤矿安全,2018,49(8):157-159.

[15] 梁家辉,谢宏,田进.马丽散囊袋-水泥浆-胶囊封孔瓦斯压力测定技术研究[J].华北科技学院学报,2017,14(5):6-11.

[16] 宋训东,王平,赵长闯.新庄煤矿瓦斯地质单元划分与瓦斯防治[J].煤炭科技,2022,43(1):78-82.

[17] 王兆丰,孙小明,陆庭侃,等.液态 CO_2 相变致裂强化瓦斯预抽试验研究[J].河南理工大学学报(自然科学版),2015,34(1):1-5.

[18] 张小军,廖文德,邹云辉,等.低透气性松软煤层增透技术研究现状及高能气体压裂新技术[J].能源与环保,2018,40(11):5.

[19] 崔永杰,王兆丰,范道鹏.免封孔煤层瓦斯压力测定技术可行性研究[J].煤矿安全,2021,52(11):22-27.

[20] HUO W, XU W, GUO Z, et al. Motivated surface reaction thermodynamics on the bismuth oxyhalides with lattice strain for enhanced photocatalytic NO oxidation[J]. Applied Catalysis B: Environmental, 2021, 284.

作者简介:周游(1988—),男,河南信阳人,神火集团新庄煤矿通防科副科长,工程师,2011年7月毕业于河南工程学院安全工程专业,学士学位,从事突出矿井瓦斯治理工作。

南阳煤矿3203工作面瓦斯治理技术及效果分析

郭 鹏[1],赵 煊[2]
(1.山西高平科兴南阳煤业有限公司,山西高平,048000;
2.河南理工大学安全科学与工程学院,河南焦作,454000)

摘 要:针对南阳煤矿3203工作面应用"W"形通风方式存在混合风流和回风流处瓦斯积聚,造成安全隐患问题,本文通过对工作面瓦斯来源进行分析,应用本煤层回采面本煤层预抽及边采边抽、高位钻孔抽采上邻近层、裂隙带及现采空区和全封闭插管抽采3202老采空区的综合瓦斯治理方式,对抽采效果进行监测分析。结果表明,抽采纯量和回风流浓度随着产量和回采进尺的变化而变化,定向高位钻孔达到了有效的抽采效果,回风流瓦斯浓度最大为0.72%,混合风流处瓦斯浓度最大为0.79%,满足工作面安全生产要求。

关键词:南阳煤矿;瓦斯抽采;定向高位钻孔;瓦斯治理技术

随着煤炭资源的开发,矿井开采深度逐渐加深,矿井瓦斯涌出量也随之增加,矿井瓦斯事故和瓦斯隐患已成为矿井安全生产的主要问题。针对矿井瓦斯涌出量多的问题,煤矿企业需要采取有效措施进行瓦斯治理,以确保矿井安全生产[1,2]。工作面采用大采高综合采矿,并采用"W"形通风方式时交叉风流处和回风流容易产生瓦斯超限现象,即瓦斯涌出量超过允许范围。为了解决这一问题,煤矿企业需要建立合理有效的瓦斯抽采体系,以降低瓦斯涌出量,提高矿井安全生产水平。在矿井工作面回采期间,瓦斯的涌出主要有以下几个来源:煤层自身、采空区、邻近煤层等[3,4]。针对不同来源的瓦斯,煤矿企业需要采取有针对性的措施进行瓦斯抽采。通过建立合理有效的瓦斯抽采体系,可以有效降低矿井瓦斯涌出量,从而降低瓦斯事故和隐患的发生[5]。

1 3203工作面概况

3203工作面煤层厚度为4.1~6.4 m,平均为5.38 m。综放工作面切眼长度为276 m,其中北切眼为140 m,南切眼为130 m。工作面北部为3202采空区(2015年采空),南部为3206采空区(2020年采空),西部连接原二采区回风联络巷,东部连接二采区运输巷。工作面采用倾向长壁后退式综采放顶煤采煤方法,采用W形独立通风系统,即胶带顺槽和轨道顺槽进风、回风顺槽回风,配备风量为3 000 m^3/min。工作面布置如图1所示。

3203综放工作面实测原始瓦斯含量最大值为7.91 m^3/t,最小值为6.34 m^3/t。采煤工作

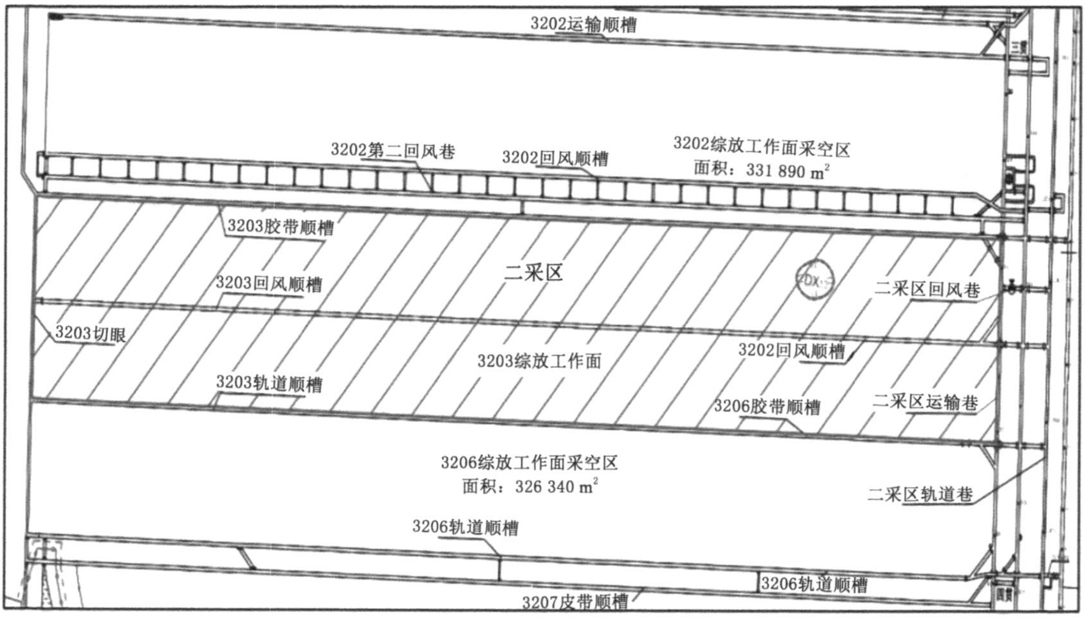

图 1 3202 工作面布置图

面最大绝对瓦斯涌出量为 27.45 m^3/min，相对瓦斯涌出量为 9.63 m^3/t。

2 瓦斯来源和抽采的必要性

3 号煤层开采层瓦斯涌出量为 25.96 m^3/min，占工作面总涌出量的 94.57%，为减小采煤工作面瓦斯涌出，应加强 3# 煤层开采层预抽。采煤工作面最大绝对瓦斯涌出量为 27.45 m^3/min，相对瓦斯涌出量为 9.63 m^3/t，为确保 3203 综放工作面安全高效生产，应建立瓦斯抽采系统。

根据煤层透气性和钻孔自然瓦斯涌出特征表(表 1)可知，3# 煤层为可以抽采煤层，3# 煤层进行开采层预抽是完全可行的。

表 1 3# 煤层透气性和钻孔自然瓦斯涌出特征表

煤层	百米钻孔初始瓦斯涌出强度 q_0 [$m^3/(min \cdot 100)$]	瓦斯流量衰减系数 α/d^{-1}	煤层透气性 /[$m^2/(MPa \cdot d)$]
3#	0.008 4～0.053 2	0.17～0.27	0.045 79～0.140 075

3203 综放工作面瓦斯来源包括落煤、围岩及采空区丢煤瓦斯涌出以及采空区瓦斯涌出，为了取得较好的抽采效果，应针对各涌出源制定合理的抽采方法进行综合抽采。

3 3203 综放工作面瓦斯治理技术

3.1 本煤层预抽

3203 综放工作面在胶带顺槽、轨顺、回风顺槽布置顺层平行工作面的钻孔，对工作面瓦斯进行预抽，待预抽工作面转变为采煤工作面后，预抽钻孔还可作为边采边抽钻孔对工作面瓦斯进行卸压抽采。

预抽钻孔间距为 3 m，3203 胶带顺槽预抽钻孔孔深钻孔深度为 130 m，3203 回风顺槽、3203 轨道顺槽钻孔深度为 120 m，倾角与煤层走向相同，开孔位置距底板 1.5 m，预抽时间为 5 个月，钻孔布置如图 2 所示。

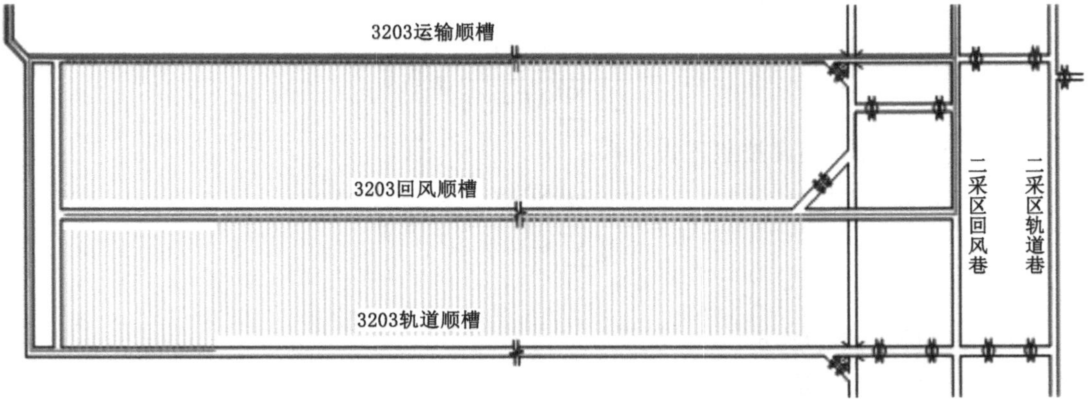

图 2 工作面顺层钻孔布置图

打钻采用的主要设备为 ZYWL—4000 型履带式全液压钻机、ZDY4200LXS(A)型煤矿用履带式全液压坑道钻机、ZQLC-3150/29.6S 型气动履带钻机。钻孔采用“两堵一注”水泥带压封孔方式，本煤层封孔长度为 12 m，钻孔通过连接软管连接到抽采管路上。当钻孔距工作面切眼 60 m 时，预计抽采钻孔进入卸压区，进行卸压抽采，顺层钻孔技术参数如表 2 所示。

表 2 3203 综放工作面顺层钻孔技术参数表

煤层	钻孔类别	钻孔方位角	钻孔倾角	孔深/m	钻孔直径/mm	孔水平间距/m	开孔高度
3#	单向顺层平行钻孔	3203 胶带顺槽：180°	与煤层走向平行	130	113	3	距底板 1.5 m
3#	单向顺层平行钻孔	3203 轨道顺槽：0°	与煤层走向平行	120	113	3	距底板 1.5 m
3#	单向顺层平行钻孔	3203 回风顺槽：180°	与煤层走向平行	120	113	3	距底板 1.5 m

3.2 定向高位钻孔抽采

在回风顺槽向3203工作面邻近层施工定向高位钻孔抽采回采过程中邻近层及其裂隙带瓦斯，高位钻孔可有效抽采采空区逸散到裂隙带瓦斯及邻近层瓦斯。

当采面向前推进时，工作面后方的采空区沿垂直方向形成“三带”分布，从井下至地表依次称为冒落带、裂隙带和弯曲下沉带。采空区卸压瓦斯主要分布在冒落带与裂隙带岩层内，为达到抽放工作面回风顺槽与切眼交叉处涡流区瓦斯的目的，同时尽量避免钻孔塌孔、堵孔，工作面回采区域的顶板高位定向钻孔水平段应布置在裂隙带岩层中[6,7].

南阳煤业3#煤层覆岩主要为泥岩、砂质泥岩及中砂岩等，为中硬岩层；同时3203工作面采用放顶煤开采工艺，全部垮落法处理顶板，计算得工作面覆岩的最大冒落带与裂隙带高度分别为：冒落带17.2～22.2 m、裂缝带54.72～72.52 m(含冒落带)。

厚煤层开采垮落带高度按照下式计算[9,10]：

$$H_k=\frac{100\sum M}{2.1\sum M+16}\pm 2.5 \tag{1}$$

厚煤层开采裂隙带高度按照下式计算：

$$H_{li}=\frac{100\sum M}{1.2\sum M+2.0}\pm 8.9 \tag{2}$$

式中　M——累计采厚，m；

H_k——垮落带高度，m；

H_{li}——裂隙带高度，m。

因此，顶板高位定向长钻孔水平段的施工高度确定为22.2 m＜H_3＜72.52 m。

在3203回风顺槽北帮1 530 m、1 075 m、675 m、275 m、25 m处施工5个高位钻场，依次进行编号1#、2#、3#、4#、5#。1#钻场设计平均孔深375 m，2#钻场设计平均孔深550 m，3#钻场设计平均孔深520 m，4#钻场设计平均孔深450 m，5#钻场设计平均孔深310 m。每个钻场向北切眼顶板岩层内施工2个钻孔(编号1#、2#)，向回风顺槽上方施工1个钻孔(编号3#)，向南切眼施工2个钻孔(编号4#、5#)。1#钻场钻孔布置如图3所示。

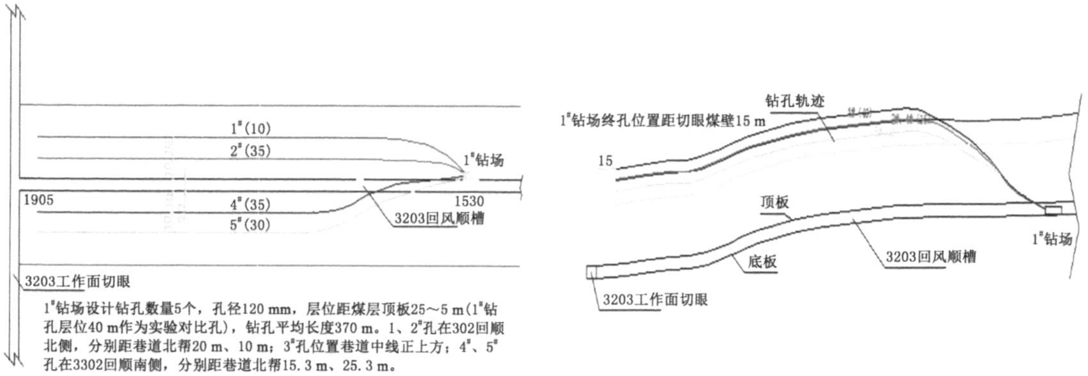

图3　1#钻场高位定向钻孔布置示意图

3.3 采空区瓦斯抽采

3203 综放工作面采取在 3203 回风顺槽上方打高位钻孔对采空区逸散到裂隙带的瓦斯进行抽采。

3202 老采空区采用全密闭插管抽采，管路选用长 1.9 m、直径 478 mm 的无缝钢管，墙体中间使用绝缘管进行断开，埋管高度距留巷巷道底板为 2 m。插入密闭墙抽采管路直接接至二采区回风巷支管管路中，经总回风巷干管、主抽采管路排放至地面，低负压管路系统每隔 100 m 安设一个接地极。

4 抽采效果分析

对 3203 工作面预抽抽采达标评判，划分为四个评价单元，当前完成第一和第三单元。其中，第三评价单元瓦斯储量为 429.14 万 m^3，截至 2023 年 3 月 1 日累计瓦斯抽采量 42.78 万 m^3，经现场实测抽采后残余瓦斯含量最大值为 6.64 m^3/t，可解吸瓦斯量为 4.10 m^3/t，抽采后最大残余瓦斯压力为 0.26 MPa。

第一评价单元瓦斯储量为 512.4 万 m^3，截至 2022 年 6 月 10 日累计瓦斯抽采量 28.23 万 m^3，经现场实测抽采后残余瓦斯含量最大值为 6.88 m^3/t，可解吸瓦斯量为 4.34 m^3/t，抽采后最大残余瓦斯压力为 0.28 MPa，均满足抽采达标要求。

对定向高位钻孔 1# 钻场的 5 个钻孔的抽采浓度、抽采纯量和抽采负压进行测定，并记录每日回采进尺和产量，绘制产量与高位钻孔抽采量的关系图，如图 4 所示。

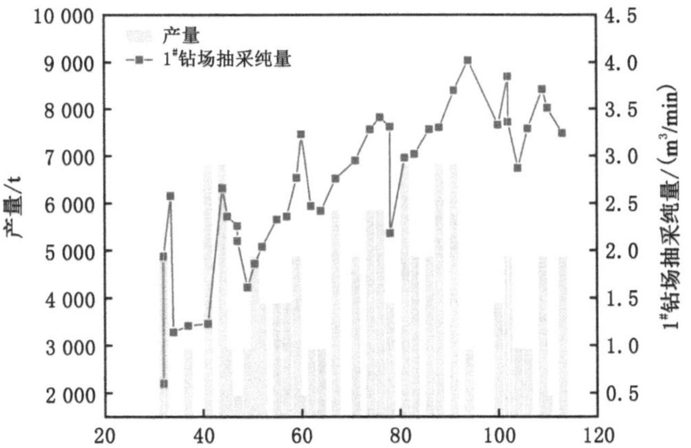

图 4 工作面产量与高位钻孔抽采纯量关系图

由图 4 可以看出，定向高位钻孔抽采纯量为 0.6～4.02 m^3/min。在抽放开始阶段（工作面推进 33 m），工作面越过高位钻孔，终孔瓦斯纯量迅速提高。随着工作面回采的推进，煤层顶板垮落、裂隙发育和瓦斯向裂隙积聚，高位钻孔的抽采纯量也呈现逐步提高的趋势，并随着每天产量的大小波动而波动，这是因为产量越大，工作面瓦斯涌出越高，抽采纯量有所提升。

如图 5 所示，根据监测数据绘制 1# 钻场钻孔抽采纯量和抽采浓度变化，计算钻孔的平均抽采浓度和平均抽采纯量(表 3)。

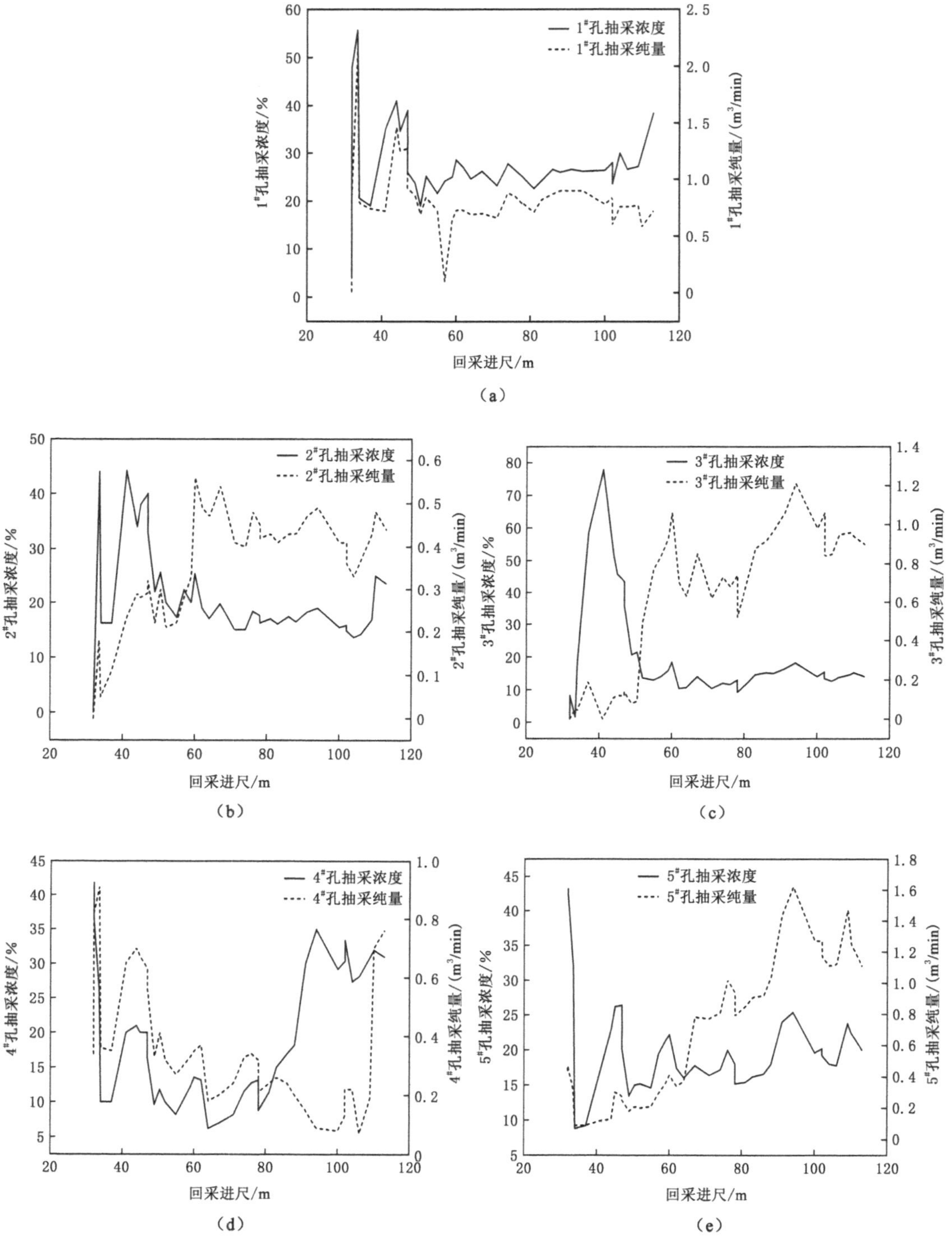

图 5　1# 钻场钻孔抽采纯量和抽采浓度变化图

表 3　1# 钻场钻孔平均抽采浓度和平均抽采纯量表

	1# 孔	2# 孔	3# 孔	4# 孔	5# 孔
平均浓度/%	27.64	20.52	19.33	19.18	20.11
平均纯量/(m^3/min)	0.81	0.34	0.61	0.36	0.69

由曲线图以及平均浓度和纯量结合各个孔布置位置可以看出，1# 钻孔位于长切眼（北切眼）回风顺槽层，层位距煤层顶板 40 m，1# 孔的平均抽采浓度高出其他四孔 7.11%～8.46%，平均抽采纯量高出其他四孔 0.13～0.47 m^3/min，且抽采纯量曲线较为稳定；2# 孔和 4# 孔层位距煤层顶板 35 m，抽采平均纯量较低，且抽采纯量曲线出现明显波动。说明采空区中部逐步被压实，周围存在环形裂隙发育区，采空区瓦斯在回风侧长切眼（北切眼）侧积聚高于短切眼侧（南切眼），钻孔层位应选择在裂隙带中部，可对之后钻场中钻孔布置位置进行优化。

对工作面回风流瓦斯体积分数进行监测分析，如图 6 所示。

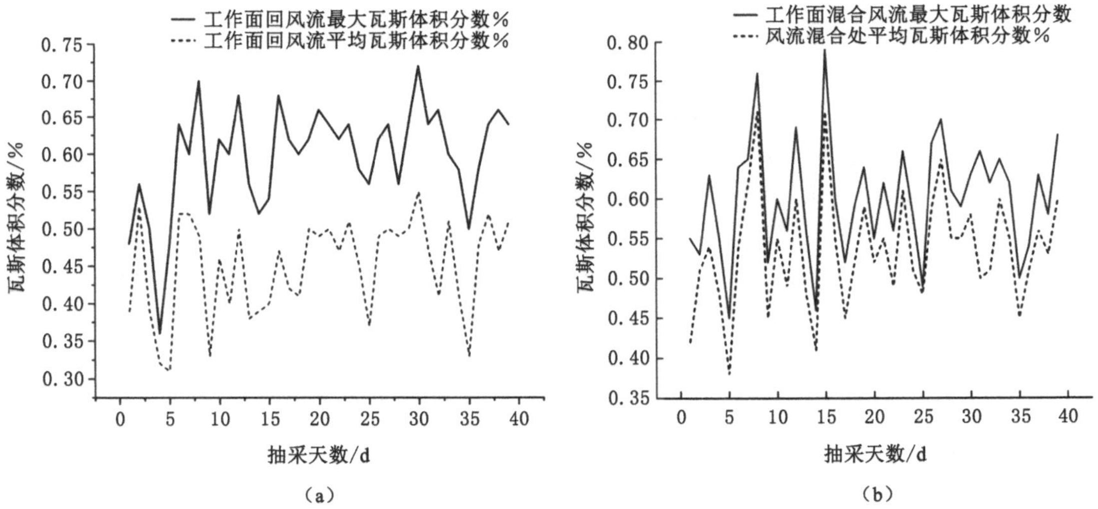

图 6　工作面混合风流回风流平均和最大瓦斯体积分数图

由图 6 可以看出，工作面回风流平均瓦斯浓度为 0.31%～0.55%，最大瓦斯浓度为 0.36%～0.72%，混合风流处平均瓦斯浓度为 0.38%～0.71%，最大瓦斯浓度为 0.45%～0.79%，抽采技术对工作面瓦斯进行了有效治理，工作面和回风巷未发生瓦斯超限事故。

5　结论

（1）3203 工作面经过本煤层预抽后，第三评价单元抽采后残余瓦斯含量最大值为 6.64 m^3/t，第一评价单元抽采后残余瓦斯含量最大值为 6.88 m^3/t，抽采指标达标。

（2）3203 工作面采用定向高位钻孔抽采最大纯量为 4.02 m^3/min，有效抽采了邻近层、裂隙带及现采空区瓦斯。其中 1# 钻孔平均抽采纯量高于钻场其余钻孔，且抽采曲线较为稳定，可据此在之后钻场钻孔施工位置进行优化。

（3）3203 工作面在瓦斯治理技术作用下，工作面回风流最大瓦斯浓度为 0.36%～

0.72%,混合风流处最大瓦斯浓度为0.45%~0.79%。说明南阳煤矿3203工作面抽采治理技术,能有效保障工作面安全生产。

参考文献

[1] 苏昊."Y"形通风工作面瓦斯浓度分布规律及瓦斯治理技术分析[J].山西冶金,2023,46(2):225-226.

[2] 高贤成,孙江涛,张俊虎,等.中厚煤层高瓦斯采煤工作面综合瓦斯治理技术应用[J].煤炭科技,2023,44(2):86-90.

[3] 高登云,李瑞群.神东矿区综采工作面上隅角瓦斯治理技术研究[J].煤炭工程,2023,55(4):87-91.

[4] 王兆丰,李宏,杨宏民,等.采空区瓦斯治理及利用实践[J].煤炭科学技术,2011,39(4):55-59.

[5] 崔鹏飞,陈向军,李新建,等.成庄矿4321工作面瓦斯治理技术研究[J].煤炭技术,2022,41(11):143-147.

[6] 郭明杰,郭文兵,赵高博,等.长壁开采覆岩内水平定向长钻孔位置特征与卸压瓦斯抽采机理[J/OL].煤炭学报:1-16[2023-05-21].DOI:10.13225/j.cnki.jccs.2022.1379.

[7] 钱鸣高,许家林.覆岩采动裂隙分布的"O"形圈特征研究[J].煤炭学报,1998(5):20-23.

[8] 柴发英,赵龙,张玉生.顶板高位定向钻孔瓦斯(CO_2)治理技术研究与应用[J].中国煤炭,2023,49(4):35-40.

[9] 郑付亮.高位定向长钻孔群高效抽采技术及效果评价[J].煤矿机械,2023,44(5):75-78.

[10] 江泽帮,吴珏,杜会宇,等.高位定向钻孔合理层位确定及抽采效果分析[J].煤炭技术,2023,42(2):150-153.

[11] 王向东,穆永亮,刘伟伟.工作面初采阶段高位定向长钻孔瓦斯抽采技术研究与实践[J].煤炭技术,2023,42(2):143-146.

[12] 郭晨曦.玉溪煤矿1301工作面底抽巷瓦斯抽采技术研究[J].煤矿现代化,2022,31(3):46-49.

[13] 李泉新,许超,刘建林,等.煤矿井下全域化瓦斯抽采定向钻进关键技术与工程实践[J].煤炭学报,2022,47(8):3108-3116.

[14] 张江华,秦勇,李国富,等.煤炭采空区下伏煤层气资源潜力及抽采效果:以山西省晋城西部矿区为例[J].天然气工业,2022,42(6):146-153.

[15] 金鑫.煤矿超长定向钻孔双侧瓦斯抽采效果研究[J].煤炭技术,2023,42(4):118-121.

作者简介:郭鹏(1984—),男,山西高平人,通风科科长,通风工程师,2011年毕业于太原理工大学采矿工程专业,从事矿井通风与瓦斯抽采研究。

考虑相邻钻孔抽采叠加效应的底板岩巷穿层钻孔合理布置方式与参数

张亚菲[1]，王兆丰[1,2,3]，赵一蒙[1]
（1.河南理工大学安全科学与工程学院，河南焦作，454000；
2.煤矿灾害预防与抢险救灾教育部工程研究中心，河南焦作，454000；
3.煤炭安全生产与清洁高效利用省部共建协同创新中心，河南焦作，454000）

摘　要：穿层钻孔的布置方式是影响瓦斯抽采效果的重要因素之一。为研究考虑叠加效应作用下穿层钻孔有效抽采半径，利用 COMSOL 模拟软件模拟不同抽采时间双钻孔之间的瓦斯压力分布，得出叠加效应作用下的有效影响半径，从钻孔间距、钻孔个数以及冗余率三个方面对正方形和等边三角形两种布孔方式进行分析比选。结果表明，叠加效应影响下的有效影响半径约是单个钻孔有效影响半径的 1.18 倍；采用正方形和等边三角形两种布孔方式在叠加效应的影响下，钻孔瓦斯抽采有效影响面积均提高了 39.24%；等边三角形布孔方式需要布置的抽采钻孔个数少于正方形布孔方式，且等边三角形的有效面积利用率和面积冗余率这两个指标都优于正方形布孔方式，在降低抽采钻孔施工量的同时提高穿层钻孔瓦斯抽采效果可以考虑采用等边三角形布孔方式。

关键词：有效抽采半径；穿层钻孔布置；数值模拟；叠加效应

随着煤炭资源开发逐步向深部延伸，煤矿瓦斯涌出量也逐渐增大，瓦斯问题愈加严峻，严重制约了煤矿的安全生产。由于我国煤层普遍呈现“三高一低”的特征，煤层气的渗透率通常在 $0.001\times10^{-3}\sim1.0\times10^{-3}\mu m^2$，普遍低于世界主要产煤国家，属于特低渗透率煤层[1]。随着《防治煤与瓦斯突出规定》的颁布和执行，我国防治煤与瓦斯突出的技术重点转移到区域防突措施。根据开采技术要求，通常采用保护层和预抽煤层瓦斯进行区域防突，但是绝大多数突出矿井由于煤层没有达到保护层开采所需的厚度等原因，只能采取预抽煤层瓦斯的防突措施。预抽煤层瓦斯是防治煤与瓦斯突出的主要基本措施，然而由于我国煤层透气性差、瓦斯压力大、瓦斯含量高、成孔困难，造成本煤层瓦斯预抽效果较差。因此，在不具备保护层开采条件下，底板岩巷穿层钻孔预抽瓦斯技术是预防煤与瓦斯突出的有效措施，且技术难度最小，但是工程量大，成本也相对较高[2]。而钻孔布置方式以及钻孔间距与抽采钻孔的施工量有着直接的关系。因此，研究底板岩巷穿层钻孔合理布置对煤矿瓦斯预抽及防突工作具有重要的意义。

众多学者为实现矿井的安全生产，在钻孔预抽瓦斯的有效影响半径及钻孔优化布置方面开展了大量研究。有效影响半径是指在规定时间内以抽采钻孔为中心，该半径范围内的瓦斯压力或含量降到安全容许值的范围。钻孔抽采有效影响半径的确定是选择抽放方式、确定钻孔布置参数的重要依据,瓦斯有效影响半径的确定方法主要有现场实测法[3-7]和理论计算法[8-11]两种。由于现场实测法受实测环境和人为因素的影响,误差和局限性较大[12],所以随着数学模拟软件的发展,很多学者都是通过建立瓦斯流动模型,在获得矿井实际参数的情况下,利用软件对瓦斯抽采有效影响半径以及钻孔布置方式进行模拟。王兆丰等[13]利用COMSOL软件对沁新煤矿顺层抽采钻孔进行了数值模拟,确定了合理的有效抽采半径。杨宏民等[14]利用COMSOL软件对抽采钻孔在不同注气时间、不同注气压力下瓦斯流动进行了数值模拟,发现了注气有效影响半径随注气时间和注气压力的增大而增大。贾牛骏[15]结合现场实测的煤层瓦斯压力和渗透率等参数,运用COMSOL仿真软件对霍尔辛赫煤矿3308工作面钻孔的瓦斯涌出规律和有效抽采半径进行了模拟分析,并进行了现场实测验证。王文元等[16]先采用压降法对金牛建业煤矿试验区内穿层抽采钻孔有效抽采半径和水力冲孔抽采钻孔有效抽采半径进行实测,然后通过COMSOL数值模拟软件建立穿层钻孔瓦斯抽采的数值计算模型,所得模拟结果与现场实测数据基本一致。党泉林等[17]研究“三软”不稳定单一厚煤层底抽巷穿层钻孔的有效抽采半径以及相应的预抽期,建立了钻孔周围煤体瓦斯流动方程,并利用COMSOL-Multiphysics软件对郑州矿区某矿二1#煤的穿层钻孔进行数值模拟。张浩浩等[18]基于实际工程背景,利用COMSOL软件对平煤十矿己15-16煤层的底板巷穿层钻孔瓦斯抽采方案进行数值模拟。唐明云等[19]基于对煤层瓦斯的一系列假设建立了煤层瓦斯气固耦合模型,分析了10 m×5 m、8 m×6 m和7 m×7 m(走向终孔间距×倾向终孔间距)三种穿层钻孔布置方式对瓦斯抽采的影响。崔宝库等[20]建立了三维物理模型,利用COMSOL数值模拟软件模拟了“矩形”布置和“三角形”布置两种布孔方式下的瓦斯压力分布。刘军等[21-23]利用理论计算法确定了一种既能消除煤层中的空白带,又能减少抽采钻孔个数的抽采钻孔布置方式。徐青伟等[24]基于几何图形分析提出了一种新的钻孔布置方式,既能消除抽采瓦斯形成的空白带,又能减少施工抽采钻孔个数。李普等[25]通过对典型布孔方式进行几何图形分析,并在郑州矿区告成煤矿进行应用,结果表明,等边三角形布孔工程量最少,优化后的正方形布孔单孔抽采纯量最高。

上述学者对钻孔抽采有效影响半径的确定及钻孔合理布置方式的研究均未考虑钻孔抽采过程中相邻钻孔的彼此扰动,即抽采叠加效应产生的影响。关于叠加效应对瓦斯钻孔抽采的影响,相关学者也进行了很多研究。刘清泉等[26]利用COMSOL建立径向瓦斯流动模型,对单个钻孔不同抽采时间的有效抽采半径进行分析,发现在钻孔弱影响区域的叠加效果优于钻孔强影响区域。衡献伟等[27]通过数值模拟软件,研究分析了相同布孔间距和不同布孔间距条件下受抽采叠加效应影响煤层瓦斯压力变化,并推导出布孔间距与单钻孔抽采半径的关系式,以此确定合理布孔间距。但是对叠加效应影响下的有效抽采半径进行定量分析的研究很少。

综上所述,学者们对钻孔布置优化及有效抽采半径的确定做了许多工作,但是缺乏叠加效应影响下有效抽采半径的定量分析研究,特别是叠加效应影响下的穿层钻孔布置方式优化的研究较少。本文基于前人研究成果,利用几何图形分析、数值模拟,在无瓦斯抽采空白带的基础上,优选出底板岩巷穿层钻孔布置方式,拟有效减少瓦斯抽采钻孔工程量,实现安全、高效预抽瓦斯,从而减少煤与瓦斯突出的发生。

1 穿层钻孔抽采瓦斯流场控制方程

1.1 流动方程建立的假设

在模拟钻孔瓦斯抽采过程中，为简化问题，对瓦斯在煤层中流动的数学模型作出假设：

(1) 含瓦斯煤岩体为连续均质、各向同性的线弹性体。

(2) 煤体变形微小。

(3) 煤层瓦斯为理想气体，且其渗流等温过程处理。

(4) 瓦斯裂隙中流动符合达西定律，煤中吸附状态的瓦斯扩散符合菲克定律，整个过程符合质量守恒定律。

1.2 瓦斯流动方程

瓦斯气体在煤层内的连续渗流符合质量守恒定律[28]：

$$\frac{\partial m}{\partial t}+\nabla(\rho_g v_g)=Q_p \tag{1}$$

式中 m——单位体积煤中瓦斯含量，kg/m^3；

ρ_g——瓦斯密度，kg/m^3；

v_g——瓦斯气体达西渗流速度，m/s；

Q_p——源汇项，$kg/(m^3 \cdot s)$；

t——模型计算时间，s。

假设瓦斯气体为理想气体，其密度和瓦斯压力的关系为：

$$\rho_g=\beta p \tag{2}$$

式中 p——瓦斯压力，MPa；

β——瓦斯的压缩系数，$kg/(m^3 \cdot Pa)$。

可以定义为：

$$\beta=\frac{M_g}{RT} \tag{3}$$

式中 M_g——瓦斯气体的摩尔质量，16 g/mol；

R——气体摩尔常数，取值为 8.314 $J/(mol \cdot K)$；

T——煤层温度，K。

煤层中存在孔隙和裂隙，瓦斯包含游离态与吸附态两个部分，其含量符合朗缪儿方程[29]：

$$m=\beta(\frac{ab\rho_s}{1+bp}+\frac{\phi p}{p_0})p^2 \tag{4}$$

式中 a,b——朗缪儿吸附常数，m^3/t，MPa^{-1}；

ρ_s——煤层密度，kg/m^3；

p——煤层瓦斯压力，MPa；

ϕ——煤体孔隙率，无量纲；

p_0——标准大气压力，其数值为 0.103 25 MPa。

煤层中的瓦斯以压力梯度为动力，在煤体间孔隙结构中运动符合达西定律，可以得出钻孔周围煤体瓦斯的渗流速度[8]：

$$v_g = -\frac{K}{\mu}(\nabla p + \rho_g g \nabla z) \tag{5}$$

式中 v_g——瓦斯流速，m/s；

K——渗透率，m^2；

μ——瓦斯的动力黏度系数，Pa·s；

g——重力加速度，m/s^2。

将式(2)、式(4)、式(5)代入式(1)，可以得到瓦斯渗流连续方程为：

$$\beta\left[\frac{\phi}{p_0} + \frac{ab\rho_s}{1+bp} - \frac{ab^2\rho_s}{2(1+bp)^2}p\right]\frac{\partial p^2}{\partial t} - \nabla\left(\beta\frac{k_g}{\mu_g}\nabla p^2\right) = Q_p \tag{6}$$

2 数值模拟分析

2.1 几何模拟及边界条件

模拟采用河南焦作古汉山煤矿实地参数进行研究，测试煤层倾角较小，厚度差异不大[30]。为简化模型计算，本文采用二维模型进行数值模拟。如图1所示，建立长为40 m、宽为30 m的矩形煤层模型。采用自由网格法，钻孔周围网格十分微小，逐渐过渡至模型网格。边界条件：鉴于煤层受上覆岩层及顶板压力影响，设置模型上部施加初始地应力为12.5 MPa。煤层四周在其法向上不发生位移，底面固定。初始条件：设置抽采钻孔边界为狄利克雷边界，抽采负压为13 kPa。具体参数见表1。

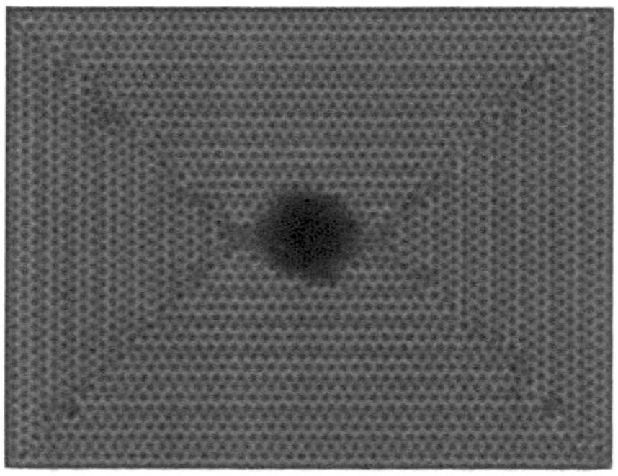

图1 几何模型网格划分

表1 古汉山煤矿煤与瓦斯基本参数表

参数名称	符号	取值	单位
初始瓦斯压力	P_0	1.08	MPa
抽采负压	P_d	13	kPa
吸附常数	a	36.232	m^3/t

表1(续)

参数名称	符号	取值	单位
吸附常数	b	1.595	MPa^{-1}
水分	M_{ad}	1.15	%
灰分	A_{ad}	11.05	%
初始渗透率	K_0	2.3×10^{-17}	m^2
渗透率	K	2.3×10^{-3}	m^2
杨氏模量	E	3.0	GPa
煤的泊松比	ν	0.33	无量纲
煤体骨架体积模量	K_S	3.5	GPa
动力黏度系数	μ	1.08×10^{-5}	Pa·s
理想气体常数	R	8.314	J/(mol·K)
甲烷气体摩尔质量	M_g	16.04×10^{-3}	kg/mol

2.2 单个穿层钻孔有效抽采半径模拟分析

瓦斯抽采有效影响半径的确定是依靠标准值来界定的，瓦斯压力与瓦斯含量是目前界定瓦斯抽采是否达标的两个常用参数，其安全临界值分别为 0.74 MPa 和 8 m^3/t。瓦斯压力相比于瓦斯含量更易于观察，且瓦斯含量受到钻孔取样瓦斯漏失的影响，其实际的测试结果不够精准，受到取样钻孔瓦斯排放的影响。因此，单孔抽采的有效抽采半径应以小于 0.74 MPa 为半径标准值[31]。

利用 COMSOL 模拟单个穿层钻孔瓦斯抽采有效影响半径，瓦斯压力模拟结果图 2 所示。

从图 2 可知，随着抽采时间的不断延长，瓦斯抽采区域不断变大，钻孔煤层瓦斯压力的影响范围随着抽采时间的增加而大幅增大，并逐渐趋于稳定。

结合规定要求的单孔抽采的有效影响半径应以小于 0.74 MPa 为半径标准值可以得出，第 30 d、60 d、90 d、120 d、150 d、180 d、270 d、360 d 时抽采钻孔的有效影响半径分别为 0.95 m、1.18 m、1.34 m、1.47 m、1.54 m、1.68 m、1.93 m、2.14 m。对上述结果进行拟合分析，拟合结果如图 3 所示，拟合得出二者关系，如式(7)所示，可知瓦斯有效抽采影响半径的极限值为 2.329 m。

$$R_{有效}=\frac{2.329\times0.0165t}{1+0.0165t} \tag{7}$$

式中 $R_{有效}$——有效抽采半径，m；

t——抽采时间，d。

2.3 相邻穿层钻孔有效抽采半径模拟分析

在模型中通过钻孔中心沿走向方向设置一条瓦斯压力观察线，结合单个钻孔瓦斯抽采数值模拟的结果，选取抽采时间为 360 d，有效影响半径为 2.14 m，此时该边界的瓦斯压力均为 0.74 MPa。为研究单排相邻钻孔合理间距布置，设置两个抽采钻孔，钻孔间距为两倍瓦斯抽采有效影响半径，即间距为 4.28 m，瓦斯压力云图及分布规律如图 4 所示。

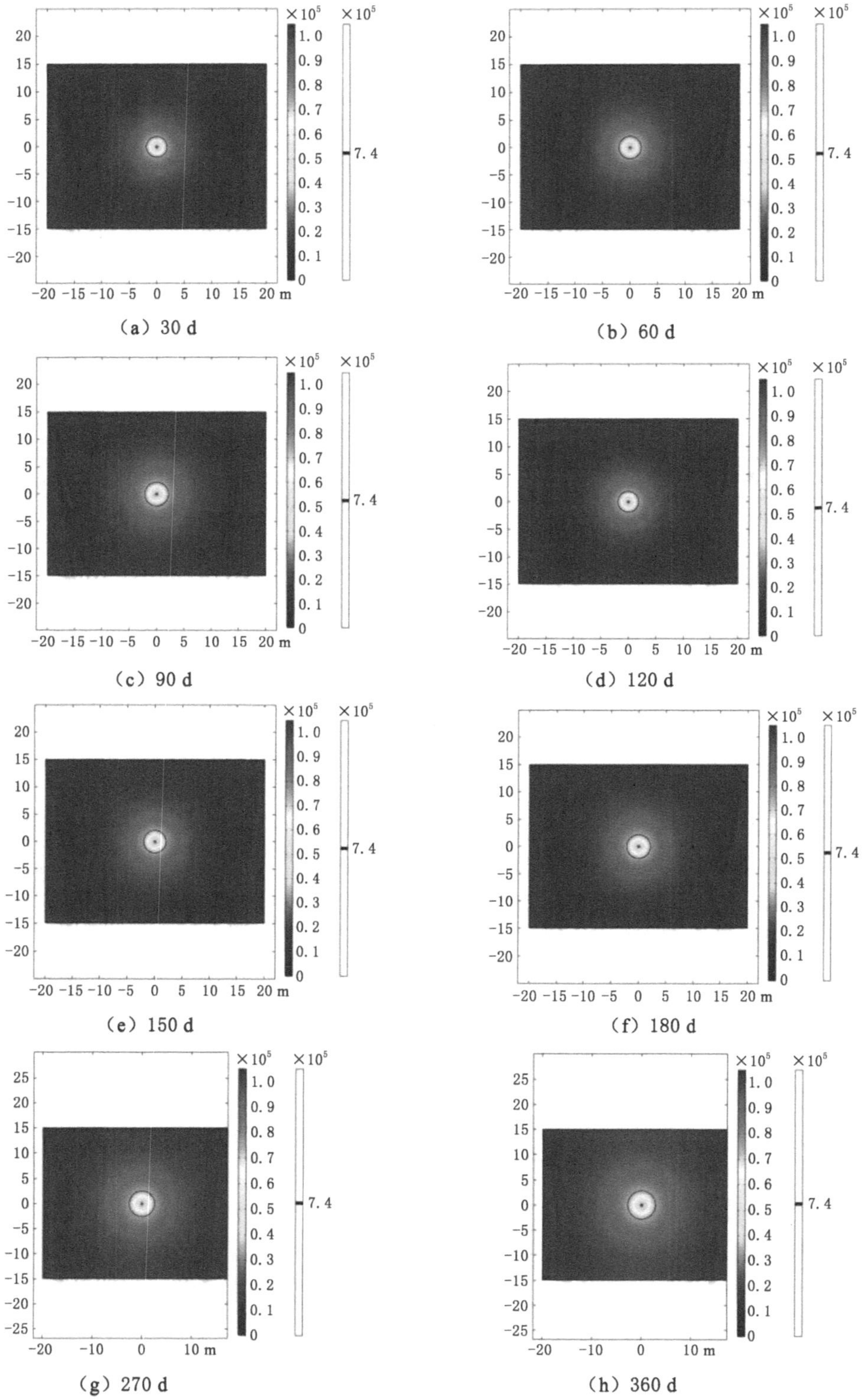

图 2　不同时间段单钻孔瓦斯压力云图

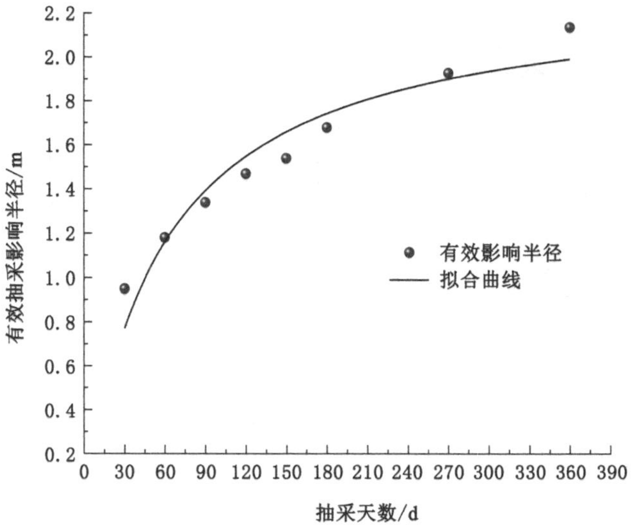

图 3　有效抽采半径极限值拟合图

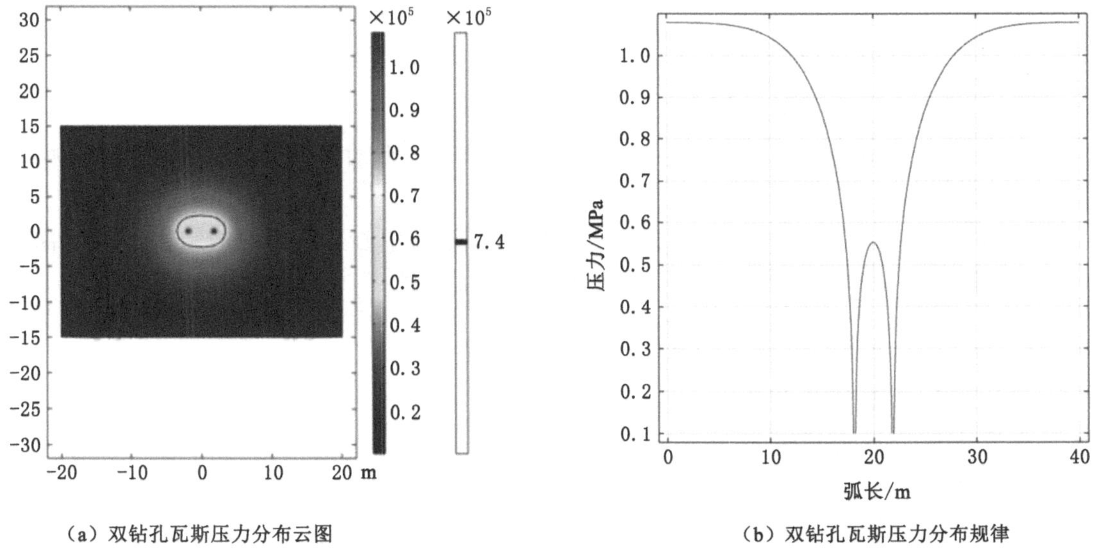

图 4　考虑叠加效应的钻井间瓦斯压力分布图

由图 4(b)可知，在抽采时间为 360 d 时，瓦斯有效抽采影响半径为 2.14 m，两钻孔间隔为 4.28 m 时，两钻孔中心点的瓦斯压力为 0.552 8 MPa，该值低于瓦斯压力标准值 0.74 MPa。因此可以说明，在瓦斯抽采过程中单排相邻钻孔同时抽采时对两钻孔中心点同时影响造成叠加效应，使得相同时间内叠加影响下该中心点的瓦斯压力低于单孔影响下的瓦斯压力，从而可以判断出叠加效应扩大了有效抽采影响半径，这时仅仅依靠瓦斯抽采有效影响半径进行钻孔布置显然并不能完全发挥抽采钻孔的能力。

图 5 中实线为瓦斯抽采钻孔的有效影响半径，虚线为叠加作用下瓦斯抽采钻孔的有效影响半径，可以看出虚线与实线间的区域原本抽采不达标，但在双钻孔的叠加作用下，瓦斯压力

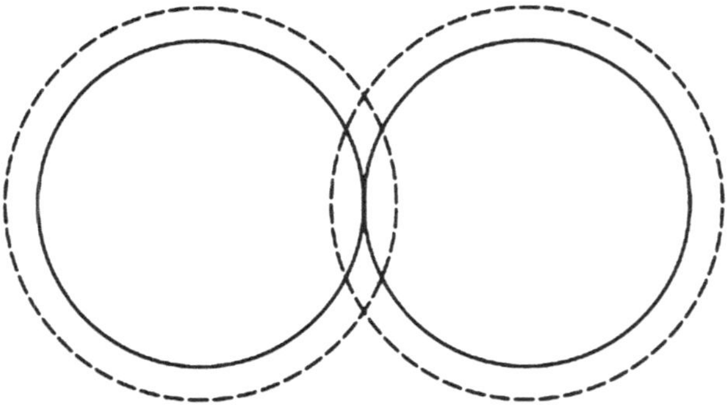

图 5　叠加效应原理

小于 0.74 MPa，从而扩大了瓦斯抽采有效影响半径。为定量分析叠加效应对双钻孔的影响，首先选择钻孔间距为 4.28 m、4.5 m、5 m、5.5 m、6 m，以抽采时间为 360 d 为例分析双钻孔叠加作用下的有效影响半径，此时不同钻孔间距对应的双钻孔之间的中心瓦斯压力分别为 0.553 MPa、0.611 MPa、0.73 0 MPa、0.807 MPa、0.873 MPa。对钻孔间距和双钻孔中心瓦斯压力的 6 个结果进行拟合，两者关系式为：

$$p_{间} = 0.186 d_{间} - 0.223 \tag{8}$$

式中　$p_{间}$——两钻孔间中心瓦斯压力，MPa；

$d_{间}$——两孔间距，m。

由式(8)可知，在 $d_{间}=5.18$ m 时，$p_{间}$ 为 0.74 MPa。此时钻孔瓦斯抽采有效影响半径为 2.59 m。

在相同条件下，对不同抽采时间的钻孔间距与双钻孔中心瓦斯压力的结果进行拟合(图 6)，得出不同抽采时间叠加作用下的有效影响半径的关系式：

$$R_{叠加} = \frac{2.744 \times 0.041t}{1 + 0.041t} \tag{9}$$

式中　$R_{叠加}$——有效抽采半径，m；

t——抽采时间，d。

分析叠加作用下的有效影响半径与抽采时间的关系可知，瓦斯抽采有效影响半径极限值为 2.744 m。具体结果如表 2 所示。

表 2　不同抽采时间相邻钻孔抽采有效影响半径

抽采时间 t/d	有效影响半径规律关系式	拟合系数 R^2	标准值压力 $p_{间}$/MPa	钻孔间距 $d_{间}$/m	有效影响半径 $R_{叠加}$/m
90	$P_{间}=0.201d_{间}-0.135$	0.99	0.74	4.35	2.18
120	$P_{间}=0.185d_{间}-0.099$	0.97	0.74	4.54	2.27
150	$P_{间}=0.199d_{间}-0.195$	0.99	0.74	4.70	2.35
180	$P_{间}=0.197d_{间}-0.208$	0.99	0.74	4.81	2.41
270	$P_{间}=0.191d_{间}-0.218$	0.98	0.74	5.02	2.51
360	$P_{间}=0.186d_{间}-0.223$	0.98	0.74	5.18	2.59

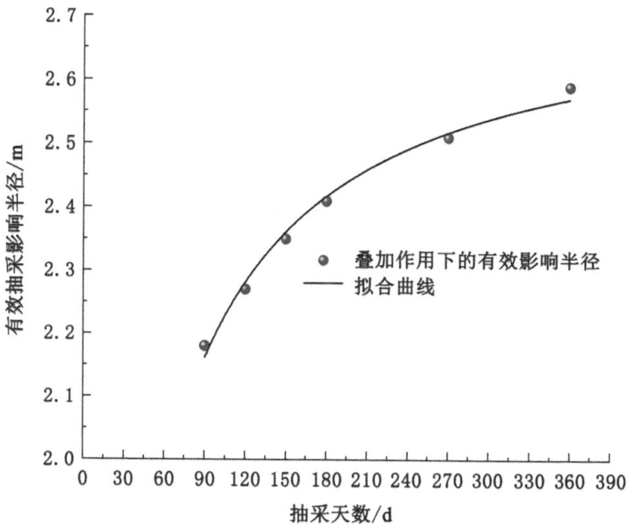

图 6　叠加作用下的有效影响半径极限值拟合图

为定量分析叠加效应对相邻瓦斯钻孔有效抽采影响半径的影响，将上文拟合得到的有效影响半径 $R_{有效}$ 以及叠加作用下的有效影响半径 $R_{叠加}$ 建立联系，结果如式(10)所示：

$$\lim_{t\to\infty}\frac{R_{叠加}}{R_{有效}}=\lim_{t\to\infty}\frac{2.744\times0.041t\times(1+0.02t)}{(1+0.041t)\times2.329\times0.02t}=1.18 \tag{10}$$

综上所述，在叠加效应影响下，相邻钻孔瓦斯抽采的有效影响半径得到了提升。根据有效影响半径与抽采时间的关系图可以得出，叠加效应影响下的有效影响半径约是单个钻孔有效影响半径的 1.18 倍。

3　穿层钻孔合理布置方式的优化

3.1　钻孔间距分析

目前在煤矿实际生产过程中，应用较多的钻孔布置方式为等边三角形布孔方式与正方形布孔方式。如图 7 所示，两钻孔间距 AB 的长度为两倍的有效抽采影响半径，在此布孔方式下，中间区域会呈现抽采不达标现象，即抽采空白带。以 AO、BO、CO 为圆 A、B、C 的运动方向，使边界三边交于点 O，AB 的间距为 $\sqrt{3}\times R_{有效}$，以保证中间区域的抽采达标。

图 8 中，两钻孔间距 DE 和 EF 的长度同样为两倍有效抽采影响半径时，中间区域也会产生抽采盲区空白带。圆 D、E、F、G 沿着 DP、EP、FP、GP 方向运动，使边界四边交界于点 P，DE 和 EF 的间距为 $\sqrt{2}\times R_{有效}$，保证了中间区域的抽采达标。

上述钻孔布置的优化只考虑了中间区域的预抽是否达标，并未考虑相邻钻孔间在叠加作用的影响下会提升抽采效果的因素，因此在钻孔布置方面没有充分发挥钻孔的预抽能力。

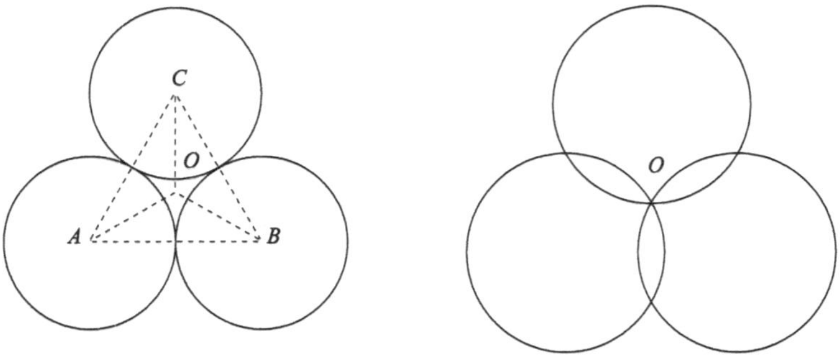

图 7　等边三角形布孔方式示意图

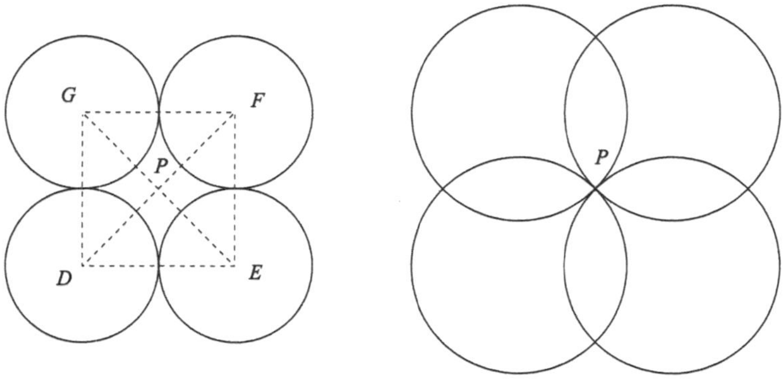

图 8　正方形布孔方式示意图

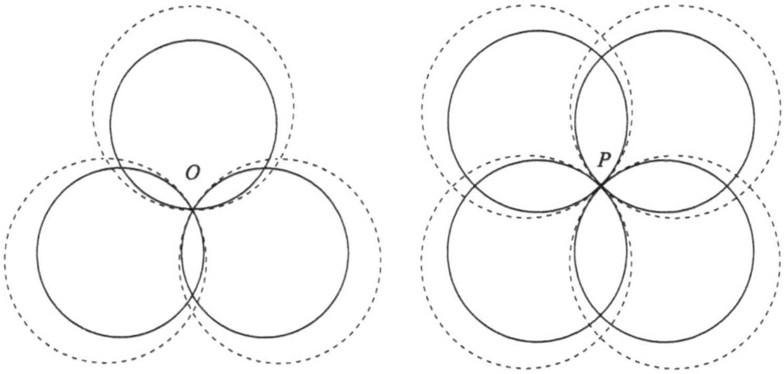

图 9　叠加效应与传统钻孔布置优化对比图

3.2　抽采钻孔个数分析

相比于传统的钻孔优化布置，如图 9 所示。考虑叠加效应影响的条件下，瓦斯抽采有效影响半径由 $R_{有效}$ 提升到 $R_{叠加}$。以该模拟研究为例，叠加效应下优化后正方形布置方式的钻孔间距为 $\sqrt{2} \times R_{叠加}$，等边三角形布置方式的钻孔间距为 $\sqrt{3} \times R_{叠加}$，有效抽采面积提升了

39.24%，充分发挥了穿层钻孔进行瓦斯预抽的能力。为了减少钻孔布置的工程量，降低矿井投入成本，需要在两种布孔方式中比选出一种钻孔工程量较小的钻孔布置方式。

设计底板岩巷需要布置钻场的煤层区域长为 L，宽 W，方案示意图如图 10 所示。

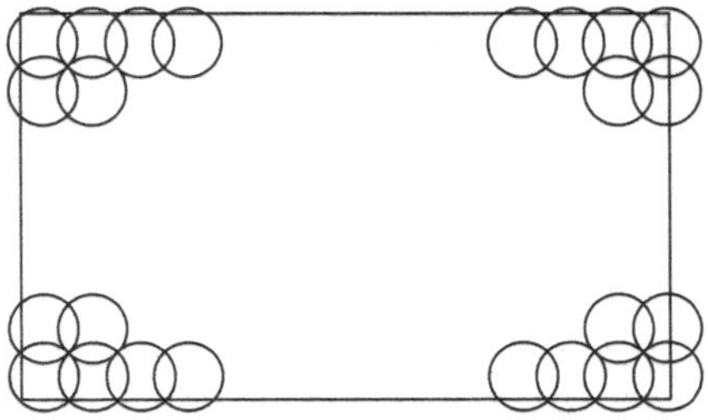

(a) 正方形布置方案

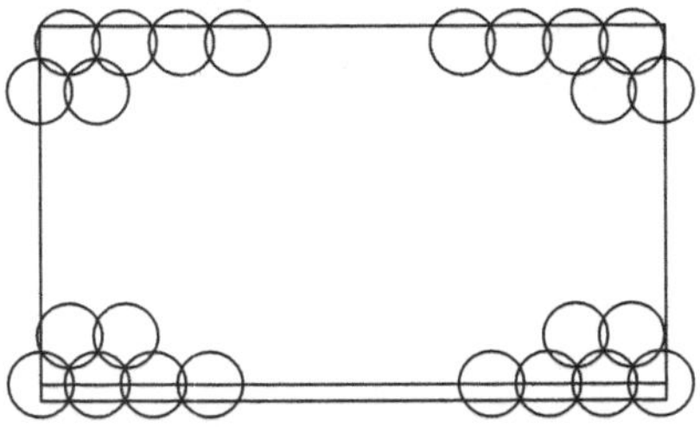

(b) 优化后三角形布置方案

图 10　不同布孔方式方案示意图

由图 10(a)可知，为最大化地利用有效抽采半径，优化后的正方形布孔方案中第一个钻孔的开孔位置为煤层左下角边界顶点起走向、倾向方向上 $\frac{\sqrt{2}}{2}R_{叠加}$ 处。煤层所需布置的钻孔数为：

$$\frac{L}{\sqrt{2}R_{叠加}} \cdot \frac{W}{\sqrt{2}R_{叠加}} = \frac{LW}{2R_{叠加}}$$

图 10(b)中，等边三角形布孔方式中的第一个开孔位置为煤层边界左顶点倾向方向上 $\frac{R_{叠加}}{2}$ 处，煤层区域内所需布置的钻孔个数为：

$$\frac{L}{\sqrt{3}R_{叠加}} \cdot \frac{W}{1.5R_{叠加}} = \frac{LW}{2.59R_{叠加}}$$

比较上述两种布孔方式所需布置钻孔个数可以得出，在瓦斯抽采区域面积相同时，采用等边三角形进行布孔所需的工程量较小。

3.3　抽采钻孔冗余率分析

为研究两种布孔方式下重复抽采的面积范围，进而为选出最佳设计方案提供依据，故对两种布孔方式的抽采面积冗余率进行分析，计算公式为[22]：

$$\eta = \frac{S_C}{S} \tag{11}$$

式中　η——抽采面积冗余率，%；

S_C——重复抽采的面积，m^2；

S——实际抽采的面积，m^2。

对正方形、等边三角形布孔方式进行几何图形分析，重复抽采区域面积图如图 11 所示。

经计算，图 11(a)正方形中阴影部分即重复抽采区域面积为：

$$S_{重} = 4S_{扇AEF} - S_{正ABCD} = 4 \times \frac{\pi}{4}R^2 - 2R^2 \approx 1.14R^2 \tag{12}$$

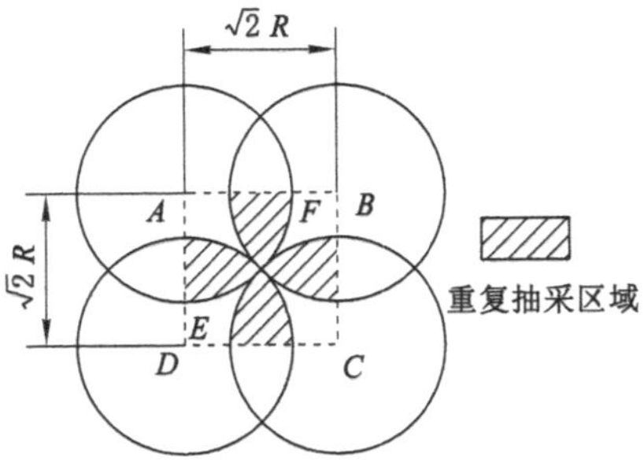

(a) 正方形布孔方式

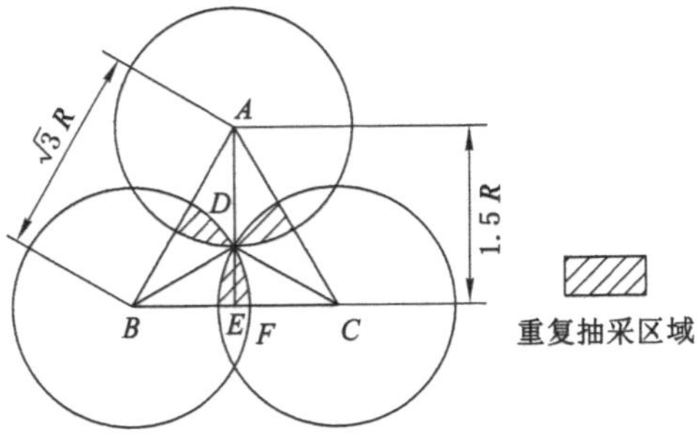

(b) 等边三角形布孔方式

图 11　两种布孔方式几何分析图

图 11(b)等边三角形中重复抽采区域面积为：

$$S_{\text{重}} = 6S_{\text{扇}DEF} = 6(S_{\text{扇}BDF} - S_{\text{三角形}BDE}) = 0.24R^2 \tag{13}$$

当有效抽采半径一定时，利用 CAD 核算，优化后正方形的抽采面积冗余率为 18.15%，等边三角形的抽采面积冗余率为 5.10%。经理论计算和对抽采钻孔数量与抽采面积冗余率分析，结果如表 3 所示。

表 3　两种布孔方式有效面积利用率和重复面积冗余率计算结果表

布孔方式	有效面积利用率/%	抽采面积冗余率/%
优化后正方形	43	18.15
等边三角形	81.5	5.10

经过数据对比可以得出：等边三角形布孔方式在保证无抽采盲区空白带的基础上，能够充分提高有效面积利用率，实现抽采钻孔工程量的减少和降低抽采面积冗余率。

4　结论

(1) 从瓦斯抽采穿层钻孔的有效抽采半径入手，双孔间中心点受两抽采钻孔的影响，相比于单孔影响该点的相同时间时瓦斯压力更低，因此可以得出：瓦斯抽采有效影响半径在叠加效应的影响下得到了提高，叠加效应作用下的有效影响半径约是单个钻孔有效影响半径的 1.18 倍。

(2) 在叠加效应的影响下瓦斯抽采有效影响半径得到了提高，因此穿层钻孔的布置方式也要考虑叠加效应的影响，正方形和等边三角形两种布孔方式考虑叠加影响的瓦斯抽采有效影响面积均提高了 39.24%。

(3) 在煤层预抽布置穿层钻孔时，以长为 L、宽为 W 的煤层为例，等边三角形布孔方式需要布置的抽采钻孔个数小于正方形布孔方式，且等边三角形的有效面积利用率为 81.5%，抽采面积冗余率只有 5.1%。综合分析得出，底板岩巷穿层钻孔布置方式采用等边三角形布孔方式可以大大减少需要施工抽采钻孔的个数，提高钻孔抽采效率。

参考文献

[1] 唐建平,胡良平.煤矿井下低透气性煤层增透技术研究现状与发展趋势[J].中国煤炭,2018,44(3):122-126.

[2] 杨海飞.底板岩巷穿层钻孔在深埋藏煤层的应用[J].煤炭与化工,2021,44(4):96-98.

[3] 曹新奇,辛海会,徐立华,等.瓦斯抽放钻孔有效抽放半径的测定[J].煤炭工程,2009(9):88-90.

[4] 徐东方,王兆丰.压降法测定钻孔的抽放影响半径试验研究[J].煤矿安全,2009,40(5):1-3.

[5] 马宏宇,王兆丰,杨宏民,等.寺家庄矿下向穿层钻孔有效抽放半径研究[J].煤炭工程,2011(5):96-98.

[6] 张少科,刘有宏.金龙煤矿顺层钻孔抽放半径测定技术实践[J].煤炭技术,2008(9):116-117.

[7] 郭寿松.钻孔流量法在本煤层钻孔抽采半径考察中的应用[J].煤炭工程,2019,51(1):68-72.

[8] 王兆丰,周少华,李志强.瓦斯抽采钻孔有效抽采半径的数值计算方法[J].煤炭工程,2011,392(6):82-84.

[9] 秦恒洁,徐向宇.瓦斯抽采半径确定的数值模拟研究[J].煤炭技术,2015,34(2):165-167.

[10] 李波,孙东辉,张路路.煤矿顺层钻孔瓦斯抽采合理布孔间距研究[J].煤炭科学技术,2016,44(8):121-126.

[11] 周红星,程远平,谢战良.计算机模拟确定瓦斯抽放有效半径的方法研究[J].能源技术与管理,2005(4):81-82.

[12] 郝富昌,刘明举,孙丽娟.瓦斯抽采半径确定方法的比较及存在问题研究[J].煤炭科学技术,2012,40(12):55-58.

[13] 王兆丰,李炎涛,夏会辉,等.基于COMOSOL的顺层钻孔有效抽采半径的数值模拟[J].煤矿安全,2012,43(10):4-6.

[14] 马宏宇,杨宏民,王兆丰.煤层低压注气有效影响半径测定[J].煤矿安全,2011,42(4):93-95.

[15] 贾牛骏.基于COMSOL钻孔有效抽采半径测定的数值模拟研究[J].能源与环保,2020,42(1):15-20.

[16] 王文元,张学博,蔡行行.穿层钻孔有效抽采半径的测定[J].工业安全与环保,2020,46(1):5-8.

[17] 党泉林,王志明.穿层钻孔有效抽采半径的数值模拟及效果预测[J].煤炭技术,2016,35(2):192-194.

[18] 张浩浩,李胜,高宏,等.平煤十矿底板巷穿层钻孔瓦斯抽采模拟研究[J].中国安全生产科学技术,2018,14(9):38-43.

[19] 唐明云,秦汝祥,戴广龙,等.潘三煤矿 11-2 煤穿层钻孔的优化布置[J].重庆大学学报,2019,42(6):55-68.

[20] 崔宝库,张根.不同布置方式下穿层钻孔瓦斯抽采数值模拟研究[J].能源与环保,2020,42(8):45-49.

[21] 刘军,王兆丰,李学臣,等.消除矿井瓦斯抽采空白带方法的研究[J].煤炭科学技术,2012,40(12):59-61.

[22] 刘军,张露伟,杨通.基于圆内接多边形的优化揭煤钻孔布置方式研究[J].煤炭工程,2021,53(2):65-69.

[23] 刘军,吴泽平,张露伟,等.基于面积法优化缓倾斜煤层揭煤钻孔布置方式[J].中国安全生产科学技术,2022,18(4):113-119.

[24] 徐青伟,王兆丰.预抽煤层瓦斯消除空白带钻孔布置方式的优化[J].煤矿安全,2015,46(8):152-155.

[25] 李普,张小东,覃木广.消除钻孔瓦斯抽采盲区空白带的布孔方式研究[J].矿业安全与环保,2020,47(6):37-42.

[26] 刘清泉,程远平,王海锋,等.顺层钻孔有效瓦斯抽采半径数值解算方法研究[J].煤矿开采,2012,17(2):5-7.

[27] 衡献伟,李青松,田焕志,等.基于叠加效应顺层瓦斯抽采布孔间距优化研究[J].煤炭技术,2022,41(5):92-96.

[28] LI SHENG ZHOU,JIANG CHANG BAO,YAO JUN WEI,et al. Solid-Gas coupling model and numerical simulation of coal containing gas based on comsol multiphysic[J]. Advanced Materials Research,2012:616-618.

[29] 杨天鸿,陈仕阔,朱万成,等.煤层瓦斯卸压抽放动态过程的气-固耦合模型研究[J].岩土力学,2010,31(7):2247-2252.

[30] 王兆丰,席杰,陈金生,等.底板岩巷穿层钻孔一孔多用瓦斯抽采时效性研究[J].煤炭科学技术,2021,49(1):248-256.

[31] 张超.钻孔封孔段失稳机理分析及加固式动态密封技术研究[D].徐州:中国矿业大学,2014.

作者简介:张亚菲(1997—),女,山西晋城人,河南理工大学硕士研究生在读,主要从事瓦斯灾害预测与防治研究。

综采工作面卸压瓦斯综合治理技术试验研究

范尚崇，赵鹏涛，马宏宇，陈　滔
（湖南省煤炭科学研究院有限公司，湖南长沙，410004）

摘　要：卸压瓦斯抽采是解决工作面瓦斯超限的最有效办法。结合黄岩汇矿15105工作面瓦斯浓度分布，分析了工作面瓦斯涌出的影响因素，并进行卸压瓦斯抽采实践，对各抽采措施进行评价。研究表明：采运煤及采空区瓦斯涌出对工作面瓦斯涌出的影响效果基本相同；高抽巷及高位钻孔抽采量大，能够改变采空区瓦斯流场，降低风排瓦斯量，对上隅角瓦斯干预能力较强；埋管抽采距离上隅角较近，能够在一定程度上降低上隅角瓦斯浓度，但也存在抽采效率低、当瓦斯涌出量较大时不能及时抽采卸压瓦斯的问题。

关键词：卸压瓦斯抽采；瓦斯浓度分布；瓦斯涌出；采空区；上隅角

工作面瓦斯涌出总量主要由瓦斯治理措施抽采总量及风排瓦斯量两部分组成。其中，风排瓦斯中的一部分为工作面煤壁及采落煤涌出的瓦斯，另一部分由于采空区漏风，风流带出采空区深部瓦斯涌入到工作面，两部分瓦斯最终流入回风巷稀释。掌握工作面瓦斯分布规律[1-3]，实时把握瓦斯极易积聚区域，对工作面风排瓦斯分源治理具有重要意义。针对风排瓦斯治理主要通过通风方式调节与抽采措施阻截两个方面展开[4]，而采空区卸压瓦斯抽采是最为行之有效的方法，主要包括高抽巷[5-8]、高位钻孔[9-11]、高位定向长钻孔[12,13]及采空区埋管[14]等抽采措施。采取合理的卸压瓦斯抽采措施进行针对性的治理，是值得深入研究的问题。根据现场实际，采用高抽巷、高位钻孔及上隅角对邻近层及采空区卸压瓦斯进行抽采实践，评价其抽采效果。

1　试验工作面概况

黄岩汇矿为高瓦斯突出矿井，15105工作面倾向长232 m，上覆14[#]、13[#]、12[#]、11[#]、9[#]等煤层，煤厚均不足1 m，位于开采层上部33～60 m处，14[#]煤层处于煤层顶板冒落带。生产期间采放煤瓦斯涌出量占生产班平均风排瓦斯量的35%，煤壁瓦斯涌出量占生产班风排瓦斯量的17%，采空区涌出到风流中的瓦斯量占生产班风排瓦斯量的48%，因此采空区瓦斯涌出和采放煤瓦斯涌出为生产班风排瓦斯量的主要瓦斯来源。涌入到工作面风流中的瓦斯将直接影响上隅角瓦斯浓度，有造成上隅角瓦斯超限的可能。

2 工作面瓦斯浓度分布特征

2.1 工作面瓦斯浓度分布规律

为了掌握工作面瓦斯分布规律,分别在生产班和检修班测定 15105 工作面瓦斯浓度。从运输巷至回风巷,每隔 20 m 布置一个测点,测点位于刮板输送机上方。测点的位置关系如图 1 所示。

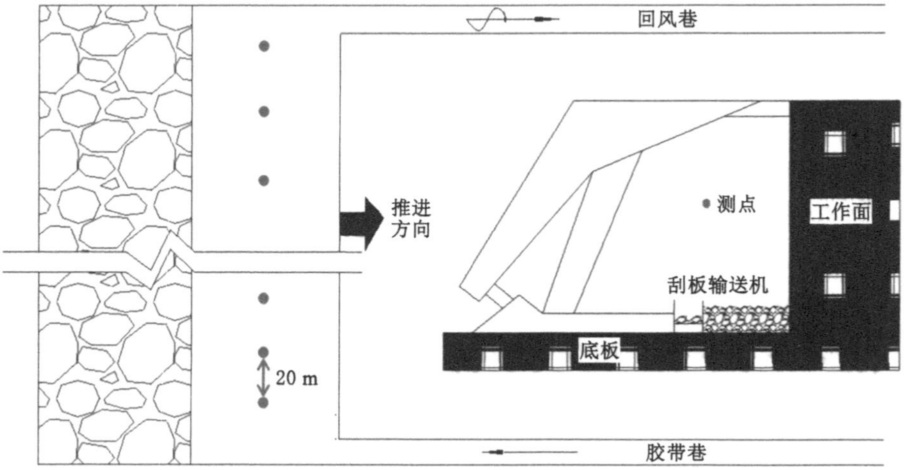

图 1 工作面瓦斯浓度测试点分布图

对 15105 工作面倾向瓦斯浓度测定结果进行分析,沿工作面倾向瓦斯浓度分布如图 2 所示。

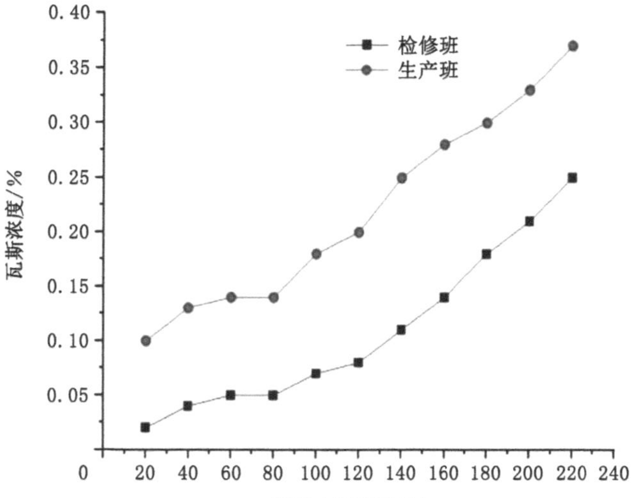

图 2 工作面瓦斯浓度测试点分布图

整体来看，15105 工作面不同位置处的瓦斯浓度不同，但瓦斯浓度变化规律相似，工作面瓦斯浓度整体趋势随距进风巷距离增大而升高。这是由于距离进风巷近的部分瓦斯涌出源主要是煤壁与落煤，而随着距进风巷的距离增大，部分采空区的瓦斯随风流涌入工作面，使后半段工作面的瓦斯来源除煤壁和落煤涌出源外还新增了采空区瓦斯涌出源。

沿工作面倾向，工作面检修班与生产班测试断面内瓦斯浓度值的变化规律基本一致，都是瓦斯浓度随着距进风巷变远而逐渐增加，但是生产班瓦斯浓度整体要大于检修班瓦斯浓度，这是因为采落-运煤产生的卸压瓦斯随风流涌入到工作面。

2.2 上隅角瓦斯浓度分布规律

根据上隅角范围大小，以工作面支架与回风巷内壁的交点为基点，测定间距为 2.5 m×1.5 m，测点布置如图 3 所示。

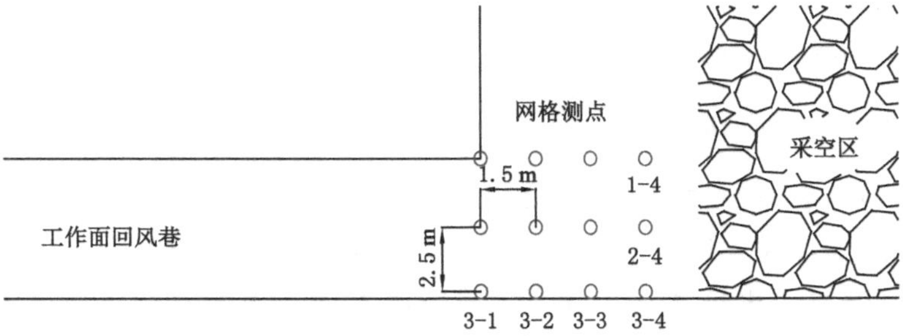

图 3 上隅角瓦斯浓度测点布置图

对比生产班与检修班上隅角瓦斯浓度分布规律的差异，测试结果如图 4 所示。图中 x 轴测点编号 3-1、3-2、3-3、3-4 对应回风巷外侧，y 轴测点编号 1-4、2-4、3-4 表示采空区一侧，z 轴表示该测点瓦斯浓度大小。

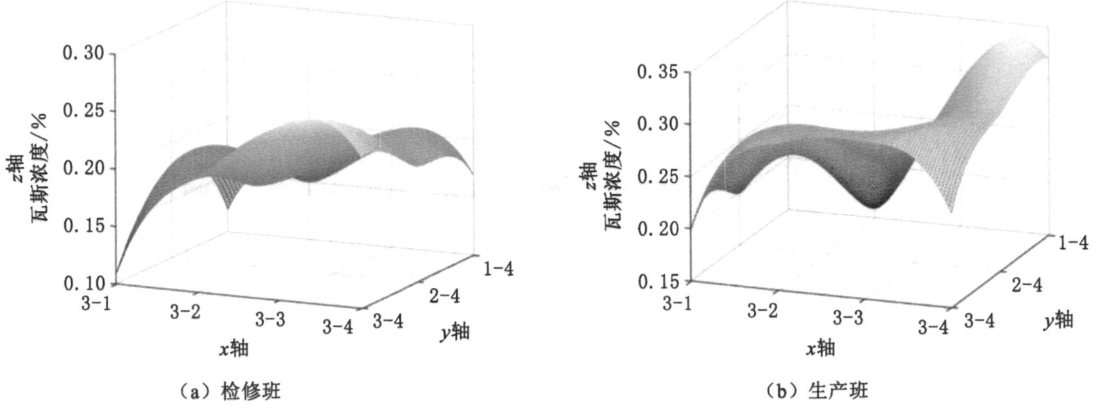

图 4 上隅角瓦斯浓度场分布图

由图 4 可以得出：

(1) 在上隅角区域，瓦斯浓度分布特征沿 x 方向均呈现为不断提高的现象，靠近采空区一侧(1-4,2-4,3-4)瓦斯浓度最高,该处也是造成上隅角瓦斯超限的重点区域,回风巷外侧(3-1,3-2,3-3,3-4)瓦斯浓度高于回风巷内侧(1-1,1-2,1-3,1-4)瓦斯浓度。

(2) 与检修班相比,生产班时回风巷外侧(3-1,3-2,3-3,3-4)及采空区一侧(1-4,2-4,3-4)瓦斯浓度分布规律基本相同。由此可见,生产班割煤、落煤时瞬间释放出的大量卸压瓦斯与采空区卸压瓦斯对上隅角区域的瓦斯积聚作用是相同的,生产强度也是上隅角瓦斯涌出重要因素,应严禁高强度突击生产,避免引起上隅角瓦斯浓度超限。

3 卸压瓦斯抽采实践

工作面风排瓦斯量直接影响上隅角瓦斯浓度,本煤层抽采及通风不能有效解决上隅角瓦斯超限问题。采空区及邻近层瓦斯抽采技术已经发展成熟,只要选择合适的瓦斯抽采措施,布置参数适宜,都能取得良好的瓦斯抽采效果。通过现场实践,结合 15105 工作面瓦斯治理效果,科学论证卸压瓦斯治理模式下的有效性。

3.1 高抽巷抽采裂隙带卸压瓦斯

在裂隙带中布置高抽巷,阻截受采动影响的顶板岩层中涌出的瓦斯。在工作面上部 9# 煤层中布置有高抽巷抽采采空区及邻近层卸压瓦斯,距离煤层顶板 68 m。为了解决上隅角瓦斯问题,在高抽巷停采线以里每隔 15 m 布置钻孔深度为 62 m 的倾向邻近层瓦斯抽采钻孔。高抽巷及倾向邻近层瓦斯抽采钻孔布置如图 5 所示。现场考察抽采期 5 个月的抽采量,抽采效果如图 6 所示。

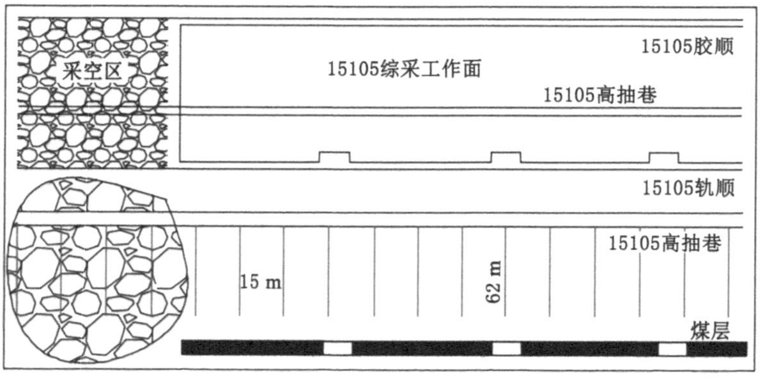

图 5 高抽巷及邻近层瓦斯抽采钻孔布置图

由图 6 可知,此时工作面已推进 32 m,根据黄岩汇矿现场经验,采煤工作面初次顶板来压步距一般为 2～30 m,说明此时煤层顶板裂隙已经发育并与高抽巷连通,抽采浓度与抽采纯量均已保持一个较大值且变化幅度均较大,抽采浓度变化范围为 30%～60%,抽采纯量变化范围为 8～28 m^3/min。随着工作面的继续推进,原来裂隙发育的离层区逐步演变为重新压实区,此时上覆岩层透气性系数与膨胀系数虽然减小但仍保持在较高的范围,所以高抽巷抽采效果有所减弱但变化较为稳定。其中抽采浓度平均为 35%,最大可达 60%;抽采纯量比较稳定,平均为 26 m^3/min。高抽巷瓦斯抽采浓度与抽采纯量均呈现周期性的变化,最后抽采纯量突

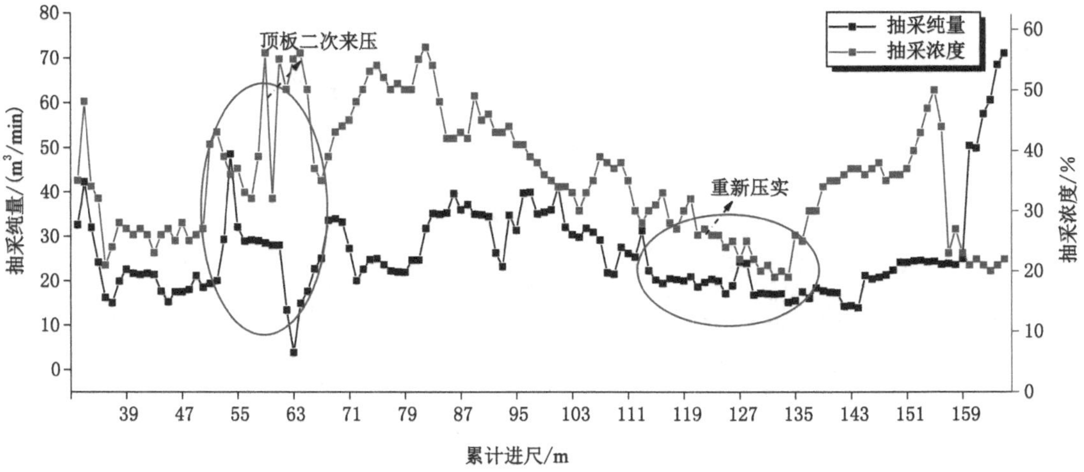

图 6　高抽巷瓦斯抽采效果图

增的主要原因是在采空区上部的瓦斯富集区位置并不是一成不变的，随着工作面的推进，高抽巷瓦斯流量和抽采效果也有一个稳定上升和衰减的过程，这是由于受到周期来压的影响，采空区范围不断变化，其三带位置也在不断发生改变[15]。高抽巷累计瓦斯抽采量为 3 055 037 m^3，工作面瓦斯抽采量累计为 6 234 769 m^3，抽采率可达工作面抽采总量的 70%。

3.2　高位钻孔抽采效果

布置高位钻孔的目的是干预和改变上隅角附近采空区的瓦斯流场，以减少采空区向上隅角的瓦斯涌出。在开切眼附近到第一个钻场之间，两钻场之间 40 m 位置在巷道顶板布孔，每组钻孔间距为 40 m，压茬设计为 30 m。各钻场采用 4 个钻孔 2 排布置，上排 2 个孔，下排 2 个孔，钻孔扇形布置，终孔间距为 5 m。开孔也采用 2 排布置，上排开孔高度为 1.8 m，间距为 0.5 m；下排开孔高度为 1.2 m，开孔间距为 0.5 m，与上排孔三花眼错开布置。高位钻孔布置如图 7 所示。对工作面回采初期（2# ～7# 钻场）瓦斯抽采效果分析，高位钻孔瓦斯抽采总量与风排瓦斯量的关系如图 8 所示。

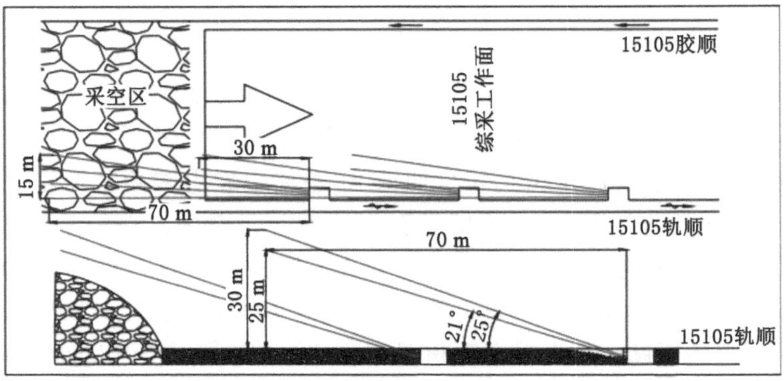

图 7　高位钻孔布置图

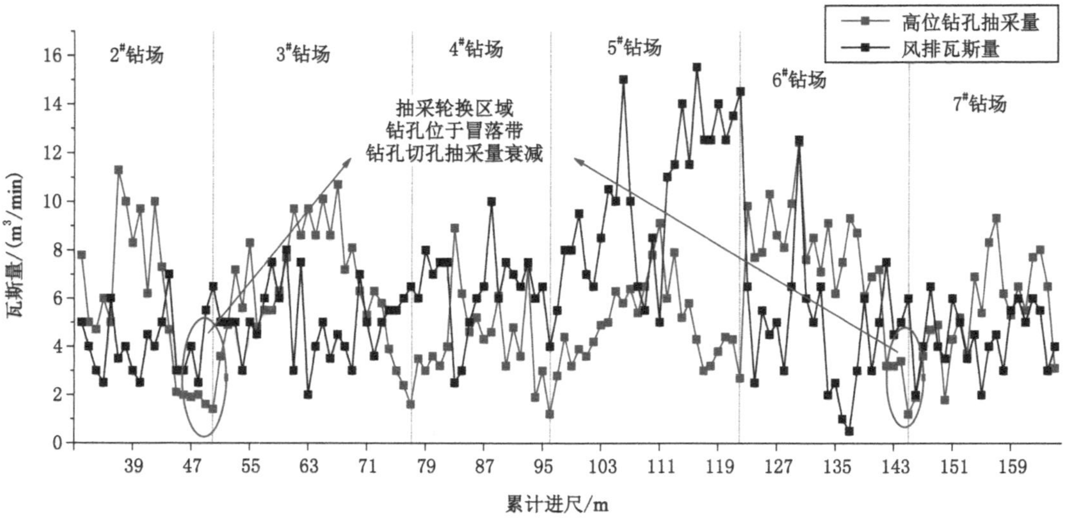

图 8　高位钻孔抽采总量与风排瓦斯量关系示意图

由图 8 可知,高位钻孔最佳抽采期一般为 12～16 d,此时钻孔抽采纯量平均为 9 m^3/min,单孔抽采纯量平均为 1.13 m^3/min。工作面推进至距离钻场 15 m 时钻孔处于冒落带影响区域,抽采总量平均为 4.5 m^3/min,仍保持较好的抽采效果但已经开始衰减;当切眼距离钻场 10 m 时,钻孔抽采总量平均为 2 m^3/min,单孔抽采纯量不足 0.3 m^3/min,钻孔完全失效。在抽采轮换区域,同时钻孔处于冒落带,高位钻孔抽采量有所衰减。

高位钻孔抽采总量与风排瓦斯量基本呈现相反的趋势,即高位钻孔抽采总量较高时,风排瓦斯量呈减小的趋势;高位钻孔抽采总量较小时,风排瓦斯量呈增大的趋势。说明高位钻孔抽采在一定程度上改变了采空区瓦斯流动方向,阻截了采空区瓦斯涌入工作面,高位钻孔抽采采空区及邻近层卸压瓦斯具有重要意义。高位钻孔瓦斯抽采也是必要的,根据高位钻孔抽采监控数据显示,高位钻孔抽采总量为 935 215 m^3,占工作面抽采总量的 15%,能够保证较高的抽采量。

3.3　卸压瓦斯抽采效果对上隅角瓦斯浓度的影响

高抽巷与高位钻孔瓦斯抽采效果不错,抽采总量占工作面抽采总量的 85%,能够有效阻截采空区及邻近层瓦斯涌入到工作面。上隅角瓦斯浓度的变化,与卸压瓦斯抽采纯量密切相关,高抽巷与高位钻孔抽采纯量与上隅角瓦斯浓度的关系如图 9 所示。

由图 9 可知,在高抽巷与高位钻孔联合抽采下,整体上看上隅角瓦斯浓度控制在 0.32% 以下,回采期间未出现瓦斯超限现象,上隅角瓦斯浓度与采空区瓦斯抽采纯量呈现相反的趋势。当工作面推进至 1 区域时,高抽巷与高位钻孔瓦斯抽采量同时降低,上隅角瓦斯浓度最高;推进至 2 区域时,高抽巷瓦斯抽采量仍然比较低,但是高位钻孔瓦斯抽采量较高,上隅角瓦斯浓度并未升高。这表明高位钻孔对上隅角瓦斯浓度的影响更大,而高抽巷虽然瓦斯抽采纯量较大,但因为层位较高,错距较远,远离上隅角区域,高位钻孔更靠近上隅角区域,所以高抽巷对上隅角瓦斯浓度的影响没有高位钻孔明显。但是高抽巷与高位钻孔的作用是相辅相成的,都能达到阻截采空区及邻近层瓦斯涌入工作面的目的,保证矿井安全生产。

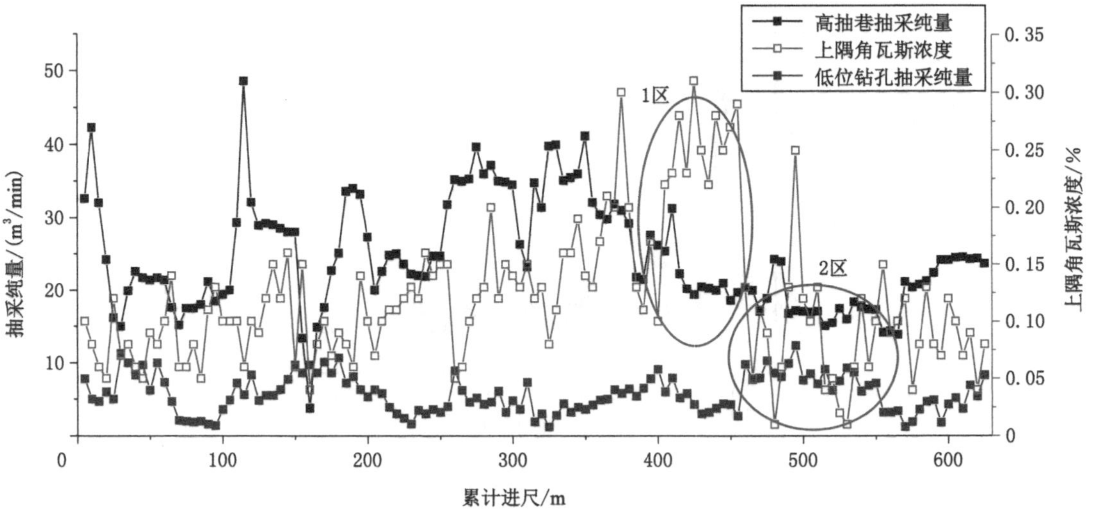

图 9　上隅角瓦斯浓度与采空区瓦斯抽采纯量的关系图

3.4　上隅角埋管抽采对上隅角瓦斯浓度的影响

在上隅角每隔 10 m 布置一道挡风墙，逐步截断预先埋在挡风墙内的 PVC 管，进行上隅角瓦斯抽采。上隅角埋管布置方式如图 10 所示。为了进一步论证上隅角埋管对上隅角瓦斯浓度的影响，对 15105 综采工作面回采期间上隅角埋管抽采总量对上隅角瓦斯浓度的影响进行考察。上隅角瓦斯抽采效果、上隅角瓦斯浓度与抽采总量的关系如图 11 所示。

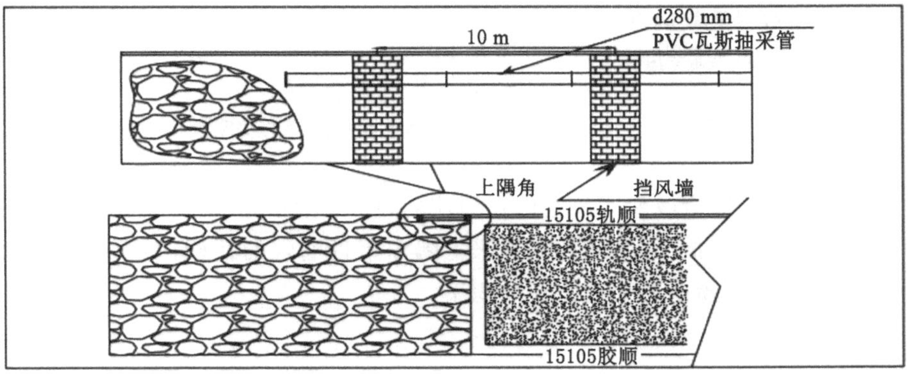

图 10　上隅角埋管布置图

顶板来压前后，上隅角埋管抽采与上隅角瓦斯浓度的关联性如图 12 所示。

上隅角埋管抽采在第 1～8 d、18～22 d 共计 13 d 瓦斯抽采浓度高于平均值，平均抽采浓度为 5.15%，平均抽采纯量为 5.85 m^3/min；此后平均抽采浓度为 1.22%，平均抽采纯量为 1.21 m^3/min，整个抽采期间平均瓦斯抽采总量为 1.91 m^3/min。顶板来压前，上隅角瓦斯浓度表现出随着埋管抽采纯量的增加而下降的趋势，但是顶板来压后，上隅角瓦斯浓度并没有显现出随抽采量的提高而下降的趋势。上隅角埋管抽采流量较大，整体在 60 m^3/min 以上，最

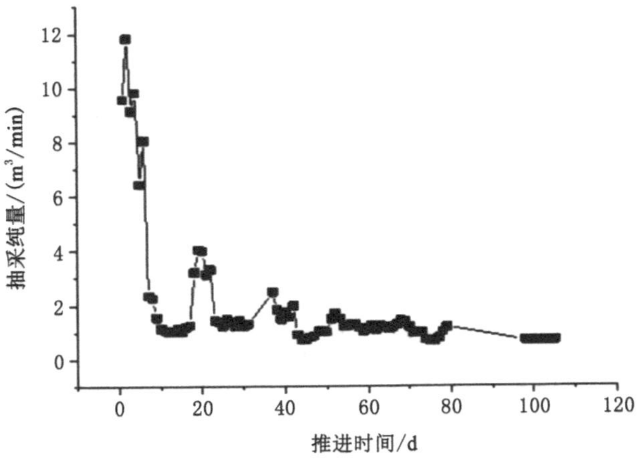

图 11　上隅角埋管抽采效果图

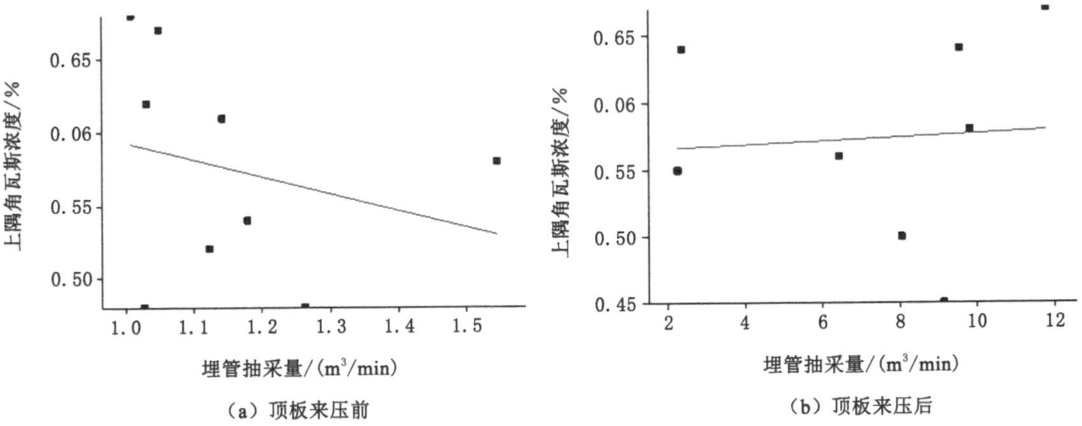

图 12　上隅角埋管抽采与上隅角瓦斯浓度的关联性

高时可达 140 m^3/min,完全改变了采空区瓦斯流场,将采空区深部瓦斯抽出至上隅角区域,同时又因为上隅角抽采效率低下,不能及时抽采上隅角附近涌入的瓦斯,加上挡风墙密闭不严,在瓦斯抽采量较大时,更易造成上隅角瓦斯积聚。

4　结论

(1) 对工作面瓦斯浓度分布特征进行现场考察,工作面检修班与生产班测试断面内瓦斯浓度值的变化规律基本一致,都是瓦斯浓度随着距进风巷变远而逐渐增加,但由于采落-运煤产生的卸压瓦斯随风流涌入到工作面,生产班各测点的瓦斯浓度高于检修班。

(2) 在上隅角区域,靠近采空区一侧瓦斯浓度最高,回风巷外侧瓦斯浓度高于回风巷内侧瓦斯浓度。而与检修班相比,生产班时回风巷外侧及采空区一侧瓦斯浓度分布规律基本相同。由此可见,生产班割煤、落煤时瞬间释放出的大量卸压瓦斯与采空区卸压瓦斯对上隅角区域的瓦斯积聚作用是相同的。

(3) 高抽巷及高位钻孔抽采量大，能够改变采空区瓦斯流场，降低工作面瓦斯涌出量，能达到阻截采空区及邻近层瓦斯涌入工作面的目的，对上隅角瓦斯干预能力较强。

(4) 埋管抽采距离上隅角较近，能够在一定程度上改变上隅角瓦斯流场，降低上隅角瓦斯浓度，但也存在抽采效率低、当瓦斯涌出量较大时不能及时抽采卸压瓦斯的问题。

参考文献

[1] 赵洪宝，张欢，王宏冰，等. 采空区瓦斯体积分数区域分布三维实测装置研制与应用[J]. 煤炭学报，2018，43(12)：3411-3418.

[2] 鲁忠良，魏震，李玉江，等. 采煤工作面瓦斯体积分数分布规律研究[J]. 河南理工大学学报(自然科学版)，2016，35(6)：771-774.

[3] 裴冠朕，杨宏民，孙峰，等. 王家岭矿综放工作面上隅角瓦斯体积分数场分布规律研究[J]. 河南理工大学学报(自然科学版)，2019，38(1)：1-6.

[4] 范尚崇，杨宏民，尹海，等. 黄岩汇煤矿综采工作面上隅角瓦斯治理技术研究[J]. 能源与环保，2020，42(5)：1-6.

[5] 武磊，戴广龙，张树川，等. 黄岩汇煤矿高抽巷的最佳位置选择[J]. 中国矿业，2012，10(21)：105-108.

[6] 王林，王兆丰. 采用顶板走向高抽巷治理综放面采空区瓦斯技术实践[J]. 能源技术与管理，2010(6)：48-49.

[7] 徐永佳. 高瓦斯矿井高抽巷合理布置及终巷位置确定研究[J]. 煤炭科学技术，2018，46(11)：93-100.

[8] 张慧杰，汪东. 走向高抽巷抽采瓦斯关键技术[J]. 煤矿安全，2016，47(1)：74-77.

[9] 李海涛. 高位钻孔抽放采空区瓦斯在长平煤矿的应用研究[J]. 煤矿安全，2010，36(1)：101-103.

[10] 苏伟伟，王兆丰，陈向军，等. 近距离煤层群倾向穿层钻孔合理布孔参数研究[J]. 中国安全生产科学技术，2015，11(7)：56-61.

[11] 王德忠. 走向高位钻孔是工作面上隅角的瓦斯治理最佳技术[J]. 山东煤炭科技，2010(2)：187-189.

[12] 陶云奇，张剑钊，郭明功，等. 采动卸压瓦斯抽采以孔代巷技术研究与工程实践[J]. 矿业安全与环保，2022，49(5)：43-48.

[13] 郝世俊，段会军，莫海涛，等. 大直径高位定向长钻孔瓦斯抽采技术及实践[J]. 煤田地质与勘探，2020，48(6)：243-248.

[14] 杨前意，罗伙根，石必明，等. 基于COMSOL的采空区埋管抽采参数优化数值研究[J]. 中国安全生产科学技术，2019，15(4)：90-95.

[15] 周伟. 水帘煤矿高位钻孔瓦斯抽采试验及研究[D]. 淮南：安徽理工大学，2011.

作者简介：范尚崇(1993—)，男，硕士，河南濮阳人，湖南省瓦斯治理和利用工程研究中心有限公司职员，助理工程师，2020年7月毕业于河南理工大学安全工程专业，主要从事瓦斯灾害预测与防治研究。